THE DEATH AND LIFE OF GREAT AMERICAN CITIES

Jane Jacobs

［新版］

アメリカ大都市の死と生

ジェイン・ジェイコブズ著
山形浩生訳

THE DEATH AND LIFE OF GREAT AMERICAN CITIES
by Jane Jacobs

Published 2010 in Japan by Kajima Institute
Publishing Co., Ltd.
Japanese edition published by arrangement
through The Sakai Agency.

ニューヨーク市に捧ぐ。
わたしが自分の運命を探しにきて
ボブ、ジミー、ネッド、メアリーにそれを見いだしたところです。
本書はかれらのために書かれたものでもあります。

謝辞

本書ではあまりに多くの人々が、意図するとせざるとに関わらず手伝ってくれたので、わたしが負って感じている恩義を書ききることなど無理でしょう。特に感謝したいのが、以下の人々のくれた情報や支援や批判です。ソウル・アリンスキー、ノリス・C・アンドリュース、エドモンド・ベーコン、ジューン・ブライス、ジョン・デッカー・バッツナー・ジュニア、ヘンリー・チャーチル、グレイディ・クレイ、ウィリアム・C・クロウ、ヴァーノン・デ・マース、ジョン・J・イーガン神父、チャールズ・ファーンズレー、カール・フェイス、ロバート・B・フィリー、ロザリオ・フォリーノ夫人、チャドバーン・ギルパトリック、ヴィクター・グリュエン、フランク・ハヴェイ、ゴールディ・ホフマン、フランク・ホッチキス、レティシア・ケント、ウィリアム・H・カーク、ジョージ・コストリツキー夫妻、ジェイ・ランデスマン、ウィルバー・C・リーチ牧師、グレニー・M・レニア、メルヴィン・F・レヴァイン、エドワード・ローグ、エレン・ルーリー、エリザベス・マンソン、ロジャー・モンゴメリー、リチャード・ネルソン、ジョセフ・パッソノー、エレン・ペリー、ローズ・ポーター、アンゼル・ロビンソン、ジェイムズ・W・ロウス、サミュエル・A・スピーゲル、スタンレー・B・タンケル、ジャック・ヴォルマン、ロバート・C・ワインバーグ、エリック・ウェンスバーグ、ヘンリー・ホイットニー、ウィリアム・H・ホワイト・ジュニア、ウィリアム・ウィルコックス、ミルドレッド・ズッカー、ベダ・ズウィッカー。もちろんこうした人々の誰一人として、わたしが書いたことに責任はありません。それどころか一部の人はわたしの見方に心底反対していますが、それでも親切に手伝ってくれたのでした。

また調査と執筆を可能にしてくれた財政支援を提供したロックフェラー財団にも感謝します。そして親切にしてくれた社会研究ニュースクール、および奨励と辛抱強さの点で「アーキテクチュラル・フォーラム」誌編集者ダグラス・ハスケルにも感謝を。何よりも、夫のロバート・H・ジェイコブズ・ジュニアに感謝します。これを書いている時点でわたしは本書に書いたアイデアのうち、どれが自分のものでどれが夫のものかもわからなくなっています。

ジェイン・ジェイコブズ

アメリカ大都市の死と生

目次

第II部 都市の多様性の条件

第Ⅲ部 衰退と再生をもたらす力

第Ⅳ部 ちがった方策

イラストについて

本書を彩る場面はわたしたちのまわり中にあります。イラストがお望みなら、実際の都市を注意深く見てください。見るのと同時に、聞いて、そこにとどまり、自分が見たものについて考えてみるのもいいでしょう。

新装版への序(一九九二)

一九五八年に本書の作業にとりかかったときには、単によい都市街路の生活がさりげなく提供してくれる、文化的で楽しいサービスについて記述するだけのつもりでした——そしてそれを強化する手助けをするどころか、こうした必要なものや魅力を消し去ろうとしている、都市計画の風潮や建築の流行について論難するつもりでした。つまり本書の第I部のある程度。それしか考えていませんでした。

でも都市街路や、都市公園の一筋縄ではいかない部分を学んで考えるうちに、予想もしなかった宝探しに乗り出すことになりました。わたしはすぐに、目の前に見えている価値あるもの——街路や公園——が都市の他の特徴に関するヒントや鍵と、密接に結びついていることに気がつきました。というわけで、一つの発見が別のものにつながり、そしてまた次へ……その宝探しで見つけたものの一部は、本書の残りの部分に入れました。残りは登場するにしたがって、これに続く四冊の本に入りました。明らかに、本書はわたしに影響をおよぼしましたし、その後の人生での作業へとわたしを引っ張り込んだのです。でもそれは他の点では影響力を持ったでしょうか? わたし自身の評価では、イエスでもありノーでもあります。

一日の雑用を徒歩でこなすのが好きな人もいます。少なくとも、歩いて雑用ができるところにいればそうしたいと思う人はいます。そのほかには、雑用をするのに車に飛び乗るのが好きな人もいます。少なくとも、車があればそうしたいと思う人はいます。昔、まだ自家用車がない頃、一部の人は馬車や輿を呼びつけるのが好きで、そうしたいと思う人もたくさんいたのです。でも小説や伝記や伝説から知っているように、社会的立場から――田舎散策をのぞけば――馬車や輿に乗らなくてはいけない人々の一部は、通りすがりの街路風景をもの欲しげに覗いて、その仲間に入り、賑やかさに加わって、驚きと冒険の約束に参加したいと渇望したものです。

ある種手短かに言えば、世の中の人には歩く派と車派がいると言えるでしょう。本書は歩く派（実際に歩く人もそれを願うだけの人も）にはすぐに理解されました。かれらはここに書かれたことが、自分自身の楽しみや懸念や経験と一致しているのを見て取りました。これは驚くことでもなんでもありません。本書の情報の多くは、歩く派の人々を見たり、その話を聞いたりすることで得たものだからです。かれらが本書の調査の協力者でした。そしてそのお返しとして、本書は歩く派の人々に、かれら自身はすでに知っていたことについて、お墨付きを与えることで協力したのです。当時の専門家たちは、歩く派の人々が知っていて重視するものを尊重しませんでした。肩書きのない人々が、肩書きを持つ人に刃向かうのは容易ではありません。その肩書きの専門性と称するものが、無知と愚行に根ざしていたとしてもです。本書は、そうした専門家に対する有益な武器となりました。でもこの効果を「影響」と呼ぶのはあまり正確ではなく、むしろ協力と裏付け作業として見るべきでしょう。逆に本書は、車派とは協力もしなかったし何の影響もおよぼしませんでした。わたしの見る限り、いまだに影響していません。

都市計画や建築の学生たちについても、結果は同じくいろいろですが、ちょっとそこに特殊なひねりが加わっています。本書の刊行時には、気質や経験から見て歩く派だろうと車派だろうと、学生たちは反都市、反街路のデザイナーやプランナーとしてゴリゴリに訓練されました。まるで狂信的な車派であり、ほかの人もみんなそうであるかのような訓練を受けたのです。その教師たちも、そうした形で訓練を受けて教化されてきたのでした。ですからつまり、都市の物理形態を扱うこの仕組み全体（ここには都市計画や建築のビジョンや理論を吸収した銀行家、デベロッパー、政治家も含まれます）が、都市生活に敵意を持つ形態やビジョンを守る、門番となっていたのです。でも特に建築学生と、そして一部は都市計画の学生の中にも、歩く派の人がいました。かれらにとって、本書は筋が通っていました。その教師たち（全員ではありませんが）は本書をゴミくずだとか、ある都市計画屋さんの表現では「喫茶店での意地悪なおしゃべり」として片付けがちでした。でも本書は、なかなかおもしろいことですが、課題図書や参考文献の一覧に挙げられることが多かったのです――実務家になったときに直面するであろう哀れな発想について、生徒たちに認識させるためもあったのでは、とわたしはにらんでいます。実はまさにそう語ってくれた大学の教員もいました。でも、歩く派の学生にとって、本書は破壊的でした。もちろんその破壊すべてをわたしがやったわけでは決してありません。他の著者や研究者――特にウィリアム・H・ホワイト――も、反都市ビジョンがいかに機能せずつまらないかを暴いていました。ロンドンでは、「アーキテクチュラル・レビュー」誌の編集者や寄稿者たちは、すでに一九五〇年代半ばには同じことをやっていたのです。

最近では、多くの建築家や、若い世代の都市計画家の一部は、都市生活強化のためのすばらしいアイデア――美しい気高いアイデアを持っています。またその計画を実施するだけの技能もあります。こうした人々は、わたしが手厳しく批判した、粗野で考えなしの都市操作屋たちに比べれば雲泥の差です。

でもここで悲しいことに直面するのです。傲慢な守旧派の門番たちは、時間がたつにつれて数こそ減りましたが、当の門そのものとなると話が別なのです。反都市計画は、アメリカの都市では驚くほど確立しています。それはいまだに何千もの規制、条例、政令に体現され、先例重視の官僚的な臆病にも含まれ、時間とともに硬直化する、検討を受けない公共の態度にも含まれています。したがって、古い都市建築がまとまって使われる形で再生され、新しいちがう目的に使われているのが並んでいるところや、まさにぴったりのところで歩道が拡幅されて車道がせばめられているところ――歩行者の行き来が賑やかで大量のところ、オフィスの就業時間が終わってもダウンタウンが無人にならないところ、新しくきめ細かい街路利用の混合がうまく育ったところ、新しい建物が賢い形で古い建物の間に挿入されて、都市近隣の穴や裂け目を縫い合わせ、その修復がほとんどそれとわからないようになっているところを見かけたら、そういうところではこうした障害にも負けずに、熱意あるすさまじい努力が行われたのだと確信できます。一部の外国都市は、こうした成果がなかなか上手にできるようになっています。でもこんなまともなことをアメリカで実現させようとすると、よくても恐るべき難行苦行、そしてあまりに多くの場合には失意のうちに終わるのです。

本書の第20章では、自己孤立型のプロジェクトで建物の一階部分を完全に消し去り、二つの目的をもってそれを再建するよう提案しました。そこに接続性のある街路をたくさん新設することで、プロジェクトを普通の都市につなげること、そしてプロジェクトそのものを、その追加街路沿いに新しい多様な施設を追加して都市的な場所に変えること。ここでの落とし穴になるのは、新しい商業施設が経済的に成り立つものでなくてはならないということです。それはそこが本当に有用で、まがいものではないという尺度になるのです。

この種の大幅な計画見直しが、本書刊行から三十年たったいまでも——わたしの知る限り——試行されていないというのは残念なことです。確かに、十年、また十年とたつにつれて、これを実施するのはますます難しく思えてきます。なぜかと言えば、反都市プロジェクト、特に大規模な公共住宅プロジェクトは、周辺都市を衰退させてしまい、それを結びつけるべき隣接した健全な都市も、時間とともにますます減ってしまうからなのです。

それでも、都市プロジェクトを都市に変えるためのよい機会はまだあります。これは学習課題なんだという口実で、簡単なものをまず試してみるべきでしょう。そしてあらゆる学習は、簡単なものから出発して、だんだんもっと難しいものへと進むのがよいのです。この学習を郊外スプロールに適用すべき時期が本気で近づいてきています。というのも、このまま果てしなく郊外拡大を続けるわけにはいかないからです。エネルギーの無駄、インフラの無駄、土地の無駄があまりに大きすぎます。でも、資源をもっと節約するために既存のスプロールの密度を高めるなら、そうした高密化やつながりを——車派のみならず歩く派にとっても——魅力的で楽しく、安全で維持可能にするための手法を学習し終えている必要があります。

ときどき本書は、都市再開発プロジェクトやスラム取り壊し計画を止めるのに役立ったというお褒めの言葉をいただくことがあります。それが本当なら、喜んでその栄誉を受けるのですが。でも本当ではありません。都市再開発とスラム取り壊しは、本書が刊行されてからも長年にわたり、その莫大な暴虐を続けたあげくに、自分自身の失敗や行き詰まりで敗北を喫したのです。いまでも、ないものねだりや健忘症が起こって、そこに怒濤資金が十分にデベロッパーに貸し付けられて、十分な政治的傲慢と公共補助金がつけば、そうした計画はすぐに復活します。最近の例としては、たとえばロンドンの荒廃した港湾地区と、住民に愛されていたつつましいアイル・オブ・ドッグスの取り壊し跡に、孤立して置かれた、壮大ながら破産したカナリー・ワーフプロジェクトがあります。

街路から始まった宝探しと、それが次から次へとつながった話に戻りましょう。その道すがらのどこかで、わたしは自分が都市の生態学を学習しているのだと気がつきました。これだけ見ると、アライグマが都市のバックヤードやゴミ箱をあさってエサを得ていることを記録するような話に聞こえます（ちなみにわたしの住む都市では、ときにダウンタウンでもアライグマがそうしています）。あるいはタカが高層ビルの間でハトをつまみ食いしている等々。でも都市生態学というとき、わたしは野生を学ぶ人々がいう自然の生態学とは似て非なるものを指しています。自然の生態系は、「任意の規模の時空間単位内において機能する、物理・化学・生物学的なプロセスで構成される」と定義されます。都市生態系は、都市とその密接な依存物において、任意の時点で活動している物理・経済・倫理プロセスで構成されています。この定義はわたしが類推ででっちあげたものです。

この二種類の生態系――一つは自然がつくり、一つは人間がつくったもの――は根本原理が共通しています。たとえば、どちらの生態系も――それが不毛でないとしてですが――維持するにはかなりの多様性が必要です。どちらの場合にも、その多様性は時間をかけて有機的に発達し、その各種の構成要素は、複雑な形で相互依存しています。どちらの生態系でも、生命と生活手段の多様性のためのニッチが多ければ多いほど、その生命を擁する力は大きいのです。どちらの生態系でも、多くの小さな変わった要素――通り一遍の観察ではすぐに見落とすようなもの――が全体にとって、規模の小ささや累計量の少なさとはまったく不釣り合いなほど重要な役割を果たしています。自然生態系では、遺伝子プールは根本的な宝です。都市生態系では、仕事の種類が根本的な宝です。さらに仕事の形態は、新しくつくられて栄える組織で再生されるばかりか、ハイブリッドを形成し、突然変異してそれまでなかった仕事に変わることさえあります。そしてその要素の複雑な相互依存のため、どちらの生態系も脆弱で壊れやすく、すぐに阻害されたり破壊されたりしてしまいます。

でも致命的な妨害を受けなければ、生態系は力強いし抵抗力があります。そしてプロセスが十分に機能していれば、生態系は安定して見えます。でも重要な意味で、その安定性は見せかけでしかありません。ギリシャの哲学者ヘラクレイトスがずいぶん昔に述べたように、自然界の万物は変動しています。静的な状態を目にしたと思っても、実はプロセスの始まりと終わりが同時に起きているのです。静的なものは何もありません。都市も同じです。したがって自然の生態系と都市生態系とは、どちらも調べるときに同じ考え方が必要です。「もの」に着目して、それだけで自然に全体がわかると期待してはいけません。常に重要なのはプロセスです。ものはそのプロセスに参加することで重要性を、良かれ悪しかれ持つのです。

この種のものの見方はかなり新しくできたばかりなので、自然生態系や都市生態系を理解するための知識探求は果てしなく思えます。ほとんどわかっていません。これから理解すべきことがまだまだたくさんあります。

わたしたち人類は、この世で唯一の都市建設生命体です。社会的昆虫たちの巣は、その発達や機能や可能性において、根本的にちがっています。都市はある意味では自然の生態系でもあります――わたしたちにとっては。それを捨て去ることはできません。社会が停滞や衰退を見せず、花開いて発展したときにはいつでもどこでも、創造的で機能する都市がその中核にありました。それは自らを成立させる以上のことをなしとげたのです。いまでもそうです。衰退する都市、下降する経済、山積する社会問題はお互いに手を携えてやってきます。この組み合わせは偶然などではありません。

人類が都市の生態系について、できる限り理解することが、いますぐにも求められています――都市プロセスのどの点からそれを始めてもかまいません。よい都市街路や近隣が優雅に執り行う、つつましくも重要なサービスは、その出発点として他のどれにもひけをとりますまい。ですからモダンライブラリが本書を美しい新版として刊行してくれるのは、わたしとして実によろこばしいことです。これを手にする新しい世代の読者たちが、都市の生態系に興味を持ち、その驚異を尊重し、さらに多くの発見をなしとげることを期待しています。

一九九二年十月

ジェイン・ジェイコブズ
トロント市、カナダ

最近までわたしが文明を支持する理由として考えつくものは、宇宙秩序の盲目的な受け入れというものをのぞけば、それが芸術家、詩人、哲学者、そして科学者を可能にする、ということだった。だが、それが最高のものではないと思う。いまや思うに、最も偉大なのはわれわれ全員に直接戻ってくるものだ。人々が、日々の生活に追われて暮らしていると言われたら、わたしは文明の主要な価値は、それが生活手段をもっと複雑にしてくれることなのだと答える。大衆の衣食住や移動を可能にするために、それは単純で個別のものではなく、壮大で複合的な知的努力を必要とする。複雑で集中的な知的努力はもっと充実した豊かな暮らしを意味する。それは暮らしを増すことになる。暮らしはそれ自体が目的であり、そしてその暮らしが生きる価値のあるものかについて唯一尋ねるべきことは、その人が十分に暮らしているかということなのだ。

ひと言だけ付け加えておこう。われわれは絶望にきわめて近いところにいる。その絶望の波の上にわれわれを浮かべている皮膜は、希望と説明できない価値に対する信念、そして確信に満ちた努力の発効と、自らの権力行使からくる、深く無意識の内容で構築されているのである。

オリヴァー・ウェンデル・ホームズ・ジュニア

第1章 はじめに

　この本はいまの都市計画と再建に対する攻撃です。また、もっぱら都市計画と再建の新しい原理を導入しようという試みでもあります。その原理は、現在建築学部や都市計画学部から、新聞の日曜版や女性誌にいたるあらゆるところで教えられているものとまったくちがうどころか、正反対ですらあります。わたしの攻撃は、再開発手法をめぐる揚げ足取りや、設計の流行に関する重箱の隅つつきにもとづくものではありません。それはむしろ、現代の正統派都市計画や再開発を形成する原理や目的に対する攻撃なのです。

　別の原理を提示するにあたっては、もっぱらあたりまえで普通のことについて書くことにします。たとえば、どんな街路が安全でどんな街路が危険か。なぜある都市公園はすばらしく、別のものは悪の巣窟で死を招くのか。なぜ一部のスラムはスラムのままなのに、一部のスラムは財政や役所からの抵抗にもかかわらず、自ら再生するのか。都心の中心部がなぜ他のところに移ってしまうのか。都市の近隣というのはそもそも何なのか。そして偉大な都市の近隣が何か働きを持つなら、それはどんなものなのか。要するにわたしは、都市が現実の生活でどう機能するかを書くことにします。というのも、都市の社会経済的な活力を促進する都市計画原理や再建の手法がどんなものか、そしてそういう属性を殺してしまうのがどんな原理や手法なのかを学ぶには、それが唯一の手法だからです。

　十分に使えるお金さえあれば——その金額は通常は千億ドルに設定されています——十年であらゆるスラムを一掃し、一昔、二昔前には郊外だった、巨大で退屈な灰色のベルト地帯における衰退を逆転させ、さまよう中産階級とかれらからの税収を定着させ、そしてひょっとしたら交通問題さえ解決できるかもしれない、という悲しげなおとぎ話をよく見かけます。

でも、最初の数十億ドルでわたしたちが何をつくったか見てみましょう。低所得者向け住宅プロジェクトは、非行や破壊行為や社会全般への絶望の温床という点で、それ以前のスラムよりさらにひどいものとなりました。中所得者向け住宅プロジェクトは、都市生活の興奮や活力から完全に遮断された、真に驚異的な退屈さと規格化の権化となっています。高級住宅プロジェクトは、その空疎さをつまらぬ虚飾で補おうとします（実現できているかはさておき）。文化センターはまともな本屋を維持できず、市民センターは、あらゆる市民に忌避され（ただし浮浪者を除く――かれらは他の人々よりもうろつく場所の選択肢が少ないもので）、商業センターは規格化された郊外型チェーンストアショッピングの気の抜けたまねごと。散策路はどこからともなく始まり、どこへも続かず、散策者はだれもいません。大都市のはらわたをえぐる幹線道路。これは都市の再建なんかじゃない。都市の破壊です。

皮を一枚めくってみれば、こうした成果はもともと貧相な口実に輪をかけてひどいものです。理論で言われるような形で、周辺の都市地域の役に立つことはほとんどありません。こうした切断された地域は、すさまじい壊疽《えそ》が生じるのが通例です。こんなふうに計画された形で人々を収容するために、人々には値札がつけられ、そして値段順に整理された人口群が、まわりの都市に対して疑念と緊張をますますつのらせながら暮らすことになります。そしてそうした敵意を抱き合う島が複数並んだ状態が「バランスの取れた近隣」と称されることになるのです。独占的なショッピングセンターと、壮大な文化センターが広報の大風呂敷の下に隠しているのは、都市の親密でのんきな生活から商業と文化を取り去るということなのです。

そうした驚異を実現するため、都市計画者の呪いの印をつけられた人々は、まるで侵略軍に服従させられた人々のように、あちこちこづき回され、強制収容され、根こそぎにされます。何千何万という中小企業が破壊され、その主人たちは破滅させられますが、それに対する補償などないも同然。コミュニティが丸ごと引き裂かれ、風の中にばらまかれ、自分の目で見るまでは信じられないほどのシニシズム、ルサンチマンと絶望がその結果として生じます。シカゴ市の聖職者集団は、計画的な都市再建の結果にあきれ果てて、以下のように問いかけています。

聖書で以下のように述べたヨブはシカゴが念頭にあったのではなかろうか――

ここにいるのは隣人のランドマークを変えようとし（中略）貧者を肩で押しやり、友なき人々を抑圧しようと企む人々。

自分のものでない畑を刈り取り、持ち主から不正に奪われたぶどう園を根絶やしにする（中略）傷を負った人々がうめいて横たわる街路からは叫びがあがる（後略）

もしそうなら、ヨブはおそらくニューヨーク、フィラデルフィア、ボストン、ワシントン、セントルイス、サンフランシスコをはじめとする無数の場所も念頭にあったのでしょう。現在の都市再建に関する経済的な根拠なるものはインチキです。都市再建の経済は、都市再建理論が主張するような公共的な税金による補助金の、根拠ある投資にしっかりもとづいてなどいません。そうした補助金に加えて、寄る辺ない敷地の被害者たちから搾り取った、すさまじい非自発的な補助金も使っているのです。そしてこうした「投資」の結果として都市に裨益する、その土地からの税収増は見せかけにすぎず、残酷に揺さぶられた都市から生じる不安定さと崩壊に対処するためにますます必要となる公的資金に比べれば、惨めなほど無内容なものなのです。計画的な都市再建においては、それが実現しようとする都市自体に負けず劣らず、そのための手法もひどいものです。

一方で、都市計画の技も理論もすべて、ますます山積する莫大な都市の衰退――そしてその衰退に先立つ生気の喪失――を抑えるには無力です。また自信たっぷりに、そういう衰退は都市計画の技を適用する機会がないからなのだと胸を張ることもできません。それが適用されようとされまいと、大差ないのです。ニューヨーク市のモーニングサイド・ハイツ地区を考えてみましょう。計画理論によれば、この場所は一切問題がないはずです。豊富な公園、キャンパス、遊技場などのオープンスペースがあります。芝生もたくさん。高台の快適な土地で、川の眺めがすばらしいところです。すばらしい機関のある有名な教育センターです――コロンビア大学、ユニオン派神学校、ジュリアード音楽院、その他半ダースの立派な教育機関などがあります。よい病院や教会も擁しています。工場はありません。街路は概ねしっかり建築された広い中上流アパートの区域を「相容れない用途」が侵食しないようゾーニングされています。それなのに一九五〇年代初期までに、モーニングサイド・ハイツはすさまじい勢いでスラム化し、それも人々が外を歩くのを怖がるような荒れたスラムで、この地区にある各種機関にとってても危機的な状況ができてしまいました。かれらと市政府の都市計画部門は力を合わせ、もっと都市計画理論を適用し、地域の最もおんぼろな部分を一掃してかわりに中所得者向けのコーポラティブプロジェクトをつくり、ショッピングセンターと公共住宅を備えさせ、通風、採光、日照、修景をきちんと取り入れたのでした。これは都市救済のすばらしいお手本として称揚されました。

その後、モーニングサイド・ハイツの凋落はさらに勢いを増したのでした。

これは特殊な例でもないし例外的でもありません。あちこちの都市で、計画理論から見ればあり得ない地区が、次々に衰退しています。それよりは気がつかれにくいことですが、同じくらい重要なこととして、あちこちの都市で次々に、計画理論から見ればあり得ない地区が衰退を拒んでいるのです。

都市は、都市建築と都市デザインにおける試行錯誤、成功と失敗の広大な実験室です。都市計画が学び、その理論を形成して試すのは、この実験室であるべきなのです。ところがこの分野（と呼べればの話ですが）の実務家や教師たちは現実世界における成功や失敗の研究を無視して、予想外の成功の理由についても好奇心を向けず、町や郊外や結核病棟や市場や空想の夢の都市――都市そのもの以外のあらゆるもの――の行動や外観から得られた原理に頼っているのです。

都市の再開発部分と、都市の彼方に広がる果てしない新開発が、都市も田舎も合わせて単調で得るところのない惨状に仕立てているのは、別に不思議なことではありません。それは一重に、二重に、三重、四重に、同じ知的なごった煮の皿から出てきたもので、そのごった煮では大都市の性質、必要性、長所やふるまいが、まったくちがった不活発な居住地の性質、必要性、長所やふるまいと完全に混同されているのですから。

古い都市の衰退や、新しい非都市的都市化のぴかぴかの退廃ぶりは、経済的にも社会的にも決して不可避なものではありません。それどころか、これは社会経済のどの側面以上に、まさにわたしたちが得ているものを実現すべく、四半世紀にわたって意図的に操作されてきたのです。これほどの単調性、不毛性、下品さを実現するには、政府のすさまじい財政支援が必要でした。芝生さえついていれば、こんなごった煮でもよいものであるはずだと人々や議会を説得するために、専門家たちが何十年にもわたり説教や文筆活動、勧告をしてきたのです。

都市の疾病や、都市計画の失望と不毛さの原因として、しばしば自動車がお手軽な悪者にされます。でも自動車の破壊的な影響は、都市建設の無能ぶりの原因であるよりは、その結果であることが遥かに多いのです。もちろん都市計画家は、ものすごい大金やすさまじい権力を好きに使える道路担当者も含め、自動車と都市を相容れるものにする手立てが見つからずに途方にくれています。都市内の自動車をどうしたらいいかわからないのは、そもそもどのみち機能して活発な都市を計画する方法を知らないからなのです——そこに自動車があろうとなかろうと。

自動車の単純なニーズは、都市の複雑なニーズよりは簡単に理解できるし対応に容易です。だからますます多くの計画者やデザイナーが、交通問題さえ解決できれば、都市の主要問題も結果的に解決したことになる、と信じるようになってしまいました。都市は自動車交通よりも遥かに複雑な経済的・社会的問題を抱えています。都市自体がどう機能して、その街路で他に何をすべきか知らないのに、交通で何を試せばいいかわかるでしょうか? まさか。

ひょっとしたらわたしたちは、人としてあまりに無思慮になってしまい、もはや物事がどういうふうに機能するか気にしなくなり、それが与えるお手軽で手っ取り早い外見の印象だけにしかかまわなくなったのかもしれません。もしそうなら都市は絶望的ですし、それ以外でも社会のあらゆる部分が絶望的でしょう。でも、わたしはそうだとは思いません。

個別にいうと、都市計画の場合には、建設や都市更新について多数の善良で真摯な人々が、心から気にかけていることは明らかです。汚職は多少ありますし、また他人の土地に対する強欲ぶりはかなり見られますが、わたしたちがつくり出している惨状に注ぎ込まれる意図は、全体としてとても立派なものです。都市計画者、都市設計の建築家たち、そしてかれらとともにその信念実現を導いてきた人たちは、物事の働きを知ることの重要性を、意図して見下しているわけではありません。それどころか、都市はどういう仕組みであるべきかとか、そこの人々や事業にとって何がよいはずかについて現代の正統派都市計画の聖賢たちが何を語っているか、ずいぶん苦労して学んでいるのです。ただそれをあまりに熱心にやるので、それに反する現実が割り込んできて、苦労して勝ち取った学習内容を脅かそうとすると、かれらはどうしても現実のほうを脇に押しやってしまうのです。

たとえば、ボストン市のノースエンド（＊1）と呼ばれる地域に対する、正統派都市計画の対応を見てみましょう。これは古い低賃料の地区で、ウォーターフロントの重工業地区に続いており、公式にはボストン最悪のスラムであり市民の恥だとされています。それは、数々の偉い人たちが邪悪だと言ったために啓蒙的な人々ならみんな邪悪だと知っている、数々の特徴を備えています。ノースエンドは重工業地帯にもろに隣接しているだけでなく、もっとひどいことに、ありとあらゆる職場や商業が、とんでもない複雑さで住宅と混じり合っています。住宅に使われている土地の住戸密度はすさまじく、ボストンで最高どころか、アメリカのあらゆる都市で見ても最高です。公園はほとんどありません。子供は道で遊んでいます。スーパーブロックどころかそこそこ大きい街区さえなく、とても小さな街区ばかり。都市計画の業界用語で言えば、それは「無駄な街路でひどく細分化されている」のです。建物は古い。ノースエンドでは、考えられるすべてのものがまちがっています。このためノースエンドは、地元ＭＩＴとハーバード大学の都市計画・建築学部の学生たちにとってたえず課題のネタにされていて、かれらは教師たちの指導のもと、それを紙の上でスーパーブロックや公園プロムナードに変え、相容れない用途を一掃して、理想的な秩序と上品さに仕立てあげるという演習を幾度となく繰り返しています。その結果は、ピンの頭にでも十分彫り込めるくらいの単純きわまる無内容な代物となります。

二十年前にわたしがたまたまノースエンドを目にしたとき、その建物――アパートに改修された、種類も規模もさまざまなタウンハウスや、まずはアイルランド、続いては東欧、最後にシチリアからの移民の洪水を住まわせるべく建てられた、四、五階建ての低所得向け共同住宅――はひどい過密状態で、その一般的な結果として、ノースエンドはひどく物理的に打ちのめされたような地区という印象を漂わせ、明らかに絶望的に貧しいところでした。

一九五九年に再び見たノースエンドは、驚くほどの変貌を見せていました。何十もの建物が改修されていました。マットレスを立てかけた窓のかわりに、ベネチアン・ブラインドが見られ、少しペンキを塗り直した跡もありました。多くの小さな改装住宅は、かつてのようにそれぞれ三、四世帯がひしめくかわりに、一、二世帯しか入っていません。低所得住宅の一部世帯は（後に屋内を訪問してわたしがつきとめたことですが）古いアパートを二つぶちぬいて、洗面所や厨房などをつくることで混雑を緩和したのでした。狭い路地をのぞき込んで、ここなら古いむさ苦しいノースエンドが見つかるだろうと考えました。が、残念。きれいに目地を塗り直した煉瓦壁、新しいブラインド、ドアが開くと流れ出す音楽がたくさんあるだけでした。それどころか、駐車場周辺の建物の壁が、断ち切られてむき出しになったままでなく、見られることを意図したかのようにきれいに修繕されてペンキを塗られているのを見たのは、それまで――そして今日まで――この地区だけでした。居住用の建物中いたるところに、無数のすばらしい食品店や、詰め物家具製造、板金、大工、食品加工などの事業所が入り交じっていました。街路は遊ぶ子供たちや買い物客、そぞろ歩く人々、おしゃべりする人々で生き生きしています。そ

（＊1）ノースエンドはお忘れなく。本書でしょっちゅう言及しますので。

れが一月の寒い日でなければ、まちがいなく座っている人もいたでしょう。

全般的な街路の、うきうきした親しみやすい健全な雰囲気はきわめて伝染力が高く、わたしはだれかとおしゃべりしたいだけのために、人に道を尋ねはじめたくらいです。それまでの数日、ボストン市をあちこち見てきましたが、そのほとんどはどうしようもなくがっくりするような場所ばかりだったので、ここは市の中でもいちばん健全な場所として印象に残るとともに、ホッとさせられたものです。でも改修費用がどこから出たのか想像もつきませんでした。今日ではアメリカの都市で、高賃料だったり郊外もどきだったりするところでない限り、まともな融資を受けるのはほとんど不可能だからです。答えを求めてわたしはバー兼レストランに入り（釣りに関する活発な会話が進行中でした）、知り合いのボストン市都市計画担当者に電話をかけました。

「いったいノースエンドくんだりで何してるの？」とかれ。「え、お金？　ノースエンドなんかにお金も事業もいってないよ。あんなところへは何もいかない。いずれはね、でもまだまだ。あそこはスラムだからね！」

「スラムには見えないけど」とわたし。

「何言ってるの、町で最悪のスラムだよ。ヘクタールあたり六百十一住戸が詰まってるんだよ！　あんなところがボストンにあるなんて認めたくないんだけど、事実だからしょうがない」

「他に数字はある？」とわたしは尋ねました。

「うん。変なんだけれど、青少年非行率と疾病率と幼児死亡率はボストンで最低なんだ。あと、所得に対する家賃比率も最低。いやあ、そこの人たちはえらくお得な家に住んでるんだね。あとは……児童人口は市の平均ちょうど。死亡率は千人あたり八・八人で、市全体の平均十一・二人より低い。結核死亡率はずいぶん低くて一万人あたり一人以下、信じられん、ブルックラインよりも低いのか。昔のノースエンドは結核で市内最悪の場所だったんだけど、でもすっかり変わったな。まあたぶん強い人たちなんだろうね。もちろんひどいスラムだよ」

「だったらもっとこういうスラムがあったほうがいいわね。ここを一掃する計画があるなんて言わないでよ。あなたもここにきて精一杯勉強したほうがいいわよ」

「気持ちはわかるよ。わたしもしばしばあそこに出かけてひたすら歩きまわり、あのすばらしい活気ある街路生活を味わっているんだよ。そうだ、いまそこがおもしろいと思うんなら、夏に戻ってきて行ってみるといいよ。是非そうすれば？　夏に行ったらもう夢中になるよ。でももちろんいずれは再建しないとだめだけどね。あの人たちを道ばたからどけてあげないと」

これはなかなかおもしろい。友人の直感は、ノースエンドがいい場所だと告げているし、社会統計もそれを裏付けています。でも人々にとって何がいいか、都市の近隣にとって何がいいかについて、都市計画家として学んだことのすべて、かれを専門家たらしめているすべては、ノースエンドは絶対に悪い場所だと告げているのです。

一方、ボストン最大の貯蓄銀行家で、友人が「権力構造のずーっと上にいる人」として紹介してくれた人物は、お金の件でわたしがノースエンドの人々から学んだことを裏付けてくれました。お金は偉大なるアメリカの銀行システムからきたのではありませんでした。かれらは都市計画について十分に知識を持っていて、スラムについても計画家と同じくらいよくご存じなのです。銀行家曰く「ノースエンドなんかに融資しても意味ありませんな。スラムですよ！　いまだに移民が流入してる！　さらに大恐慌時代には大量に差し押さえが発生しましてね。実績がひどい」（これについてはわたしも耳にしていましたが、家族たちは働いて資金をためて、そうした差し押さえ建築の一部を買い戻したそうです）。

この人口一万五千人ほどの地区に、大恐慌以来の二十五年で流れた最大の担保融資額は三千ドルだ、と銀行家は話してくれました。「それも件数は実に微々たるもんです」。千ドルのローン、二千ドルのローンもありました。改修作業の資金はほとんどが、地区内の事業所や世帯の稼ぎから出ていて、それが地元に還流して、住民やその親戚たちがお互いに技能労働を提供し合うことで実現されていたのです。

この頃には、改修のための融資を受けられないのがノースエンド住民にとって大きな悩みの種だというのは知っていました。また、学生たちの都市版エデンの園を実現する形でコミュニティを一掃するものでない限り、この地域に新しい建物は建たないようなので、一部のノースエンド住民が不安がっているのも知っていました。ちなみにその見通しは単に理屈の上だけのものではありませんでした。社会的に似たような――ただし物理的にはもっとゆとりのあった――近くのウェストエンド地区が、すでに類似の計画により叩きつぶされていたからです。また、目先のつぎはぎ式改修をいつまでも続けるわけにはいかないので、それも不安の種でした。「ノースエンドの新しい建築に融資の可能性は？」とわたしは銀行家に尋ねてみました。

「ありません、絶対だめです！」と言うかれは、わたしの厚かましさに苛立ったようでした。「あそこはスラムですよ！」

銀行家も、都市計画家と同じく、自分たちが貢献したい都市についての理論を持っています。その理論の知的源泉は、都市計画家と同じです。銀行家や融資保証をする政府の行政官たちは、都市計画理論を発明したりしないし、驚くことに都市に関する経済ドクトリンすら生み出しません。近年のかれらは啓蒙的なので、思想は一世代ほど前の理想論者たちから借りてくるのです。都市計画理論はすでに一世代をかなり超える期間にわたり、大きな新思想を生み出していないので、計画理論家や資金提供者、官僚はみんな、いまや同列で並んでいるというわけです。

そしてはっきり言いますと、かれらはみんな、十九世紀初期の医学のような、入念に発達した迷信体系の段階にいるのです。当時の医師たちはなんでも瀉血《しゃけつ》盲信で、病気を起こすと信じられていた悪い精気を血を抜くことで体外に流し出すのだと信じていました。瀉血でも、どんな症状の場合にはどこの血管をどんな儀式で切るべきかについて、何年もかけて厳密に勉強する必要がありました。複雑な技法の上部構造が、実にまじめくさった詳細ぶりで構築されており、当時の文献を見るといまでも真に受けてしまいそうです。でも人々は、実際とはかけはなれた現実の記述に完全に浸かっているときですら、観察力や独自の思考力を完全に失っていることはあまりないので、長期にわたる瀉血の科学の支配中でも、ある程度の常識がそれを緩和してはいたようです。少なくとも、それがよりによってこの若きアメリカで、技法としての絶頂を迎えるまでは。瀉血はこの地では猛威をふるいました。その最も影響力ある支持者はベンジャミン・ラッシュ医師で、いまでもアメリカの革命期と連邦期における偉大な国士医師として畏敬され、医療行政の天才とされています。ラッシュ医師は物事をやりとげる人でした。かれがやりとげたことの一部はよいことで有用でしたが、それまではつつしみや慈悲によって瀉血が控えられていたような症例ですら、瀉血療法を発達、実践、教育、普及させることもやりとげてしまったのです。かれとその弟子たちは、幼児だろうと結核患者だろうと高齢者だろうと、不運にもかれの影響圏で病気になった人ほとんど全員から血を抜きました。その極端なやり口には、ヨーロッパの瀉血医師たちですら衝撃を受けて震え上がったものです。それなのに一八五一年になってすら、ニューヨーク州議会の指名した委員会は瀉血の濫用を重々しく擁護したのでした。その委員会はまた、ウィリアム・ターナー医師を嘲笑して検閲しました。かれはラッシュ医師の思想を批判し、「病人から血を抜くという医療は、常識や一般体験や啓蒙された理性や神の摂理として明らかに示された法則に反するものだ」とするパンフレットを執筆したのです。病人には栄養を与えるべきで、血を抜くべきではないとターナー医師は主張し、黙らせられたのです。

医学的なアナロジーを社会組織に適用するのは、どうしても極端になりがちだし、ほ乳類の体内化学を都市での出来事と混同しても意味はありません。でも、自分でまるっきりわかっていない複雑な現象を扱おうとして、疑似科学でなんとか事を済まそうとする、まじめで学のある人々の脳内で何が起きているかというアナロジーは、確実にポイントをついています。瀉血という疑似科学でもそうですし、都市再建や都市計画という疑似科学でもそうですが、何年もの学習や、無数の細かく複雑なドグマは、まったくのナンセンスを基盤として構築されているのです。技法のためのツールはだんだん精緻化されてきました。当然ながら、やがて強力で有能な人々や畏敬される行政官が、当初の誤謬をうのみにして、道具立てと一般の安心を後ろ盾に、それまでならつつしみや慈悲が禁じていたような、最大の破壊的過剰へと論理的に邁進するというわけです。瀉血が治療効果をあげるのは、ただの偶然か、たまたま何か変わったことが起きた場合だけでした。やがてそれは、あるべき状態ではなく実際の状態から導かれた現実を、少しずつ組み立て、使っては試すという面倒で複雑な作業に道を譲り、そのうち見捨てられました。都市計画とその仲間たる都市デザインの技芸という疑似科学は、まだ願望やおなじみの迷信、過度の単純化やシンボルなどといった安寧と決別しておらず、いまだに現実世界を探求するという冒険に乗り出していないのです。

したがって本書ではまず、ささやかとはいえ現実世界をわたしたち自身で探求しに乗り出すことから始めましょう。一見すると謎めいて倒錯した都市のふるまいで何が起きているかをつきとめるには、いちばんありきたりな場面や出来事をできるだけ間近に見て、それが何を意味し、そこから何らかの原理の糸筋が見えてこないかを、なるべく先入観なしに観察することだと思います。本書の第Ⅰ部ではそれを試みています。

ある原理は実に普遍的に登場し、しかも実に多様できわめて複雑に異なる形で現れるので、本書の第Ⅱ部ではその性質に注目しています。この部分がわたしの議論の核心となります。その普遍的な原理とは、都市にはきわめて複雑にからみ合った粒度の近い多様な用途が必要で、しかもその用途が、経済的にも社会的にも、お互いに絶え間なく支え合っていることが必要だということです。この多様性を構成するものはすさまじく異なっているかもしれませんが、それがお互いをある具体的な方法で補い合っていないとダメです。

思うに、失敗している都市地域というのは、この種の複雑な相互扶助を欠いている地域です。そして都市計画の科学や都市デザインの技芸は、現実の都市の現実の生活の中で、こうした規模の近い労働関係の触媒となり、それを育成する科学と技芸にならなくてはいけません。有用な都市の多様性を生み出すための条件は、わたしの見つけた証拠から判断する限り、主に四つあると思います。そしてその四条件を意図的に引き起こせば、計画は都市の活力をもたらせると思います（計画屋の計画だけや、デザイナーのデザインだけでは絶対にできないことです）。第Ⅰ部は、もっぱら都市の人々の社会行動についてのもので、それに続く内容を理解するのに必須ですが、第Ⅱ部はもっぱら都市の経済的なふるまいについてであり、本書の一番重要な部分です。

都市は信じられないほどダイナミックな場所であり、特にその成功している部分ではそれがことに顕著です。そういう場所は、何千人もの人々の計画を実現する肥沃な土地となっているのです。本書の第Ⅲ部では、現実の生活において都市がどう使われ、都市とそこの人々がどうふるまうかをもとに、都市の荒廃と再生の各種側面を検討します。

本書の最後の部は、住宅、交通、デザイン、計画、行政方式の変更を提案し、最後に都市が投げかける問題の種類を論じます——都市という問題は、組織化された複雑性の問題なのです。

物事の見かけとその仕組みは不可分に深く結びついていて、これは都市ではなおさらです。でも都市がどう見える「べき」かだけに関心があり、その仕組みに関心がない人々は、本書を読んでがっかりするでしょう。都市が本質的な機能秩序として何を持っているか知らずに、都市の外観を計画したり、そこに快い見せかけの秩序を与えようと画策したりするのは無駄なことです。ものごとの外観を主目的にしたり、主要なドラマにしたりするのは、たぶん問題を引き起こすだけです。

ニューヨーク市のイーストハーレムでの住宅プロジェクトには、目立つ長方形の芝生があって、そこはプロジェクト入居者たちの憎悪の的となりました。そのプロジェクトをしばしば訪れるソーシャルワーカーは、芝生の話が実にしょっちゅう出てくるので驚いていました。何の脈絡もなく芝生の話になり、そしてみんなそれを心底嫌っていて、あれを潰せと強く主張するのです。彼女が理由を尋ねると、通常の答えは「何の役にも立ってないだろ」「だれも欲しがってない」というものです。ついにある日、他の人々よりも表現の上手な入居者の一人が以下のような宣言をしました。「ここを建てたとき、あたしたちが何を求めてるかなんて、だれも気にかけませんでした。あたしたちの家を潰して、あたしたちはこっち、友人たちはどっかよそ、という具合に押し込んだんですよ。ここらじゃコーヒー飲んだりするとこもないし、新聞買うところさえなくて、五十セント借りたりもできない。だれもあたしたちの欲しいものなんか気にしなかった。でもお偉いさんたちはやってきて、あの芝生を見てこう言うんです。『すばらしいですな！　いまや貧しい人たちは何でも持っている！』」

この入居者は、道徳家が何千年も述べてきたことを言っているのです。手は口ほどに物を言い。キラキラするものがすべて金ではない。

また彼女はもっと他にも主張しています。見た目の醜さや無秩序よりさらに険悪な性質というのがあって、その険悪な性質とは、秩序のふりという不正直な仮面だ、と。存在して実現されようと苦闘する真の秩序を無視したり抑圧したりすることで、見せかけだけの秩序は実現されているのです。

都市の根底にある秩序を説明しようとするにあたり、わたしはニューヨーク市の例を大量に使います。わたしの住んでいるところだからです。でも本書の基本的な発想は、ほとんどが他の都市で最初に気がついたり、聞かされたりしたことがもとになっています。たとえば、都市におけるある種の機能混在が強力な効果を持つという初の思いつきは、ピッツバーグ市からきました。道での安全について初めて考えたのは、フィラデルフィア市とボルチモア市、曲がりくねるダウンタウンについてはボストン市、スラム解消について初めてヒントをもらったのはシカゴ市。こうした思索の材料のほとんどは、自分の家の目の前にもちゃんとありました。でも、それをあたりまえだと思っていない場所でのほうが気がつきやすいのかもしれません。一見すると無秩序に見える都市の下にある、社会経済秩序を理解しようとする、という基本的な発想は、実はわたしの思いつきなどではなく、ニューヨーク市イーストハーレムのユニオン貧困者支援所における、代表ワーカーのウィリアム・カークが考案したものです。かれがイーストハーレムを見せてくれたおかげで、わたしは他の近隣やダウンタウンに対する見方を学べたのでした。あらゆる場合に、わたしはある都市や近隣で見聞きしたことを別のところでも試し、個別の都市や場所での教訓が、その個別の例以外でどこまで関係するかを見極めようとしました。

わたしは大都市に注目し、その都心部分を見ています。それはこの問題が、都市計画理論で実に一貫して避けられている部分だからです。これは時間がたつにつれて、有用性も少し増すのではないかと思います。今日の都市で、最悪かつ明らかに最も説明不能の問題を抱えているのは、しばらく前は郊外や立派で静かな住宅街だった場所だからです。いずれ今日の真新しい郊外や準郊外も都市に飲み込まれます。そしてその成功如何は、それが都市の一地区としてうまく機能するように適応できるかにかかっています。また正直に言いますと、わたしは高密な都市が好きで、それがいちばん気になるのです。

でも、わたしの観察を、町や小都市や、まだ郊外のままの郊外に適用しようとする読者がいないことを祈っています。町や郊外や小都市でさえも、大都市とはまったくちがった組織です。大都市を理解しようとするのに、町のふるまい（実際のも想像上のも）を使うことで、わたしたちはすでに十分にひどい状況になっています。大都市をもとに町を理解しようとするのは、その混乱をさらに悪化させるだけです。

本書の読者はだれであれ、わたしの主張を都市とそのふるまいに関する自分の知識と比較して、絶えず懐疑的に検討してほしいと思います。観察が不正確だったり、推論や結論がまちがっていたりしたら、そうした欠陥はすぐに訂正されることを願っています。都市について正しく有用な知識を、できるだけ多く学んで適用することがいまや急務なのです。

既存の正統都市計画理論については辛辣なことを言ってきましたし、今後も折につけて言います。いまやこうした正統な発想は伝承の一部となっています。みんなそれがあたりまえだと思っているので、有害なのです。そ れがいかにして生まれたか、そしてそれがいかにピント外れかを示すために、正統現代都市計画と都市建築デザインにおける真理に貢献した、最も影響力ある発想を手短にここで概観することにしましょう（＊2）。

最も重要な影響の流れは、概ねエベネザー・ハワードから始まります。かれはイギリスの法廷速記者で、都市計画は手すさびでした。ハワードは十九世紀末ロンドンの貧困者の居住状態を見て、無理もないことですが、嗅

（＊2）もっと詳しい説明、そしてわたしとはちがってもっと好意的な説明を求める読者は、原典にあたるとよいでしょう。とてもおもしろいので。特にエベネザー・ハワード『明日の田園都市』、ルイス・マンフォード『都市の文化』、パトリック・ゲデス卿『進化する都市』、キャサリン・バウアー『現代住宅』、クラレンス・スタイン『明日のアメリカニュータウンに向けて』、レイモンド・アンウィン卿『過密からは何も得られない』、ル・コルビュジエ『ユルバニスム』。わたしの知る限り手短な文献調査として最高なのは、チャールズ・M・ハール『土地利用計画、都市の土地の利用、誤用、再利用ケースブック』に含まれた「都市計画の想定と目標」で、各種の抜粋が掲載されています。

いだり見たり聞いたりしたものが気に入りませんでした。都市のよくないところや誤りを嫌っただけでなく、都市そのものを嫌い、それが根本的に邪悪で、これほど多くの人々が集積してしまうというのは自然に対する侮辱だと感じたのでした。人々を助けるためのハワードの処方箋は、都市を滅ぼすことでした。

かれが一八九八年に提案したプログラムは、ロンドンの成長を止めて、村落が衰退しつつあった田舎に人を移住させ、新しい町——田園都市を建設することでした。そこでは都市の貧民が再び自然の近くで暮らせるのです。かれらが生計を立てられるように、田園都市には産業も設置されることになります。というのもハワードが設計したのは都市ではありませんが、郊外ベッドタウンを設計していたわけでもないからです。ハワードが狙ったのは、自給自足の小さな町で、本当にすてきな町ではあります。あなたが従順で自分独自の計画がなくて、他の自主的計画を持たない人々と暮らしてもかまわないというのであれば。あらゆるユートピア同様、多少なりとも大きな計画を持つ権利は、計画者当局だけにあります。田園都市は農業ベルトで囲まれることになっていました。産業は計画された保留地に置かれ、学校、住宅、公園は計画居住地域に置かれます。そして中心には商業、クラブ、文化施設が置かれ、それらは共有されます。町とグリーンベルトは全体として、町を開発した公共当局のもとで永遠にコントロールされ、土地の投機や、土地利用の不合理な変化と称するものを防ぐことになっており、密度を増そうという誘惑を抑えることにもなります——つまりは、それが決して都市にならないようにするわけです。最大人口は三万人に抑えられることになっていました。

ネイサン・グレーザーは「アーキテクチュラル・フォーラム」誌でハワードのビジョンをうまくまとめています。「イメージはイギリスの田舎町である——そこでは邸宅や公園が、コミュニティセンターに置き換わり、木の陰に工場が隠されて、それが仕事を供給する」

アメリカでいちばんこれに近い例というと、絵に描いたような企業城下町でしょう。利益分配があり、PTAが日常的な管理人的政治業務を行います。というのもハワードが思い描いていたのは、単なる新しい物理環境と社会生活ではなく、父権的な政治経済社会だったのですから。

それでも、グレーザーが指摘するように、田園都市は「都市に代わるものとして着想され、都市問題の解決を意図していた。これは昔も今も、計画のアイデアとして田園都市が持つすさまじい力の基盤である」。ハワードは、田園都市を何とか二つ建設させました。レッチワースとウェルウィンです。そしてもちろんイギリスとスウェーデンは、第二次大戦以来、田園都市の原理に基づく衛星都市をいくつも建設しています。アメリカでは、ニュージャージー州の郊外都市ラドバーンや、大恐慌時に建てられた政府支出によるグリーンベルト町（実は郊外）はどれも田園都市を不完全に改変したものです。でもハワードの影響を考えるとき、そのプログラムを文字通り、あるいはかなりそれに近い形で受け入れた実作などたいしたものではありません。むしろかれの影響が最大限にあらわれたのは、今日のアメリカ都市計画すべての根底にある着想なのです。田園都市そのものにはまったく興味のない都市計画者やデザイナーでも、田園都市の根底にある原理には知的にまだ完全に牛耳られているのです。

ハワードは都市を破壊する強力な着想を打ち出しました。まず、都市の機能を扱うには、全体からいくつか単純な利用を整理してふるい出し、そのそれぞれを概ね自己完結させることだと考えました。立派な住宅の提供こそが中心的な問題だとしてそれに専念し、他のものはそのおまけだと考えました。さらに立派な家というのを、郊外で見られる物理的特徴や、小さな町の社会的性質だけで考えました。商業というのは、決まり切って標準化された財の供給だと捉え、しかも自ずと限られた市場だけを相手にするものと考えました。よい計画というのを、一連の静的な行動だと捉えています。そのそれぞれにおいて、計画は必要なものすべてを予測しなければならず、いったん建設されたら、その後はごく最低限のものをのぞいてあらゆる変化から保護されねばならないと考えました。また都市計画を本質的に、権威主義まがいの世話焼き父権主義的な行為だと理解していました。自分のユートピアに役立つような抽象化ができない都市の側面には興味を持ちませんでした。特にハワードはメトロポリスの複雑で多面的な文化生活をあっさり無視しました。かれは、大都市が自警したり、アイデアを交換したり、政治的に動いたり、新しい経済的な仕組みを生み出したりする方法といった問題には興味がなく、こうした機能を強化する方法も考案できませんでした。というのも結局のところ、かれはそもそもその手の生活を念頭に設計しているわけではなかったからです。

何に注目して何を無視するかという点のどちらでも、ハワードは自分としては筋が通っていましたが、でも都市計画の観点からはまったく筋が通りませんでした。それなのにほとんどあらゆる現代都市計画は、このばかげた内容を拝借し、飾り立てたものなのです。

アメリカ都市計画に対するハワードの影響は、二つの方向からやってきました。一方は町や地域の計画者たち、そして一方は建築家たちから。計画側からきたのは、スコットランドの生物学者兼哲学者パトリック・ゲデス卿で、放っておけば大都市に向かう人口を吸収するためのうまい手法として田園都市を見るのではなく、それをもっと壮大でもっと包括的なパターンの出発点として考えています。かれは都市計画というのを、もっと広い地域全体の計画として捉えたのです。地域計画のもとで、田園都市は広い国土に合理的に配置され、自然の中へと広がり、農業と林地を背景にバランスが保たれて、遥かか遠くに至る論理的な全体を構成するというのです。

ハワードとゲデスの着想は一九二〇年代のアメリカで熱心に採用され、きわめて有能で献身的な偉人たちの一団によってさらに発展を遂げました。その人々としてはルイス・マンフォード、クラレンス・スタイン、故ヘンリー・ライト、キャサリン・バウアーがいます。かれらは地域計画者を自称しましたが、キャサリン・バウアーはこの集団を最近になって「分散派たち」と呼んでいます。そしてこの名前のほうがふさわしいでしょう。というのもかれらが適切とする地域計画の主な結果は、大都市を分散させ、薄めて、その事業や人口をもっと小さな別々の都市か、できれば町に広げることだからです。当時、アメリカの人口は高齢化すると同時に数も横這いとなるように思えました。だから問題は急増する人口をどう収容するかではなく、同じ数の人口をどうふりわけ直すかということだと思えたのです。

ハワードの場合と同じく、このグループの影響はそのプログラムを文字通り実際に採用させたことではありません——そちらはまったく成果なしでした——むしろ都市計画や、住宅と住宅金融を左右する法制への影響が大きかったのです。スタインとライトによるモデル住宅の仕組みは、もっぱら郊外環境に建てられるか、あるいは都市の縁の部分で実施され、マンフォードやバウアーによる文章や図やスケッチや写真とともに、以下のような発想を一般化させて、それがいまや正統派都市計画では常識と見なされています。つまり街路は人間にとって悪い環境である。住宅は街路に背を向けて内側の、保護された緑地に向くべきである。街路が多すぎるのは無駄で、物件価値を接道距離でしか測らない不動産投機家にしか意味がない。都市デザインの基本単位は街路ではなく街区、それも特にスーパーブロックである。商業は住宅や緑地から分離されるべきである。物資に対する近隣の需要は「科学的」に計算されるべきであり、それに応じた商業空間さえあればよく、それ以上は不要。他人がたくさんいるのは、よくても必要悪でしかなく、よい都市計画とは孤立や郊外的なプライバシーを実現するか、少なくともそれらしく見せねばならない。分散派たちはまた、計画コミュニティが孤島のように、自己完結的なユニットとなるべきだという発想を突き詰めました。そしてそれらが将来の変化に抵抗しなくてはならず、あらゆる重要な細部に至るまで最初から計画者によりコントロールされ、そしてそれがずっと遵守されるべきだという考えも死守しています。つまり、よい都市計画とはプロジェクト計画だということです。

物事の新秩序の必要性を強化してドラマチックにするため、分散派たちは悪しき旧都市をボコボコにけなしました。大都市における成功については興味を持ちませんでした。失敗だけに注目したのです。すべてが失敗でした。マンフォード『都市の文化』のような本は、もっぱら都市の悪いところの陰気で偏向したカタログでした。大都市はメガロポリス、圧政都市、ネクロポリス、化け物じみた存在、圧政、生ける死です。それは消えるべきだといいます。ニューヨーク市のミッドタウンは「混沌を固めたもの」(マンフォード)。都市の形態や外見は、「混沌とした偶発物(中略)多くの自己中心的で何も知らない個人による、場当たり的で相互に対立する気まぐれの総和」(スタイン)でしかない。都心は「騒音、汚れ、乞食、おみやげと騒々しい競合的な広告の前景」(バウアー)でしかない。

これほどひどいものを、わざわざ理解しようとする価値などあるでしょうか？　分散派の分析、その分析に伴い派生する建築設計や住宅設計、その新しいビジョンにまさに直接的な影響を受けた全国の家庭住宅ローン制度——これらはいずれも、都市の理解や成功した大都市の育成とは無関係だったし、また関係を持とうともしていませんでした。それは都市を放棄するための理由や手段なのであり、分散派たちはこれを明言していました。

でも都市計画と建築の学校や国会、そして州議会や市当局でも、分散派の思想は大都市自体と建設的に対応するための基本的なガイドとして、だんだん受け入れられるようになってきました。これはこの惨めなお話における最も驚くべき出来事です。大都市を強化したいと心から思っている人々が、自分たちの経済をだめにして潰すために考案されたとはっきり述べられている処方箋を、やがて受け入れてしまうのですから。

この反都市計画すべてをこの非道の要塞の真ん中に持ち込むための、最も劇的なアイデアを持っていたのは、ヨーロッパの建築家ル・コルビュジエでした。かれは一九二〇年代に夢の都市を考案して輝く都市と名付けました。それは分散派たちの大好きな低層住宅でできてはおらず、主に公園の中の摩天楼群でできていました。ル・コルビュジエはこう書きます。「たとえば大公園を通って都市に入ってみよう。速い車は、特別高架自動車道を走って壮大な摩天楼の間を抜ける。近づくにつれて、空を背景に摩天楼二十四本が繰り返されているのが見える。それぞれの区域の外周部には、行政管理棟が見える。そして空間を囲うように、美術館や大学の建物がある。町全体が公園だ」。ル・コルビュジエの垂直都市では、人類のうち下々の連中はヘクタールあたり三千人が収容されます。すばらしく高密ではありますが、でも建物がとても高層なので、地面の九十五パーセントは空地のままにしておけます。摩天楼は地面の五パーセントしか占有しません。高所得者は、中庭を囲む低層高級住宅に暮らし、かれらは地面の八十五パーセントを空地にしておきます。あちこちにレストランや劇場があります。

ル・コルビュジエは物理環境を計画していただけではありません。社会ユートピアを計画していたのです。ル・コルビュジエのユートピアは、最大限の個人の自由と称する環境で、これは何か意味あることをやる自由ということを意味しているのではなく、通常の責任から逃れているということを意味していたようです。輝く都市では、どうやらだれも他人の面倒をみなくてよいようです。だれも自分独自の計画と格闘する必要もない。だれも縛られたりはしないのです。

分散派など田園都市の忠実な支持者たちは、ル・コルビュジエによる公園の中のタワーという都市に愕然としました。それに対するかれらの反応は、当時もいまも、非常に古い孤児院を目にした進歩的な保育園の先生のようなものです。でも皮肉にも、輝く都市は田園都市の直系の子孫なのです。ル・コルビュジエは田園都市の根本的なイメージを、少なくとも形ばかりは受け入れて、それが高密度でも現実味を持つように工夫したのでした。かれは自分のつくったものが、実現可能な田園都市だと述べています。「田園都市は鬼火のようなものだ。自然は街路や家の侵入で溶け去り、約束された静けさは、実際には混雑した入居地となってしまう。(中略)解決策は『垂直の田園都市』にあるのだ」

別の意味でも、それがかなり容易に人々に受け入れられたという点で、ル・コルビュジエの輝く都市は田園都市に依存していました。田園都市の計画者と、住宅改革者や学生や建築家の間でますます増える一方のその支持者たちは、スーパーブロックやプロジェクト近隣、変更不可能な計画、芝生、芝生、また芝生という発想を精力的に普及させつづけていました。それ以上に、かれらはそうした属性が人間的で社会的に責任ある、機能的で気高い都市計画の特徴なのだという発想を確立させるのに成功しました。ル・コルビュジエは、自分のビジョンを人間性や都市機能の面で弁護する必要はありませんでした。都市計画の大目標が、芝生の上でくまのプーさんとぴょんぴょこ遊ぶクリストファー・ロビンであるなら、ル・コルビュジエでも同じことでしょうに? 分散派たちがそれを収容所じみているだの機械主義だの非人間化するだのと糾弾するのは、他の人々からばかばかしいほど派閥主義じみて見えたのです。

ル・コルビュジエの夢の都市は、わたしたちの都市にすさまじい影響をもたらしました。建築家たちは浮かれたようにそれを賞賛し、次第に低所得公共住宅からオフィスビルプロジェクトまでの各種プロジェクトに体現されるようになりました。つくり物めいた田園都市の原理をつくり物じみた高密都市という形で実践可能にしただけでなく、ル・コルビュジエの夢は別のすばらしい特徴を持っていました。かれは自動車を自分の仕組みの中に不可分にとり込みます。これは一九二〇年代から三〇年代初期には斬新で華々しいアイデアでした。高速の一方通行用に大幹線道路をつくりました。「道の横断は交通の敵」なので街路の数はできるだけ減らしました。大型車両や配達車用には地下道を提案し、もちろん田園都市と同じく歩行者は通りから排除して公園に収めました。かれの都市はすばらしい機械式おもちゃのようなものでした。さらにかれの思いつきは、建築作品としては、ふるいつきたいほどの明快さ、単純さ、調和性を持っていました。実に秩序だって、視覚的で、わかりやすいのです。よい広告のように、何もかも一発で語っています。このビジョンとその大胆なシンボリズムは、計画屋、住宅屋、デザイナー、デベロッパー、銀行、市長たちにも、とにかく抵抗しがたい魅力的なものでした。「進歩的」なゾーニング屋にも大きな魅力を発揮します。かれらの書くルールは、プロジェクト外の建設主たちにも、ごくわずかであれその夢を反映したようなものをつくるよう奨励すべく計算されているのです。設計がいかに下品でまぬけだろうと、空地部分がいかに陰気で使い物にならなくても、間近に寄って見るといかに退屈でも、ル・コルビュジエの模倣品は「オレがつくったものを見て!」と叫びます。巨大で目に見えるエゴのように、それはだれかの成果を告げます。でも都市の仕組みとなると、それは田園都市と同じく、嘘っぱちなのです。

分散派たちは、ぬくぬくした町の生活という理想を奉じているので、ル・コルビュジエのビジョンに歩み寄ることは決してありませんでしたが、その弟子たちの多くは歩み寄りました。今日の高度な都市デザイナーはほとんど全員が、この二つの発想を各種の混ぜ方で組み合わせています。「選択的除去」「更新計画」「計画的保全」などさまざまな名で知られる再開発技法——つまり荒廃地域を完全に取り壊すのは免れるということです——は、古い建物のうち何本かをそのまま残しつつ、地域全体をギリギリ輝く田園都市と呼べるものにするための手口にすぎません。ゾーニング屋、道路計画屋、立法者、土地利用計画屋、公園遊技場計画屋——このだれ一人としてイデオロギーの真空中に暮らしているわけではありません――は絶え間なく、これら二つの強力なビジョンやそのもっと高度な融合版を、固定した参照点として使っています。このビジョンから逸脱することもあり、妥協をしたり、通俗化したりすることはありますが、でも出発点は同じです。

もう一つ、正統派都市計画における重要性の少し低い血筋を見ましょう。これは概ね、一八九三年シカゴ市のコロンビア万博から始まります。ちょうどハワードが田園都市の発想をまとめつつあった頃です。シカゴ博は、ちょうどシカゴ市で生まれつつあった刺激的な現代建築を黙殺して、後ろ向きの猿まねルネッサンス様式をドラマチックに描き出しました。博覧会場には次々と、重々しい荘厳な記念碑が、お盆に乗った糖衣つき菓子パン群のように並び、後のル・コルビュジエによる繰り返しだらけのタワーを、ずんぐりした装飾的な形で予見していたのでした。この乱痴気さわぎにおける金満で記念碑的なものの寄せ集めは、都市計画者と一般市民の想像力を捉えました。それは都市美運動という運動の原動力となり、そしてこの博覧会の計画を牛耳っていたのは、実は後に都市美運動の主導的な計画者となるシカゴ市のダニエル・バーナムだったのです。

都市美運動の狙いは、記念碑的な都市でした。バロック的な大通りのネットワークによる各種の仕組みが図面で描かれましたが、どれもほとんど実現はしませんでした。でもこの運動から実際に出てきたのは、記念碑的な都心で、お祭り博覧会をモデルにしたものです。こうした建物は、フィラデルフィア市のベンジャミン・フランクリン・パークウェイのような大通り沿いに配置されたり、クリーブランド市の政府センターのように緑道《モール》沿いに配置されたり、セントルイス市の市民センターのように公園に縁取りされたり、サンフランシスコ市の市民センターのように公園がちりばめられたりしています。どのように配置されようと、重要なのはその記念碑が市の他の部分から選り分けられて、考えられる限り最も壮大な効果を出すように組み合わされ、全体が完全なユニットとして、別個のきちんと定義された形で扱われているということです。

人々はそれを誇らしく思いましたが、でもそうした都心は成功しませんでした。一つには、それを取り巻く通常の都市部分は、例外なしに改善されるどころか荒廃を迎え、そして美しい都心部は常に怪しげな刺青ショップや古着屋などといった不釣り合いなシロモノに囲まれるか、あるいは何とも説明しがたいやる気のない衰退に囲まれることになったのです。もう一つ、人々はその美しい都心に驚くほど近づきたがりませんでした。なぜか、お祭りが都市の一部となったら、それはお祭りのようには機能しなかったのです。

都市美運動の建築は古びてしまいました。でも都心部の背後にある発想が疑問視されることはありませんでしたし、今日ではその発想はかつてないほどの力を持っています。一部の文化機能や公共機能を選りだして、日常活動の都市との関連をそこから脱臭するという発想は、田園都市の教えとうまく一致したのです。田園都市と輝く都市が融合したように、この発想も融合して何やら輝く田園都市美とでもいうようなものになりました。たとえばニューヨーク市の巨大なリンカーン広場計画がその例です。記念碑じみた都市美運動的文化センターが、それに隣接する一連の輝く都市や輝く田園都市住宅、ショッピングセンター、キャンパスセンターの中に置かれています。

そしてアナロジーで言えば、この選り分けの原理――そして計画者自身のもの以外のあらゆる計画を弾圧することで秩序をもたらす手法――は都市機能のあらゆる面に拡張され、今日では、大都市の土地利用マスタープランはもっぱら多くの混じりっ気のない純粋選り分け機能をあれこれ、通常は交通との関連でいろいろ配置するように提案するという話にほぼ尽きてしまっています。

最初から最後まで、ハワードやバーナムから最新の都市更新法改正に至るまで、あらゆる画策はすべて都市の実際の働きとは無関係です。研究されることもなく、尊重されることもない都市は、生け贄とされてきたのです。

第Ⅰ部

都市の独特の性質

第2章 歩道の使い道——治安

都市の街路は、乗り物を運ぶ以外に多くの役割を果たしますし、都市の歩道（街路の中の歩行者の部分）は歩行者を運ぶ以外に多くの目的を果たします。こうした用途は人の行き来と結びついてはいますが、でもそれと同じではないし、都市の適切な機能にとってはそれ自体が行き来と同じくらい基本的なものです。

都市の歩道は、それだけだと何でもありません。単なる抽象概念です。それはそれと隣接する建物や他の用途との関連でのみ、あるいはそのごく近くにある他の歩道に隣接する建物や用途と結びついてのみ、何らかの意味を持つようになります。同じことが街路についても言えます。真ん中を走る車両交通を運ぶ以外の役割を考えるときは特にそうです。街路とその歩道は都市の主要な公共の場所であり、その最も重要な器官なのです。都市を思い浮かべるとき、何が連想されるでしょうか？ 街路です。都市の街路がおもしろそうなら、その都市もおもしろそうに見えます。それが退屈そうなら、都市も退屈そうです。

それ以上に、ここがまさに最初の問題のとっかかりとなるところですが、もし都市の街路が粗暴行為や恐怖から安全であれば、その都市もやはり粗暴行為や恐怖から安全だということになります。人々が、ある都市やその一部について、危険だとかジャングルだとか言うとき、それはおもに歩道を歩いていて安全に感じられないということを意味しているのです。

でも歩道やそれを使う人々は、安全から受動的に利益を受けるだけだったり、危険に手も足も出ない被害者だったりするだけではありません。歩道やそれに隣接する用途やその利用者たちは、都市を舞台とする文明と粗暴の対決ドラマにおける、能動的な参加者なのです。都市を安全に保つのは、都市の街路や歩道の根本的な仕事の一つです。

この仕事は、小さな町や本当の郊外の歩道や街路に要求される各種サービスとはまったくちがっています。大都市は、町を大きくしただけのものではありません。郊外を高密にしただけのものでもありません。基本的なところで町や郊外とはちがっていて、そのちがいの一つは、都市はその定義からして知らない人だらけだということです。大都市ではどんな人だろうと、知り合いより他人のほうがずっと目につくのです。人が集まる公共の場所で目につくというだけではありません。自宅の軒先や玄関口ですら、他人のほうが目につきます。近所に住んでいる人ですら他人同士だし、それは避けられないことです。小さな地理的範囲にやたらに人がいるので、これは当然なのです。

成功した都市地区のいちばんの基礎となる属性は、人がそれだけの他人に囲まれつつ、安心できて身の危険を感じないでいられるということです。無条件に他人が怖く思えるようではダメです。この点で失格の都市地区は、他の点でもダメで、その地区に限らず都市全体にトラブルを山積みさせるのです。

今日、多くの都市街路は粗暴行為に乗っ取られているか、少なくとも人々はそう恐れています(これは結局のところ同じことです)。引っ越そうとして場所を探している友人の一人はこう言いました。「あたしの住んでるところは、きれいで閑静な住宅街なのよ。夜に聞こえてくるいやな音と言えば、だれかが強盗にあっている悲鳴がたまにするくらい」。人々が街路を怖がるようになるには、その街路や地区で暴力事件がごく少数あれば足ります。そしてみんなが怖がって、街路を使わなくなれば、その街路の安全性はもっと下がります。

確かに、頭の中にお騒がせ小鬼を飼っているような人は、客観的な状況がどうだろうと決して安全だと感じられなかったりします。でもそれは、普段はまじめで寛容で明るい人々が感じる恐怖とはまったく別の話です。そうした人々が暗くなってから――あるいは少数の場所では日中さえ――外に出ようとしないのは、常識的な行動でしかありません。そこでは襲われかねず、そしてそれが誰にも目撃されることなく、そして手遅れになるまで助けがこなかったりするのですから。

こうした恐怖を引き起こす粗暴行為や、現実に存在して単なる想像だけではない危険性は、スラムの問題だとレッテルを貼るわけにはいきません。実はこの問題は、わたしの友人が去ろうとしていたような、穏やかに見える「閑静な住宅地域」でこそ最も深刻なのです。

それは都市の古い部分の問題というレッテルを貼ることもできません。問題が最も手の施しようがない水準にまで達するのは、都市の再開発された部分の一部ですし、それも中所得者向けプロジェクトのような、再開発のお手本とされるものでさえ起きたりするのです。この種のプロジェクトとして全国的に賞賛されている（賞賛しているのは計画者や銀行ですが）地区の警察署長は最近になって、暗くなってから外をうろつかないだけでなく、呼び鈴が鳴っても相手を確認するまではドアを開けるなと住民たちに勧告しました。ここでの暮らしは幼稚園で語られる怖いおとぎ話の「三匹の子ぶた」や「狼と七匹の子ヤギ」の人生と実に共通点が多いのです。歩道と玄関口の危険性という問題は、まったく再開発のない都市でも、絶え間なく再開発が続いた都市でも同じくらい深刻です。また都市の危険性の原因として、少数民族や貧困者やのけ者たちにレッテルを貼っても何の役にもたちません。こうした集団の中や、かれらが暮らす都市地域を見ても、文明性や安全の度合いにはすさまじい開きがあるのです。たとえば昼夜問わずニューヨーク市で最も安全な歩道の一部は、貧困者や少数民族の暮らす地域にあります。そして最も危険な歩道の一部は、それとまったく同じ種類の人々が暮らす別の地域にあったりするのです。これはすべて他の都市についても言えることです。

都市だけでなく郊外や町に見られる荒廃や犯罪の背後には、深く複雑な社会的病巣があるのでしょう。本書はそうした深い理由についての考察には踏み込みません。この時点では、深い社会問題を見抜いてそれを抑えるような都市社会を維持したいなら、まずは、安全と文明を維持するための実効性ある力として、現実にある都市で、いまあるものを強化することだ、と言えばとりあえずは十分でしょう。犯罪が楽にできるような都市地区をつくるなどというのはばかげています。でも、わたしたちがやっているのはそういうことなのです。

最初に理解すべきなのは、都市での公共の平穏――歩道と街路の平穏――をおもに維持しているのは警察ではないということです。警察が必要ないというのではありません。でもそのかなりの部分は、人々自身の間の自発的なコントロールや基準による、複雑でほとんど無意識のネットワークによりもっぱら維持されており、人々自身がそれを執行しているのです。一部の都市地域――古い公共住宅プロジェクトや、人口の入れ替わりがきわめて激しい地区の街路が特に顕著な例です――では、公共の歩道に法と秩序を維持する作業は、ほとんど警察や特別警備員に完全に任されています。通常の人々による何気ない執行が崩壊したところでは、いくら警察ががんばっても文明を維持することはできません。

二番目に理解すべきこととして、都市の危険の問題を解決するには、人々をもっと広く薄く散らばらせ、都市の特徴を郊外の特徴に置き換えてもダメだということです。それで都市街路の危険の問題を解決できるなら、ロサンゼルス市は安全な都市になっているはずです。人工的なロサンゼルス市はほとんど全体が郊外だからです。高密都市地域と言えるほど密集した街区は実質的にほとんどありません。でもロサンゼルス市は都市である以上、他の大都市と同様に、必ずしも善良とは限らない他人がたくさんいるという事実からは逃れられません。ロサンゼルス市の犯罪統計は唖然とするほどのものです。人口百万人以上の標準大都市地域十七ヵ所のうち、ロサンゼルス市は犯罪の面であまりに突出しすぎていて、他とは格がちがうほどです。中でも特に、人々が街路を恐れる原因となる個人的な攻撃と結びついた犯罪が顕著です。

たとえばロサンゼルス市は、強姦が人口十万人あたり三十一・九件（一九五八年）、第二位や三位の都市であるセントルイス市やフィラデルフィア市に比べて倍以上、シカゴ市の十万人あたり十・一件に比べて三倍、七・四件のニューヨーク市に比べて四倍以上です。

加重暴行ではロサンゼルス市は十万人あたり百八十五件ですが、ボルチモア市は百四十九・五件、セントルイス市は百三十九・二件（それぞれ二位と三位です）。ニューヨーク市は九十・九件、シカゴ市は十・一件です。

ロサンゼルス市における各種銃犯罪の比率は、十万人あたり二千五百七・六件で、二位と三位のセントルイス市やヒューストン市より遥かに多い水準です。これらはそれぞれ千六百三十四・五件と千五百四十一・一件にとどまります。ニューヨーク市とシカゴ市はそれぞれ千百四十五・三件、九百四十三・五件なのでずっと下です。

ロサンゼルス市の犯罪率が高い原因はもちろん複雑だし、少なくとも一部は目に見えない原因があるのでしょう。でも一つ確実に言えることがあります。都市の人口を薄めたところで、犯罪や犯罪の恐怖からの安全を保証はしてくれないということです。これは個別の都市についても言える結論です。そうしたところでは、疑似郊外ややたらに古びた郊外が、強姦や強盗、暴行や追いはぎのたぐいにとって理想的な環境となっているのです。

ここで、あらゆる都市街路についてきわめて重要な問題が出てきます。その街路は、お手軽な犯罪の機会をどれだけ提供するか？　どんな都市でも、一定量の犯罪というものがあって、それはどうがんばっても何らかの形で発生するのかもしれません（わたしはこの説を信じていません）。でもこれが本当かどうかにかかわらず、街路の種類がちがうと、粗暴行為や粗暴行為への恐怖の度合いはまったく異なってくるのです。

一部の街路は、道ばたでの粗暴行為の機会を一切与えません。ボストン市のノースエンドの街路は、そのみごとな例です。この点でそうした地域は、地球上のどこにも負けないほど安全でしょう。ノースエンド住人のほとんどはイタリア人やイタリア系ですが、この地区の街路は、あらゆる人種や出自の人々が常時きわめて大量に往来しています。店に来てぶらぶらしている人もいます。他の人が放棄した危険な地区をひきついだ少数民族の人々は、給料の小切手を現金化するためにわざわざノースエンドにきて、その現金で週に一度の大きな買い物をします。ノースエンドでなら、現金を手にしてからそれを使うまでの間にそれを奪われたりしないというのを知っているからです。

ノースエンドの貧困者支援所であるノースエンド組合長フランク・ハヴェイは、「わたしはこのノースエンドに二十八年暮らしてきたが、強姦、追いはぎ、小児わいせつ行為やその手の路上犯罪は、この地区では一件たりとも聞いたことがない。そしてそんなものが起きたとしたら、それが新聞にのらなくてもわたしの耳には入ってくるよ」。ハヴェイによれば過去三十年で、小児わいせつ犯候補が子供にちょっかいを出そうとしたり、深夜に女性を襲おうとしたりする未遂例が六件ほどあったとのこと。いずれの場合にも、その試みは通行人や窓から外を眺めている人々や店主によって阻止されたそうです。

一方、ボストン市のインナーシティの一部ロクスベリーのエルムヒル街は、その見かけの特徴では郊外地ですが、街頭での暴行や、被害者を守る野次馬がだれもいないことからくる暴行増加の恐れが常にあるため、まじめな人々は夜は歩道に出ません。無理もないことですが、これや関連した他の理由（活気のなさや退屈さ）のため、ロクスベリーのほとんどは荒廃しています。そこは人が逃げ出す場所となっているのです。

ロクスベリーや、かつては立派だったエルムヒル街を特に危険な地区としてあげつらうつもりはありません。その欠点や、特にそのすさまじい退屈さによる荒廃の猛威は、他の都市でもあまりによく見られるものです。でも、公共の場の安全をめぐる同じ都市内でのこうした差は認識しておく必要があります。エルムヒル街の基本的な問題は、住民が犯罪者ばかりとか、差別を受けているとか、貧困だからということではありません。その問題は、そこが物理的に安全に機能できず、それと関連して都市地区としての活力を持てないということからきているのです。

似ているとされる場所の似ているとされる地区の間でも、公共的な安全面では劇的な差が存在します。ニューヨーク市の公共住宅プロジェクトであるワシントンハウスでの事件が、この点をよく示しています。このプロジェクトのある入居者グループが、自分たちの存在を何とか認知してもらおうとして、一九五八年十二月半ばに屋外イベントを実施して、クリスマスツリーを三本立てました。中心となるツリーは、運んで立てて装飾するのも苦労するくらいのかさばる物でしたが、プロジェクトの地区内「街路」とされる修景された中央緑地兼プロムナードに置かれました。他の二本は、それぞれ二メートルもなく運びやすいもので、プロジェクト外周部の角に置かれました。一つはプロジェクトが人通りの多い街路と接するところ、もう一つは旧市街の活気ある交差点です。大きなツリーとその飾りは一夜にしてすべて盗まれました。小さな二つのツリーは、電飾も装飾品もすべて無事で、正月に撤去されるまで残りました。「ツリーが盗まれたのは、理論的にはプロジェクト内で最も安全で保護された場所でしたが、実は人間、特に子供にはとっても危険な場所だったのです」と住民グループを支援していたソーシャルワーカーは言います。「あの緑地では、クリスマスツリーに限らず人々も安全ではありません。一方で、他のツリーが安全だった場所は、四つ角のうち一つの角がこの住宅プロジェクトだというだけなのですが、やはり人にとってても安全なのです」

これはだれでもとっくに知っていることですが、よく利用される都市街路は、安全な街路である見込みが高いのです。無人の街路は危険な可能性が高いのです。でもそれは実際どういう仕組みなのでしょうか？　そして街路をよく使われるものにしたり嫌われるものにしたりする要因は何でしょう？　なぜワシントンハウスの歩道緑地は、人々を惹きつけるはずが、嫌われてしまうのでしょうか？　なぜそのすぐ西にある旧市街の歩道は嫌われないのでしょうか？　ある時間帯だけ賑やかで、その後突然無人になる街路はどうでしょう？

成功した都市近隣の街路はすべてそうですが、見知らぬ人にきちんと対処して、その見知らぬ人々の存在そのものを、それ自体として安全に貢献する資産にできる街路は、以下の三つの大条件を備えています——。

まず、何が公共空間で何が私的空間かというはっきりした区分が必要です。公共空間と私的空間は、郊外環境や低所得者向けプロジェクトで典型的に見られるように、じわじわと段階的に推移したりしてはいけません。

第二に、街路に目が光っていなければなりません。その目とは、街路の自然の店番とでも言うべき人々の目です。見知らぬ人々を扱い、そして住民と見知らぬ人々両方の安全を保証できるような街路の建物は、街路に顔を向けていなくてはなりません。街路に背を向けたり、のっぺらぼうの側面を向けて街路を見ないというのではいけません。

そして第三に、歩道には利用者がかなり継続的にいなくてはいけません。これは街路に向けられる有効な目の数を増やすとともに、街路沿いの建物にいる人々が十分な数だけ歩道を見るように仕向けるためです。だれもいない通りを、ポーチや窓から眺めたりして楽しいと感じる人はいません。だからほとんどだれもそんなことはしないのです。多くの人は、街路での活動を見て楽しむのです。
大都市よりも小さくて単純な居住地なら、犯罪でなくても公共の場におけるふるまいに対する抑えは、評判やゴシップ、認知、悪評、懲罰などの網の目を通じて機能しているようです。その成功の度合はさまざまではありますが、これらはいずれも、人々がお互いに顔見知りで評判がすぐに伝わるところでは強力なものです。でも都市の街路は、その都市の人々だけでなく、郊外や町からの訪問者のふるまいもコントロールしなくてはなりません。かれらは地元でのゴシップや懲罰から離れて羽をのばしたいと思っているので、もっと直接的で明確な手法を使った抑えが必要になります。都市がこんなに本質的に難しい問題を解決できたということ自体が驚異です。でも、多くの街路はこれをみごとにこなしています。

安全でない街路という問題を避けようとして、その地域の他の特徴、たとえば住宅棟に囲まれた中庭や隔離された遊技場などを安全にしようとしても無駄です。都市の街路は、その定義からして見知らぬ人々を処理するという作業をしなくてはならないのです。というのもそこは見知らぬ人が行ったり来たりするところだからです。街路は都市を、餌食にしようとする人々から守るだけでなく、その街路を使う実に数多くの平和で善意の見知らぬ人々を保護し、通りすがりのかれらの安全も保証しなくてはなりません。さらに、通常の人であれば人生すべてを人工的な隔離された場所で過ごすわけにはいかず、これは子供たちでも同じです。みんな街路を使わざるを得ないのです。

表面的に見れば、それほど面倒な目標とは思えません。公共空間が文句なしに公共的で、私的空間や無用の空間と物理的に混じらない空間を確保して、監視の必要な領域が明確で現実的な限界を持つようにして、そうした公共街路空間がなるべく継続的に見られているようにすればいいのです。

でもこうした目標を実現するのはそんなに簡単なことではありません。特に後半が難しい。用もないのに人々に無理矢理街路を使わせるわけにはいきません。見たくもない街路を人々に見させることもできません。監視と相互治安活動によって街路の安全を実現するというと陰気に聞こえますが、でも現実生活ではこれはまったく陰気ではないのです。街路の安全が最高の形で最も自然に、険悪さや疑惑を最低限に抑えた形で機能するのは、人々が都市の街路を自発的に利用して大いに楽しみ、自分が治安活動を行っているということを通常はほとんど意識しない場合なのです。

こうした監視における基本要件は、その地区の歩道に沿って、相当数の店舗や公共の場所が散在しているということです。特にその中には、夕方や夜にも使われる事業所や公共の場所がなくてはなりません。商店や酒場やレストランが主な例ですが、これらはいくつかのちがった複雑な形で、歩道の安全性を助けるのです。

まず、それは人々——住民と見知らぬ人々の両方——に、その事業所が面している歩道を使う具体的な理由を提供します。

第二に、それ自体としては特に誘因はない場所でも、その店舗などへ行く人々の通路として使われ、行き来が生じて人が通ることで、歩道に人々を引き寄せることになります。この影響は地理的にそんなに遠くに及ぶものではありません。だから歩道沿いに公共の場所がない通りにまで、歩行者を行き渡らせたいのであれば、都市地区にある事業所はかなりの数でなくてはなりません。さらに事業所の種類も多くないと、人々の使う経路が相互に交差し合う理由ができません。

第三に、店舗などの小事業主は、通常は平和と秩序を強く願っている人々です。かれらは割れたウィンドウや追いはぎが大嫌いです。顧客が治安のことで不安がるのもいやです。かれらは数さえ十分にいれば、街路のすばらしい観察者たちで、歩道のすばらしい守護者となります。

第四に、雑用中の人々や、飲食を求める人々が引き起こす活動は、それ自体が他の人々にとっての誘因となります。

この最後の部分、人々がいるというだけでもっと多くの人が集まってくるというのは、都市計画者たちや都市建築デザイナーたちがどうもまったく理解できていないことです。かれらは都市住民が無人の風景を求め、明らかな秩序と平安を求めるのだ、という想定で活動しています。これほどまちがった話もありません。人々が活動や他の人々を見るのが大好きだということは、あらゆる都市で絶えず明らかです。この傾向はニューヨーク市のアッパー・ブロードウェイでとんでもなく極端な域に達していて、そこでは街路が道路の真ん中のところで、細い中央緑地で分離されているのです。この細長い南北方向の緑地の交差点部分には、巨大なコンクリートのガードの向こうにベンチが置かれて、天気が多少なりとも耐えられる程度であれば、そのベンチにはあらゆる街区で人が大量にすわり、目の前の緑地を横切る歩道者を眺めたり、行き交う自動車を眺めたり、賑やかな歩道の人々を眺めたり、ベンチにすわるお互いを眺めたりしています。やがてブロードウェイはコロンビア大学とバーナード大学に達します——前者は右側、後者は左側。ここではすべてが目に見えて秩序と平安を保っています。もう店舗もなく、店舗の生み出す活動もなく、横断する歩行者もほとんどなく——そして見物人もいません。ベンチはそこにもありますが、天気がどんなにすばらしくても、だれもいません。わたしは自分でそこにすわってみましたが、理由はよくわかります。これ以上退屈な場所はないからです。こうした大学の学生たちすら、この寂しさをいやがります。かれらが屋外でぶらぶらしたり、屋外で宿題をしたり街を眺めたりするのは、キャンパスでいちばん賑やかな交差点を見渡す階段からです。

他の都市街路でも、とにかくそうです。活気ある街路は常に、利用者と純粋な見物人がいます。去年、マンハッタンのロウアー・イーストサイドのそうした通りでバスを待っていました。一分も待たないうちに、雑用を果たす人々や遊ぶ子供たちやポーチでぶらぶらする人々といった街路の活動を味わいはじめる間もあらばこそ、通り向かいのアパート三階の窓が開いて、女性がわたしにオーイと呼びかけたのです。彼女がわたしに話しかけようとしているのだと気がついてそれに応えると、彼女は怒鳴りました。「そこのバスは土曜は運休よ!」そして怒鳴るのと身振りとを交えつつ、彼女は角を曲がったところにわたしを案内したのでした。この女性はニューヨークの何千何万人となくいる、ごく自然な街路の世話人なのです。かれらは見知らぬ人に気がつきます。起こっていることを何でも見ています。まちがった場所でバス待ちをしている人を案内することであれ、警察を呼ぶことであれ、行動する必要があれば行動します。行動というのは確かに、自分が街路の所有者だとある程度強く自認していないと起こりませんし、そして必要ならば自分が応援を得られるという認識も必要です。この点については本書でも後で触れます。でも行動よりもっと根本的で、行動の必要条件となるのが、見るという行為そのものなのです。

　都市にいる全員が街路の世話をするわけではないし、都市住民や都市労働者の多くは、なぜ自分の近隣が安全かわかっていません。先日、わたしの住む通りである事件があり、まさにこの点でわたしの興味をひいたのでした。

　説明しておきますと、わたしの通りの街区は小さなものですが、驚くほど多様な建物があります。いくつか年代物のアパートから、三、四階建ての住宅だったものが低家賃アパートと一階店舗に改築された建物、あるいはわたしの家のように、それを一戸建てに戻したもの。道の向こう側は、ほとんどが四階建ての煉瓦造アパートで、一階は店舗でした。でも十二年前に、角から街区半ばまでの数軒が改築されて、一棟になり、小規模で家賃の高いエレベータつきのアパートになったのでした。

　わたしの興味をひいた出来事は、男性と八歳か九歳くらいの女の子との間で展開されている、抑え気味の争いでした。男性のほうは、女の子を一緒に連れて行こうとしているようでした。かれは交互におだてるような関心を女の子に向けては、続いて無関心を装って見せたりしています。女の子のほうは、子供が抵抗するときによくやるように、通り向こうのアパートの壁にしがみついてみせていたのでした。

　それを二階の窓から眺めつつ、必要ならどうやって介入したものかと考えていたのですが、やがてわたしが出るまでもないことに気がつきました。そのアパートの一階にある肉屋からは、夫と二人で店を経営している女性が出てきました。男から二、三歩離れたところに立ち、腕組みをしています。雑貨屋を義理の息子と経営しているジョー・コルナチーアもほぼ同時に出てきて、反対側にがっしりと立っていました。上のアパートからはいくつか顔がのぞき、その一つはすぐに引っ込み、そしてその顔の持ち主は男性の背後の戸口に現れました。肉屋の隣の酒場からは男が二人、酒場の入り口まで出てきて待ち構えています。通りのこちら側では、鍵屋と果物屋とクリーニング屋の店主が店から出てきたし、そしてわたしの家以外の多くの窓からも、その場面は観察されていました。男性は知らないうちに囲まれていたのです。だれも女の子が無理矢理連れ去られるのを見過ごすつもりはありませんでした。だれもその子がだれだか知らなかったとしても。

残念ながら――というのはまったく劇的な意味でのみ残念だということですが――その女の子は、実はその男性の娘さんだったということをご報告しなければなりません。

このちょっとしたドラマは、全部で五分も続いたでしょうか。でもその間、高家賃の小アパート建築からは、まったく顔がのぞきませんでした。他の建物からはすべて反応がありました。初めてこの街区に引っ越してきたときには、このあたりの建物がすべて、ああいうアパートに改築されるんだろうな、と心待ちにしたものです。いまはわたしももっと賢くなりました。そしてこの高家賃建築の並びの街区についても、まさに同じような改築が行われる予定だと最近聞かされて、暗い気持ちと暗い予感を抱くことしかできずにいます。高家賃建築の住人たちは、ほとんどがあまりに流動的で顔すらろくに把握できないのですが(＊3)、だれがどうやって自分たちの街路の面倒を見ているのか、皆目見当がついていません。都市の近隣は、わたしたちの近隣もそうですが、こうした渡り鳥たちをかなり吸収して守ることができます。でもやがて近隣全体がそういう存在になってしまったら、次第に街路の治安が悪化し、かれらは漠然とそれを不思議に思い、そして事態がずっとひどくなれば、理由は知らねどもっと安全な別の近所に漂い流れることでしょう。

一部の豊かな都市近隣では、DIY的な監視がほとんどありません。たとえばニューヨークのパーク街の高級住宅街や、五番街の北の方などです。そういうところでは街路の監視人が雇われています。たとえばパーク街の高級住宅街の単調な歩道は、驚くほど使われていません。その利用者と思われる人々は、自分たちの歩道ではなく、その東西に走るレキシントン街やマディソン街の、おもしろい店舗や酒場やレストランだらけの歩道や、そこに通じるストリートにいるのです。ドアマンや管理人や配達人や子守係や女中のネットワークが、雇われご近所として、パーク街の高級住宅街に目を提供しています。

(＊3)店主たちによると、そうした住人の一部は豆とパンだけで暮らし、稼ぎを全部家賃に費やさずにすむところを探すのに日々を費やしているそうです。

夜には警備員の警備を防壁として、犬を散歩させる人々は安全に行き来してドアマンを補うことができます。でもこの街路は自然に備わった目があまりにないし、最初の角でその街路を離れずに、その街路を使ったりそれを見物したりする理由があまりに不足しているので、みんな最初の角でそこを離れてしまいます。もしそこの賃料がドアマンやエレベータ係を雇われご近所として維持できる水準を下回ることになったら、すぐにどうしようもなく危険な街路となるのは確実です。

いったん街路が見知らぬ人々を十分に扱えるようになったら、いったん私的空間と公共空間のしっかりした有効な区別ができあがり、活動や目の供給が十分となったら、見知らぬ人が増えれば増えるほど状況はかえってよくなります。

見知らぬ人々は、わたしが住んでいる街路ではものすごい財産となっていて、特に治安の資産が大いに必要とされる夜にはそれになおさら拍車がかかります。運のいいことに、わたしたちの街路には、地元の人が利用する酒場が一軒と、角を曲がったところにもう一軒あるだけでなく、周辺の近隣や市外からさえ見知らぬ人を絶えず引き寄せ続ける有名な酒場があるのです。なぜ有名かというと詩人ディラン・トマスが昔そこに通ったからで、作品にも出てくるのです。この酒場は実は二つのちがったシフトで動いています。朝から午後早くにかけては、アイルランド系荷揚げ人夫など、地域の職人たちの古いコミュニティが集まる、昔ながらの場所です。でも午後半ばからは、雰囲気がまったく変わり、ビールがぶ飲みの大学コンパじみたものとカクテルパーティーのごた混ぜとなって、それが深夜過ぎまで続きます。寒い冬の夜にこのホワイトホース酒場の前を通ってドアが開いていれば、会話と活気のしっかりした波が飛び出してきます。実に暖かいものです。この酒場への人の出入りが、わたしたちの街路を朝の三時までそこそこ人通りの多いものにしてくれますし、いつ歩いて帰ってきても安全な通りにしてくれるのです。わたしの知る限り、この通りで殴り合いが起こったのは酒場が閉店してから夜明けまでの無人の時間だけでした。その殴り合いを止めたのは、窓からそれを見ていたご近所で、夜だろうと自分が街路の法をきちんと守る網の目の一員なのだと無意識のうちに確信し、その殴り合いに割り込んだのです。

アップタウンに住む友人の街路では、教会の青年コミュニティセンターが、夜ごとにダンスパーティーなどの活動を行って、うちの街路のホワイトホース酒場と同じサービスを街路に提供しています。正統派都市計画は、人々が自由時間をどう過ごすべきかについて、清教徒的でユートピア主義的な発想をたっぷり抱えているので、その計画においては人々の私的生活に対するこうした道徳観が、都市の実際の仕組みと深く混同されています。都市街路の文明性を保つにあたり、ホワイトホース酒場と教会の青年センターは、種類こそちがえ、公共街路の文明化というサービスの点ではほとんど同じなのです。都市にはこうしたちがいや、その他趣味嗜好、目的、職業上の利害などが共存する余地があるだけではありません。都市はこうした趣味嗜好や性癖の異なる各種の人々を必要としているのです。人々の余暇を強制的に管理して、ある法的な仕組みを別のものにかわって押しつけようとするユートピア主義者などといった人々の嗜好は、都市にとっては無関係以上にひどいものです。それは有害なのです。都市の街路やその事業が満足できる、あらゆる正当な利益（厳格に法的な意味で）の幅が広く豊富であればあるほど、それは街路と都市の治安や文明にとってよいことなのです。

酒場や、それどころかあらゆる商業は、多くの都市地区で評判が悪いものです。それはまさにそれが見知らぬ人を惹きつけ、そして見知らぬ人々が財産としてちっとも機能しないからです。

この悲しい状況は、大都市の活気を失ったグレー地帯や、かつては華やかか少なくともしっかりした都市内住宅地がその後衰退したようなところで特に顕著です。こうした近隣はあまりに危険で、街路があまりに薄暗いのが通例なので、通常はその問題は単に街灯が足りないだけだと思われています。よい照明はだいじですが、でも暗さだけではグレー地域の深い機能的な病気である、退屈によるすさまじい荒廃を説明しきれません。

活気のないグレー地域での明るい街灯の価値は、歩道に出る必要があったり、出たいと思ったりはしているのに、よい照明がないからそれができないという一部の人に安心を提供してくれることにあります。こうして街灯は、そうした人々が自分の目を街路秩序の維持に提供するよう促すわけです。さらに明らかなこととして、よい照明はあらゆる目を支援するもので、視界が広がるのでその目の価値も上がります。目の数が増え、その到達範囲が広がるほど、退屈なグレー地域にとってはよいことです。でも目がそこになければ、そしてその目の背後にある脳みその中に、文明を支えるにあたって街路全体の支持があるという無意識の確信がない限り、街灯は何の役にもたちません。有効な目がなければ、照明の明るい地下鉄駅の中でも恐ろしい公共の場での犯罪は起き得ますし、実際に起きています。多くの人々や目がある暗い劇場では、犯罪はほとんどまったく起きません。街灯というのは、誰も聞く者がない砂漠の中で落ちる有名な石のようなものかもしれません。それは音を立てたのでしょうか？　実際に見る目がないところで、街灯は光を放つのでしょうか？　現実的な意味では放ちません。

グレー地域の街路における見知らぬ人々の困った影響を説明するには、まずアナロジーとして、別の比喩的な意味での街路における特徴を指摘しましょう――輝く都市の派生物である高層住宅プロジェクトの廊下です。こうしたプロジェクトのエレベータや廊下は、ある意味で街路です。それは地面の街路を排除して、地面をクリスマスツリーの盗まれたワシントンハウスの緑道のような、無人公園に仕立てるべく、宙に積み上げられた街路なのです。

こうした建築の屋内部分は、住民――そのほとんどはお互いを知らず、だれが住人でだれがそうでないかを必ずしも認識できていません――の行き来の役に立つという意味で街路だというだけではありません。人々がアクセスできるという意味でも、それは街路です。それは上流階級の持つドアマンやエレベータ係のためのお金がないのに、上流階級的なアパート生活の真似事をするために設計されています。この建物には問答無用でだれでも入れますし、エレベータという移動用街路や、廊下という歩道を歩けるのです。こうした屋内街路は、公共利用のために完全にアクセス可能ですが、公共の視線からは閉ざされて、したがって人目が警備する都市街路のチェックや禁止事項がないのです。

わたしの知る限り、こうした人目のない街路でたっぷり証明されている人間への危険のせいというよりも、その中で起きる物件への破壊行為のおかげで、ニューヨーク市住宅局は何年か前に、ブルックリンのプロジェクトで、廊下を公共の視線にさらす実験をしてみました。仮名でそれをブレンハイムハウスと呼びましょう（実名をここで宣伝して、かれらの苦労に追い打ちをかけたくはありませんので）。

ブレンハイムハウスの建物は十六階建てで、その高さのおかげで地面には人には嫌われる空地がたっぷり広がっているので、地面や他の建物から公開廊下を監視するのは、心理的な効果をもたらすのがせいぜいのところですが、この心理的な視界へのオープンさは、ある程度は有効に思えます。もっと重要で効果的だったのは、廊下は建物の内側から監視をもたらすようにうまく設計されていたのです。単なる移動以上の利用がそこには組み込まれていました。遊技場として使えるようになっており、そして通路としてだけでなく、狭いながらもポーチとして機能できるほど十分な広さを持っていたのです。これは実に活気に満ちておもしろかったので、住民たちはさらに別の利用法を追加して、これが圧倒的に人気を博しました——ピクニック場として使われたのです。これは住宅管理当局が、幾度となくやめるように頼んで脅しても続きました。当局はバルコニー廊下がピクニック場として使われるとは計画しなかったのです（計画はあらゆるものを事前に予測して、その後は変化を認めてはいけないのです）。住民たちはバルコニー廊下が大のお気に入りでした。そして頻繁に使われるため、バルコニーは強く監視されていました。この廊下については、犯罪の問題もなければ設備破壊の問題もありませんでした。電球すら盗まれたり割られたりはしませんでした。似たような規模のプロジェクトで人目の届かない廊下では、盗まれたり壊されたりする電球の交換だけで、毎月何千個になるのが通例なのですが。

ここまでは文句なしです。

都市の監視と都市の治安との直接的な結びつきを示す、見事な実証です！

それでもブレンハイムハウスは、おそろしいほどの破壊行為や破廉恥行為の問題に悩まされていました。照明つきのバルコニーは、管理人に言わせると「見渡すとそのあたりで最も明るくて魅力的な光景」であり、それはブルックリン中から見知らぬ人々、特にティーンエージャーたちを惹き寄せました。しかし公共的に見える廊下という磁石におびき寄せられてきた見知らぬ人々は、見える廊下で止まりはしませんでした。かれらは建物の他の「街路」、監視のない街路に入り込むのです。これにはエレベータや、もっと顕著な場所として、非常階段とその踊り場が含まれました。住宅警備員がこうした悪漢たち――人目の届かない十六階分の階段で、野蛮で悪辣きわまる行為をします――を追って非常階段を上り下りしますが、悪漢たちはそれをまいてしまいます。エレベータで高い階まで行ってからエレベータのドアを何かで押さえてエレベータが降りないようにして、そして建物や、だれでも捕まえた人物を相手にひどいことをするのは簡単なのです。この問題は実に深刻で、見たところあまりに手の施しようがなかったので、安全な廊下のメリットはほぼすべて相殺されてしまいました――少なくとも困り果てた管理人の目からすれば。

ブレンハイムハウスで起こることは、都市の退屈なグレー地域で起こることとある程度は同様です。グレー地域のあわれなほど少数で希薄に配置された明るさや活気の小さな点は、ブレンハイムハウスの見える廊下のようなものです。それは確かに見知らぬ人々を惹きつけます。でもそうした場所に通じる、比較的無人で退屈で人目のない街路は、ブレンハイムハウスの非常階段のようなものです。それは見知らぬ人を扱えるようにはなっていないし、そうした場所に見知らぬ人がいると、それは自動的に脅威と化します。

こうした場合についやりがちなのは、バルコニー――あるいは商業や酒場など、磁石となるもの――をやり玉にあげることとです。典型的な発想法のよい見本が、シカゴ市のハイドパーク・ケンウッド再開発プロジェクトです。このシカゴ大学に隣接するグレー地域は、多くのすばらしい住宅や広場を持っていますが、でも三十年にわたり、恐ろしいほどの路上犯罪問題に悩まされてきたし、後年にはかなりの物理的な衰退もやってきました。ハイドパーク・ケンウッドの衰退の「原因」は、瀉血医師たちの後継者たる都市計画屋たちにより、見事に見きわめられました。それは「荒廃」の存在だというのです。かれらの言う荒廃がどういう意味かというと、大学教授などの中流階級世帯が続々とこの退屈で危険な地域から転出して、そのかわりにしばしば、ごく当然のこととして、暮らす場所について経済的にも社会的にも選り好みできない人々がやってきた、ということです。再開発計画はこうした荒廃のかたまりを指定してそれを撤去し、かわりに輝く田園都市のかたまりをつくろうとしています。それはいつもながら、街路の使用を最低限に抑えるよう設計されています。再開発計画は、あちこちにもっと空っぽの空間を追加して、いまでも弱い、私的空間と公的空間との境目をもっとあいまいにしようとして、大して魅力があるわけでもない既存商業を完全に切除しようとしています。この再開発の初期の案は、比較的大きな郊外型ショッピングセンターもどきを含んでいました。でもこの案は、計画過程の中で、現実とはどういうものかという微かな教訓と、ちょっとした憂慮をもたらしたのでした。再開発地区内の住民の標準的な買い物ニーズに必要な規模を超えるセンターは「地区の中に外部の人々を引き込むことになるかもしれない」というのがプロジェクトの建築計画家の一人の発言です。そこで結局小さなショッピングセンターをつくることにしました。大きかろうと小さかろうと大差ないのですが。

なぜ大差ないかというと、ハイドパーク・ケンウッドは、あらゆる都市地区と同様に、現実生活で「外部の」人々に囲まれているからです。この地区はシカゴ市という都市に埋め込まれているのです。お祈りしてその立地をなくすことはできません。遥か昔に消え去った、かつての状況である半郊外の状態に戻すことはできません。それが可能であるかのような計画を立て、その深い機能的な不適切さを直視しなければ、得られる結果は二種類のどちらかとなります。

一つの可能性は、外部の人々は相変わらず好き勝手に地区にやってくるというものです。その中には、まったく善人とは言えないような人々も混じっているでしょう。治安の面から言えば、あまり変化はないでしょう。ただし路上犯罪の機会は、空き地が増えたのでいっそう増えるでしょうが。別の可能性としてこの計画は、外部の人々を地区から排除するための、決然とした大がかりな手段を講じることができます。これは隣接するシカゴ大学がやったことで、この再開発計画実施の原動力でもあった同大学は、新聞報道によれば、キャンパス内に毎晩警察犬を放ち、この危険な非都市的内部要塞にいる人物をだれであれ取り押さえるというすさまじい手段を執るようになったとのこと。ハイドパーク・ケンウッド地区の縁につくられたプロジェクトによる壁と、すさまじい取り締まりにより、外部の人間はそれなりに有効に排除できるかもしれません。その場合の代償は、周囲の都市からの敵意であり、要塞内部でのますます包囲されたような感覚です。さらに、その要塞内に正当に暮らす何千人もの人々全員が、すべて夜中に信用できるかどうかだれにわかるでしょうか?

繰り返しますが、どこか一つの地域や、この場合は一つの計画をことさら不面目なものとしてあげつらうつもりはありません。ハイドパーク・ケンウッドは、診断とその矯正措置が、全米都市におけるグレー地域再開発実験でみんなが使う手法の典型——ただしここでは平均よりちょっと野心的でした——だという点で特筆には値します。これこそが都市計画であり、正統派計画のお墨付きが一面に押されています。地元の思い込みによる逸脱などではないのです。

仮に安全でない都市をつくり、そして意図的に再開発し続けたとしましょう。この低い治安の中でどう生きればいいでしょう? これまでの証拠から見ると、そこで生きる方向性は三つあるようです。いずれ他の方向も発明されるかもしれませんが、わたしはこの三つがひたすら発展させられるだけだと思います。それを発展と呼んでよければですが。

最初の方向性は、危険が増大するに任せて、運悪くその被害に遭ってしまった人は自分で何とかしてもらう、というものです。これは低所得者向け住宅プロジェクト、そして中所得者向けの住宅プロジェクトでも一部採用されている方針です。

第二の方向性は、車に救いを求めることです。これはアフリカの大規模な野生動物保護区で実践されている技法で、観光客は何があろうともロッジに着くまでは車を離れてはいけないと警告されます。同じ技法がロサンゼルス市でも実践されています。ロサンゼルス市を訪れた旅行者は、ビバリーヒルズの警察に停止を命じられ、車に乗らずに歩いている理由を証明させられて、車でないと危険だと警告されることに驚き、それを幾度となく繰り返し語っています。犯罪率を見る限り、この手法はロサンゼルス市ではまだ十分に効果を発揮していないようですが、いずれ成果が出るかもしれません。そして、ロサンゼルス市の広大な人目のない保護区に、金属の殻なしの人々がもっと放たれたら、犯罪率の数字がどんなことになるか考えてもみましょう。

他の都市でも危険な場所にいる人々は、もちろん自衛のためによく自動車を使うか、あるいは使おうとします。「ニューヨーク・ポスト」紙の投書欄にはこんな手紙が載っていました。「わたしはブルックリンのウティカ通りを曲がった暗い通りに住んでいますので、大して遅い時間でもなかったのですが、タクシーで家に帰ることにしました。タクシーの運転手は、ウティカ通りの角で降りてくれと言うのです。暗い通りには入りたくないからといって。暗い通りを歩くつもりなら、そもそもタクシーなんか使いません」

第三の方向性は、ハイドパーク・ケンウッド再開発プロジェクトの話でにおわせたものですが、ならずもののギャングたちが開発したもので、再開発都市のデベロッパーたちが広く採用しているものです。この方向性は、縄張りという制度を活用するものです。

縄張りシステムのもとでは、歴史的にはある通りや住宅プロジェクトや公園——多くはこの三つの組み合わせ——を、ギャングが自分の縄張りだと宣言します。他のギャングは、その縄張りを仕切るギャングの許可なしにはそこに入れません。そうしないと、殴られたり追い出されたりする危険を冒すことになるのです。一九五六年に、ニューヨーク市の青年委員会は、ギャング同士の抗争にかなり手を焼いていて、ギャング対応ソーシャルワーカーたちを通じていがみ合うギャングたちに一連の停戦協定を結ばせました。その停戦協定の一部として、ギャング同士の縄張りの境界線を相互に確認し合い、それを尊重するという条項が含まれていました。

市の警察長官スティーブン・P・ケネディは、この縄張りを尊重する合意に怒りを表明しました。あらゆる市民が都市のどんなところであれ、安全かつ罰を受けることなく歩く権利を、基本的な権利として守るのが職責であるとのこと。縄張りに関する協定は、公共の権利と安全の両面を覆す許し難いものだ、とかれは述べました。

ケネディ長官は、根本的に正しいと思います。しかしながら、青年委員会のソーシャルワーカーたちが直面していた問題も考えてみるべきでしょう。これは現実の問題であり、かれらとしては手元にあって実用的な手法なら何でも使い、精一杯それに対応しようとしていたのです。公共の権利や移動の自由が最終的に依存している都市の治安は、これらのギャングが支配する失敗した街路や公園やプロジェクトには存在しなかったのです。こうした状況では、都市の自由というのはいささか机上の理想論でしかありません。

さて、都市の再開発プロジェクトを考えてみましょう──都市の多くの部分を占め、多くの旧街区を建て替えてつくられたもので、独自のグラウンドや独自の街路がこうした「都市の中の島」「都市の中の都市」「都市生活の新コンセプト」と広告に書かれたもののためにつくられています。ここでの技法もまた、縄張りを主張して、他のギャングを柵で閉め出すことです。当初は、この柵は目に見えるものではありませんでした。警備員だけで、その境界線を強制するには十分でした。でも過去数年で、こうした柵は本物の柵になったのです。

その最初のものは、ボルチモア市のジョンズ・ホプキンス病院に隣接した（偉大な教育機関は、こうした縄張り装置の考案の点でも唖然とするほど発明の才を発揮するようです）、輝く田園都市プロジェクトを囲う波打ちトタンの柵だったかもしれません。その柵の意味するところをだれもまちがえないようにとの用心で、プロジェクトの街路にある看板には「立ち入り禁止、通り抜け禁止」とあります。民間の都市の、都市近隣がこんな形で壁で仕切られるというのは、ぞっとするものです。非常に深い意味で醜いだけでなく、超現実的です。近隣住民がそれをどう思っているかは想像がつくでしょう。プロジェクトの教会の掲示板には、これを打ち消すメッセージとして「キリストの愛は何より最高のトニックです」と書かれてはいるのですが。

ニューヨーク市はボルチモア市の教訓をすばやく、独自の形で真似ました。実はロウアー・イーストサイドのアマルガメイテッド・ハウスで、ニューヨーク市はさらに先を行っています。プロジェクトの公園のような中央プロムナードの北端にある鉄格子の門は、常に錠前をかけられ、そのてっぺんには単なる金属の装飾どころか、鉄条網が巻き付けられているのです。そしてこのように守られたプロムナードは、堕落した古いメガロポリスに開かれていたのでしょうか？　いえいえ全然。そのご近所は公共の遊技場だし、その向こうにあるのはちがう所得階層向けのプロジェクト住宅なのです。

　再開発都市では、バランスのとれた近隣をつくるには柵が山ほどいるのです。二つのちがったお値段のついた人々の間の接点は、この再開発後のロウアー・イーストサイドの、中所得コーポラティブ住宅のコーリアース・フックと低所得のヴラデック・ハウスとの間で特に念の入ったものになっています。コーリアース・フックは、隣接する近隣に対する自分の縄張りの緩衝地帯として、スーパーブロックの境界部端から端までつくられた幅広の駐車場と、それに併設された紡錘状の茂みと、高さ一メートル八十の波打ちトタンの柵、その隣には完全に柵で囲われた無人の地が、幅百メートルほど続き、そこはもっぱら汚い古新聞が風に舞っていて、意図的に何の用でも立ち入れないようになっています。そしてその先から、ヴラデックの縄張りがはじまります。

　同じように、「ニューヨーク都心の自分だけの世界」を名乗るアッパー・ウェストサイドでは、入居者候補のふりをして会った不動産業者は、力づけるようにこう申します。「マダム、ショッピングセンターが完成したらすぐに、この敷地全体を囲ってしまいますから」

「波打ちトタンの柵ですの？」

「その通りですよ、マダム。そしてやがて」――と自分の領分の外の都市を手で仰いで見せて――「あれも全部消えます。あの連中も消えます。我々がここの開拓者なんです」

　まあ確かに、防護柵に囲まれた村に暮らす開拓者の暮らしには近いのかもしれません。ただかつての開拓者たちは自分たちの文明の治安を増すべく活動していたのであって、減らそうとなどはしていませんでした。

　新しい縄張りのギャングたちは、この種の暮らしになかなかなじめません。そうした一人が一九五九年に「ニューヨーク・ポスト」紙に投書しています。「先日、ニューヨーク・シティのストイヴェサント・タウンの住民であるという私の誇りは、初めて義憤と恥辱に取って代わられたのでした。ストイヴェサント・タウンのベンチには、十二歳ほどの少年二人が座っていました。会話に没頭して、静かで、行儀もよく――そしてプエルトリコ人でした。突然、ストイヴェサント・タウンの警備員二人がやってきました――一人は北から、一人は南から。一人が相棒に合図して少年二人を指さしました。一人が少年たちに近づき、少しやりとりがあって、両者とも口調を荒立てるようなことはありませんでしたが、少年たちは立ち上がるとそこを立ち去りました。二人とも、気にしていないふりをしようとはしていました。(中略)大人になる前に尊厳も自尊心もこんな形でむしりとってしまうなら、どうして人々が自尊心も尊厳も持てるでしょうか。ストイヴェサント・タウン、そしてニューヨーク市は、少年二人とベンチすら共有できないとは、なんと貧しいことでしょうか」

投書欄がこの手紙につけた見出しは「縄張りをわきまえよう」でした。

でも全体として人々は、比喩的にせよ実体的にせよ柵を持った縄張り内で暮らすのにすぐ慣れ、それなしでこれまでどうして暮らしてこられたのかと不思議に思うようになります。この現象は、ニューヨーク市に縄張りの柵が持ち込まれる前に、「ニューヨーカー」誌で報道されています。それは柵に囲われた都市ではなく、柵に囲われた町に関する記事でした。どうやらテネシー州オークリッジが戦後に軍用指定を解除されたとき、軍用化に伴って設けられた柵が撤去される見通しとなり、怯えて憤った抗議が多くの住民からあがり、そしてずいぶん白熱した町内会が開催されたとのことです。オークリッジの住民はみんな、そんなに昔でもない数年前に、柵などない町や都市から来たのですが、でも防護柵つきの暮らしがあたりまえになってしまい、柵がないと治安が守れないのではと恐れるようになってしまったのです。

ちなみに、甥のデヴィッドは十歳で、「都市の中の都市」と呼ばれるストイヴェサント・タウンで生まれ育った子ですが、わたしの家の外の通りを人が歩けるということ自体を不思議がります。「その人たちがこの通りで家賃を払って暮らしてるのか、だれも見張ってないの?ここにいるべきじゃない人をだれが追い出すの?」

都市を縄張りに分割する手法は、単にニューヨーク市だけの解決策ではありません。それはアメリカ再開発都市に共通の解決策です。一九五九年のハーバード大学デザイン会議で、都市建築デザイナーたちが考えていたテーマの一つは、縄張りというパズルでした。もちろんかれらはそういう名前は使いませんでしたが。そこで議論されていた事例は、シカゴ市の中所得者向けプロジェクトのレイク・メドウズと、デトロイト市の高所得者向けラファイエット・パークでした。都市の他の住民はこの縄張りから閉め出すべきか？　そんなのは難しいし受け入れられない。他の都市住民を招き入れようか？　そんなのは難しいし不可能だ。

青年委員会のソーシャルワーカーたちのように、輝く都市や輝く田園都市のデベロッパーや住民たちは、本物の困難に直面しており、手元にあって実用的な手法なら何でも使い、精一杯それに対応するしかないのです。かれらにはほとんど選択の余地はありません。どこであろうと都市が再開発されれば、縄張りという野蛮なコンセプトが続かざるを得ないのです。というのも、再開発された都市は都市街路の基本的な機能をおじゃんにしてしまい、それとともに必然的に、都市の自由もおじゃんにしてしまったからです。

古い都市の、一見すると無秩序に見えるものの下には、その古い都市がうまく機能しているなら、街路の治安と都市の自由を維持するためのすばらしい秩序があるのです。それは複雑な秩序です。その本質は、歩道利用の複雑な絡み合いであり、それが絶えず次々に目をもたらします。この秩序はすべてが動きと変化で構成されており、暮らしであって芸術ではないのですが、でもそれを気取って都市の芸術形態と呼び、踊りになぞらえることができるでしょう——全員が一斉に足をあげて、揃ってくるくるまわり、一斉にお辞儀をするような単調で高精度の踊りではなく、個々の踊り手やアンサンブルが別々のパートを担いつつ、それが奇跡のようにお互いに強化し合い、秩序だった全体を構成するような、複雑なバレエです。よい都市の歩道のバレエは、どの場所でも決して繰り返されることはなく、そしてどの場所をとっても、常に新しい即興に満ちています。

わたしの暮らすハドソン通りは、毎日複雑な歩道バレエの場面となります。わたし自身が初めて舞台に登場するのは八時を少しまわってゴミバケツを出しにいくときで、おもしろくもない仕事にはちがいありませんが、でもわたしとしては自分のパートを楽しみ、自分なりのちょっとした音をたて、その横を中学生の群れが舞台中央に向かって歩き、キャンデーの包み紙を落としていきます（こんな朝っぱらからよくまああんなにキャンデーを食べるもんです！）

その包み紙を拾いつつ、朝の他の儀式を見物します。ハルパートさんが洗濯物の手押し車の鍵をはずして地下室の入り口につなぎ換え、ジョー・コルナチーアの義理の息子が雑貨屋からの空き箱を積み重ねて外に出し、床屋は歩道に折りたたみ式の椅子を出し、ゴールドスタインさんが、金物屋が開店中だと示す針金のコイルを並べ、アパートの管理人の奥さんが、まるまるとした三歳の息子にマンドリンのおもちゃをもたせてポーチに放ち、その場で子供は、母親のしゃべれない英語を学んでいます。こんどは小学生たちがセントルーク小学校のほうへだらだらと南進します。セントベロニカ小学校に向かう子供たちは道を渡って西に向かい、公立第四十一小学校の子たちは、東へ向かいます。舞台袖からは新しい人々が舞台に登場します。身なりのいい、エレガントとさえ言える男女がブリーフケースを抱え、戸口や脇道から登場します。そのほとんどはバスや地下鉄に向かいますが、一部は路肩でうろうろして、タクシーを拾っています。そのタクシーは奇跡のようにドンピシャのタイミングで現れますが、それはタクシーもまたもっと広い朝の儀式の一部だからです。かれらはミッドタウンからダウンタウンの金融街に向かう乗客をおろして、いまやダウンタウン住民をミッドタウンに運ぼうとしているのです。同時に、自宅用の服を着た女性たちが登場し、道ばたで交差しつつ、立ち止まってちょっと会話をすると、それは笑いか共同の怒りを伴い、それ以外のものになることは決してないようです。わたしもそろそろ職場に急がなくてはなりません。そこでロファロさんと儀式となっているおわかれの挨拶をします。かれは背の低いがっしりした白いエプロン姿の果物屋さんで、通りを少し上がった戸口に腕組みをして、直立不動で立ち、大地のように身じろぎもしません。わたしたちはうなずき合います。二人とも通りを端から端まで見渡し、そして顔を見合わせてにっこりします。これを毎朝十年以上もやってきたので、お互いにその意味するところを知っています。万事快調。

日中のバレエはほとんど見たことがありません。というのもそのバレエの性質というのは、そこに暮らすわたしのような勤め人がほとんどいなくなり、他の歩道で見知らぬ人の役割を果たすことになるというものだからです。しかし休みの日に見ているので、それがますます複雑さを増すことくらいは知っています。その日は仕事がない荷揚げ人夫たちは、酒場のホワイトホースかアイディールかインターナショナルに集まって、ビールを飲んでおしゃべりします。すぐ西にある企業の重役や昼食社員たちは、ドージーン・レストランやライオンズ・ヘッド喫茶に集います。食肉市場の労働者や通信科学者たちは、ベーカリーの食堂に群がります。チョイ役の個性派ダンサーたちが登場します。無数の古靴を肩にかけた変な老人、ものすごいヒゲのスクーター乗り、そのスクーターのリアシートではねているガールフレンドたちは髪を背のほうだけでなく顔のほうにも長く伸ばし、飲んだくれは帽子屋の助言を入れて帽子姿でやってきますが、でもその帽子は帽子屋のお気に召すようなものではありません。鍵屋のレイシーさんはしばらく店を閉めて、葉巻屋のスループさんと世間話をしにいきます。仕立屋のクーチャギアンさんは自分のウィンドウの豪華な植物ジャングルに水をやり、ウィンドウの外から批評するようにそれを眺め、通行人二人からの賞賛の言葉に礼を述べて、わたしの家の前にあるミズニレの木の葉をつまんでみて、庭師としての思慮深い評価を加え、道を渡ってアイディールで軽く食事をします。そこからは店に客が来たら見えるし、身振り手振りでいま戻るということを伝えられるのです。乳母車が出てきて人形を抱えた幼児から宿題を抱えたティーンエージャーまでみんながポーチに集います。

仕事が終わって帰宅すると、バレエはクレッシェンドに到達するところです。その頃はローラースケートや竹馬や三輪車、ポーチの下でびんのふたやプラスチックのカウボーイ人形遊びの時間です。荷物や配達品が、ドラッグストアから果物屋から肉屋へ行ったり来たりする時間。ティーンエージャーたちがすっかり着飾って、立ち止まってはスリップがのぞいていないか、えりがちゃんとしているかなどと尋ね合う時間。美しい娘たちがMGスポーツカーから降りてくる時間。消防車が通る時間。ハドソン街での知り合いみんなが行き交う時間なのです。

闇が深まるにつれて、ハルパートさんが洗濯物の手押し車を再び地下室入り口につなぎます。バレエは街路灯の下で続き、多少の波はありますが、ジョーの歩道ピザ販売所や酒場、食品雑貨屋、レストラン、ドラッグストアなどの明るいスポット照明のところで強くなります。夜勤の人々はいまや食品雑貨屋に立ち寄ってサラミや牛乳を買います。晩になって活動は収まってはきたものの、街路もバレエも完全に止まったわけではありません。

深夜のバレエやその季節ごとの変化をわたしが知っているのは、真夜中をずっと過ぎてから赤ん坊の世話をしたり、暗い中にすわって歩道の影を眺め、音に聞き入ったりしてきたからです。ほとんどそれは、無限に早口のパーティーでの会話のかけらのように聞こえ、朝の三時頃には歌、それもとても上手な歌が聞こえます。ときには鋭さや怒りが聞こえたり、悲しいすすり泣き、ビーズの糸が切れて散らばってしまったのをあわてて拾い集める音も。ある晩、若い男がわめきながらやってきて、ナンパしたけれど思い通りにならない女の子二人に向かい、ひどい悪態をついていました。ドアが開き、うんざりしたような半円陣が若者を遠まきにして形成され、しばらくして警察が来ました。ハドソン通りの窓からは頭がのぞき、みんな口々に意見を述べています。「酔っぱらい……どうかしてる……郊外出のろくでなし」(＊4)

深夜には、街路に人が何人いるのかほとんど気にしていませんが、ときに何かがその人々を呼び集めることがあります。たとえばバグパイプ。だれがなぜそれを吹いていたのか、なぜわざわざうちの通りにきたのかは見当もつきません。ある二月の晩に、そのバグパイプは突然鳴り響き、そしてそれが合図だったかのように、無秩序で衰えつつあった歩道上の動きに方向性ができました。素早く、静かに、ほとんど魔法のように、ちいさな群衆がそこに現れ、その群衆は円陣となってその中でハイランド・ダンスが始まりました。群衆が薄暗い歩道の上に見えて、踊り手たちも見えましたが、当のバグパイプ吹きはほとんど見えません。というのも音楽にあらわれた名人ぶりのほうが目立ちすぎていたからです。でも、とても小さな人で、平凡な茶色のコートを着ていました。かれが演奏を終えて姿を消すと、踊り手たちや野次馬は拍手をして、ハドソン通りの百の窓のうち六つくらいの窓からのぞいていた観客たちも拍手を送りました。そして窓は閉まり、小さな群衆は夜の街路の無秩序な動きへと解散していきました。

ハドソン通りの見知らぬ人々は、われわれ住民が街路の治安を守る支援となる目を提供してくれる人々なのですが、実に数が多くて、しかも日ごとに変わるようです。でも、それはどうでもいいことです。本当にかれらが、見た目通りにいつもちがった人々なのかどうかは、わたしは知りません。たぶんそうなんだと思います。ジミー・ローガンが板ガラスの窓を突き破って落ち（争っている友人たちを引き離そうとしていたのです）、ほとんど片腕を失いかけたとき、古いTシャツ姿の見知らぬ人がアイディール・バーから現れて、手早く見事な止血をほどこし、病院の緊急隊員によれば、それがジミーの命を救ったのだとか。だれもその人を見かけたことはなかったし、その後も見かけることはありませんでした。病院への連絡はこんな具合でした。事故現場の隣の階段にすわっていた女性が、バス停までかけだして、十五セントのバス運賃を用意していた見知らぬ人の手から十セント玉をものも言わずにひったくり、アイディール・バーの公衆電話に駆け込んだのです。そしてその見知らぬ人はその後を追って走り、残りの五セント玉も電話代として提供したのでした。だれもその人を見かけたことはなかったし、その後も見かけることはありませんでした。見知らぬ人でも同じ人を三、四回見かけると、うなずくようになります。これはほとんど知人寸前ですが、もちろん公共的な知人というわけです。

ハドソン通りの日々のバレエを、実際よりもせわしないかのように描いてしまいました。というのも書いてしまうと圧縮されてしまうからです。現実の暮らしでは確かに、何かが常に起きていて、バレエは決して止まらないのですが、でも全体的な感触としては穏やかだし、雰囲気としては全体にむしろだらだらしているとさえ言えます。こうした活気ある街路をよく知っている人々は、それがどんな具合かわかるでしょう。知らない人は、おそらく頭の中でどうしてもちょっとまちがった風景を思い描くのではないかとわたしは思うのです――旅人の説明をもとに描かれた古いサイの絵のように。

ハドソン通りのわたしたちは、ボストン市のノースエンドなど大都市のあらゆる活気ある近隣ならどこでもそうですが、視線の届かない都市で、縄張りの恐ろしい停戦協定の下に暮らそうとする人々と比べて、歩道を安全に保つための能力が生まれつき高いわけではありません。

（＊4）結局その若者は本当に郊外出のろくでなしでした。ハドソン通りにいると、郊外というのは子育てに向いていないようだとときには信じたくもなります。

わたしたちは幸運なことに街路にたくさん人目があるので、かなり単純に治安維持ができる都市秩序を持っているだけなのです。でもその秩序そのものには単純なところはありませんし、それを構成するめまいがするほどの構成要素もまったく単純ではありません。そうした構成要素のほとんどは、何らかの形で専門特化されています。それが歩道に対して共同の効果をもたらすべく手を組み、その効果はいささかも専門特化されたものではありません。それこそがその強みなのです。

第3章 歩道の使い道——ふれあい

改革者たちは昔から、都市の人々が繁華街をぶらつき、菓子屋や酒場にたむろして、玄関口の階段でソーダ水を飲んでいるのを見てきました。そして次のような主旨の判断を下してきました。「嘆かわしい！　まともな家と、もっと私的な場所か木陰の多い場所があれば路上になんかいないでしょうに！」

この判断は都市についての根深い誤解を表しています。ホテルの謝恩晩餐会に立ち寄って、料理ができる妻がいればパーティーは自宅で開いただろうと決めつけるのと同じくらい理にかなわない話です。

謝恩晩餐会と都市の歩道で営まれる社会生活で重要なのは、どちらの場合にもまさにそれが公だということです。これらは、親密で私的な社会関係の面ではお互いを知らない同士（そしてほとんどの場合はそんな形では知り合いたいとも思っていない者同士）を結びつけるのです。

大都市では家を開放しておくわけにはいきません。そうしたがる人はいません。それでも、都市の人々にとって役立つ興味深く意義深いふれあいが、私生活にふさわしい人間関係に限られてしまうのであれば、都市は無意味になってしまいます。都市には（あなたやわたし、だれの立場からしても）ある程度のふれあいなら好都合もしくは楽しい相手がたくさんいます。でもそういう人にあまり深入りされるのは嫌です。それはお互いさまです。

都市の歩道の治安についての説明で、いざというとき——たとえば粗暴行為と闘ったり見知らぬ人をかばったりする際に、自分があえて出て行くか、それとも見過ごすか選ばねばならないとき——に、街路を見ている人目の裏には、街路全体の支援があるというほぼ無意識の前提が必須なのだという話をしました。この支援を当然のものとして期待する状態を、ひと言で表す言葉があります。信頼です。都市街路の信頼は、街頭で交わす数多くのささやかなふれあいにより時間をかけて形づくられています。ビールを一杯飲みに酒場に立ち寄ったり、雑貨店主から忠告をもらって新聞売店の男に忠告してやったり、パン屋で他の客と意見交換したり、玄関口でソーダ水を飲む少年二人に会釈したり、夕食ができるのを待ちながら女の子たちに目を配ったり、子供たちを叱ったり、金物屋の世間話を聞いたり、薬剤師から一ドル借りたり、生まれたばかりの赤ん坊を褒めたり、コートの色褪せに同情したりすることから生まれるのです。慣習はさまざまです。飼い犬についての情報交換をする近隣や、家主についての情報交換をする近隣もあります。

　大部分は、表面上は実にささやかなものですが、すべて合わせると全然ささやかではありません。このような地元レベルの何気ない市民交流の総和が――ほとんどは突発的で、何らかの雑用のついでで、すべて当の本人が加減を決めたもので、だれにも強いられません――公的アイデンティティの感覚であり、公的な尊重と信頼の網であり、やがて個人や近隣が必要とするときに、それがリソースになるのです。信頼の欠如は、市街地においては惨事です。その育成は制度化できるものではありません。何よりも、それは私的な関わりがないことを示しているのです。

　何気ない市民の信頼の存在と欠如がもたらす著しい違いを、ほぼ同じ収入と人種の住民で構成されたイースト・ハーレムの大通りの両側の対比で目にしたことがあります。旧市街側には公共の場がたくさんあり、他人の余暇に口出ししたがるユートピア屋たちがひどく非難する歩道でのたむろも多いのですが、子供たちはしっかり監視されています。通りをへだてたプロジェクト側では、子供たちが遊び場の脇にある消火栓を開けて暴れまわり、開いた窓から家を水浸しにして、何も知らずにそちら側を歩いていた大人たちに水を浴びせ、通りすぎる車の窓に水をかけていました。子供たちを止めようとする人は一人もいません。どこのだれともわからない、匿名の子供たちなのです。もし叱ったり止めたりしたら？　視線のない縄張りで、だれが肩を持ってくれるでしょう？　逆に仕返しを受けるのでは？　関わらないほうがいいのです。人間味のない街路は匿名の人々をつくります。これは美観の問題でもなければ、建築スケールの神秘的な情動的効果の問題でもありません。どんな具体的な事業所が歩道にあるのか、ひいては日常生活の中で歩道が実際にどう使われているかという問題なのです。

都市の何気ない公共的な歩道の生活は他の種類の社会生活に直結しています。その種類は数限りないのですが、ある示唆的な例をここでは挙げましょう。

地元の公式な都市組織は、会合の発表、会議室の存在や明らかな社会的懸念が持たれる問題の存在を通じて、直接的で常識的な方法で育つものだと思っている計画者たちは多いし、ときには一部のソーシャルワーカーすらそう思い込んでいます。郊外や町ではそんな育ち方をするのかもしれません。でも都市ではそんな具合には育ちません。

地元の公式な公共都市組織の根底には非公式な公共生活が必要で、それがそうした組織と都市の人々のプライバシーの仲介をします。ニューヨーク市で公立校にまつわる問題を研究していた貧困者支援事業の社会研究者の報告にあるように、公共の歩道生活のある都心部とない都心部を対比させると、何が起こるのかが少し見えてきます。

W氏（小学校校長）は、Jハウスが学校と学校周辺のコミュニティの崩壊に与える影響について質問を受けた。W氏によると多くの影響があり、そのほとんどが好ましくないものだったという。プロジェクトは社交のための数々の組織を引き裂いたとかれは述べている。現在の雰囲気は、プロジェクトが建設される前の街路の賑やかさとは似ても似つかない。集まれる場所が減ったため、総じて街路にいる人々が減ったようだとかれは指摘する。また、計画実行前は保護者会が大きな力を持っていたが、いまでは活発な保護者会員はほとんどいないとも主張している。

W氏は一ヵ所だけまちがっています。建設的な社交を意図的に計画した場所を数えてみると、プロジェクトのせいで集まれる場所が減ったわけでは（少なくとも面積的に減ったわけでは）ありません。もちろん酒場、菓子屋、みすぼらしい立ち飲み屋、レストランなどはプロジェクトにはありませんでした。でも問題のプロジェクトには会議室、工芸・芸術・娯楽室、屋外ベンチ、緑道《モール》などがお手本のように揃い、田園都市の提唱者たちさえも喜ぶほどのものでした。

なぜそういう場所は、だれも使わず無用の長物になってしまうのでしょうか？　それを避けようと思ったらこの上なく確固とした努力や出費で利用者を丸め込まねばならず――そしてその後も利用者の統制を保たなければならないのです。公共の歩道やそこでの活動は、こういった計画的な集会の場が満たせないどんなサービスを提供するというのでしょう？　そしてなぜ？　非公式な公共の歩道生活はどうやってもっと公式の組織的社会生活を支えているのでしょうか？

こういう問題を理解するため――玄関口の階段でソーダ水を飲むのと娯楽室でソーダ水を飲むのがなぜちがうのかを理解し、雑貨店の店主やバーテンダーからの忠告と、施設機関や地主と手を組んでいるかもしれない施設職員の女性や隣家の人からの忠告がどうちがうか理解するには――都市のプライバシーの問題を検討してみなければなりません。

プライバシーは都市では貴重です。欠かせません。どこでも貴重で不可欠なのでしょうが、ほとんどの場所では手に入りません。小さな居住地ではだれもが他人の事情を知っています。都市では、だれもそれを知りません――本人が伝えようと選んだ相手だけが、その人について多くを知ることになります。これは都市の人々の大部分にとって、収入が高かろうと低かろうと、白人であろうと有色人種であろうと、古くからの住人であろうと新参者であろうと、貴重な都市の特性の一つです。大切に油断なく守られている大都会生活の贈り物でもあります。

建築や都市計画の文献は窓、眺望、視線という点からプライバシーに取り組んでいます。生活しているところをだれも外からのぞいたり眺めたりできなければ――ほらごらん、これぞプライバシーというわけです。愚かな話です。窓のプライバシーなんか、これほど簡単に手に入る代物はないくらいです。日除けを下ろすかブラインドを調整するだけでいいのですから。でも私的なことを自分の選ばれた人たちだけに知らせてとどめるプライバシー、いつだれを自分の時間に入り込ませるかをそれなりの水準で管理するプライバシーは、ほとんどの場合まれにしか手に入らない財で、これらは窓の向きとは何の関係もありません。

人類学者のエレーナ・パディーヤは、ニューヨークの貧しくごみごみした地区でのプエルトリコ人の生活を書いた著作『プエルトリコから来て』で、人々がどれだけお互いを知っているかを述べ——だれが信用できてだれが信用できないか、だれが法に反抗的でだれが法を守るか、事情通で有能なのはだれで、無知で無能なのはだれか——また、こういったことが歩道の社会生活や、これに関連した活動からどのようにしてわかるのかを述べています。これらは公共的な特徴を帯びた事柄なのです。しかしパディーヤは、台所に立ち寄ってコーヒーを一杯飲める人たちがどれほど選び抜かれているか、結びつきがいかに強いか、個人の私生活や私的な事柄に関わるほんとうに親しい人の数がいかに限られているかについても述べています。ある人の個人的な問題をだれもが知るというのは、品位あることとは考えられていないと彼女は述べています。本人が公にしている以上のことをかぎまわるのも、品位あることとは見なされていません。それは個人のプライバシーと権利の侵害です。この点では、彼女が挙げている人々は、わたしが住んでいるアメリカ的で雑多な市街地の人々と同じですし、本質的には高所得者向けアパートや立派な高級住宅の住民と変わりません。

よい都市の近隣は、自分の基本的プライバシーを守るという人々の決意と、周囲の人々からさまざまなレベルの交流や楽しみや助けを得たいという願いとで、驚くほどのバランスを実現しています。このバランスはおもに、きめ細かく管理されたささやかな細部で構成され、あまりにさりげなく実践されて受け入れられているために、通常はまったく不思議なこととは思われていません。

この、目につかないながら非常に重要なバランスは、自宅の鍵を友人のために店に預けるというニューヨークでよく見られる習慣で最もうまく説明できるでしょう。たとえばわたしの家族は、不在にする週末や、たまたま全員が出払っている日中に友人が家を使いたいという場合、あるいは夜遅くやってきて泊まっていく客人を起きて待っていたくない場合に、通りの向かいの食品雑貨屋で鍵を受け取るように友人に伝えます。食品雑貨屋の主人のジョー・コルナチーアは、いつもこのように十数個の鍵を一度に預かっては渡しているのです。かれはそのために専用の引き出しまで持っています。

では、なぜわたしを含めてたくさんの人たちが、鍵の管理者にふさわしい人としてジョーを選んだのでしょうか？　第一には責任ある管理者として信頼しているからですが、同じく重要なのは、かれがわたしたちの私的な事柄には個人的責任感はないという思いと善意を合わせ持っていると知っているからです。ジョーはわたしたちがだれをどんな理由で招き入れようと、自分には関係ないことだと考えているのです。

うちの街区の向かいの人々はスペイン系食料雑貨屋に鍵を預けています。ジョーの店がある街区の向かい側では、菓子屋に鍵を預けます。一街区向こうでは喫茶店に預けていますし、そこから百メートルばかり離れたところでは理髪店に預けています。高級住宅やアパートが立ち並ぶアッパー・イーストサイドのしゃれた二街区の一角では肉屋や本屋に鍵を預けていますし、別の一角ではクリーニング店や薬局に預けています。古めかしいイースト・ハーレムでは、少なくとももとある花屋、パン屋、軽食堂、スペイン系食料雑貨店、イタリア系食料雑貨店に鍵を預けています。

どこに鍵を預けるにせよ、重要なのはその店が提供している表向きのサービスの種類ではなく、その店主のほうです。

このようなサービスは正式にはできません。身分証明……質問……事故保険。公共サービスとプライバシーを分ける不可欠な線は、制度化によって越えられてしまうでしょう。正気の人なら、だれもそんなところには鍵を預けません。このサービスは、他人の鍵と私生活の区別をしっかり理解している人物の好意で行われるのでなければ、不可能です。

または、わたしの家の近くの菓子屋のジャッフェさんが引いた一線について検討してみましょう——客や他の店主たちはそれを実によく理解しているので、生涯その一線の世話になっているのに、それをずっと意識することがないほどです。昨年のある朝、ジャッフェさん（仕事用の名前はバーニー）は妻（同じく仕事用の名前はアン）と一緒に第四十一公立学校に向かう幼い子供たちが角を横断していくのを（必要と見受けられるので）いつものように見張ってやり、ある客には傘を、別の客には一ドルを貸してやり、鍵を二つ預かり、留守にしていた隣の建物の住人宛ての数個の小包を店に入れ、タバコを買おうとした若者二人に説教をして、道を教え、通りを隔てた修理屋の店が開くまで腕時計を預かり、アパートを探している人に近隣の家賃の相場を教えてやり、家庭内のもめ事の話に耳を傾けて励ましの言葉をかけ、騒々しい連中には行儀良くしてまともな行動をとらなければ店内に入れないと告げ、その行儀良さを定義して見せ（そしてそれを遵守させ）、ちょっとしたものを買いに立ち寄った半ダースもの客たちの会話に場を提供し、届いたばかりの新聞と雑誌の一部をいつもの客のためによけておき、誕生日プレゼントを探しにきた母親に船の模型セットは買わないように（同じ誕生日パーティーに行く他の子供がそれを贈るから）忠告してやり、配達人がやってきて前日の配達残部を返却していったときに、そこから一部を（これはわたし用に）とっておきました。

この数え切れないほどの商売外サービスについて考えてみて、わたしはバーニーに尋ねました。「お客さん同士を引き合わせることは？」

かれはこの発想に驚いたようで、がっかりしたそぶりさえ見せました。「いや」と、かれは考え込むように言いました。「それはよろしくないでしょう。同じ興味を持つ二人の客が同じときに居合わせたなら、話題を持ち出して、二人が望めば話が続けられるようにすることはあります。でも、いや、紹介はしませんね」

この話を郊外に住む知人にしたところ、すぐさま彼女はこう推測しました。ジャッフェさんは紹介なんかするのは、自分の社会的階級から見て出過ぎた真似だと感じているのではないかというのです。全然。わたしたちの近隣ではジャッフェさんのような店主たちは、事業主としてすばらしい社会的地位を保っています。収入面では概ね店の普通の客と並ぶくらいですし、自立性では店主たちのほうがすぐれています。常識と経験のある男性／女性として助言を求められ、尊敬されています。かれらは階級の象徴としての無名の存在などではなく、一個人として名が通っています。いいえ、これはほとんど無意識のうちに実行されているうまくバランスのとれた一線の表れであり、都市の世間とプライバシーの世界を分ける一線を示しているのです。

だれも居心地の悪い思いをすることなしに、この一線は維持できます。公共的なふれあいの機会は、歩道沿いの各種事業所や、行き来する歩道そのもの、気が向けば意図的にぶらつける歩道自体にも、たっぷりあるからです。また、いわば市民ホスト（やって来てぶらつくもよし、飛び込んできて飛び出していくもよしという、何の制限もないバーニーのところのような集会所の持ち主）が大勢いるからです。

このシステムなら、都市の近隣でも、嫌なしがらみや、退屈、言い訳の必要、説明、怒らせる心配、何かを要求したり責任を取らなくてはならないといった気まずさなど、あまり限られていない人間関係に伴いかねない各種の義務がついてまわることなしに、あらゆる人々と知り合いになれます。自分とまったくちがう人々とすばらしい歩道関係を築くことが可能で、やがてはかれらと親しい公的関係になることさえできるのです。このような関係は何年、何十年と続けられますし、続くものです。あの一線なしには決してこれらの関係は築けなかったし、ましてこんなに続くはずもありません。通常の外出のついでであるからこそ築けるのです。

「一体感」というのは計画理論における古くさい理想にふさわしい、ひどく不快な言葉です。何かを共有するならなるべく多くを共有するべし、という理想です。どうやら「一体感」とは新しい郊外の精神的な拠りどころで、都市では破壊的に機能するようです。多くを共有するという要件は都市の人々をばらばらにしてしまいます。

ある都市のある地域に歩道での暮らしが欠けている場合、その地域の人々は私生活の範囲を拡げなければ、隣人との交流に相当するといえそうなものを持てません。歩道の生活より互いに多くを共有するという一種の「一体感」を許容しなければ、交流の欠如に甘んじるはめになるのです。必然的に結果はどちらか一方。そうならざるを得ないのですが、いずれも悲惨な結末が待っています。

多くを共有するという一つめの結果の場合、隣人がだれか、あるいはそもそもだれとつき合うかについて過度に選り好みが始まります。そうならざるを得ないのです。わたしの友人のペニー・コストリツキーはボルチモア市のある通りで、不本意ながらうっかりこの苦境に陥っています。ほぼ住宅しかない地域の中の、住宅しかない彼女の通りには、かわいらしい歩道公園が実験的につくられていました。歩道は拡幅されてきれいに舗装され、狭い路面が車を遠ざけていて、木々や花が植えられ、中には遊具が一つありました。ここまでは、どれもそれなりに見事なアイデアです。

しかしそこに店はありませんでした。幼い子供たちを連れて、自分たちも他人と何らかの交流をしようとやってくる近辺の母親たちは、冬に暖を取ったり、電話をかけたり、緊急に子供に用を足させるために、やむを得ず街路沿いの知人宅に入るはめになります。招き入れたほうが（他にコーヒーを飲める場所がないので）コーヒーを出し、公園周辺では自然とこういった社会生活がかなり生まれています。多くが共有されているのです。

コストリツキーさんは立地条件の良い家に暮らす二児の母で、この狭くて偶発的な社会生活の真っただ中にいます。「都市に住んでいるメリットを失ったわ。郊外に住むメリットもなしにね」と、彼女。さらに悲しいことには、所得、人種、学歴の異なる母親たちが子供をこの公園に連れてくると、あからさまに親子ともども、ぶしつけに仲間はずれにされるのです。彼女たちは、都市の歩道生活がないところで生まれた郊外型の私生活の共有には、ぎこちなくおさまります。公園にはわざとベンチが置かれていません。そこにおさまらない人々への招待だと思われないように、「一体感」人たちが排除してしまったのです。

「通りに二、三軒でも店があればね」と、彼女は嘆きます。「食料品店か薬局か軽食屋でもあれば。そうしたら電話も暖を取るのも集まるのも自然に公共の場でできたし、みんなもお互いもっとまともにやれたのに。だれだってそこにいる権利があるのだから」

都市の社会生活がない歩道公園で起こるのと大差ないことが、中流階級のプロジェクトや住区でもときどき起こります。たとえば田園都市計画の有名なお手本の一つ、ピッツバーグ市のチャタム・ヴィレッジがその一例です。

チャタム・ヴィレッジの家々は共有の屋内芝生や遊び場を中心にした住区に分かれていて、開発地全体に密な共有のための仕掛けが他にも備わっています。たとえばパーティー、ダンス、親睦会を催し、ブリッジや裁縫の会といった婦人活動を開き、子供向けにダンスやパーティーを催す住民会がそうです。ここに都市的感覚でいうところの社会生活はありません。ここにあるのはレベルがちがうだけの私生活の延長です。

多くを共有する「お手本」近隣としてのチャタム・ヴィレッジの成功には、住民の水準、関心、経歴が似たようなものであることが必要でした。概してかれらは中流の職業についている中流家庭の人々です（＊5）。住民自身が周辺都市の異なる人々と自分たちを区別することも必要でした。かれらも一般的には中流階級ですが下位中流階級で、チャタム・ヴィレッジが必要とする親密度には、そのちがいは大きすぎるのです。

チャタム・ヴィレッジの必然的な偏狭さ（と均一性）は、現実的な影響をもたらします。その一例として、この地域の中学校はあらゆる学校と同じように問題を抱えています。チャタム・ヴィレッジは大きいので、そこの子供たちが小学校では圧倒的な数を占め、学校の問題解決にあたる際も支配的な立場にあります。しかし中学校ではチャタム・ヴィレッジの人々もまったくちがった近隣と協力しなければなりません。でも公の面識も何気ない社会的信頼の基礎も、必要な相手との相互のつながりもありません――だからごく基本的なレベルで、都市の公共生活でごくあたりまえに使われる技術を使う習慣もないし、またそれを適用するのも一苦労だったりします。そこからくる無力感のため（実際に無力なのですが）子供が中学に入学する年齢になるとチャタム・ヴィレッジを離れる家庭もあります。一部はなんとか子供を私立高等学校にやろうと画策します。皮肉なことに伝統的な計画では、中流階級の才能と安定作用が都市には必要だという特別な理由から、このチャタム・ヴィレッジのような孤立型の近隣が奨励されています。おそらくこのような特質は、ひとりでににじみ出てくるものだと思われているのでしょう。

このようなコロニーになじめない人々はやがて出て行き、そのうちに管理者側も、入居希望者のうちだれがなじむか判断がつくようになります。水準、価値感、経歴の基本的な共通点に加えて、この住民選別は並はずれた忍耐と気配りを要求するようです。

隣人たちの交流をこの種の個人的共有に頼って育む都市住宅計画は、やや偏狭ではあっても自己選択的な中上流階級の人々にとっては社会的にうまくいくことが多いのです。扱いやすい人々の簡単な問題は解決できます。しかしわたしがこれまで発見した限りでは、その他の人々相手ではそれ自体が失敗してしまいます。

多くを共有するかゼロかという選択を強いられた都市で、最もよく見られる結果はゼロです。何気ない自然な公共生活に欠ける都会では、住民が異様なまでに自らを隔絶することがよくあります。ほんのささいな交流で隣人の私生活に巻きこまれたり、逆に自分の私生活に関わられたりする恐れがあるのなら、そして中上流階級の人々ほど自分のご近所が何者かを自己選別できないなら、親睦やさりげない助け船を一切避けるのが論理的な解決策です。完全に距離を置いたほうがいい。実質的な結果として——子供の世話など——少しばかりイニシアチブを発揮する、あるいは限定的な共通の目的のために結託する必要のある通常の公的作業が手つかずになってしまいます。そのせいで想像を絶するほどの深い溝が生じることがあります。

たとえばニューヨーク市のとあるプロジェクトは——あらゆる正統派住宅都市設計と同じく——多くを共有するかゼロかという設計です。そこで手間ひまかけて同じ建物に住む九十世帯の母親全員と知り合いになったことを誇る著しく社交的な女性がいました。彼女は母親たちを訪問したり、戸口や玄関ホールで長話したり、同じベンチに腰かけては話しかけたりしたのです。

ある日、彼女の八歳の息子がエレベータに閉じこめられてしまい、わめき叫んでばんばん叩いたものの、二時間以上も助けてもらえずにエレベータの中に取り残されるという出来事がありました。翌日、彼女は九十人の知り合いのうちの一人に落胆を表しました。「あら、あれあなたの息子さんだったの？」と、相手の女性。「だれのお子さんかわからなかったの。あなたの息子さんだとわかっていたら助けたのに」

（＊5）この本を執筆している時点で、ある典型的な中庭式住宅には弁護士が四人、医師が二人、エンジニアが二人、歯科医、セールスマン、銀行家、鉄道会社重役、計画担当官が一人います。

この女性はなじみの公共街路では――ちなみに彼女は、公共生活が味わいたくてよくそこに出かけていたのです――これほど常軌を逸した思いやりのない態度はとらないのですが、公共的な関係にとどめにくい、個人的なしがらみに巻きこまれる可能性を恐れたのです。

多くを共有するかゼロかの選択を迫られるところではどこでも、このような自衛手段がたくさん見受けられます。イーストハーレムのソーシャルワーカー、エレン・ルーリーは低所得者向けプロジェクトの生活に関する徹底した詳細報告でこう述べています。

かなり複雑な理由から、多くの大人が隣人たちとはいかなる友情関係にもなりたくないか、ある種の社会的必要性に屈したとしても、友人は一人か二人までと自ら制限しているのを認識することがきわめて重要である。妻たちは何度となく夫の警告を繰り返した。

「だれともあまり親しくしたくないんです。夫が信頼しないものですから」

「みんな噂好きだから、わたしたちもやっかいごとに巻きこまれかねません」

「ひとごとには口出ししないのがいちばん」

ある女性(アブラハム夫人)は、いつも裏口から建物を出ている。表にたむろしている人々に関わりたくないからだ。コラン氏は(中略)妻にはプロジェクトの中では友人をつくらせない。住民を信用していないからである。夫妻には八歳から十四歳まで四人の子供がいるが、だれかにけがをさせられないかと心配で、子供たちだけで階下に行くことは許していない(*6)。そこで多くの家庭があらゆる防壁を築いて自衛手段をとることになる。信用ならない近隣から子供たちを守るために、階下へやらないのだ。自分の身を守るため、友人はいないに等しい。友人が腹を立てるか嫉妬して、でっちあげ話を管理人に報告して大問題を起こすのを恐れる人もある。夫がボーナスを手にして(報告せずにすますことにするのだが(*7))妻が新しいカーテンを買うと、訪れた友人たちが気づいてプロジェクト当局に告げ、それをプロジェクト当局が調べて家賃引き上げを通告するかもしれない。やっかいごとの懸念と疑惑は、隣人の助言と助力のあらゆる必要性を上回ることが多い。これらの家庭では、プライバシー感覚がすでに甚だしく侵害されている。最も重大な秘密、家庭内のあらゆる秘密が、プロジェクト管理者のみならずその他の公共機関、たとえば福祉局にも知れわたることがしばしばあるのだ。プライバシーの最後のなごりを守るために、かれらは他人との親しい関係を避けることを選ぶ。程度は遥かに軽微だが、同じ現象が非計画のスラム住宅でも見受けられることがある。別の理由からこういった形の自衛策を講じることがここでもしばしば必要とされるからだ。だが、計画住宅のほうが隣人社会からの撤退が遥かに多く見られることはまちがいなく真実である。イギリスでも、この隣人に対する疑惑と結果的なよそよそしさは計画都市の研究の中で見受けられた。おそらくこの傾向は、したがうべきたくさんの外部圧力に対して内なる尊厳を守り、維持するための緻密な集団メカニズムにすぎないのである。

しかしこのような場所では、ゼロとともにかなりの「一体感」が見受けられます。ルーリーさんは、この種の関係について次のように述べています。

別々の建物に住む二人の女性が洗濯室で顔を合わせ、お互いにどこかで見かけたことに気がついたりする。九十九丁目ではひと言も交わしたことがない二人が、ここでいきなり「親友」になるのだ。二人のいずれかに同じ建物に住む友人が一人か二人いれば、他方もその仲間に引き込まれて、友情関係を築き始めがちだ。それも自分の住む階の女性たちとではなく、友人の住む階の女性たちと。

これらの友情関係が拡大を続けることはない。プロジェクトにはよく使われる決まった通り道というものがあって、しばらくすれば新しい人に出会うこ

(＊6) ニューヨークの集合住宅では非常にありふれたことです。

(＊7) 訳註：こうした公共住宅プロジェクトは、特定の所得階層をターゲットとして建設される。このため、所得水準が変わった場合にはそれを報告することが義務づけられていることが多い。

とはなくなってしまう。

イーストハーレムのコミュニティ組織で働いて大成功を収めているルーリーさんは、過去のプロジェクト住民組織の試みを数多く調査しています。彼女は「一体感」こそ、この類の組織を非常にやりにくくさせる要因の一つだと語っています。「こういうプロジェクトに生まれつきの指導者がいないわけではありません。実力のある人たちがいますし、多くはすばらしい人々ですが、組織化の途中で指導者たちが出会い、すっかり互いの社交に没頭してしまい、結局のところ自分たちの中で話し合うだけという結果がよく見受けられます。自分たちに従ってくれる人が見つからないのです。成り行きとして、すべてが無力な徒党に成り下がってしまいます。そこに普通の公共生活はありません。何が起きているのかを人々が知るためのごく単純な仕組みでさえ、ひどく困難なのです。このすべてのために、最も単純な社会利益ですら、かれらはなかなか得られずにいるのです」

近隣の商業や歩道の暮らしがない非計画的な都市住宅地の居住者も、多くを共有するかゼロかの選択に直面すると、公共プロジェクトの住民と同じ道をたどることがあるようです。デトロイト市の沈滞したグレーゾーン地区で社会構造の秘密を探る研究者たちは、そこには社会構造がないという思いがけない結論にたどりつきました。

歩道での暮らしの社会構造の一部は、いわゆる公人を自任する人にかかっています。公人とは幅広い人々と頻繁に交流しており、公人になることに十分に興味がある人のことです。その機能を果たすにあたって特別な才能や知恵は必要ありません——多くの場合、その人たちは才能も知恵も持っていますが。その人は単にそこにいればいいだけで、また同じような人が十分にいなければなりません。おもな資質は本人が公的な存在であること、さまざまなちがった人たちと話すということです。これで、歩道にとって興味深い噂が伝わるからです。

ほとんどの歩道公人は、公共の場に腰を据えて駐在しています。店主、酒場の主人といった人たち。かれらが基本的な公人です。街頭の他の公人たちはすべてかれらに依存しています——直接的ではなくても、こういった店やその持ち主のもとへと道が通じているからです。

貧困者支援所の職員や牧師たちも正式な公人の一種に数えられ、概して店に中枢を持つ街路の人づてのニュースシステムに依存しています。たとえばニューヨーク市ロウアー・イーストサイドのとある貧困者支援事業の責任者は、定期的に店をまわります。かれはスーツを預けていたクリーニング屋から近所に麻薬密売人がいると聞き、食料品店の店主からはプエルトリコ系ストリートギャングのドラゴンズが何かたくらんでいて注意が必要だと聞き、菓子屋からは少女二人が黒人系ストリートギャングのスポーツメンを抗争へ駆り立てていると聞きます。最も重要な情報交換場所の一つが、リビングトン通りの使われていないパン配達箱です。というのも、それはパン用には使われていません。食料品店の外に置かれて、貧困者支援事業、菓子屋、ビリヤード店の間で座ったりくつろいだりするために使われているのです。そこであたり一帯の十代の若者のだれかに対して伝えられた言葉は驚くほどの速さでまちがいなくかれの耳に届くし、別方向からもうわさがたちまち同じように人づてにパン配達箱のところまで届くのです。

イーストハーレムにあるユニオン・セツルメント音楽学校のブレーク・ホブス校長は、昔ながらの繁華街の街区から生徒を一人とると、すぐさま少なくともあと三人か四人来て、街区の子供が残らず来ることもあると指摘しています。でも近くのプロジェクトから――おそらく公立校を通じて、あるいはかれが遊び場で切り出した会話を糸口に――子供を一人とっても、それを直接的なきっかけにもう一人やって来ることはほとんどありません。公人や歩道の暮らしに欠けるところではうわさが広まらないのです。

街頭の固定公人、よく知られている移動公人の他にも、都市の街頭にはもっと専門的な公人がいろいろいるものです。おかしなことに、その一部は自分だけでなく他人のアイデンティティの確立も助けています。サンフランシスコのニュースでは、引退したテノール歌手がレストランやボッチ（＊8）コートといった街頭施設でおくる日常生活が次のように報道されています。「メローニは熱心さ、芝居がかった物腰、音楽に対する生涯にわたる

（＊8）訳註：コート式屋外競技。イタリア式ボーリング。

関心から、自分が感じたその大切さを数多くの友人たちに伝えていると言える」。まさにその通り。

かれのような芸術的手腕や人格を持っていなくても専門的な歩道の公人になることはできます――ふさわしい特技みたいなものがあれば。簡単なことです。わたしも地元ではちょっとした専門的公人をやっています。もちろんそれは基礎となる固定公人の存在あってのことです。このいきさつは、わたしの住んでいるグリニッジ・ヴィレッジが幹線道路で二分されるのに反対してすさまじい闘いを延々と繰り広げていたことに端を発しています。闘いの中でグリニッジ・ヴィレッジの反対側の委員会のまとめ役に要請されて、わたしは地元の数ブロックの店に道路案反対の陳情書を預けてくる役を引き受けました。客たちに店内で陳情書に署名してもらい、わたしがときどき回収に行ったのです（＊9）。このメッセンジャー業務に携わった結果、わたしは自動的に陳情書戦略における歩道の公人になりました。たとえば、まもなく酒屋のフォックスさんが酒瓶を包んでくれながら、店の近くの閉鎖された公衆トイレが長いこと放置され、危険で目障りな存在になっているので、どうすれば市にそれを撤去させられるだろうかと相談を持ちかけてきたのです。陳情書を作成して市役所に提出する効果的な方法を見つけるのをわたしが引き受けるなら、かれが仲間たちと陳情書の印刷、配布、回収にあたってくれるという提案でした。すぐに界隈の店に、公衆トイレ撤去の陳情書が置かれました。いまではわたしの住む街路には陳情書戦略の市民専門家がたくさんいますし、その中には子供も含まれています。

公人たちはニュースを広めて仕入れる、いわば小売をしているだけではありません。互いにつながっていて、実質的には卸売りで話を広めているのです。

わたしの見る限り、歩道での暮らしは、そこここの集団の中にある神秘的な資質や才能から生じるものではありません。必要とされる明確で具体的な施設があるときだけ生じるのです。これらはたまたま街頭の安全を培うのに必要なものと同じ施設ですし、豊富さと偏在性も同じです。これが欠けていれば歩道でのふれあいもありません。

裕福な人々には自分のニーズを満たす方法がたくさんありますが、貧しい人々は歩道の生活に多くを頼っています——職探しに始まり、ボーイ長に認められるところまで。それでも都市の金持ちや金持ちに近い人たちも、負けず劣らず歩道の生活を高く評価しているようです。いずれにせよ、かれらは莫大な家賃を払って賑やかで多様な歩道の生活のある地域に引っ越してくるのです。現にかれらはヨークヴィルやニューヨーク市のグリニッジ・ヴィレッジ、サンフランシスコ市のノースビーチ通りからすぐのテレグラフ・ヒルで中流階級と貧困層を締め出しています。かれらは退屈な「閑静な住宅地」の街並みを、長くて数十年ほどで、かれらほど恵まれていない人々に残して気まぐれに去ってしまうのです。ワシントンDCのジョージタウンの住民に話しかければ、二言目か三言目には「市内のレストランをすべて合わせたよりいい」すてきなレストラン、店のユニークさと親しみやすさ、隣の角で用事をしていて人にでくわしたときの喜び——そしてもっぱらジョージタウンが大都市圏全体の専門商業地区になったという事実を誇る熱い思いを聞かされることになるでしょう。裕福であろうと貧しかろうとその中間であろうと、興味深い歩道の生活とたくさんの歩道でのふれあいに害を受けたという都市はまだ見つかっていません。

負担がかかりすぎると、歩道の公人の効率は激減します。たとえばある店の交流や潜在的な交流があまりに大規模で表面的すぎる規模になってしまえば、そこは社会的に役立たずになってしまいます。この例はニューヨーク市ロウアー・イーストサイドのコーレアーズ・フックのコーポラティブ住宅が経営する菓子屋や新聞屋に見受けられます。この計画プロジェクト店舗は、この貧困者支援事業用地やその隣接地にあって（持ち主への補償なしに）一掃された、一見似たような店舗およそ四十店に取って代わったものです。ここは工場です。店員は両替をしたり、行儀の悪い客に無駄な呪いの言葉を叫んだりして忙殺されており、「これください」以外は何も耳に入りません。こんな調子かあるいはまったくの無関心というのが、ショッピングセンター計画や抑圧的なゾーニングで人為的に都市の近隣の商業的独占をはかった場合

（＊9）ちなみにこれは、戸別訪問すればたいへんな仕事になるものをわずかな労力で仕上げられる有効なやり方です。また、戸別訪問よりも社会的な会話と意見を生み出します。

によく見られる雰囲気です。このような店は、競争があれば経済的に破綻するでしょう。また一方で、独占は予定されていた財務上の成功を確実なものにしますが、都市を社会的に破綻させてしまいます。

歩道の公共的なふれあいと歩道の公共的治安が一つになると、この国の最も深刻な社会問題――人種分断と人種差別に直接的な影響を与えます。

都市の計画と設計や、街路と街頭生活のタイプで自動的に人種分断と差別を克服できると示唆するつもりはありません。このような不正を正すには、他にもあまりに多くの努力が必要なのです。

でも歩道が危険で、住民が多くを共有するかゼロかに甘んじなければならない大都市の構築や建て替えは、どれだけ努力しようとアメリカの都市の差別の克服を遥かに困難にしかねないとは述べたいと思います。

住宅差別につきまとい、これを助長する偏見と不安の大きさを考慮すると、住民が自分の街でも不安を感じてしまうのなら、住宅差別の克服は遥かに難しいのです。基本的に威厳ある公共基盤の上に文明的な社会生活を保持する手段がなくて、私生活を私的基盤の上に保つ手段もない場合には、住宅差別の克服は困難です。

確かに名ばかりのモデル住宅統合案は、危険と社会生活の欠如という不利な条件を持つ都市部のそこここで実現できます――多大な努力をはらい、新たな隣人の（都市には）異常な選り好みをよしとすることで実現されます。これは課題の規模と緊急性からの逃避です。

寛容さ、つまり隣人たちが――肌の色の違いよりもしばしばずっと深遠な――大きなちがいを持つ余地というのは、非常に活発な都市生活には可能でも、郊外や疑似郊外にとってはとても異質なものです。見知らぬ人が、文明的ながら本質的に威厳と慎しみのある条件のもとで一緒に平和に生活することを許すつくりつけの装置が大都市の街路にある場合のみ、それは可能であたりまえのものとなるのです。

下世話で無目的で無秩序なように見えても、歩道でのふれあいは、積み上げることで都市の社会的生活の富を生み出す小銭のようなものです。

ロサンゼルス市はほとんど公共生活がないかわりに、

もっと内輪の社会性を持った交流におもに依存している巨大都市の極端な例に挙げられます。

ある一面はたとえばこうです。現地に住む知人の一人は、メキシコ人がいることは知っているけれど、十年間住んできてメキシコ人やメキシコ文化を見かけたことはないし、まして言葉を交わしたことなど一度もないと述べています。

別の一面では、オーソン・ウェルズは、ハリウッドは劇場風ビストロを発展させられなかった世界唯一の劇場中心地だと書いています。

また別の一面では、ロサンゼルス市で最も実力のある実業家の一人が、同じ規模の他の都市では考えられないような公共的な人間関係の空白に行きあたっています。かれは、ロサンゼルス市は「文化的に遅れている」とあえて言い、それに対処するために個人的に取り組んでいると語りました。かれは一流美術館の設立基金を集める委員会を率いていました。わたしはロサンゼルス市の実業家の（リーダーの一人としてかれ自身も関わっている）クラブ生活について聞いた後で、それに対応するような形でハリウッドの人々が集まる場所や方法について尋ねてみました。かれはこの質問には答えられませんでした。そして映画産業の関係者を一人も知らないし、そういう知り合いがいる知人もいないとつけ加えたのです。「きっと変に思われるだろうけど」と、かれは考え込みました。「ここに映画産業があるのはうれしいけれど、その関係者たちは社会的に知り合える相手ではないんです」

ここでもやはり「一体感」かゼロか、なのです。メトロポリタン美術館を設立しようとするうえで、この男性が負うハンデを考えてみてください。委員会にとって最も有望な人々に、容易には接触もできないし、交渉もできないし、信用することもできないのです。

ロサンゼルス市の経済的、政治的、文化的上層部は、ボルチモア市の歩道公園やピッツバーグ市のチャタム・ヴィレッジと同じ社会的偏狭さという田舎じみた仕組みに沿って動いています。このような巨大都市に必要となるアイデア、熱心さ、資金をまとめる手段が欠けています。ロサンゼルス市では奇妙な実験が始められています。それはプロジェクトやグレー地域だけでなく、メトロポリス全体を「一体感」の力かあるいはゼロで運営しようという試み。これは人々の普段の生活や仕事の中での公共生活が欠けている大都市なら、避けられない結末だと思うのです。

第4章

歩道の使い道——子供たちをとけこませる

都市計画と住宅計画での迷信の一つに、子供の変化をめぐるおとぎ話があります。こんな具合です——子供たちの一団が、都市の道ばたで遊ばざるを得なくなります。こうした青白いひょろひょろした子供たちは、邪悪な道徳環境の中で、お互いにいい加減な猥談をして、邪悪なせせら笑いを身につけ、少年院にでもいるかのように、新しい堕落の道を実に効率よく学ぶのです。この状況は、「街頭が青年たちに与える道徳的肉体的な被害」と呼ばれ、ときに「掃きだめ」と呼ばれます。

こうしたかわいそうな子供たちを、街路から救いだして、運動設備があり、走る空間があり、魂を向上させる芝生のある公園や遊技場に移動させてあげられたらよいのに！　清潔で幸せな場所で、健全な場所に対応した子供たちの笑い声に満ちあふれた場所です。こんなおとぎ話はいい加減にしましょう。

セントルイス市でドキュメンタリー映画をつくるチャールズ・グッゲンハイムが見つけた、現実の生活から取ったお話を考えてみましょう。グッゲンハイムは、セントルイス市のデイケアセンターの活動を描く映画を撮っていました。そして午後の終わりになると、およそ半分くらいの子供たちが帰るのをずいぶん渋っていることに気がつきました。

グッゲンハイムはかなり好奇心を抱き、調べてみました。例外なしに、帰るのをいやがる子供たちは近くの住宅プロジェクトから来ていました。そしてこれまた例外なく、喜んで帰る子たちは近くの古い「スラム」街から来ていたのでした。その謎は、グッゲンハイムが調べてみると、単純そのものでした。遊技場も芝生もたっぷりあるプロジェクトに帰る子たちを待ち構えているのは、いじめっ子の連続で、ポケットの中身を差し出させたり、殴ったり、その両方をしたりするのでした。この子たちは毎日家に帰るのに、この最悪の大惨事に耐えなくてはならなかったのです。古い街に戻る子たちは、そういう脅しに遭わずにすんでいるのだ、とグッゲンハイムはつきとめました。帰り道はいくつもあったし、みんな抜け目なくいちばん安全な道を選びました。「だれかにいじめられたら、いつでもどこかの店主のところに逃げたり、だれかが助けにきてくれたりしたのです。また、だれかが待ち構えていたら、別の道から逃げる方法もたくさんありました。この子たちは安全だと感じ、陽気で、帰り道を楽しみにしていたのです」とグッゲンハイム。またそれに関連して、グッゲンハイムはプロジェクトの修景グラウンドや遊技場がいかに退屈か、それがいかに使われていないようで、それに対して近くの古い街路が、いかにおもしろいものや多様性があり、カメラや想像力にとっての材料が豊かだったかを指摘しています。

現実の暮らしからの別の例を考えましょう。一九五九年の夏に、ニューヨーク市で少年ギャングの抗争があり、その結果まったく無関係で、たまたま住んでいたプロジェクトのグラウンドに立っていただけの十五歳の少女が死にました。その日の最終的な悲劇に至る出来事とその舞台は、その後の裁判の過程で「ニューヨーク・ポスト」紙に報道されました。

最初の小競り合いは、スポーツメンたちが、サラ・デラノ・ルーズベルト公園の、フォーサイスストリートボーイズの縄張りに足を踏み入れたときだった(*10)。(中略)その午後には、フォーサイスストリートボーイズは究極の武器であるライフルとガソリン爆弾を使うことを決めた。(中略)サラ・デラノ・ルーズベルト公園で展開される乱闘の中で、十四歳のフォーサイスストリートボーイズの一人が刺されて致命傷を負い、十一歳を含む二人が重傷を負った。(中略)夜九時頃、「フォーサイスストリートボーイズ七人か八人ほどが」リリアン・ワルド住宅プロジェクト近くのスポーツメンたちのたまり場を急襲し、D通り[プロジェクト敷地の境界]から相手にガソリン爆弾を投げつけて、その間にクルスがしゃがんでライフルの引き金を引いた。

この三つの戦いはどこで起きたでしょうか？　プロジェクトの公園と、公園のようなグラウンドです。この種の争いが勃発すると、まちがいなく主張される対処法は、公園や遊技場を増やせというものです。人はシンボルの響きにあっさりごまかされてしまうのです。「ストリートギャング」が「市街戦《ストリート》」をやるのは、もっぱら公園や遊技場でのことなのです。「ニューヨーク・タイムズ」紙が一九五九年九月に、ニューヨーク市で過去十年間に起きた最悪の少年ギャング抗争をまとめてみると、一つ残らず公園で起きているのがわかりました。さらにますますありがちなのが、ニューヨーク市だけでなく他の都市でも、こうした恐ろしい行為に従事する子供たちはスーパーブロック式のプロジェクト出身なのです。そこでは子供たちの日々の遊びは、きっちり街路からは排除されています（というより街路そのものがほとんど排除されています）。ニューヨーク市のロウアー・イーストサイドで最悪の非行地帯は、前述のギャング抗争が起きたところですが、まさに公共住宅プロジェクトの公園のようなベルト地帯です。ブルックリンで最強のギャング二団は、最も古いプロジェクト二つを根城にしています。「ニューヨーク・タイムズ」紙によれば、ニューヨーク市青年委員会の長官ラルフ・ウィーランは、新しい住宅プロジェクトが建設されるたびに「まちがいなく非行比率が上がる」と述べているそうです。フィラデルフィア市で最悪の少女ギャングは、同市の二番目に古い住宅プロジェクトで育ったものです

（＊10）フォーサイスストリートは、サラ・デラノ・ルーズベルト公園の外周にあり、この公園は何街区も続いています。公園の境界にある教会の説教師ジェリー・オニキの、この公園が子供たちに与える影響についての発言が「ニューヨーク・タイムズ」紙に掲載されていました。「あの公園では、考えられるありとあらゆる悪徳が起こっているんです」。でもこの公園は、専門家からは絶賛されています。パリの再建者オースマン男爵について、ニューヨーク市の再建者ロバート・モーゼズが一九四二年に書いた記事で、当時できたてのサラ・デラノ・ルーズベルト公園は、パリのリヴォリ街に匹敵する成果だと大まじめに論じられているのです！

し、同市で最悪の不良地帯は、そのプロジェクトの主要地帯と重なっています。グッゲンハイムが恐喝の存在を見つけたセントルイス市のプロジェクトは、同市最大のプロジェクトと比べれば比較的安全と思われているのです。その最大のプロジェクトは、二十三ヘクタールもの芝生だらけで、そこに遊技場が散らばって、都市街路はまったくなく、同市の不良たちにとっては最高の育成地となっています（＊11）。こうしたプロジェクトは、子供たちを街路から遠ざけようとする意図の実例です。それがそのような設計になっているのは、一部はこの狙いがあるからなのです。

その残念な結果はほとんど何の不思議もありません。大人に適用されるのと同じ都市の安全と都市の公共生活をめぐる規則が、子供にだってあてはまるのです。ただし子供たちは、粗暴行為や危険に対して大人よりずっと弱い存在だということをのぞけば。

実生活では、子供たちを活気ある都市の街路から、ありがちな公園や、ありがちな公共遊技場やプロジェクト遊技場に移すと、何が実際に起こるのでしょうか？

ほとんどの場合（ありがたいことにすべてではありません）、最大の変化は以下のようなものです。子供たちは大人たちの目の数値比率がきわめて高い場所から、きわめて低いかゼロのところに移動することになります。これが都市の子育てにとっての改善だと思うのは、妄想もいいところです。

都市の子供たち自身、これを知っています。かれらは何世代も前からそんなことは知っていました。「反社会的なことをやりたければ、いつもリンディ公園に行ったよ、大人たちには絶対見られないからね」とブルックリン育ちのアーティスト、ジェシー・レイチェクは語ります。「ほとんどは街路で遊んでたけれど、そこでは悪いことをやったらまちがいなく捕まったから」

状況は今も同じです。うちの息子は、男の子四人に襲われて逃げてきた話をします。「公園を通るときに捕まるんじゃないかって怖かったんだよ。あそこで捕まったら、ぼくはおしまいだ！」

マンハッタンのウェストサイドのミッドタウンにある遊技場で、十六歳の少年二人が殺されてから、わたしはそのあたりを暗い気持ちで訪問しました。あたりの街路はどうやらいつも通りの暮らしに戻っていたようです。

何百人もの子供たちが、自分でも歩道を使っていたり、窓から見下ろしたりしている無数の大人たちの目に直接さらされて、多種多様な歩道での遊びや驚くほどの探求を行っていました。歩道は汚く、人々の要求する活動にとっては狭すぎ、日陰も必要でした。でも放火や騒動や、危険な武器の濫用などは見られませんでした。夜に殺人のあった遊技場でも、状況はいつも通りに戻っていたようです。男の子三人が木製ベンチの下に火をつけていました。もう一人は頭をコンクリートに叩きつけられていました。管理人は、荘厳かつゆっくりとアメリカ国旗を降ろすのに没頭していました。

帰り道、わたしの自宅近くの比較的上品な遊技場を通りがかりましたが、そこにいる唯一の人々は、母親や保護者が影も形もないところで、少女をスケートで殴るぞと脅す少年二人と、何とか勇気を出して頭を振り、そんなことしちゃいけないよとつぶやくアル中だけだったのです。さらに通りを下ったところには、多くのプエルトリコ系移民がいる地域がありますが、そこでの光景はまったく対照的なものでした。ありとあらゆる年代の子供二十八人が、騒動も放火もなく、その他キャンデーの袋をめぐる口論以上のどんな深刻な出来事もなしに、歩道で遊んでいたのです。かれらはもっぱら、公共の場でお互いを訪問している大人たちの何気ない監視の下にありました。でもその監視が何気なく見えるのは、見かけだけのことでした。それはキャンデーの口論が大事になりかけたときに、平和と正義が復活された様子を見れば明らかでした。大人たちは次々に入れ替わり続けていました。次々とちがった人が窓から外をのぞき、ちがった人がちょっとした用事で行ったり来たり、あるいは通りがかってしばらく立ち止まっていたりしたからです。でも、全体としての大人の数は、わたしが見ていた一時間ほどの間は概ね一定——八人から十一人——でした。家に帰り着くと、街区の中で私の家のある端では、共同住宅と仕立屋とうちと洗濯屋とピザ屋と果物屋の前で、十四人の大人に見守られて子供十二人が遊んでいました。

(＊11) このプロジェクトもまた、専門家たちの賞賛を受けています。一九五四年から五六年にかけて建設されたときには住宅や建築業界では絶賛されて、住宅の傑出した例として喧伝されていたのです。

確かに、あらゆる都市の歩道がこのような形で監視下に置かれているわけではありませんし、これは都市計画がきちんと矯正を支援すべき都市問題の一つです。あまり使われない歩道は、子育てに具合のいい監視下に置かれていないのです。また歩道に目があったとしても、それに隣接する住民たちが絶えず頻繁に入れ替わるような場合には安全でないことが多いのです――これまた緊急の都市計画的な問題です。でもそうした街路近くの遊技場や公園は、なおさら不具合が多い場所です。

またあらゆる遊技場や公園が安全でなかったり監視が乏しかったりするわけではありません。これは次の章で見ます。でもきちんとした場所は、普通は街路が活気あり安全な場所で、文明化された公的な歩道生活が花開いている地区にあるのです。ある地区で、遊技場と歩道の安全性やまともさ加減に差があるときには、わたしの見る限り、ずいぶん悪漢視されている街路の状況がそれを大きく左右しているのが常です。

理屈ではなく現実の子育てに責任を持っている人々は、これを熟知していることが多いものです。都市の母親は言います。「お外に行ってもいいけれど、歩道から離れちゃだめよ」。わたし自身、自分の子供たちにそう言います。そしてこれは「車の通る車道に行くな」という以上のことを言っているのです。

正体不明の暴漢に、下水道に押し込まれた九歳児が奇跡的に救出された事件で――もちろんその現場は公園でした――「ニューヨーク・タイムズ」紙はこう報道しています。「母親はその日にも、ハイブリッジ公園では遊ぶなと子供たちに告げていた。(中略)ついに母親は[その公園に行ってもいいと]承知した」。九歳児の怯えた仲間たちは、賢明にも公園から駆けだして邪悪なはずの街路に戻り、そこではすぐさま必要な手助けを得られたのでした。

ボストン市のノースエンドにある貧困者支援所の主任フランク・ハヴェイは、子供のいる夫婦がしょっちゅうこの問題でやってくると言います。「子供たちには、夕食後は歩道で遊べと言ってるんです。でも、子供を通りで遊ばせるなって言われてるじゃないですか。わたしのやってることはまちがってるんでしょうか?」と。ハヴェイは、あなたのやっていることは正しいと答えるそうです。ノースエンドの非行率が低いのは、コミュニティが最強となる場所――歩道――で子供たちが遊ぶのをコミュニティがみごとに監視しているおかげが大きい、とかれは言います。

田園都市計画者たちは、街路が嫌いだったので、子供たちを街路に出さずにきちんと監視するための解決策として、スーパーブロックの内側に地区内囲い地をつくることにしました。この方針は、輝く田園都市の設計者たちにも受け継がれたようです。今日では、多くの巨大再開発地区は、街区内の囲われた公園囲い地という原理で計画しなおされています。

この方式の困ったところは、ピッツバーグ市のチャタム・ヴィレッジやロサンゼルス市のボールドウィン・ヒルズ・ヴィレッジといった既存事例や、ニューヨーク市やボルチモア市のもっと小さい中庭型集落を見ればよくわかります。多少なりとも自発性や意志力のある子供なら、六歳を過ぎて自分からそんな退屈な場所にはいたがらないのです。ほとんどの子は六歳よりずっと早くそんな場所から出たがります。こうした保護された「一体感」世界は、三歳か四歳の幼児までなら適切でしょうし、実際に使っているのもその年代の子供たちです。これはおそらく子供が一番扱いやすい四年間でしょう。またこうした場所の大人の住民たちは、こうした保護された中庭で年長の子供たちが遊ぶことさえいやがります。チャタム・ヴィレッジやボールドウィン・ヒルズ・ヴィレッジでは、はっきりそれが禁止されています。よちよち歩きの幼児はお飾りとしてもいいいし、比較的おとなしいのですが、年長の子供たちは騒々しくてエネルギッシュです。そしてかれらは、環境から一方的に作用を受けるだけでなく、自分から環境に働きかけます。環境はすでに「完璧」なはずなので、これでは困るというわけです。

さらに、既存の事例でも、建設中や計画中の事例でも見られることですが、この種の計画は建物が街区内側の囲いに向かって開かれていることを必要とします。そうしないと中庭の美しさが活用されず、監視もアクセスも容易ではないまま放置されることになります。建物の相対的に退屈な背中や、ひどいときにはまったく窓も出入口もない塗り壁が街路側に面することになるのです。専門特化していない歩道の安全の代わりに、人口の中で特化した人々に対して生涯で数年だけについて、特化した形の安全が提供されているわけです。子供がその先に進むと――これは必然的にそうなるし、そうなるべきなのですが――もう他のみんなと同様に、その子たちの安全は十分に守られなくなります。

都市での子育てのマイナス面にばかり注目してきました。それは保護の側面――子供自身の愚行から子供を保護する、悪意を持つ大人たちから子供を保護する、子供たち同士から子供を保護する、という側面です。なぜそこに注目したかというと、遊技場や公園が子供たちにとって自動的に問題がなく、街路が子供たちにとって自動的に問題大ありの場所だという幻想がいかにナンセンスなものか、いちばん明快な問題を通じて示したかったからです。

でも活気ある歩道は都市児童の遊びにとってプラスの側面も持っていますし、それは安全や保護と同じくらいかそれ以上に重要なのです。

都市の子供たちは、遊んで学習する多様な場所を必要としています。かれらは、各種のスポーツや運動や身体技能のための機会を必要としています――ほとんどの場合、いま子供たちが享受しているよりも遥かに多くの機会が、もっと容易に手に入るようにしなければなりません。でも同時に、遊んだりぶらついたり、世界についての考え方を形成するのに役立つような、特化しない屋外の拠点が必要なのです。

歩道が提供するのは、こうした特化しない遊びの形態です――そして活気ある都市の歩道はこれをみごとに提供します。この拠点の遊びが遊技場や公園に移植されると、安全でない形でそれが提供されるばかりでなく、アイススケートのリンクやプールやボートを漕ぐ池など、多様で個別的な屋外用途に使える有給職員や設備や空間が、その分だけ削られることになってしまいます。貧相で汎用化された遊び利用は、特化した遊びに使えるよい内実を犠牲にしてしまうのです。

活気ある歩道にごく普通にいる大人の存在を無駄にして、それに対する代役を（理想はどうあれ）雇うのに頼るというのは、どうしようもなくくだらないことです。社会的にくだらないだけでなく、経済的にもくだらない。というのも都市は遊技場よりずっとおもしろい屋外の利用法に使うための、資金や人員が、圧倒的に不足しているからです――そして子供たちの生活の他の側面についての資金や人員も。たとえば都市の学校システムは、通常は一学級三十人から四十人——ときにはもっと——です。そしてこの四十人には、各種の問題を抱えた子がいるのです。英語がしゃべれない子もいれば、感情的に不安定な子もいます。都市部の学校は、学級サイズをもっとよい教育が可能な規模にまで減らし、深刻な問題に対処するために、教員を五割近くも増やさなくてはなりません。一九五九年、ニューヨークの市営病院は、看護師の職の五十八パーセントになり手がなく、他の多くの都市でも看護師不足はぞっとするほどのものになっています。図書館や、ときには美術館も開館時間を減らし、特に児童コーナーの開館時間を減らしています。都市の新しいスラムやプロジェクトでどうしても必要とされる、新設住宅の資金も不足しています。既存の貧困者支援所ですら、必要なプログラムの拡張や変更の予算もなく、職員も不足しています。こうしたニーズは、公共資金や慈善資金で高い順位を与えられるべきです——現在の絶望的なほど不十分な水準の資金での順位にとどまらず、資金そのものをずっと増やした上で高い順位を与えるべきなのです。

他の仕事や職務を持つ都市住民や、必要な訓練を受けていない人は、教師や登録看護師や司書や博物館警備員やソーシャルワーカーとしてボランティアをするわけにはいきません。でも少なくともかれらだって、子供がたまたま歩道で遊んでいるのを監督したり、子供を都市社会にとけこませるのを支援したりできるし、活発で多様な歩道では実際にみんなそれをやります。かれらはそれを、自分が他の狙いを実施するついでにやるのです。

都市計画者たちは、たまたま遊んでいる子供たちを育てるのに、どのくらいの比率で大人がいるのか認識していないようです。また、空間や設備が子供を育てるのではないこともわからないようです。これらは有益な付属物にはなりますが、実際に子供を育てて、文明社会にかれらをとけこませるのは、人間だけなのです。

この通常の何気ない子育ての労働力を無駄にして、この不可欠な仕事をサボるか——そしてひどい帰結を招くか——あるいは代替の労働力を雇うかのどちらかで都市を建設するのは、愚かきわまることです。遊技場や芝生や雇われ警備員や監督者が本質的に子供にとって立派なものであり、通常の人だらけの都市街路が本質的に子供たちに有害だというおとぎ話は、一般人に対する根深い蔑視が根底にあるのです。

現実世界では、子供たちが成功した都市生活の第一原則を学ぶのは——そもそも学べたらの話ですが——都市の歩道にいる通常の大人からだけなのです。その第一原則とは、人々はお互いに何らつながりがなくても、お互いに対し多少なりとも公共的な責任を負わなくてはならない、ということです。これを言われただけで学ぶ人はいません。自分とは何の姻戚関係も友人関係も役職上の責任もない人が、自分に対して多少なりとも公共的な責任を果たしてくれたという体験から学ぶものなのです。鍵屋のレイシーさんが、車道に飛び出したわたしの息子を怒鳴りつけて、後にその行動を鍵屋に立ち寄った夫に報告するとき、息子が得るのは安全とルールを守ることについての、言葉になった教えだけではありません。間接的に得る教訓は、同じ通りで近くにいるという以外に何のつながりもないレイシーさんが、ある程度まで自分に対して責任を感じている、ということなのです。「一体感」かゼロかのプロジェクトで、エレベータに閉じ込められたまま救出されなかった少年は、その体験から正反対の教訓を学んだことでしょう。家の窓や通行人に水をかけても、匿名の場所にいる匿名の子供だからというだけで怒られもしないプロジェクトの子供たちも、それ相応の教訓を学んでいるのです。

都市住民が都市の街路で起こることに責任を負わなくてはならないという教訓は、地元の公共生活が享受できる歩道にいる子供たちには、何度も何度も繰り返し教えられます。それは驚くほど幼い時期に身につくものです。身につけたとわかるのは、かれらもまた自分が監督する側の一員でもあるのだということを、当然のことと見なすようになるからです。迷子になった人に、進んで（訊かれる前に）道を教えます。そんなところに駐車したら駐禁切符を切られるよ、と警告します。路面の凍結を処理するには、鉈《なた》で氷を割るより塩をまいたほうがいいよ、とビルの管理人に教えます。都市の子供たちが街路でこうした自信たっぷりな態度を取るかどうかは、歩道やそこを利用する子供たちに対して、大人たちが責任ある行動を取っているかどうかをかなり雄弁に物語ってくれます。子供たちは大人たちの態度を真似ているのです。これは所得とは何の関係もありません。都市の中でも最貧地域の一部は、この点で子供たちを最高の形で育てているところもあります。また、最悪に育てるところもあります。

こうした都市居住についての指導は、子供の面倒を見るよう雇われた人々には教えられないものです。というのもこの責任の本質というのは、雇われなくてもそれをやるということだからです。それは両親だけでは決して教えきれないものです。両親が見知らぬ人々やご近所に対してちょっとした公共的責任を負ったりしても、他の人がだれもそんなことをしない社会であれば、それは単にその両親が恥ずかしいほど変わり者で出しゃばりだということにしかならず、そうするのが正しいことだとは思われません。こうした指導は社会自体から与えられねばならず、そして都市でそれが与えられるとすれば、それはほぼすべて、子供がたまたま歩道で遊んでいる時間に与えられるのです。

活気ある多様な歩道で遊ぶのは、今日のアメリカの子供が与えられる他のあらゆる偶発的な遊びとはまったくちがっています。それは、母権支配下で起こらない唯一の遊びなのです。

ほとんどの都市建築デザイナーや都市計画者たちは男性です。おもしろいことに、かれらのデザインや計画は、人々が暮らすところでは男性を通常の昼間の生活から排除するようなものとなっています。住宅地の生活を計画するとき、かれらが配慮するのは暇な主婦や就学前の幼児たちの日々のニーズと想定されるものを満たすことです。つまりひと言で言うと、かれらは母権社会だけのために計画するのです。

居住が人生の他の部分から切り離されているあらゆる計画では、必然的に母権社会の理想が幅をきかせます。子供たちの偶発的な遊びが、専用の保護区に封じ込められているあらゆる計画でもそうなります。こうした計画に影響された子供の日常生活に伴う大人社会はすべて、母権社会にならざるを得ません。田園都市生活のお手本となったピッツバーグ市のチャタム・ヴィレッジは、最新の郊外ベッドタウンと同じくらい、着想の点でも実態の面でも徹底した母権社会です。あらゆる住宅プロジェクトはそうです。

職場や商業を住宅地の近く**に**置くけれど、それとの間にバッファを設けるという田園都市理論が設定した伝統は、その居住地が職場や男性から何キロも離れているのと同じくらい、配置としては完全に母権的です。男性というのは抽象概念ではありません。男性は人間として身近にいるか、さもなければいないかのどちらかなのです。たとえばハドソン通りで、あるいはその近くで働く男性たちのように、男性たちが日常生活の中で都市の子供たちの近くにいるためには、職場や商業が住宅地のただ中に位置していなくてはなりません。日常生活の一部として男性がいなくてはなりません。たまに女性の代打として遊技場に顔を出す男性や、女性の職業をまねる男性だけではだめなのです。

男性と女性の両方で構成される日常生活で遊び育つという機会（現代社会でそれは特権になってしまいました）は、活気ある多様な都市歩道で遊ぶ子供たちには可能だし、ごく当然のことなのです。なぜこの仕組みが都市計画やゾーニングによって否定されなくてはならないのか、わたしにはさっぱりわかりません。都市計画やゾーニングは、仕事と商業を住宅と混在させて混ぜ合わせるような条件を検討することで幇助されねばなりません。この話は後で触れます。

都市の子供たちにとっての都市街路の魅力は、昔からレクリエーション専門家たちが気がついていたことで、通常はいい顔をされないものでした。かつて一九二八年に、ニューヨーク市の地域計画協会は、大都市のレクリエーションについていまだに最も包括的なものである報告書を発表しましたが、そこにはこう書かれています。

多くの都市で、広範な条件のもとで遊技場から半径四百メートル内を慎重に調べてみると、五歳から十五歳の児童人口のうち、七分の一がこうした遊技場にいることがわかる。（中略）街路の誘惑がそれと強く競合している。（中略）活気と冒険に満ちあふれる都市街路と十分に競合するには、非常にうまく計画された遊技場が必要である。遊技場の活動をきわめて否定しがたい形で魅力的にして、子供たちを街路から引き離し、かれらの日々の関心を惹きつけ続けるというのは、遊技のリーダーシップとしてきわめてまれなものであり、かなり高度な人間的な魅力と技術能力を必要とする。

この報告書は、子供たちが「認知された遊技」（でもだれが「認知」するのでしょう?）をせずに「ふざけまわる」頑固な傾向を持つと嘆いています。偶発的な遊びを禁止したがる人々が渇望する組織化された子供と、活気や冒険に満ちあふれる街路でふざけまわるのを頑固に好む子供たちの傾向は、一九二八年だろうと今日だろうと、ごく顕著なものとなっています。

うちの下の息子は「ぼくはグリニッジ・ヴィレッジを隅から隅まで知ってるよ」と自慢します。そして街路の下に見つけた「秘密の通路」を見せに連れて行ってくれるのです。それは地下鉄への階段を一つ下りてから別の階段を上がる道でした。そしてまた、二つの建物の間にある、幅二十センチほどの秘密の隠し場所も見せてくれました。息子は、朝の通学途中で、人々がゴミ清掃車用に出したものの中から秘密の宝物を拾い出して、学校からの帰りに持ち帰れるよう、その隠し場所に隠しておくのです（昔、わたしにもそういう隠し場所があり、同じ目的で使っていました。でもわたしのは二つの建物の間の割れ目ではなく、崖の割れ目だったし、息子の見つけた宝物のほうがいいものでした）。

なぜ子供たちは、活気ある都市の歩道をうろつくほうが、裏庭や遊技場なんかよりおもしろいと思うことが実に多いのでしょうか? 歩道のほうが実際におもしろいからです。大人に同じ質問をすればわかるでしょう。なぜ大人は、遊技場より活気ある街路のほうをおもしろいと思うのでしょうか?

都市の歩道のすばらしい便宜性は、子供たちにとっても重要な資産です。子供たちは、高齢者をのぞけば、他のだれよりも便宜を必要としています。子供の屋外遊びの相当部分は、特に就学後、そしてある程度の集団活動（スポーツ、芸術、手工芸、その他なんでもかれらの興味や手近な機会が提供するもの）を見つけた後には、偶発的な時間に起こるもので、とっさに空き時間に押し込まなくてはならないものです。子供の屋外生活の相当部分は、ちょっとしたかけらの総和です。お昼ご飯後のちょっと余った時間に起こります。放課後に、子供たちがどうしようか考えて、だれが集まりそうか思案しているときに起きます。夕ご飯の声がかかるのを待っている間に起こります。夕食を終えて宿題にとりかかるまでのちょっとした空き時間に起こったり、宿題を終えて寝るまでの時間に起こったりします。

こうした時間に子供たちは、運動して楽しむためならありとあらゆる手を使います。水たまりで水をはねちらかし、チョークで落書きをして、縄跳びをし、ローラースケートをして、ビー玉をし、宝物を持ってうろつき、会話してカードを交換し、三角ベースをし、竹馬に乗り、ダンボール製のスクーターの飾り付けをして、古い乳母車をばらし、手すりにのぼって、あちこち駆け回ります。こうした活動を大仰にしてみせるのは場違いです。そうした活動を計画して公式に、どこか正式な場所でやるのも場違いです。そうした活動の魅力の一部は、それに伴う自由の感覚なのです。歩道を自由に行ったり来たりするのは、保護地に押し込められるのとは話がちがうのです。そうした活動を偶発的かつお手軽にできなければ、それが実行されることはまずないでしょう。

子供が育つにつれて、こうした偶発的な屋外活動——たとえば食事に呼ばれるのを待つ間の遊び——は肉体的にもっと落ち着きが出てきて、他の仲間とつるんだり、集まったり、ちょっかいを出したり、しゃべったり、こづいたりタックルしたり、バカ騒ぎをしたりするようになります。若者はいつもこの手のつるみ合いのせいで批判されますが、でもこれなしには成長は不可能だといってもいいくらいです。問題が起こるのは、これが社会の中で行われるのではなく、一種のアウトロー生活として行われるときです。

こうした偶発的な遊びのどれも、必要なのは何やらおためごかしの遊具などではなく、ごく手近でおもしろい場所があればどこでもいいので、空き地があればいいのです。遊びは、歩道が要求される活動に対して狭すぎれば押し出されてしまいます。特にそれが押し出されやすいのは、建物の建築線に多少のでこぼこがない場合です。うろついたり遊んだりする活動のかなりの部分は、移動する歩行者の動線からはずれた歩道のちょっとしたくぼみで生じるのです。

歩道が多種多様な人々により、多種多様な目的で使われていない限り、歩道での遊びを計画しても無駄です。こうした各種利用は、適切な監視や、ある程度の活力ある公共生活、一般的な興味のために、お互いに必要とし合っているのです。もし活気ある街路の歩道が十分に広ければ、遊びだって他の利用と相まって強力に花開くことでしょう。もし歩道がケチくさければ、最初に追い出される遊びは縄跳びです。次に追い払われるのは、ローラースケート、三輪車、自転車です。歩道が狭くなればなるほど、偶発的な遊びもまれになります。そして子供たちがときどき車道に飛び出すことも多くなるのです。

幅員十メートルから十二メートルの歩道なら、どんな偶発的な遊びの需要でも満足させることができます――そしてその活動に日陰をもたらす街路樹も植えられるし、歩行者の移動や、大人の公共的な歩道生活やぶらつきにも対応できます。これほどゆったりした幅員の歩道はほとんどありません。歩道の幅は、車道の幅のためにまちがいなく犠牲になります。というのも都市の歩道は因襲的には、純粋に歩行者の移動用の場所や建物へ出入りするための場所だと思われており、都市の安全や公共生活や子育てのための、独特な活力を持つ比類なき器官だとは認識もされず、尊重もされていないからです。

幅七メートルの歩道は、縄跳びはできないのが普通ですが、ローラースケートなら十分に可能だし、他の車輪つき遊具にも対応できます。これは比較的よく見られるものですが、車道拡幅屋たちがそれを毎年のように侵食していきます（嫌われているアーケードや「プロムナード」がその建設的な代替物となるという信念で行われることが多いようです）。歩道に活気があり人気があればあるほど、そして利用者の数や多様性が多いほど、目的を快適に果たすために必要な幅員は大きくなります。

でも適切な幅がないときでさえ、便利な位置や街路のおもしろさはいずれも子供にとって実に重要です――そしてよい監視はその両親にとって実に重要です――だから子供たちはセコい歩道空間にでも適応しようとするし、実際に適応します。だからといって、子供たちの適応力を無節操にあてにするのが正しいということではありません。実はそれは、子供たちにとっても都市にとってもまちがったことなのです。

一部の都市歩道は、子育てにはまちがいなく劣悪な場所です。それは万人にとって劣悪な場所なのです。そうした近隣では、街路の安全や活力や安定性をもたらす性質や機能を育成する必要があります。これは複雑な問題です。都市計画における中心的な問題です。機能不全の都市近隣では、子供たちを公園や遊技場に押し込めるのは何もしないよりひどいことで、街路の問題の解決にもならないし、子供たちにとっての解決にもなりません。

都市街路をなくしてしまうという考え（それが可能ならの話ですが）と、都市生活における街路の社会経済的な役割を最小限にしてしまおうという考えは、それ自体が正統派都市計画における最もふざけた破壊的な発想です。それが都市での育児に関する空疎なおとぎ話を口実としてしょっちゅう行われるというのは、皮肉としてこれ以上のものはないほど苦々しいものです。

第5章

近隣公園の使い道

伝統的に、近隣公園や公園状の空地《オープンスペース》は、都市の不幸な人々に下賜された贈り物だと思われています。この発想を逆転させて、都市公園こそが哀れな場所で、活力と認知という贈り物をこうした公園こそが下賜されねばならないのだと考えましょう。こちらのほうが、現実ときれいに合っています。というのも人々は実際問題として公園に利用を提供し、それを成功した公園にしてあげるからです——あるいは利用を手控えることで、その公園を拒絶と失敗へと追いやるからです。

公園は変動の激しい場所です。ものすごく人気があるか、まったく人気がないかの両極端に落ち着きがちです。そのふるまいは、単純とはほど遠いものです。それは都市地区の実に楽しい特徴にもなり、周囲にとって経済的な資産になることもできますが、そうなる公園は悲しいほど少数です。年月がたつにつれて、だんだん愛されるようになり価値を増すこともありますが、こうした持久力を持つ公園は悲しいほど少数です。フィラデルフィア市のリッテンハウス広場、ニューヨーク市のロックフェラープラザやワシントン広場、ボストンコモンなど、多くの都市で愛されている公園はありますが、公園とは名ばかりの、無人の都市の真空はその何十倍もあるのです。それは荒廃に食い荒らされ、ほとんど使われず、だれにも愛されません。インディアナ市在住の女性が町の広場をどう思うか訊かれて答えたように、「そこにいるのは噛みタバコの汁を吐き散らしてスカートを覗こうとする変態だけよ」というわけです。

正統派都市計画では、近隣の空地《オープンスペース》は驚くほど無批判な形で崇拝されています。ちょうど野蛮人たちが魔法の呪物を崇拝するときのように（＊12）。その計画近隣は旧都市に比べてどう改善されているのかと住宅屋さんに尋ねれば、自明の美徳だとでも言うように、空地《オープンスペース》が増えたと言うでしょう。都市計画屋さんと、生気のない近隣を歩いてみれば、すでにそこが無人の公園やちり紙まみれの古くさい植え込みで貧相になりつつあったとしても、かれは空地《オープンスペース》が増えた未来を描いてくれることでしょう。

何のために空地《オープンスペース》を増やすのでしょう？　強盗のため？　建物の間の寒々とした空隙？　それとも一般人が利用して楽しむため？　でも人々は、それがそこにあるというだけでは都市の空地《オープンスペース》を使ったりはしないし、都市計画者やデザイナーが使ってほしいと思ったからといってそこを使ったりはしません。

そのふるまいの個別性の点で、あらゆる都市公園は独自のものであり、一般化を拒みます。さらにフィラデルフィア市のフェアマウント公園、ニューヨーク市のセントラルパークやブロンクス公園やプロスペクト公園、セントルイス市のフォレスト公園、サンフランシスコ市のゴールデンゲート公園、シカゴ市のグラント公園――そしてもっと小規模なボストン市のボストンコモンでさえ――は、同じ公園の中でもいろいろちがっているし、それが面している都市のちがった部分から異なる影響を受けています。大都市の大型公園のふるまいにおける一部の要因は、本書の第I部で扱うには複雑すぎます。後の第14章「境界の恐るべき真空地帯」で論じることにしましょう。

どんな都市公園であれ、現実にも可能性としてもお互いの丸写しと考えるのは誤解のもとではあります。そしてどんな公園だろうと一般的な議論だけでその特徴すべてを説明しきれると信じるのも単純にすぎるのは確かです。それでも、ほとんどあらゆる近隣公園に深く影響する少数の基本的な原理は一般化できます。さらに、これらの原理を理解すれば、あらゆる種類の都市公園に作用する影響を理解するのにちょっと役立ちます――街路の拡大として機能する小さな屋外ロビーから、動物園や湖や森や博物館といった大規模な大都市の魅力を備えた大規模公園まで。

公園のふるまいについて、専門特化した公園よりも近隣公園のほうが、ある種の一般原理をもっとはっきり示してくれます。その理由は、まさに近隣公園がわたしたちの公園として最も一般的な形態のものだからです。近隣公園は、地元の公共の庭として汎用的な日常利用を意図しているのが普通です——その地元というのが勤労地区だろうと、住宅街だろうと、徹底した混合利用地区だろうと。ほとんどの都市広場は、この汎用公共庭利用という分類に収まります。ほとんどの住宅プロジェクト用地もそうです。そして、河岸や丘などの自然の特徴を活用した都市公園の相当部分もそうです。

　都市と公園がどう相互に影響し合うかを理解するのにまず必要なことは、現実の利用とおとぎ話上の利用との混乱を一掃することです——たとえば公園が「都市の肺だ」とかいうSFじみたナンセンスは忘れましょう。人間四人が呼吸、料理、暖房などで排出する二酸化炭素を吸収するには一・二ヘクタールくらいの森林が必要です。都市の窒息を防いでいるのは、わたしたちのまわりを大量に循環している大気であって、公園なんかではありません（＊13）。

　またある面積の緑地が、同じ面積の街路よりも都市に多くの空気をもたらすということもありません。街路を減らしてその分の面積を公園やプロジェクト緑道《モール》にした

（＊12）例：「モーゼス氏は一部の新しい住宅が『醜く、兵舎じみていて、おかたく、同じ形のものが並んでいて、没個性で無表情』かもしれないと認めた。だがかれは、こうした住宅を公園で囲むことができると提案したのである」——「ニューヨーク・タイムズ」紙一九六一年一月記事より。

（＊13）ロサンゼルス市は、他のどのアメリカ都市よりも肺の助けを必要としていますが、他のどんな大都市よりも大量の空地《オープンスペース》を持っています。同市のスモッグは、一部は大気循環の局所的な特異性が原因ですが。一部はまさにロサンゼルス市が広範囲に分散していて、空地《オープンスペース》がやたらにあることが原因なのです。分散はすさまじい量の自動車交通を必要とし、これがロサンゼルス市のスモッグ・シチューの化学物質の三分の二を供給しています。ロサンゼルス市の登録車両台数は三百万台ですが、これが毎日千トンの大気汚染化学物質を放出します。このうち六百トンほどは炭化水素で、自動車にアフターバーナーを義務づければほとんど削減できるでしょう。でも四百トンほどは窒素酸化物で、本書執筆時点では、排気ガスからこの物質を減らすための装置についての研究は、始まってさえいない状況です。空気とオープンな土地のパラドックス——これは明らかに一時的なものではありません——というのはこういうことです。現代都市では、空地《オープンスペース》を気前よく振りまくことで、大気汚染は改善されるどころか悪化するのです。これはエベネザー・ハワードには予想しようもなかった影響ではあります。でもいまや予想は必要ありません。後知恵だけで十分です。

ところで、その市が得る新鮮な空気の量には関係ありません。空気は別に芝生フェチなどではないので、芝生があるとかないとかで行き場所を選んだりはしないのです。

また公園のふるまいを理解するには、公園が不動産の安定化要因だとか、コミュニティの核になるといったインチキな気休めも潰す必要があります。公園はどんな役割であれ自動的に果たしたりはしません。そしてその中でも、この不安定な要素は、価値を安定させたり、近隣や地区を安定化させたりするなどという役割はいちばん果たさないのです。

この点について、ほとんど対照実験に近いものを提供してくれるのはフィラデルフィア市です。ペンがこの都市の設計図を引いたとき、中心にはいま市役所が建っている広場を置き、これを中心に等距離のところに四ヵ所の住宅地広場を置きました。まったく同じ年代、まったく同じ広さ、当初の用途はまったく同じで、立地上の優劣も可能な限り同じになっているこの四つは、その後どうなったでしょうか?

その命運はすさまじく異なっています。

ペンの四広場で最も有名なのはリッテンハウス広場で、愛されて成功して多用される公園で、今日ではフィラデルフィア市最大の資産の一つです。ファッショナブルな近隣の中心となっていて、実はフィラデルフィア市の古い近隣で自発的にその周縁部を修復して、不動産価値を拡大しているのはここだけです。

ペンの小公園の二番目はフランクリン広場で、同市のドヤ街公園です。ホームレスや失業者や貧しい娯楽しかない人々が集まり、隣接するのは木賃宿や安ホテル、伝道所、古着屋、代書屋、質屋、職安、刺青屋、三文芝居小屋、定食屋などです。この公園とその利用者はみすぼらしくはありますが、危険ではないし犯罪公園でもありません。それでも不動産価値を維持するにはほとんど貢献していないし、社会の安定にも貢献していません。その近隣は大規模再開発が予定されています。

三番目はワシントン広場で、かつてはダウンタウンの中心だったところですが、いまや巨大オフィスセンターとなっています――保険会社、出版、広告など。数十年前にワシントン広場はフィラデルフィア市の変質者公園になり、オフィスの昼ご飯を食べる人々にまで避けられて、公園の作業員や警察にとっては手の施しようがない悪徳と犯罪の巣窟となったのです。一九五〇年代半ばには解体されて、一年以上も閉鎖され、再設計されました。その過程で、公園のかつての利用者たちはよそへ散らばっていったのですが、それが狙いだったわけです。今日ではみんなごく短時間の散漫な利用しかなく、晴れた日の昼食時以外はほとんど無人です。ワシントン広場の地区は、フランクリン広場の地区と同様に自立的に価値を保つのに失敗したし、まして不動産価値を引き上げることなどできていません。オフィスの縁取りの向こうは、今日では大規模都市再開発の予定地となっています。

ペンの広場の四つ目は、周辺を徐々に削り取られて、いまや小さな道路の中州と化しています。ベンジャミン・フランクリン大通りの中にあるローガンサークルで、都市美運動の一例です。このサークルは高く水を噴き上げる噴水と、みごとに維持された植栽で飾られています。徒歩でそこにたどり着く気にはなりませんし、高速で脇を通過する人々にとっての優雅な装飾品というのが主な機能ではありますが、でも晴れた日にはそれなりに人がいます。そのサークルを一部に擁する巨大な文化センターに隣接した地区は、ひどい衰退を見せ、すでにスラム取り壊しの対象となり、輝く都市に改築されています。

こうした広場のちがった運命——特にいまだに広場として機能している三つの差——は都市公園の特徴である変わりやすさを示しています。こうした広場はまた、公園のふるまいの基本原理についてかなりのことを示しているので、この広場とその教訓については後ほどまた触れます。

公園やその近隣の過敏なふるまいはかなり極端になることもあります。アメリカのあらゆる都市で見ても、小公園としては最も魅力的なものの一つであるロサンゼルス市のプラザは、巨大なマグノリアの木に取り囲まれた日陰と歴史を持つすばらしい場所ですが、今日では不似合いにも周辺の三方を放棄された無人の建物と、あまりにみすぼらしく汚れて臭いのが歩道越しにも伝わってくるような汚さで囲まれているのです（残った一方向はメキシコの観光客向けバザーがあって、立派に機能しています）。ボストン市のマディソン公園は、連棟型住宅の近隣の中にある芝生公園で、今日の洗練された再開発の多くに登場しつつある種類のものですが、それを核とする近隣は爆撃でも受けたかのようです。それを取り巻く家――本質的にはフィラデルフィア市のリッテンハウス広場の近隣周縁部にある、需要の高い住宅と何ら変わりません――は価値低下とそれに伴う放置のためにいまにも崩れそうです。連棟の住宅一つにひびが入ると、その部分は取り壊されて、隣接する家屋の世帯は安全のために移転させられ、数ヵ月後にはその家もひびが入って、その隣の家が空き家になります。ここには何の計画もありません。単に無目的なぽかーんとした穴と瓦礫と放棄で、理論的にはよい住宅地のアンカー役になるはずの、この小さな幽霊公園がこの惨状の中心にあるのです。ボルチモア市のフェデラルヒルは、きわめて美しい静謐な公園で、ボルチモア市の市街と湾を見晴らせる最高の場所です。その近隣は、まともではありますが、公園自体と同じくらい死にかけています。何世代にもわたり、そこは好き好んで住みたがるような人々を惹きつけられずにいます。住宅プロジェクトの歴史で最も苦々しい失望というのは、そうした計画の公園や空地が隣接地の価値を高めたり、近隣を改善させるどころか安定させることもできないということです。あらゆる都市公園や市民広場やプロジェクトの公園地の縁の部分を見てください。公園が持つはずの磁力や安定化の力を一貫して反映しているような縁を持つ、都市の空地はいかに少ないことでしょう。

そしてほとんどの時間は使われない公園を考えてください。ちょうどボルチモア市の美しいフェデラルヒルがそうです。シンシナティ市最高の、河を見下ろす公園二つでは、すばらしい暑い九月の午後、利用者の総数はなんと五人（ティーンエージの少女三人と若いカップル）。一方、シンシナティ市の街路という街路には、都市を楽しむための最低限の設備すらなく、最低限の日陰という親切さえ与えられていない人々が、娯楽に興じつつ一面に群れをなしているのです。気温が三十度を超えるような午後に、マンハッタンの高密なロウアー・イーストサイドでは、そよ風の吹く修景済みの川に面したオアシスであるコーリアース・フック公園にたった十八人しかいませんでした。そのほとんどが一人っきりで、明らかに貧しい男性です（＊14）。子供たちはいませんでした。正気の母親なら、子供を一人でそんなところにやろうとは絶対に思わないでしょう。そしてロウアー・イーストサイドの母親たちは十分に正気です。マンハッタンを船で一周すると、そこが公園だらけの都市だというまちがった印象を受けるでしょう――そしてこの都市には住民がほとんどいないにちがいないという印象も。なぜ公園のあるところにはだれもいないことが実に多くて、人々のいるところには公園がないのでしょうか?

人気のない公園が困るのは、それが示す無駄や機会喪失のためだけにとどまらず、それがしばしばマイナスの影響をもたらすからです。公園は人目のない街路と同じ問題を抱え、そしてその危険は周辺地区にもあふれ出るので、こうした公園沿いの通りもまた危険地帯として知られるようになり、避けられるようになります。

さらに、使われない公園やその設備は破壊行為の標的となり、これは経年劣化とはまったくちがう代物です。この問題は、当時ニューヨーク市の公園部の行政官だったスチュアート・コンスタブルが、公園にテレビを置こうというロンドンの提案をどう思うかと新聞に訊かれたときに、漠然と認識していたものです。テレビは公園利用にはふさわしくないと思うことを説明してから、コンスタブルはこう追加しました。「[テレビは] 三十分とたたずに盗まれると思いますね」

晴れた夏の夜はいつでも、イーストハーレムの人通りの多い古い歩道では、テレビが屋外に置かれて公共的に利用されています。それぞれのテレビは、どこかの店のコンセントから電源を歩道沿いに引っ張ってきているのですが、一ダースの人々が、テレビを見ながら世話をしている子供に目をやったり、ビールを飲んだり、お互いのコメントを聞いたり、通行人のあいさつに応えたりする非公式の拠点になっています。見知らぬ人々も足を止めて、気ままにテレビ鑑賞に加わります。だれもテレビに被害がおよぶのではと心配したりしません。でも公園部の管轄である公園におけるテレビの安全についてコンスタブルが疑念を抱いたのは、まったく正当なことです。それを語っているのは、ごく少数のよい公園以外に、い

(＊14) 偶然ながら、帰宅すると自宅の隣の貧困者向けアパートのポーチ周辺に、この公園利用者と統計的に等価な人数が見られました。十八人(それも男女両方で、年齢層も多様)。ここには公園的な施設はまったくなく、唯一あるのは最も重要な特性だけです。それは、娯楽の楽しみ、お互いの楽しみ、過ぎゆく都市の楽しみです。

くつもいくつもの不評で危険でだれも使わない公園を管轄してきた経験を持つ人物なのです。

都市公園にかかる期待は大きすぎます。公園は周辺の重要な性質を何であれ変えるどころか、自動的に近隣を向上させるどころか、近隣公園自体がその近隣のもたらす作用によって、直接的かつ劇的な影響を受けてしまうのです。

都市は徹底して物理的な場所です。そのふるまいを理解しようと思えば、形而上学的なおとぎ話に走るのではなく、実体的かつ物理的に起こることを観察して有益な情報を得ることです。フィラデルフィア市でのペンの三つの公園は、どれもごく普通の日常的な都市公園です。それが近隣との普通の物理的なやりとりを通じて何を物語るか、見てみましょう。

成功例のリッテンハウス広場は、多様な縁と、後背地として多様な近隣を持っています。それに直接面した縁には本書の執筆時点で、レストランと画廊のあるアートクラブ、音楽学校、陸軍の事務所ビル、アパート、クラブ、古い薬屋、かつてはホテルだった海軍の事務所ビル、アパート、教会、カトリック学校、アパート、公共図書館、アパート、戸建て住宅が取り壊されて、アパートが建てられる予定の空き地、文化協会、アパート、戸建て住宅が予定されている空き地、別の戸建て住宅、アパートが、この順番で並んでいます。この縁のすぐ裏側、広場に直角に伸びる通りや、公園の縁と並行して走る裏の道には、各種各様な店やサービスが大量にあり、その二階以上は古い家や新しいアパートが、各種の事務所と混じり合っています。

この近隣の物理的な配置が公園に物理的に影響しているでしょうか？　はい。こうした建物の混合利用は、公園にとってちがった時間に出入りする利用者の混成を直接生み出しているのです。かれらは日々のスケジュールが異なっているので、公園を利用する時間も異なっています。したがって公園は、利用と利用者の複雑なシーケンスを持つようになるのです。

リッテンハウス広場の地区に住むフィラデルフィアの記者で、この公園のバレエを眺めて楽しんできたジョセフ・ゲスによれば、それは以下のようなシーケンスだそうです。「まず、公園の隣に住む早起き数人が、ちょっとした散策をする。まもなくかれらに、地区から外への通勤で公園を横切る住民たちが加わり、追随する。次にこの地区の外に住んでいる人がやってきて、公園を横切ってこの地区の職場に向かうのだ。これらの人々が広場を離れてまもなく、お使いの人たちがうろつきはじめ、その多くは広場で油を売り、そして午前半ばの母親や幼児が登場して、それに加えてだんだん買い物客も増える。昼前には母親や子供たちは立ち去るが、広場の人口は増え続ける。それは昼ご飯の時間になると、従業員たちや他のところから人々がアートクラブや周辺の他のレストランで昼ご飯を食べにくるせいだ。午後には母親と子供たちが再び顔を見せ、買い物客やお使いの人たちがもっと油を売り、やがて学童がそこに加わる。午後遅くなると、母親たちは帰るが帰宅の労働者たちが登場する――まずはこの近隣を離れる人々、そしてこの近隣に戻ってくる人々。一部は広場に残る。そこから晩にかけて、広場にはデートの若者たちが多数現れ、一部は近くで食事をし、一部は近くに住んでおり、一部は単に、活気とレジャーのすてきな組み合わせだけを目当てにやってきている。一日中ずっと、暇な老人たちがちらほらと見かけられ、また一部の貧乏人、そしてその他素性がわからないがうろうろしている人たちもいる」

ひと言で、リッテンハウス広場がかなり継続的に賑やかなのは、活気ある歩道が継続的に使われるのと同じ理由からなのです。隣接する利用における機能の物理的な多様性、ひいては利用者とそのスケジュールの多様性のためなのです。

フィラデルフィア市のワシントン広場――変質者公園と化した場所――はこの点でまったく正反対の様相を示しています。その縁は巨大オフィスビルに占拠されており、その縁とそのすぐ裏の後背地は、リッテンハウス広場の多様性に匹敵するものは一切ありません――サービスもレストランも文化施設も。近隣の後背地は低密住宅地です。ワシントン広場は、このためにここ十年ほどは、潜在的な地元利用者のストックが一種類しかなかったのです。それはオフィス労働者です。

この事実は何か公園に物理的な影響をおよぼしているでしょうか？　はい。この主要な利用者のストックは、すべてほとんど毎日同じ時間割にしたがって活動するのです。みんなこの地区に一度にやってきます。それから午前中はずっと昼までまったく外に出られません。そして昼ご飯の後もずっと閉じ込められたままです。仕事時間が終わったらいなくなります。したがってワシントン広場は、必然的に、日中のほとんどの時間と晩は無人なのです。そこに都市の真空を通常は埋めるものがやってきました——一種の荒廃が。

ここで、都市についてのある通念を採り上げることが必要です——位の低い利用は位の高い利用を追い出すという信念です。大都市はそういうふうには機能しませんし、そう機能するのだという信念（荒廃排除！）はその原因を無視して症状ばかりを攻撃するために多くのエネルギーをまったく無駄に費やすことになってしまいます。使えるお金の多い人々や利用、あるいは敬意を集める人や用途は（信用融資社会では、この両者はしばしば同じです）自分ほど栄えていなかったり地位の低かったりする存在をかなり容易に置き換えられるし、また人気の出る近隣では実際にそうします。逆はめったに起きません。使えるお金が少なく、選択肢もオープンな地位も低い人々や利用は、すでに弱まった都市地域や、選択肢を豊富に持つ人々がもはや望まないような近隣、あるいは資金源として短期の資金、収奪的なお金、高利貸しのお金にしか頼れないようなところに移転します。新しく越してきた人々は、何らかの理由で、あるいはもっとありがちなのはいくつかの理由の組み合わせにより、すでに人気を維持するのに失敗している何かで間に合わせなくてはなりません。過密、衰退、犯罪、その他の荒廃は、それに先立つもっと深い、その地区の経済的機能的な失敗の表面的な症状にすぎないのです。

フィラデルフィア市のワシントン広場を数十年にわたり完全に占拠してきた変質者たちは、こうした都市のふるまいの縮図表現なのです。変質者たちは、人々に好かれていた活気ある公園を台無しにしたわけではありません。立派な利用者たちを追い出したわけでもありません。かれらは放棄された場所に入り込んで、そこで身を固めたのです。執筆時点で、この望まれない利用者たちはうまく追い出されて他の真空を見つけるよう仕向けられましたが、それによってこの公園に歓迎される利用者たちのシーケンスが十分に生まれたわけではありません。

遥か昔、ワシントン広場にもよい利用者がいました。でも今も「同じ」公園なのに、その利用と本質は、周辺が変わると完全に変わりました。あらゆる近隣公園と同様に、それは周辺の産物であり、その周辺が多様な用途から相互の支援を生み出したり、失敗したりした結果なのです。

この公園の人を減らしたのは、別にオフィス労働でなくてもよかったのです。単一の圧倒的に優位な利用が、限られた利用者に同じスケジュールを課しているのであれば、何であれ同じ影響を与えたでしょう。同じ基本的な状況が、近隣利用として住宅の圧倒的に多い地域の公園でも起こります。この場合には、単一の大きな日常的成人利用者の潜在プールは母親になります。都市公園や遊技場は、絶え間なく母親だけが一日中いるわけにはいきません。オフィス労働者が一日中いられないのと同じです。母親は、自分なりのかなり単純なシーケンスにしたがって公園を利用し、公園に相当人数がいるのは最大でも五時間、午前は二時間で午後に三時間。しかもそれは、その母親が多様な階級で構成されている場合だけです（＊15）。母親の日々の公園勤務は比較的短いばかりでなく、食事や家事、子供の昼寝や、きわめて敏感な条件として、天気により時間の選択が大幅に制限されているのです。

どんな形であれ、周辺が機能的に単調な一般的な近隣公園は、どうしても一日のかなりの時間は無人となってしまいます。そして、ここに負のスパイラルが登場します。その無人が各種の荒廃から守られていたとしても、それは限られた潜在的利用者のプールに対して、あまり魅力を発揮しないのです。それは恐ろしくかれらを退屈させます。というのも停滞は退屈だからです。都市では、活気と多様性がさらに活気を引き寄せます。よどみと単調さは生命を追い払います。そしてこれは都市の社会的なふるまいにとってのみならず、経済的なふるまいにおいても重要な原理なのです。

とは言え、近隣公園に一日中人をいさせて活気づけ

（＊15）たとえばブルーカラー世帯は、ホワイトカラー世帯よりも夕食を早めに食べます。ブルーカラーのほうが、昼間勤務であれば、夫たちのシフトの始まりや終わりがホワイトカラーより早いからです。したがってうちの近くの遊技場では、ブルーカラー世帯の母親は四時前に帰ります。ホワイトカラー世帯の母親は遅めに来て五時前に帰ります。

るには、広範な機能のミックスが必要だという法則には、一つ重要な例外があります。都市には、それだけで公園を長く多人数で享受して人を配置できる集団があります——ただしそれが他の利用者を引き寄せることはほとんどありませんが。これは完全に暇な集団、家庭という責任すらない人々であり、フィラデルフィア市でペンの第三の公園フランクリン広場にいるのはそういう人です。フランクリン公園は浮浪者公園なのです。

浮浪者公園は大いに嫌われていますし、それは自然なことです。人間の失敗をこれほど混じりっ気なしに大量に見せられるのはつらいものだからです。通常は、こうした公園と犯罪公園とはあまり区別されませんが、実は両者はかなりちがっています（時間がたてばもちろん、どちらかが変わってもう一つになることはあります。ちょうどフランクリン広場がもともと住宅地公園だったのが、公園と近隣が選択肢を持つ人々に対して魅力を失ってからだんだん浮浪者公園に変わったように）。

フランクリン広場のようなよい浮浪者公園には、ある程度の見所があります。需要と供給がまがりなりにも一致していて、この偶然は、自ら人生を放棄したり、成り行きで放棄せざるを得なくなった人々には大いに享受されているのです。フランクリン広場では、天気さえよければ一日中屋外の交流会が展開されます。この交流会の中心にあるベンチはぎゅうぎゅうで、はみ出してまわりに立っている人々がたくさんあたりをうろついています。会話する集団が絶え間なく形成されては解体し続けます。ゲストたちはお互いに敬意をもって接し、外からの闖入者にも礼儀正しくふるまいます。ほとんど感じ取れない形で、この寄せ集めの交流会は広場の中心にある丸い池のまわりをゆっくりと回っているのです。そして実は、それはまさに時計の針となっています。というのもそれは太陽を追って暖かいところにいようとしているからです。日が沈むと時計も止まります。交流会は明日までおしまい（＊16）。

すべての都市に大規模な浮浪者公園があるわけではありません。たとえばニューヨーク市にはありません。とは言え、もっぱら浮浪者しか使わない、小さな公園の断片や遊技場はたくさんありますし、ろくでもないサラ・デラノ・ルーズベルト公園には浮浪者がたくさんいます。たぶんアメリカ最大の浮浪者公園——フランクリン広場と比べてもその人口は莫大です——はロサンゼルス市の主要なダウンタウン公園であるパーシング広場でしょう。これはその周辺についてもおもしろいことを物語っています。ロサンゼルス市の中心的な機能はあまりに分散して集中していないので、唯一完全に大都市的な規模と集中度を持っているダウンタウンの要素は、この暇だけはある貧困者たちの活動なのです。パーシング広場は交流会というよりは討議場に近く、数多くのパネルディスカッションで構成されていて、それぞれが中心となる独白者や司会を擁しています。議論は広場のベンチや壁のある周辺をぐるりと取り囲んで広がり、角でクレッシェンドとなります。一部のベンチは「女性専用」と彫り込まれ、この礼儀は守られています。ロサンゼルス市は、分解したダウンタウンが犯罪者に占拠されず、比較的立派な形で活気ある浮浪者街となったという点では幸運です。

でもアメリカの都市の人気ある公園すべてを、礼儀正しい浮浪者街が救ってくれるとはとても期待できません。暇な貧困者の本拠となっていない一般的な近隣公園に、自動的に不自然でない形で人をこさせようとするならば、活発でちがった生活の流れや機能が集まる場所をごく近くに位置させなくてはなりません。ダウンタウンであれば、ダウンタウンで働く人以外に、買い物客、訪問客、散策者たちがいなくてはなりません。ダウンタウンでなければ、生活のめぐる場所でなくてはなりません——仕事、文化、居住、商業活動など、都市が提供するものすべてをできるだけ多く提供する場所でなければならないのです。近隣公園計画の主要問題は、つきつめれば公園を使ってサポートできるだけの多様な近隣を育てる問題なのです。

しかしながら、多くの都市地区は、すでにまさにそうした生活の無視された焦点を持っており、そうした地点は、近くに近隣公園や公共広場があればいいのに、と叫んでいます。そうした地区生活や活動の中心地を見つ

(＊16) ここは酔っぱらいが朝に酒瓶を持って寝転がっているような場所ではありません。酔っぱらいは同市の巨大なインディペンデンス遊歩道にいるほうが多いのです。そこはそれとわかるような社会形態は何一つなく、浮浪者すら生活していない、新しい空白地帯です。

けるのは簡単で、人々がビラまきに選ぶような場所です（警察が許可すればですが）。

でも人々のいるところに公園をつくっても、もしその過程で人々がそこにいる理由が一掃されてしまい、公園がその代替物としてつくられるのであればまったく無意味です。これは住宅プロジェクトや、文化市民センターの設計における基本的なまちがいの一つです。近隣公園は、あらゆる面で豊かな都市の多様性の代替にはなり得ません。成功した公園は、周辺都市の複雑な機能に対する障壁や分断として機能することは決してありません。むしろそれは、快適な共同設備を提供することで、多様な周辺機能を結び合わせるように機能します。その過程で、公園は多様性に別の喜ばれる要素を追加して、周辺に何かを返すのです。ちょうどリッテンハウス広場など、いわゆるよい公園が周辺に何かを返しているように。

近隣公園にはウソをつくことはできませんし、またそれを理詰めで説得することもできません。「アーティストのイメージ」やもっともらしい絵は、提案した近隣公園や公園緑地に暮らしの絵を足すことはできるし、ことばによる正当化はその公園を享受するはずだと称する利用者をでっちあげることはできます。でも実生活では、多様な周辺だけが自然で連続的な生活や利用の流れを引き起こせるのです。表面的な建築のバラエティをつくると多様性のように見えるかもしれませんが、経済社会的な多様性のまともな中身と、それによるちがったスケジュールを持つ人々だけが、公園にとっては意味を持ち、命の活力を与えることができるのです。

よい立地さえ与えられれば、ごく普通の近隣公園はその資産をかなり活用できるのですが、一方で公園が自分の持つ資産を台無しにすることもあります。監獄の中庭のように見える場所は、オアシスのような場所と比べれば利用者を惹きつけないし、その周辺とも相互のやりとりがないのは明らかでしょう。でもオアシスもいろいろですし、その成功のために重要な性質の一部は、一見しただけでわかるものではありません。

圧倒的な成功を収めている近隣公園は、他の空地からの競合があまりありません。これは納得のいくことです。都市の人々は、他にもいろいろ関心や仕事がありますし、地元の一般的な公園に無限に活力を与え続けるわけにはいきません。典型的な輝く田園都市方式で提供され、公式の都市再開発で要求される高い空地比率により強制される、山ほどの緑地帯やプロムナードや遊技場や公園やあいまいな土地の余りなどを正当化するためには、都市の人々は公園利用が仕事であるかのように関わらざるを得なくなってしまいます（あるいは暇な貧困者のように関わるしかありません）。

すでに汎用公園が比較的多い都市地区、たとえばモーニングサイド・ハイツやハーレムなどは、公園に強いコミュニティの核ができたり、それに対する強い愛を発達させたりすることはほとんどないことがわかります。これとは対照的にボストン市のノースエンドの人々は小さなプラドを心底愛していますし、ニューヨーク市のグリニッジ・ヴィレッジの人々はワシントン広場に深い愛着を持っています。あるいはリッテンハウス広場の地区の人々も、リッテンハウス広場が大好きです。愛される近隣公園は、ある種の希少価値のおかげを被っているのです。

近隣公園が情熱的な愛着を刺激したり、逆にまったくの無気力しか生み出さなかったりするのは、どうもその地区の人々の所得や職業とはほとんどまったく関係ないようです。これはニューヨーク市のワシントン広場のような公園に、同時に強い愛着を示している、広範なちがいを持った所得や職業や文化的集団から得られる類推です。ある公園に対するちがった所得階層の関係は、時間がたつにつれてプラス方向でもマイナス方向でも、シーケンスとして観察されることもあります。長年にわたり、ボストン市のノースエンドの人々の経済状況は目に見えて向上しました。貧しいときも繁栄しているときも、小さいのにその地区の中心となる公園プラドは、近隣の核となっていました。ニューヨーク市のハーレムは、一貫してその逆のふるまいの例を提供してくれます。長年かけて、ハーレムは中上流階級の住宅地区から、中低所得地区へ、そしてもっぱら貧困と被差別者の住む地区へと変わっていきました。こうしたちがう人々のシーケンスの中で、ハーレムはたとえばグリニッジ・ヴィレッジと比べると地元公園がたっぷりあるのに、公園のどれかがコミュニティ生活とアイデンティティの重要な核として機能した時期はいささかもありませんでした。同じ悲しい観察がモーニングサイド・ハイツについてもあてはまります。そして慎重に設計されたものであっても、プロジェクトの敷地は一般にこれがあてはまります。

近隣や地区が、近隣公園に——そしてそれに伴って生じるシンボリズムの莫大な力に——愛着を持てないというのは、複数のマイナス要因が組み合わさっているせいだと思います。まず、愛着を抱かれそうな公園でも、直近の周辺に十分な多様性がなく、その結果として生じる退屈さでハンデをおわされています。第二に多少なりとも存在する多様性や活力は、目的が似すぎている他の公園がたくさんありすぎて、分散されてしまっているのです。

設計上の性質も、どうやらちがいを生み出すようです。一般的な日常近隣公園の目的が、ちがったスケジュールや関心や目的を持つ、なるべく多くのちがった種類の人々を惹きつけることであるなら、公園の設計はこの利用者の一般性を支援するものであるべきで、そうした目的に逆らおうとすべきではないのです。汎用の公共中庭として十分に使われている公園は、通常は四つの設計要素を含んでいます。それをわたしは複雑性、中心化、太陽、囲い込みと呼んでいます。

複雑性は、人々がその近隣公園にくる理由のバラエティに関連しています。同一の人物ですら、時間がちがえば訪れる理由もちがいます。ときには疲れて座るため、ときには遊んだり、試合を見たりするため、ときには何か読んだり仕事をしたりするため、ときには見せびらかすため、ときには恋に落ちるため、ときには約束のため、ときにはせわしない都市を一歩引いて味わうため、ときには仲間を見つけたいと思って、ときには自然にちょっと接したいと思って、ときには子供を遊ばせるため、ときには単に何かおもしろいことがないかと思って、そしてほとんどは必ず他の人がいるのを見て楽しむため。

よいポスターのように全体を一瞥して吸収できてしまえるなら、そして公園の中のあらゆる場所が他のどの場所とも似たりよったりで、実際に行ってみても、公園の中のどこもすべて同じような感じだとしたら、公園はこうした異なる利用や気分に対してほとんど刺激を与えてくれません。またそこに何度も来る理由もあまりないことになります。

リッテンハウス広場の隣に住む賢く有能な女性はこう述べています。「十五年にわたってほぼ毎日使ってきたけど、この間あの広場の平面図を記憶から描いてみようとしたらできないのよ。あたしには複雑すぎて」。同じ現象がニューヨーク市のワシントン広場についても言えます。それを幹線道路から守ろうとするコミュニティの戦いの中で、戦略家たちはしばしば会合の最中に公園のおおざっぱなスケッチを描いて論点を示そうとしました。これがすごく難しいのです。

でもどちらの公園も、平面図ではそんなに複雑ではないのです。重要な複雑性というのは主に目の高さでの複雑性で、地面の隆起とか、木の固まり具合とか、各種の焦点に向かう開口部とか——ひと言で、ちょっとしたちがいの表現なのです。こうした舞台のちょっとしたちがいが、こんどはその中で育つ利用のちがいによって誇張されます。成功した公園は常に、使われているときのほうが無人のときよりも複雑に見えるのです。

ごく小さな広場であっても、成功しているものは利用者に提供する舞台セットの中に、巧妙なちがいをつくっているものです。ロックフェラーセンターは、高さを四段階に変えることでそれを実現しています。サンフランシスコ市のダウンタウンにあるユニオン広場は、紙の上や高い建物の上からだと死ぬほど退屈に見える平面計画を持ちますが、地面のレベルになると実にいろいろな変化に富んでいて、ダリの濡れた時計の絵のような感じで、驚くほど多様に見えます（これはもちろん、サンフランシスコ市のまっすぐで規則的な碁盤の目の街路パターンが、丘の上り下りと重ねられたときに、大きなスケールで起こることとまったく同じです）。広場や公園の図面上の平面図は、実態を伝えてくれません——ときには一見すると図面上ではやたらに変化があるのに、実はそれが視線レベルのずっと下にあってまったく意味をなさなかったり、あまりに繰り返しが多くて目に割り引かれたりしてしまうのです。

おそらく複雑性の最も重要な要素は中心づくりです。よい小公園は通常、その中に通常は中心だと思われている場所があります——最低でも交差点や立ち止まるような場所、クライマックスです。一部の小さな公園や広場は実質的に全体が中心で、その複雑さは周辺とのちょっとしたちがいから来たりします。

人々は公園に中心やクライマックスをつくろうと、無理をしてでもがんばります。ときには、端的に無理です。長い帯状の公園、たとえば嫌になるほど失敗しているニューヨーク市のサラ・デラノ・ルーズベルト公園や、多くの川沿いの公園は、しばしばスタンプ式の判で押したような繰り返しになっています。サラ・デラノ・ルーズベルト公園は、四つのまったく同じ煉瓦造の「レクリエーション」バラックなるものが、等間隔で判で押したように並んでいます。利用者にこれをどうしろというのでしょうか？　行ったり来たりすればするほど、かれらは同じ場所にいることになってしまうのです。まるでトレッドミルの苦役のようです。これまたプロジェクト設計にありがちな失敗ですがほとんど避けがたいものではありません。ほとんどのプロジェクトは基本的には、判で押したような機能のための判で押したような設計だからです。

公園の中心の利用において、人々はなかなか発明の才を発揮します。ニューヨーク市のワシントン広場における噴水池は、巧妙かつ派手に使われています。かつて思い出せないほど昔、この噴水池には装飾的な鉄製のセンターピースがあって、そこから噴水が出ていました。いま残っているのは、沈んだコンクリート製の丸い水受け池で、年中ほとんどは干上がっていて、そのまわりには階段があり、そこを四段上がり、それが石造の笠木となって、高さ地上一メートルほどの外周の縁を形成します。実質的に、これは丸いアリーナ、円形劇場となっていて、そしてまさにそのように使われており、だれが観客でだれが上演者なのかまるでわからない状態です。みんなが両方の役割ですが、でも中には他より役割の強い人がいます。ギター演奏家、歌手、走り回る子供たちの群れ、即興のダンサーたち、日光浴者、会話する人、着飾っている人々、写真家、観光客、そしてそのすべてに混じって、驚くほど多数の読書に没頭する人が散在しています——かれらは他に行く場所がないからそこで読書しているのではありません。東側の静かなベンチはほぼ無人なのですから。

市の役人は改善計画なるものをしょっちゅうでっちあげ、公園のこの中心を芝生や花壇にして柵で囲おうとします。これを表すのに必ずといっていいほど使われる表現は「土地を公園利用に復帰させる」というものです。

それは別の形の公園利用で、それがふさわしい場所もあります。でも近隣公園では、最高の中心というのは人々のための舞台の大道具となるところなのです。

太陽は人々にとって公園の大道具の一つです。確かに夏には遮ってほしいものですが。高い建物が公園の南側への日照を奪ってしまうと、その公園はかなり死んでしまいます。リッテンハウス広場は、いいところもたくさんありますが、この不幸にさらされています。たとえばすてきな十月の午後には、広場のほとんど三分の一が完全に無人となります。新しいアパート建築からの大きなビル影がそこにかかってしまい、それがその帳《とばり》の中から人々をみごとに消し去ってしまうのです。

建物は、公園から太陽を遮断すべきではありませんが——もし完全な公園利用を確保するのが狙いならですが——公園のまわりの建物の存在は、設計において重要です。それは公園を囲い込みます。それは空間にはっきりした形を与え、都市の場面において重要なイベントのように見えます。これはそこが使い道のない残り物の土地ではなく、プラスの特色を持つところだと告げるのです。建物のまわりに何となく存在する、はっきりしない余り物の土地には、人々は惹きつけられるどころか、積極的にそれを嫌悪しているかのようにふるまいます。そうした土地に出ると、道を渡ってしまうのです。これはたとえば、住宅プロジェクトが賑やかな通りにつながるところならどこでも見られる現象です。シカゴ市の不動産アナリストで、人々の行動を不動産の経済的価値のヒントとして観察しているリチャード・ネルソンは、「暖かい九月の午後に、ピッツバーグ市のダウンタウンにあるメロン広場は、数え切れないほどの利用者を擁している。だが同じ午後、二時間にわたって観察したが、ダウンタウンのゲイトウェイセンターの公園を使ったのはたった三人——編み物をする老女、浮浪者一人、顔を新聞紙で覆って寝ている様子のはっきりしない人物だけだった」。

ゲイトウェイセンターは、輝く都市式のオフィスとホテルのプロジェクトで、何もないところにぽつん、ぽつんと建物が置かれています。メロン広場の周辺が持つほどの多様性はありませんが、でもよい午後に利用者が四人（ネルソン自身を含めて）しかいないほど多様性が低いわけでもありません。都市公園の利用者は要するに、建物のためのしつらえを求めるのではなく、自分自身のためのしつらえを求めるのです。かれらにとっては公園が前景で建物が背景なのであり、その逆ではないのです。

都市には、その地区がうまく活性化できたとしても、ほとんど存在が正当化できないほど大量の汎用公園があります、これは一部の公園が、わたしの論じてきたような公共の庭的な形でうまく機能できるようにできていないからです。それは位置のせいだったり、大きさや形の面での不一致などのせいだったりします。またそれらは、規模や内在する場面の多様性の面でも、大規模都市公園となれるようにもできていません。これらの公園をどうすればよいでしょうか。

一部は、十分に小さければ、別の機能をうまく果たせます。単純に、目に心地よいものとなる、という機能です。サンフランシスコ市はこれが得意です。道の交差点に小さな三角形の余った土地があれば、他の都市ではそれをつぶしてアスファルトで覆ったり、植え込みとベンチをいくつかおいて、無人のほこりっぽい無意味な場所にしてしまうところですが、サンフランシスコ市ならそれを囲った独自のミニチュア世界にして、深く涼しい水とエキゾチックな森をつくり、そこに惹きつけられた鳥が住んでいるのです。人はそこには入れません。入る必要もありません。視線が入っていって、足が決して入り込めないほどの遠くにまで連れて行ってくれるからです。サンフランシスコ市は都市の無機質な感じに比べて、ずいぶん緑が多くてほっとする印象を与えます。でもサンフランシスコ市は混雑した都市で、その印象をもたらすための土地はきわめて小さいのです。この印象はもっぱら、集中的な世話が行われている小さな場所からきているのです。そしてそれに相乗効果を与えているのが、サンフランシスコ市の緑の相当部分は、垂直だということです——窓のプランターや樹木、ツタ、小さな「無駄な」斜面に密に生い茂る植生などです。

ニューヨーク市のグラマーシー公園は、目を楽しませることで、居心地の悪い状況を克服しています。この公園はたまたま公共の場所にある、囲いのついた個人の中庭なのです。この土地は周辺を取り巻く道路を渡ったところにある、住宅建築の付属物なのです。入るには鍵が必要です。すばらしい木と入念な手入れ、豪華な雰囲気を持っているので、それは通りすがりの人々にとって目を楽しませる場所となり、そして公共に関する限り、それでその公園としては十分なのです。

でも目を楽しませるのが主目的で、他の利用と組み合わさっていない公園は、定義からして目につくところにあります。そしてまたもや定義からして、それは小さいほうがよいのです。きちんと目を楽しませるには、美しく集中的な手入れが必要であり、あまりいい加減な世話ではダメなのです。

最悪の問題を抱えた公園は、まさに人々が通行せず、おそらく今後も決してしないような場所に置かれています。この苦境に置かれ、しかもなまじ広い面積に悩まされている（というのもこの状況ではこれは悩みの種だからです）公園は、たとえて言うなら、立地の悪い大規模店舗のようなものです。そうした店を救って正当化するためには、「衝動買い」に頼るのではなく、商人たちが「目的材」と呼ぶものの力に頼ることになります。目的材が十分な数の顧客を連れてくれれば、衝動買いもある程度はおまけでついてくるかもしれません。

公園の観点からすると、目的材とは何でしょうか？

こうした問題公園をいくつか見ると、ヒントが得られます。イーストハーレムのジェファソン公園が一例です。それは多くの部分で構成され、中でも圧倒的な主要部分は、近隣による一般利用を意図しています――商人の用語でいうなら衝動買いに相当するものです。でもそのすべてが、この主目的を妨害しています。場所はコミュニティの遠い端にあり、片側は川に面しています。さらに広い車の多い通りでも隔てられています。その内部の計画は、長い孤立した歩道につながって、まともな中心がありません。部外者から見ると不気味なほど無人で、地元民から見ればそれは近隣の紛争や暴力や恐れの中心です。一九五八年のある晩に部外者がティーンエージャーたちに残虐に殺されてから、この公園は以前にもまして嫌われ、避けられるようになりました。

でもジェファソン公園の異なる部分の中で、一つはみごとに役目を果たしているようです。これは大きな屋外プールですが、どう見ても小さすぎます。ときには、水より人のほうが多いくらいです。

コーリアース・フック公園を考えてみてください。イーストリバー沿いの公園の一部で、よい日でも芝生やベンチにたった十八人しか見あたらなかったところです。コーリアース・フック公園は、脇のほうに野球グラウンドがありますが、別に特別なものではありません。でも、あの日にこの公園の活力のほとんどは、この野球グラウンドにあったのです。コーリアース・フック公園は、その無意味な大量の芝生に加えて、コンサート舞台を持っています。年に六回、夏の晩に、ロウアー・イーストサイドから何千人もの人がこの公園に押し寄せてはコンサートのシリーズに耳を傾けます。年間にのべ十八時間ほど、コーリアース・フック公園は活気にあふれて大いに楽しまれるのです。

ここでは目的材が機能しているのがわかります。ただし、量はあまりに限られ、時間的にもあまりに散漫ではありますが。でも、人々がある特別な目的材のためならこの公園に来るのは明らかです。でも、一般的な衝動的公園利用のためには来ません。ひと言で、もし汎用都市公園が自然な近くの集中的活力から生じる利用によって支えられないのであれば、汎用公園から専用公園につくり直すべきなのです。意図的に多様な利用者のシーケンスを引き寄せるような、利用の実質的な多様性が、公園そのものに意図的に導入されなくてはならないのです。

それぞれ個別の問題公園に対し、どんな多様な活動の組み合わせが目的材として有効に機能するのかは、経験と試行錯誤でつきとめるしかありません。でもその内容については、一般的に有用な推測なら可能です。まず、マイナスの一般論。すばらしい眺めや立派な修景は、目的材としては機能しません。機能してほしいところですが、でもそうならないことは実証済みです。これらはおまけでしかないのです。

一方、プールは目的材となります。また釣りも目的材です。特にエサの売店や貸しボートが併設されていれば。スポーツグラウンドもそうです。またカーニバルやカーニバル的な活動もそうです（＊17）。

音楽（録音された音楽も含む）や芝居も、目的材となります。これらについて公園でほとんど活用されていないのは不思議なことです。文化的な生活を何気なく導入するのは、都市の歴史的な使命の一つだからです。それはいまでも全面的に機能できる使命でもあります。「ニューヨーカー」誌がセントラルパークにおける無料のシェイクスピア・シーズンについて一九五八年に述べた通りです。

雰囲気、天気、色彩や光、そして単なる好奇心がかれらを引き寄せた。一部は生身の芝居を一度も観たことがなかった。何百人もの人が何度も何度も来ている。知り合いは、『ロメオとジュリエット』を五回以上観たという黒人の子供たちに出会ったとのこと。こうした転向者の人生は、拡大して豊かになった。またアメリカの未来の劇場観客も増えた。だがかれらのような劇場への新参者たちは、手に一ドル、二ドルを持ってやってきたりはしない人々だ。自分たちにとってそれが快いかどうかわからない体験のためにお金を払おうとは思わないからだ。

これが示唆するのは、一つには演劇学部を持つ大学（そしてあまりにもありがちなこととして、無人の問題公園を近郊に持つところ）は、縄張りを守るために排外的な方針を決めるのではなく、いまの話でだれでも思いつくことを実行に移したらいいのでは、ということです。ニューヨーク市のコロンビア大学は、何十年にもわたり嫌われ怖がられてきたモーニングサイド公園に、スポーツ施設――これは大学用のものと近隣用のものが両方あります――を計画することで建設的な一歩を踏み出しています。音楽や芝居といった他の活動をいくつか追加すれば、近隣にとっての悲惨なお荷物を傑出した近隣の資産に変えることができます。

都市はちょっとした「目的材」として機能できるような、ちょっとした公園活動を欠いています。それを見つける一つのやり方は、人々が見つからなければやろうとするような活動を観察することです。たとえば、モントリオール市近くのショッピングセンター店長は、自

（＊17）トペカのメニンガー心療クリニック院長カール・メニンガー医師は、一九五八年に都市問題をテーマとした会合で講演して、破壊への意志に対抗するように思える活動の種類について述べました。彼によればそれは、⑴たくさんの他の人々とのたくさんの接触、⑵仕事、ドタ作業も含む、⑶暴力的な遊びでした。メニンガーの信じるところでは、都市には暴力的な遊びの機会が悲惨なほど少ないとのことです。彼が有用だと証明されているとして挙げたのは、屋外スポーツ、ボウリング、射撃場です。射撃場は、カーニバルや遊園地にあるようなもののことですが、これは都市ではごくまれにしか（たとえばタイムズスクエアなど）見られません。

分の店の修景用プールが毎朝妙に汚いのに気がつきました。閉店後にこっそり観察すると、子供たちが忍び込んで、そこで自転車を洗って磨いていることがわかったのです。自転車を洗う場所（人々が自転車を持っているところでは）、自転車を借りて乗る場所、地面に穴を掘れる場所、急ごしらえの基地や小屋を古い材木でつくる場所などは、通常は都市から押し出される活動です。今日アメリカの都市にやってくるプエルトリコの人々は、屋外でブタのローストをする場所がありません。そのために私有の庭を見つけなければならないのです。でも屋外でのブタローストやそれに続くパーティーは、多くの都市住民が愛するようになったイタリアの街頭フェスティバルと同じくらい楽しいものです。たこ揚げはどうでもいい活動ですが、それが大好きな人もいて、たこをつくる材料を売っているところの近くにたこ揚げ場をつくってもいいのではないかと思えるし、またたこづくりに精を出せるテラスもあっていいでしょう。アイススケートはかつて、北米都市の多くの池で楽しまれていましたが、やがて押し出されてしまいました。ニューヨーク市の五番街には、三十一丁目と九十八丁目の間にファッショナブルなスケート池が五つあり、その一つはいまのロックフェラープラザのスケートリンクからほんの四街区のところにありました。人工スケートリンクは都市のアイススケート再発見を可能にしてくれましたし、ニューヨーク、クリーブランド、デトロイトやシカゴのような緯度にある都市では、人工スケートリンクのおかげでスケートのシーズンが年の半分にも伸びています。あらゆる都市地区は、たぶん屋外アイススケートリンクを享受して利用できるでしょうし、それを夢中で見つめる観客も出てくるでしょう。実際、大きなリンクを一つ中央集権的に置くよりも、比較的小さなリンクを多数の場所に配置したほうが、ずっと文明的で快適です。

これらはすべてお金がかかります。でも今日のアメリカ都市は、公開空地が自動的によいもので、質は量で補えるという幻想に支配されているために、あまりに大きすぎ、あまりに多い、あまりに散漫で、あまりに立地が悪く、したがってあまりに退屈か不便で利用されないような、公園や遊技場やプロジェクト用地にお金をふりまいているのです。

都市公園は抽象概念ではなく、また美徳や地域向上の自動的な貯蔵所でもありません。それは歩道が抽象概念ではないのと同じことです。それらは、実際の形ある利用と切り離された形では何の意味も持たず、したがって、それに隣接する都市地区や利用がその公園に与える具体的な影響と切り離しては――良かれ悪しかれ――何の意味も持たないのです。

汎用公園は、人々が他の多くの利用にとって魅力的だと思う近隣においては、大きな魅力を追加するものとなります。人々が他の多くの利用にとって魅力的でないと思う近隣は、汎用公園によってさらに悪化します。というのもそれは退屈さ、危険、空虚さをさらに強調するからです。都市が利用や利用者の日常的な多様性を、その日常の街路でうまく混ぜれば混ぜるほど、そこの人々はうまく、無意識に（しかも安上がりに）よい位置にある公園を活気づけて支援し、そしてそうした公園は、近隣に対して空疎さではなく、優雅さと喜びを返すことができるのです。

第6章
都市近隣の使い道

近隣というのは、バレンタインのような響きを持つに至ったことばです。感傷的な概念としての「近隣」は都市計画にとって有害です。それは都市の暮らしを、町や郊外の暮らしへと歪めてしまう試みにつながります。感傷性は、まともな判断のかわりに甘ったるい善意に働きかけるのです。

成功した都市近隣は、十分に問題の先回りをして、問題に破壊されないようにします。失敗した近隣は、その欠点や問題に圧倒されてしまい、ますますどうしようもなくなっていきます。わたしたちの都市は成功も失敗もいろいろあります。でも全体として、わたしたちアメリカ人は、都市近隣を扱うのが下手です。これは一方で産業大都市地帯における長い失敗の蓄積をみても、また他方では再開発都市の縄張りをみてもわかることです。

よい暮らしの要石がいくつかあれば、よい近隣ができると想定するのがファッショナブルです——学校、公園、きれいな住宅等々。もし本当にそうなら、人生はいかに楽になることか！　複雑で下品な社会を、かなり単純な物理的品物を与えるだけでコントロールできるなら実に魅力的なことです。現実生活では、因果関係はそんなに単純ではありません。したがって、よい住宅と社会条件の改善との明確な相関を示そうと実施されたピッツバーグ市の調査は、取り壊し前のスラムでの非行率と、再開発住宅プロジェクトでの非行率とを比較して、改善した住宅のほうが非行率が高いという恥ずかしい発見にたどりついたのでした。これはつまり、家がよくなったら子供がみんな不良になってしまうということでしょうか？　いやまさか！　でもそれは、住宅より重要な要因があるかもしれないということは示しています。そしてよい住宅とよい素行との間には、直接の単純な相関はないということも意味しています。これは西洋世界の物語すべて、わたしたちの文献の集積すべて、そしてわたしたちの誰にでも十分にできる観察が、とっくの昔に明らかにしているべき事実ではあります。よい住まいは、それ自体としてよいものです。——住まいとして。でもよい住まいを、それが社会や家族に対して奇跡を起こせるといった怪しげな根拠で正当化するのは、自己欺瞞というものです。ラインホルト・ニーブーアはこの自己欺瞞を「煉瓦による救済ドクトリン」と呼びました。

学校ですら同様です。よい学校は重要ではありますが、悪い近隣を救い、よい近隣をつくるという面ではまったくあてになりません。また学校の建物がよいからといって、よい教育が保証されるわけでもありません。学校は公園と同じで、近隣がつくり出す移り気な被創造物なのです（そしてもっと大きな政策の被創造物でもありますす）。悪い近隣では、学校は物理的にも社会的にも破壊されますが、成功した近隣は、学校のために戦うことで学校を改善するのです（＊18）。

また、中流家庭や上流家庭がよい近隣をつくるという結論も出せませんし、貧乏な家族が近隣づくりに失敗するともいえません。たとえばボストン市のノースエンドの貧困の中、東グリニッジ・ヴィレッジのウォーターフロント近隣の貧困の中、シカゴ市の屠殺場地区の貧困の中（ちなみに、いずれもそれぞれの都市の都市計画担当者たちに、絶望的な場所として見捨てられているところです）でも、よい近隣ができました。そうした近隣では、時間がたつにつれて内部問題は悪化するどころか改善し

（＊18）マンハッタンのアッパー・ウェストサイドは、ひどく失敗した地域で、無慈悲なブルドーザー式再開発とプロジェクト建設と人々の強制移住のおかげで社会的崩壊がさらに悪化したところです。ここでは年間の学童入れ替わり率が一九五〇年から六〇年にかけて五十パーセント以上になりました。十六校では、平均で九十二パーセントにもなっています。これほど極度に不安定な近隣では、公共や民間がどれほどがんばったところで、多少なりとも耐えられるような学校が可能だと思うのはバカげています。よい学校は、学童の入れ替わりの激しい不安定な近隣ではまったく不可能ですし、これはその不安定な近隣の住宅建築がよい場合でも同様なのです。

たのです。一方、かつては上流階級の優雅さと静謐さを持っていたボルチモア市の美しいユートー・プレイスや、かつては上流階級の堅牢さを持っていたボストン市のサウスエンド、文化的に特権的な場所だったニューヨーク市のモーニングサイド・ハイツなどのような、何キロにもおよぶ退屈でご立派な中流階級のグレー地帯では、悪い近隣ができました。そこでは無気力と内部的な失敗が、時間がたつにつれて改善するどころか悪化したのです。

都市近隣の成功の要石となるものを、物理的施設の水準や、有能で問題ないとされる住民特性、小さな町の生活のノスタルジックな記憶に求めようとするのは時間の無駄です。それは問題の本質からの逃避です。その本質とは、都市の近隣が都市自体にとって社会的・経済的にどんな有益なことを行っているのか、そしてそれをどのように行っているのか、という問題なのです。

都市の近隣を、自治のためのありふれた器官として考えれば、何か具体的に俎上に挙げられるものが得られます。都市近隣をめぐるわたしたちの失敗は、究極的には局所的な自治の失敗なのです。そして成功は、局所的な自治の成功なのです。ここで自治というのはきわめて広い意味で言っており、社会の自己管理の公式な形態も非公式な形態も両方含んでいます。

自治に要求されることやそのための技法のどちらも、大都市においては、小さい地域での要求や技法と異なっています。たとえば、見知らぬ人がたくさんいるという問題があります。都市近隣を都市自治や都市の自己管理の器官として考えるためには、もっと小さな居留地でのコミュニティには適用できても、都市の近隣には適用できない、近隣について昔からあるけれど実は関係ない発想を潰す必要があります。まずは近隣が自己完結的または内向的な単位だという理念をすべて捨て去る必要があるのです。

残念ながら正統派都市計画理論は、居心地よい内向きの都市近隣という理想を深く信奉しています。その純粋形態でいうと、理想形は人口およそ七千人の近隣で、それは小学校一つを埋められるくらいの人口で、日用品を買うための商店とコミュニティセンターを配置できるだけの大きさということになります。このユニットはさらに、子供の遊びや管理、および主婦のおしゃべりを管理しやすい、もっと小規模グループへと合理的に分解されます。この「理想」がそのまま再現されることはほとんどありませんが、でもほとんどあらゆる近隣再建計画の出発点はここです。あらゆるプロジェクト建築、ほとんどの現代式ゾーニングでもそうだし、そしてあらゆる今日の建築都市計画学生たちの課題もそれが出発点となっています。生徒たちは、自分なりの解釈を明日の都市に押しつけることになるのでしょう。ニューヨーク市だけでも、一九五九年までに五十万人以上がこの計画近隣ビジョンの改変版で暮らしていました。都市近隣を島として考える「理想」、外に背を向けて内向きになったものと考える理念は、最近ではわたしたちの生活に重要なものとなっています。

これが都市にとってなぜバカげていて、有害とさえ言える「理想」なのかを理解するためには、こうしたでっちあげを都市に移植したものと、町の生活との基本的なちがいを認識しなくてはいけません。人口五千人とか一万人の町では、目抜き通り（計画近隣では、商業施設やコミュニティセンターを集中させた通りに相当します）に行くと、職場の同僚や昔の同級生、教会で会う人々や自分の子供の先生、専門サービスや職人サービスを売ってくれた人々、軽い知り合いの友人だと知っている人々、噂を聞いて知っている人などに出くわします。町や村の中では、その人々同士の結びつきは絶えず何度も交錯するので、人口七千人より大きな町ですら、本質的にまとまりのある機能的なコミュニティを構築できるのです。これはある程度までなら小都市でも可能です。

でも五千人や一万人の大都市住民は、よほど特殊な状況でない限り、そうした自然な相互関係の密度を生得的には内部に持っていません。そして都市近隣計画は、その意図がいかにぬくぬくしたものだろうと、この事実を変えることはできないのです。変えられるとすれば、それは都市を町の寄せ集めに変えてしまうことで、都市を破壊するという代償を払うことになります。現状では、それをやろうと試みてその誤った狙いに成功すらしていないことの代償は、都市を相互不信で敵対する縄張りの寄せ集めに変えてしまうことに現れています。この計画近隣という「理想」とその各種変奏版には、他にもいろいろ欠陥があります（＊19）。

最近では少数の都市計画者、特にハーバード大学のレジナルド・アイザックスが、大都市において、近隣という概念がそもそもまったく無意味ではないかという大胆な問題提起をしています。アイザックスは、都市の住民の移動性が高いことを指摘しています。かれらは、仕事も歯医者もレクリエーションも、友人も店も娯楽も、ときには子供たちの学校でさえ、都市全体（あるいはその彼方）から探して選ぶことができますし、実際にそうしています。都市住民は、近隣の地元主義には縛られていない、とアイザックスは指摘しますし、それも当然のことです。だって都市のよさは、まさに選択肢の広さと豊かな機会ではないでしょうか？

まさにそれが都市のよさなのです。さらに都市住民の利用や選択に関する流動性はまさに、ほとんどの都市文化活動や各種の特殊事業の基盤となっているものでもあります。技能や材料、顧客や利用者たちを大きなプールから集められるために、すさまじく多種多様な形で存在できますし、それはダウンタウンに限ったことではなく、専門性や独自の特徴を発展させる他の都市地区も同様です。そして都市のこの大プールを活用することで、逆に都市事業は都市住民に対して提供される職や財や娯楽、アイデア、接触、サービスなどの選択肢を増やすのです。

都市近隣が何であるにせよないにせよ、そしてそれにどんな有用性があるにせよ、あるいは有用性を無理矢理持たせるようにできるにせよ、近隣の持つ性質は、都市の徹底した移動性や利用の流動性と相反する形では機能できません。無理に機能させようとするならば、その近隣が一部を構成している都市の経済を弱体化させてしまうのです。都市近隣は経済的にも社会的にも自己完結してはいませんが、それが自然で必然なのです――それが都市の一部だということなのですから。アイザックスは、都市において近隣という発想が無意味だと暗に述べますがその通りです――ただしその場合の近隣というのは、町の近隣をモデルにした、相当程度において自己完結したユニットを考えている場合に限りますが。

とは言え、都市近隣の本質的な外向性があるにしても、都市の人々が近隣なしで魔法のように共生できるということではありません。きわめて都市化した市民であっても、他の地域でどれだけ他の選択肢があろうとも、自分の住む街路や地区の雰囲気を気にかけます。そして一般的な都市住民は、その日常的な暮らしにおいて、近隣にかなり頼っているのも事実です。
都市の近隣住民たちが、地理的なある断片を共有しているという以外に何も根本的な共通点を持ち合わせていないと考えてみましょう（実際そういう場合が多いのです）。その場合ですら、その断片をきちんと管理できなければ、その断片は失敗してしまいます。局所的な自治に取って代わり、作業を引き受けてくれるような、すさまじくエネルギッシュで全知全能の「かれら」などいません。都市の近隣は、その住民たちにつくりものめいた町や村の生活を提供する必要はなく、それを目指すなどというのもバカげているばかりか破壊的ですらあります。でも、都市の近隣は、文明的な自治の手段を何かしら提供しなくてはなりません。これが課題なのです。

都市近隣を自治の器官として見た場合、役に立つ近隣としては三種類しか思いつきません。(1)全体としての都市、(2)街路近隣、(3)大型だが都市にはならない規模の地区、これは最大級の都市では十万人以上の人口を擁します。

これらの近隣はどれもちがった機能を持ちますが、三

（＊19）七千人ほどの理想人口に落ち着くための古くさい理由——小学校一つ分の子供が、そのくらいの人口で得られるから——ですら、大都市にあてはめたとたんにバカげたものとなります。これは、次の質問をしてみればすぐにわかります。その学校とはどの学校なんでしょうか？　多くのアメリカ都市では、教区付属学校への入学者は公共学校への入学者と同程度かそれを上回るほどです。これはつまり、近隣をつなぎ合わせるものとして二つの学校があり、したがって想定人口はいまの倍にすべきだということでしょうか？　それとも人口が正しく、学校のほうの規模を半分にしましょうか？　そしてなぜ小学校なのでしょうか？　学校がコミュニティ規模の要石であるなら、中学校でもいいのでは？　都市部では中学校のほうが小学校よりずっと問題を多く抱えているのが通例なのですし。「どの学校？」という問題が決して尋ねられないのは、このビジョンが他のすべてと同様に、学校についても大したリアリズムに基づいてはいないからなのです。学校は、空想上の都市についての夢から出てくる単位で、何でもいいからサイズを定義するためのもっともらしい、そして通常は抽象的な口実にすぎないのです。それは形式的な枠組みとして、デザイナーたちを知的カオスから救うためには必要であり、それ以外には何の存在理由もないのです。エベネザー・ハワードのモデルタウンがこの発想のご先祖なのはまちがいありませんが、それがこんなに長持ちしているのは、知的真空を埋めるものが他にないからなのです。

つとも複雑な形で相互に補い合っています。どれがどれより重要だと言うのは不可能です。どの地点でも長持ちする成功のためには、三つすべてが必要です。でも、この三種類以外の近隣は単に邪魔なだけで、上手な自治を困難にするか不可能にしてしまうとわたしは思います。

この三つの中で最もはっきりしているのは（とは言え近隣と呼ばれることは滅多にありませんが）全体としての都市です。都市の小さな部分を考えるとき、この親コミュニティを忘れたり矮小化したりしては絶対にいけません。これは公共資金のほとんどをもたらす源泉です。最終的なお金の出所が国や州の財布だったとしてもです。ここは良かれ悪しかれ、ほとんどの行政政策上の判断が行われるところなのです。一般的な福祉が合法・非合法の破壊的な利害を相手に、公然または暗黙のうちに、しばしば最も熾烈な戦いを繰り広げるのもこのレベルです。

さらに、このレベルには重要な特殊利益団体や圧力団体がいます。都市全体という近隣は、特に演劇や音楽やその他芸術に興味のある人が、住んでいるところに関係なく出会って団結する場所なのです。そこは個別の専門や事業に没頭している人々や、ある特定の問題について懸念する人々が意見交換して、ときには行動を始める場所です。都市経済の専門家であるイギリスのP・サーガント・フローレンス教授はこう書いています。「わたし自身の経験では、オックスフォード市やケンブリッジ市のような特殊なインテリの暮らす地域をのぞけば、わたしが必要とする親友二十人から三十人ほどを供給するためには、百万人の都市が必要なのだ！」。これは確かにずいぶんお高くとまった言いぐさではありますが、でもフローレンス教授はここで重要な真実を指摘しています。たぶん教授も、何を言っているか友人たちに理解してほしいことでしょう。ユニオン貧困者支援所のウィリアム・カークと、ニューヨーク市内で何キロも離れているヘンリー街貧困者支援所のヘレン・ホールが、これまた何キロも離れたところの雑誌「消費者連合」や、コロンビア大学の研究者や、ある財団の信託人と結託して、低所得者向けプロジェクトで高利貸金斡旋業者が引き起こした個人やコミュニティへの荒廃を検討するとき、みんなお互いが何の話をしているか知っていますし、それ以上に、それぞれ独自の知識を特殊な資金と結びつけて、問題についてさらに学び、それと戦う方法を見つけられます。わたしの妹ベティは主婦ですが、彼女は自分の子供が通うマンハッタンのある公立学校で、英語の話せる親が話せない親の子供たちの宿題を手伝う仕組みを考案するのに手を貸し、それがうまくいくと、この知恵は都市全体の特殊な関心を持つ近隣に流れ込んで、ある晩にベティはブルックリンのベッドフォード・スタイヴェサント地区に出かけて、地区のPTA代表十人に向かってこの仕組みのやり方を説明し、その過程で自分も何かしら学ぶのです。

関心を共有するコミュニティと人々を結びつけられるという総合性は、都市の大きな資産の一つであり、最大のものとさえ言えるかもしれません。そしてその代償として都市域は、都市全体の政治や行政、特別関心のあるコミュニティへのアクセスを持つ人々が資産の一つとして必要なのです。

ほとんどの大都市では、わたしたちアメリカ人は都市全体に属する有益な近隣をそこそこうまくつくり出しています。類似の関心を持ち、補い合う人々は、かなり上手にお互いを見つけています。実は、これが最も効率的に行われるのは、最大級の都市であることが多いのです（ただし、これが悲惨なくらい下手なロサンゼルス市は例外ですし、またボストン市も惨めなほどダメです）。さらに、「フォーチュン」誌のシーモア・フリードグッドが『爆発するメトロポリス』でみごとに記述したように、大都市の政府は多くの場合、トップは有能で活力があるのです。こうした都市の無数の失敗した近隣における社会経済的な手腕を見ていては、予想もつかないほど優秀です。わたしたちの惨憺たる弱点が何であろうと、それは都市全体というトップレベルで近隣を形成できないという点では絶対にあり得ません。

その反対側の極にあるのが都市の街路と、それが形成する小さな近隣です。たとえばわたしのいるハドソン通りの近隣などがその例です。

本書の最初の数章では、都市街路の自治機能をとても詳しく見てきました。公共的な監視の網の目を織りなして、それ自身だけでなく見知らぬ人々をも守る機能、小規模で日常的な公共生活のネットワークを育てて、結果として信頼と社会的コントロールのネットワークをつくるという機能、そして子供たちをそれなりに責任ある寛容な都市生活へと順応させるのを支援する機能。

でも都市の街路近隣は、自治においてもう一つ別の機能を持っています。そしてこれはきわめて重要なものです。その街路だけで扱いきれないほど大規模な問題がやってきたときに、助けを有効に活用するという機能です。この助けは、ときには近隣の規模として対極にある都市全体からこなくてはなりません。これは論じきっていないやりかけの話題としてぶら下げておきますが、お忘れなきようお願いします。

街路の自治機能はどれも慎ましいものですが、不可欠です。計画・無計画を問わず多くの実験が行われてきましたが、活気ある街路の代わりになるものは存在しません。

有効に機能する都市街路近隣とはどのくらいの規模でしょうか？　実生活で成功している街路近隣ネットワークを見れば、これが無意味な質問だということがわかります。というのも、最高の機能を発揮する街路近隣はすべて、それをはっきりしたユニットとして区切るような始まりも終わりもないからです。同じ地点にいても人によって規模がちがうことさえあります。というのも一部の人は他の人より遠出したりうろついたりするし、街路での知り合いを他の人よりも遠くまで広げたりするからです。こうした街路近隣の成功の大きな部分は、それが角を曲がったところまで重なり合って相互に絡み合うところにあるのです。これは、それが利用者にとって経済的・視覚的なバリエーションをもたらせる手法の一つなのです。ニューヨーク市のパーク街の住宅街は、単調な近隣の極端な例のように見えますし、それが孤立した一本の街路近隣ならばその通りでしょう。でもパーク街の住民にとっての街路近隣は、パーク街で始まるだけで、すぐにそこから角を曲がり、さらに角を曲がることになります。それは相互に絡み合った近隣集合の一部であり、そこには大きな多様性があります。一本の通りではないのです。

確かに、きっちりした境界を持つ孤立した街路近隣もたくさんあるのは事実です。それは通常は、細長い街区に見られます（つまり街路が少ないのです）。長い街区はほとんど常に物理的に自然に孤立しがちだからです。はっきりと分かれた街路近隣は、目標とすべきものではありません。それは通常は失敗の見本になっているからです。マンハッタンのウェストサイドにある長く、単調で、自然に孤立した街区の問題を描いている、ニューヨーク大学人間関係学センターのダン・W・ドッドソン博士によれば、「それぞれ［の街路］は独自の別個の世界のようで、別個の文化を持っている。インタビューを受けた人々の多くは、自分が住んでいる街路以外の近隣についてはまったく見当がついていなかった」。

この地域の無能ぶりをまとめて、ドッドソン博士はこうコメントしています。「近隣の現状は、そこにいる人々が集合的な行動能力を失ってしまったことを示している。さもなければ、コミュニティ生活の問題の一部を直すよう、都市政府や社会機関に対してとっくの昔に圧力をかけていたはずだからだ」。ドッドソン博士による街路の孤立と無能さについての二つの観察は、密接に関連し合っているのです。

つまるところ、成功した街路近隣ははっきりしたユニットではないのです。それは物理的、社会的、経済的な連続体なのです――確かに小規模ではありますが、でもそれは縄を構成する繊維の長さが短いというのと同じ意味での小規模なのです。

都市街路に十分な頻度で商業や全体的な活気、利用、関心があり、公共街路生活の連続性を涵養できるときには、わたしたちアメリカ人は街路の自治でかなりの有能さを示します。この能力がいちばんよく見られて言及されるのは、貧困者地区、あるいはかつては貧困だった人々の地区です。でも機能の優れた、何の変哲もない街路近隣は、永続的な人気――移ろいやすい流行ではなく――を保っている高所得地域の特徴にもなっています。たとえばマンハッタンのイーストサイドの五十番台から八十番台までの丁目、あるいはフィラデルフィア市のリッテンハウス広場地区などです。

確かにわたしたちの都市は、都市生活に対応できる街路が不十分ではあります。アメリカには、退屈によるすさまじい荒廃に冒されたところが多すぎるのです。でも実に多くの都市街路は、そのつつましやかな仕事を上手にこなして、それに対する忠誠心も育んでいます。ただしそれも、自分の手に負えないほど巨大な都市問題の到来により破壊されたり、都市全体からしか供給できないような設備をあまりに長いこと放置されたり、あるいは近隣の人々が倒せないほど強力で意図的な計画政策によって破壊されるまでのことなのですが。

そしてここで、登場するのが、自治に役立つ三つ目の都市近隣です。思うに、わたしたちが通常いちばん弱くて、いちばん悲惨な失敗ぶりを示すのはこの部分です。都市地区と呼ばれるところはたくさんあります。でも機能しているところはほとんどありません。

成功した地区の主要な機能は、不可欠でありながら、政治的には本質的に無力な街路近隣と、本質的に強力な都市全体との仲介役となることです。

都市について権限を持つトップの人々はかなり無知です。これはどうしようもないことです。大都市はどんな観点からであれ、詳細に把握するには巨大すぎて複雑すぎるのです――たとえ観点がてっぺんであっても――あるいはどんな人間にも把握しきれません。でも、この詳細こそが重要なのです。イーストハーレムの地区市民団体は、市長とその局長たちと設定した面会に備えて、遠いところで下された決断（ほとんどはもちろん善意のものです）が地区にもたらした荒廃を並べた文書を用意して、こんなコメントを追加しました。「イーストハーレムで実際に住んだり働いたりして、毎日それと接している我々が、通勤途中で通過するだけの人々や、日々の新聞で読むだけの人々や、我々が思うにダウンタウンのデスクから意志決定をする人々とは、これらのことをかなりちがった見方で見ていることがいかに多いか、改めて申し上げなくてはなりません」。ボストン市でも、シンシナティ市でも、セントルイス市でもほとんど同じことばを耳にしました。それはアメリカの大都市すべてで何度もこだまする苦情なのです。

地区は都市のリソースを、街路近隣が必要としているところに引っ張ってくるのを助けなくてはいけません。そして街路近隣の実生活における経験を、都市全体の政策や目的へと翻訳する支援もすべきです。そして住民だけでなく、都市全体から来る他の利用者――労働者や顧客や訪問者――も文明的に使えるような地域を維持する支援をしなくてはいけません。

こうした役割を達成するには、機能する地区というのは都市全体の生活の中で、一勢力として見られるだけの規模を持っていなくてはなりません。計画理論の「理想的」近隣は、こうした役割ではまるで役立たずです。地区は、市役所相手に戦えるくらいの規模と力を持っている必要があります。それ以下では何の役にも立ちません。もちろん市役所と戦うだけが地区の役割ではありませんし、それが一番重要な役割というわけでもありません。それでも、機能的に見てこれが規模の定義としては有用です。というのも地区はときにはまさに市役所と戦うことになるからで、また人々が深刻に脅かされていると感じたときに、市役所と戦う——そして勝つ——だけの力も意志もない地区は、他の深刻な問題に対峙するだけの力や意志もおそらくないでしょうから。

ちょっと街路近隣に戻って、放置したやりかけた話題を片付けましょう。大きすぎる問題がやってきたときに支援を呼ぶという、よい街路近隣に課された仕事の話です。

対応能力を超えるほどの問題に直面した、孤立した都市街路ほど寄る辺ないものはありません。事例として、一九五五年にマンハッタンのウェストサイドのアップタウンで起きた、街路での麻薬売買のときに何が起こったかを考えてみましょう。この事件が起こった街路は、街路の住民たちがその街路以外の市全体でも働いており、街路の外にも友人や知人がニューヨーク市全体にいるような場所でした。街路そのものには、ポーチを中心にそこそこ花開いた公共生活がありましたが、近隣商店はなく、常連の公共的な人物もいませんでした。また地区近隣とのつながりもありませんでした。というか、その地区にはそんなものがなかったのです——あっても名前だけ。

そのアパートの一つでヘロインが売買されるようになると、麻薬中毒者が次々にその街路に流れ込みはじめました——暮らすためではなく、麻薬を続けるために。かれらは麻薬を買うお金が必要でした。その結果として、街路での追いはぎや強盗が一つの答えとして頻発するようになりました。ときには夜に、とんでもない悲鳴が住民たちを脅かしました。かれらは恥ずかしくて友人たちの訪問を避けるようになりました。街頭の若者の一部は麻薬中毒でしたし、その数は増えていきました。

住民たちのほとんどは、良心的で立派な人々でしたので、できる限りのことをしました。警察には何回も電話しました。一部の人は、この話をすべき所轄当局が麻薬取締班だというのをつきとめました。そしてそこの刑事たちに、ヘロインがどこで売られているか、だれが、いつ売っていて、商品が届けられるのが何曜日らしいかも教えました。

何も起こりませんでした――事態がどんどん悪化しただけ。

寄る辺ない小さな街路が、大都市の最も深刻な問題に単独で立ち向かおうとしても、大したことは起きないのです。

警察が買収されていたのでしょうか？　そんなことだれにわかるでしょう？

地区近隣なしで、この街路のこの問題を懸念し、それなりの影響力を発揮できる他の人をまったく知らない状態で、住民たちは自分が知る限りの範囲でできるだけのことをしました。なぜかれらは、少なくとも地元市議会議員に連絡するとか、政党支局に連絡するとかしなかったのでしょうか？　この街路には、だれもそういう人物を知っている人がいなかった（市議会議員は一人十一万五千人の有権者を代表しています）し、また議員を知っているような人も知らなかったのです。つまり、この街路は名ばかりの地区近隣とすら一切何のつながりも持っておらず、まして機能している地区近隣に対する有効なつながりなどなかったのです。この街路にいて何かできたかもしれない人々は、街路の状況が明らかにどうしようもないと判断したときに引っ越してしまいました。その街路は、完全なカオスと野蛮状態へと転落していきました。

当時のニューヨーク市には有能で活発な警察長官がいました。でも、だれでも警察長官に話ができるわけではありません。街路からの有益な情報や地区からの圧力がなくては、警察長官と言えどもある程度はお手上げになってしまいます。このギャップのおかげで、トップがいかに善意があろうとも、底辺ではほとんど役に立たないし、その逆も真なのです。

ときには市が潜在的な支援者ではなく、逆に街路に敵対する存在になることもあります。そしてこの場合も、その街路にきわめて有力な市民がいない限り、その街路だけでは絶望的です。わがハドソン通りでは、最近そうした問題に直面しました。マンハッタン自治行政区のエンジニアたちは、ここの歩道を三メートル削ることにしたのです。これは車道拡幅という考えなしで紋切り型の市の計画の一環でした。
街路に住む人々は、できる限りのことをしました。印刷屋は印刷機を止め、締め切りが迫っていた作業からはずして、土曜の朝に緊急請願書を印刷し、学校が休みの子供たちがそれを配れるようにしました。重複する街路近隣の人々はその請願書を受け取って、さらに広く配ってくれました。二つの教区学校、監督派とカソリック校が、生徒に請願書を持たせて帰しました。街路やその支道から千件近い署名が集まりました。直接影響を受ける大人たちのほとんどが署名したはずです。多くのビジネスマンや住民たちは手紙を書き、住民組織が代表団を構成して、担当行政当局である自治行政区長官を訪問しました。

それでも、わたしたちだけではほとんど見込みはなかったでしょう。街路の扱いについて、聖なるものとされた一般政策に刃向かおうというのだし、しかもだれかにとっては大金が入る建設工事に反対していて、しかもその工事契約はすでにかなり進んでいたのですから。わたしたちが歩道取り壊しの始まる前に計画を知ったのは、ひたすら運がよかったのです。これは厳密に言えば路肩の調整でしかなかったので、公聴会も必要ありませんでした。

最初は、計画は変えられないと言われました。歩道は潰す、と。この無勢な抗議の後ろ盾となる力が必要でした。この力はわたしたちの地区――グリニッジ・ヴィレッジからやってきました。実は、わたしたちの請願書の主要な目的の一つ（表向きの理由ではありませんでしたが）は、もっと大きな地区に対して問題が生じているということを劇的に伝えることだったのです。地区全体の組織が素早く可決してくれた各種の決議は、街路近隣による意見表明より遥かに意義の大きなものでした。わたしたちの代表団の面会を取り付けてくれたのは、市民のグリニッジ・ヴィレッジ協会会長アンソニー・ダポリートで、代表団の中でいちばんの圧力を発揮していたのは、わたしたちの街路とはまったく離れたところの住民でした。中には、地区の一番遠いところからきた人もいました。その人々が圧力を発揮できたのは、まさにかれらが地区レベルでの意見やオピニオンメーカーの代表だったからです。かれらのおかげで、わたしたちは勝利しました。

こうした支援の可能性がなければ、ほとんどの都市街路はほとんど反撃しようとさえしません——その問題が市役所発だろうと、他の人間的条件の欠陥からくるものだろうと。だれだって無駄なことはしたくないのです。

わたしたちの得た支援のおかげで、こちらの街路の何人かはもちろん借りをつくったことになります。他の街路や、もっと一般的な地区としての課題で支援が要求されたときには手を貸すわけです。それを無視したら、次に必要なときにこちらも手助けが得られなくなるでしょう。

街路からの情報を上に伝えるのが上手な地区は、ときにはそれを市の政策に翻訳する手伝いもします。こうした事例は無数にありますが、ここでの例示としては次のもので十分でしょう。執筆時点で、ニューヨーク市は麻薬中毒者の治療を多少は改革するようです。そして同時に市役所は、連邦政府に対して中毒者の治療の範囲を広げて手法を改革し、外国からの麻薬密輸阻止の努力を拡大するように圧力をかけています。こうした動きを推進するのに役立った研究や文句は、どこかの謎の「かれら」が始めたものではありません。治療の改革と拡大に関する最初の公開アジテーションを起こしたのは役人などではなく、イーストハーレムやグリニッジ・ヴィレッジなどの地区にある地区圧力団体です。逮捕者数が、中毒患者たちをたくさん捕まえることで水増しされて、売人たちは何のおとがめもないまま公然と営業を続けているという恥ずかしい状況が、こうした圧力団体だけによって暴露されたのです。役人はそんなことはしなかったし、まして当の警察はそんなことをするはずもありません。圧力団体は問題を観察して、変化を求めて圧力をかけたのですし、今後もそうするでしょう。それはまさにかれらが、街路近隣での体験と直接接触しているからです。一方、アッパー・ウェストサイドのような孤立した街路の体験は、だれにも何も教えることはありません——単に、そこから逃げ出せと言う以外は。

地区が、まったく別個のちがう近隣の連合体として形成できると思い込みたくなる気持ちはわかります。ニューヨーク市のロウアー・イーストサイドは、今日そのやり方で有効な地区を形成しようと試みており、そのために巨額の慈善補助金を受け取っています。公式化した連合体方式は、ほとんどだれもが合意している目的、たとえば新しい病院建設のために圧力をかけるといったことでは、かなりうまく機能するようです。でも地元都市生活の多くの重要な問題は、実はかなり意見がわかれるものです。たとえばロウアー・イーストサイドを見ると、連合地区組織構造の中には現時点で、自分の家や近隣がブルドーザーで押しつぶされるのを守ろうとしている人々がいます。そして同時に、政府の糾弾力をもってこうした住民を一掃してほしいと思っている、共同住宅プロジェクトなど各種の利害企業も含まれているのです。これらは正当な利害の衝突です――この場合には、昔ながらの捕食者と生贄との衝突になります。何とか自分を守ろうとする人々が、決議を採択したり嘆願書を承認してもらおうと必死で無駄な努力をする相手は、その最大の敵たちが議席にいる理事会なのです！

重要な地元の問題における熱い戦いでは、双方とも自分が実現したい政策や、影響を与えたいと思う意志決定に対して、集約した地区全体としての総意（それ以下のものでは役にたちません）を全力でぶつけることが必要です。そして実質的な意志決定が行われるレベルで、お互いに、そして当局と死闘を繰り広げる必要があります。そのレベルでないと勝ち負けに影響しないからです。意志決定を左右する政府権力がまったくないような、役にたたないレベルでの階層構造や評議会などで「意志決定」の真似ごとをさせて、地元当事者たちの力を分裂させたり薄めたりするようなものはすべて、政治活動や市民の有効性や自治を弱体化させるものです。それは自治の形をしたままごとであり、本物の自治にはなりません。

たとえばワシントン広場が幹線道路で分断されるのを防ごうとグリニッジ・ヴィレッジが戦ったとき、多数派の意見は圧倒的に道路反対でした。でも満場一致ではありません。道路推進派の中には、有力な人々がたくさんいて、その人々はこの地区のもっと小さな支部で指導的な地位についていました。もちろんかれらは、戦いをその支部組織レベルに抑えようとしましたし、市政府も同じでした。この戦術の前には、多数派意見は勝つどころか、完全にちりぢりにされてしまったことでしょう。実際、ちりぢりになりつつあったのですが、そこでこの地区で働いているだけで住んではいなかったレイモンド・ルビノウが、この事実を指摘したのです。ルビノウは共同緊急委員会の組織形成を支援しました。これは他の組織を横断する真の地区組織でした。有効な地区は、独自のモノとして活動しますし、中でも議論の分かれる問題について意見を同じくする市民たちは、地区レベルで力を合わせないと、何ら成果を上げられません。地区は泡沫自治体が連合として徒党を組んだだけではありません。地区が機能するには、力と意見を集約したユニットとして機能し、しかも相手にされるだけの規模がなくてはいけないのです。

　アメリカの都市は、多くの島状の近隣を擁しています。それは地区として機能するには小さすぎ、都市計画の被害を受けたプロジェクト近隣のみならず、多くの計画されない近隣も含まれています。こうした計画されない、小さすぎるユニットは歴史的に形成され、しばしばある特定の民族集団の居留地となっています。かれらはしばしば、街路の近隣機能をうまく強力に実施し、内部から生じる近隣社会問題や腐敗には実にみごとに手の内で対応します。でもこうした小さすぎる近隣もまた、外部から生じる問題や腐敗に対しては、街路と同じく無力です。かれらは公共改善事業やサービスでは、それを手に入れるだけの力がないのでババをつかまされます。ローン提供者の信用ブラックリストによる、地域の緩慢な死刑執行通知に対しても何の力もありません。これは強い地区の力をもってしても、なかなか戦いにくい相手なのですから。隣接する近隣の人々と紛争を起こしたら、かれらもその相手も関係修復においてほとんど無力です。むしろ孤立性は、こうした関係をさらに悪化させることになるのです。

　確かにときには、地区として機能するには小さすぎる近隣が、例外的に影響力の強い市民や重要な機関を擁することで、力を得ることはあります。でもそうした近隣の市民は、自分たちの利害が大立て者パパや大機関パパの利害と相反するようになったとき、その「無料」権力の贈り物のツケを払わされるのです。かれらは政府の役所の、決断が行われる上層部でパパを打倒できず、したがってその人や機関に何か教えたり影響を与えたりする力がまったくないのです。たとえば大学を有する近隣の市民は、この無力な袋小路に入ってしまっています。

　十分な潜在力を持つ地区が、民主的な自治の器官として本当に力を発揮できるようになり、役に立つようになるかどうかは、その中にある小さすぎる近隣の孤立性を乗り越えられるかどうかにかかっています。これは地区やその中の住人にとって、もっぱら社会政治的な問題ですが、物理的な問題でもあります。地区規模以下の、区切られた都市近隣が価値ある理想だという想定で、意図的かつ物理的に計画するのは、自治を破壊することです。その動機が感傷的だろうと親切心からだろうと、何のちがいもありません。小さすぎる近隣の物理的な孤立が、露骨な社会的差異によって拍車がかかると(たとえば入居者に値札がついたようなプロジェクトなど)、この政策は都市における有効な自治や自己管理を容赦なく破壊するのです。

本当に権力を発揮する都市地区(でも街路近隣が微小な単位として見失われないような地区)の価値は、別にわたしが発見したものではありません。その価値は経験的に何度も何度も発見し直されては実証されています。ほとんどあらゆる大都市には、少なくとも一つ、こうした機能する地区があります。危機になると、ずっと多くの地域が散発的に地区として機能しようと苦闘します。

当然のことではありますが、それなりに機能する地区は通常、時間がたつにつれて、かなりの政治力を蓄積します。そしてやがては、街路のスケールと地区のスケールで同時に活動できる多くの個人を生み出し、また地区のスケールと都市全体としての近隣とで同時に機能できる人々を生み出すのです。

機能する地区を発達させるのにアメリカが悲惨なほど失敗しているという状況を矯正するのは、相当部分が都市行政改革の問題なので、ここでは立ち入らなくてもいいでしょう。でも同時に、他のことと並んで、わたしたちは都市近隣についての因襲的な都市計画の発想を捨てる必要があるのです。都市計画とゾーニング理論における「理想の」近隣は、街路近隣として多少なりとも活躍したり意義を持ったりするには大きすぎるし、同時に地区として機能するには規模が小さすぎます。帯に短したすきに長し、です。出発点にすらなりません。医学での瀉血信仰と同じく、それは理解を求めての探索の過程で曲がり角をまちがってしまっているのです。

現実世界の自治において有益な機能を示す都市近隣が、都市全体としての近隣、街路、地区だけなら、都市における有効な近隣の物理計画は、以下の目的を目指すべきです。

まず、活気あるおもしろい街路を育むこと。

第二に、そうした街路の網の目を、都市より小さい規模と力を持つ地区全体に、できるだけ連続したネットワークとして展開すること。

第三に、公園や広場や公共建築を、その都市の網の目の一部として使うこと。その網の目の複雑さと複数の用途を強化して編み合わせるのにそれらを使うこと。ちがった用途をお互いに区切るためにそれを使ってはいけませんし、地区以下の近隣を孤立させるのに使ってもいけません。

第四に、地区として機能するだけの規模を持つ地域の機能的なアイデンティティを強調すること。

最初の三つの狙いがうまく実現すれば、四つ目は自然に生じます。理由は以下の通り。紙の地図だけでできた世界に住んでいるのでない限り、地区などという抽象概念を親身に感じたり、それを気にかけたりできる人はほとんどいません。ほとんどの人たちが都市内の場所を親身に感じるのは、それを利用して、かなり親密にその場所を知るようになるからです。二本の足を使ってそこを動き回り、それをあてにするようになります。だれであれ、なぜそんなことをするかと言えば、そこそこ近くにある、便利だったりおもしろかったり、役に立ったりするちがいが、人々にとっての誘因として機能するからなのです。

繰り返し似たような場所から似たような場所へと移動したりする人は、ほとんどいません。それに必要な肉体的努力がごくわずかなものであっても（＊20）。

利用を交錯させて、人が目先の街路ネットワークより広い範囲に親近性を持たせるのは、複製ではなくちがいなのです。単調さは、利用の交錯と、ひいては機能的なまとまりの敵です。まして縄張りとなると、計画されたものだろうとそうでなかろうと、縄張りの外にいる人はだれも、その縄張りやその中身に対して自然な親近感や興味を感じられるわけがありません。

活気ある多様な地区では、利用の中心が育ちます。もっと小さな規模とは言え、ちょうど公園で利用の中心が生じるのと同じです。そしてこうした中心は、その場所が、何らかの形でその地区を象徴するランドマークを持つ場合には、特に地区らしさをつくるのに重要となります。でも中心は、それだけでは地区らしさの重荷を支えきれません。各種の商業や文化施設や、ちがって見える場面がそこらじゅうに芽生えなくてはなりません。この編み目の中では、巨大な幹線交通や大きすぎる公園、巨大機関の建物群などの物理的障壁は、交錯利用を阻害するので機能面で破壊的となります。

では、機能する地区は、絶対的にどれほど大きくなくてはいけないのでしょうか？　規模については、すでに機能的な定義を挙げました。市役所と戦えるくらいの規模は必要ですが、街路近隣がその地区の関心を引くだけの重要性をもてないほど大きくてはいけません。

絶対的にいうと、これは都市ごとに規模がちがうということです。それは一部は、都市全体の大きさにもよります。ボストン市では、ノースエンドが人口三万以上のときは、地区として強い力を持てました。いまや、その人口はかつての半分になってしまいました。その原因の一部は、住民たちが脱スラムを果たすにつれて居住密度が下がっていったという立派なプロセスのおかげであり、またその一部は新幹線道路で無残に切断されたという立派でないプロセスのおかげです。ノースエンドは団結力はありますが、地区の力の重要な部分を失ってしまいました。ボストン市やピッツバーグ市くらいの小さな都市、あるいはフィラデルフィア市くらいの大きな都市ですら、

（＊20）このためイーストハーレムのジェファソン住宅では、そのプロジェクトで四年暮らした人々がコミュニティセンターを見たこともないという事態が生じました。コミュニティセンターはプロジェクトのどん詰まり（どん詰まりというのは、その向こうには都市生活がなく、公園が広がっているだけという意味です）にあります。プロジェクトの他の部分の人々は、自分のいるあたりからわざわざそこまで出かけるだけのまともな理由がありませんでしたし、出かけないまともな理由はいくらでもありました。そこまで行っても、同じようなものの繰り返しにしか見えなかったのです。ロウアー・イーストサイドの貧困者支援所の主任、グランド街貧困者支援所のドラ・タネンバウムは、隣接するプロジェクトでちがう建物の配置のところに住む人々についてこう言います。「これらの人々は、自分たちがお互いに共通点を持つという発想が理解できないようです。プロジェクトの他の部分が別の星でもあるかのようなふるまいをします」。視覚的には、こうしたプロジェクトはユニットですが、機能的には、まったくユニットではありません。外見はごまかしなのです。

地区を形成するには人口三万でも十分かもしれません。でもニューヨーク市やシカゴ市では、三万人以下の地区など泡沫です。シカゴ市の最も成功した地区、バック・オブ・ザ・ヤード地区は、地区評議会の議長によれば人口十万人くらいを擁し、さらに増やしています。ニューヨーク市では、グリニッジ・ヴィレッジは有効な地区としては小さめですが、でも有力な存在になっているのは、その他の長所で規模不足を補っているからです。住民はおよそ八万人で、就業人口（そのうち住民は六分の一もいるでしょうか）はおよそ十二万五千人です。ニューヨーク市のイーストハーレムとロウアー・イーストサイドは、どちらも有効な地区をつくり出そうと苦闘していますが、それぞれ人口二十万人ほどだし、そのくらいの規模は不可欠です。

もちろん単なる人口規模以外の特徴も、地区の有効性を高めるには重要です――特に重要なのはよいコミュニケーションとやる気です。でも人口規模は不可欠です。それは、ほとんどの場合には単に可能性としてでしかなくても、票を表しているからです。アメリカ都市の形成と運営においては、究極の公共的権力は二つしかありません。票とお金です。もっと穏健な言い方をすると、それを「世論」と「予算分配」とも呼べますが、でも基本は票とお金です。機能する地区――そしてその仲介機能を通じて機能する街路近隣――はこの力の片方を有していています。票の力です。これ、そしてこれのみを通じて、地区近隣は良かれ悪しかれ公共資金による襲撃を、有効に左右できるのです。

ロバート・モーゼスは、もっぱらこれを理解しているが故に各種の事業を実現する天才なのです。有権者たちは、しばしば自分たちの対立する利害を代弁させるべく、選挙で議員たちを選ぶのですが、モーゼスは公共資金を活用してその議員たちに言うことをきかせるのが、芸術的にうまいのです。これはもちろん、民主政府の古くも悲しい物語が意匠を替えたにすぎません。票の力をお金の力で潰すという技能は、純粋に私的な利益を不正直に代弁する人々だけでなく、正直な行政官も上手に使うことができます。いずれにしても、代議士の籠絡や打倒は、選挙民たちが力の単位として無力なものに分裂しているときにはきわめて簡単なのです。

規模の上限を見ると、わたしは地区らしい働きをする地区として人口二十万人以上のものは一つも知りません。どのみち地理的な規模が、経験的に人口に制約を加えることになります。自然に発達した、まともに機能する地区の大きさは、実生活で見るとおおざっぱに一辺二キロくらいです（＊21）。これはおそらく、それ以上大きくなると、地元の交錯利用を十分に引き起こすには不便になってしまうからで、また地区の政治的アイデンティティの基盤となる機能的なアイデンティティにとっても不都合なのでしょう。だからきわめて大きな都市では、成功した地区を実現するためには、人口は高密でなくてはなりません。さもないと、ちゃんとした地理的アイデンティティに見合うだけの政治権力は決して得られません。

この地理的規模についての論点は、都市を一辺一・五キロほどの固まりに地図上で区切り、はっきりした境界で定義された固まりをつくってやればそれで地区が活発になる、ということではありません。地区をつくるのは、境界ではなく交錯利用と活気なのです。地区の物理的な規模や限界を考える狙いはこういうことです。つまり自然のものにせよ人工のものにせよ、容易な交錯利用に対する物理的な障害となるものは、どこかに必ずあります。そういうものは、本来ならまともな地区の連続性をぶった切るよりは、地区として機能できる規模の領域のふちにあったほうがよいのです。地区の本質は、それが内部的にどんな存在かということにあり、その使われ方の内的な連続性や重なり具合にあるのであって、それがどう終わるかとか、空から見てどう見えるかということにあるのではありません。それどころか多くの例では、とても人気ある都市地区は、物理的な障害に邪魔されない限り、勝手に縁を広げるのです。あまりにきっちりと周囲から切り離されている地区は、都市の他の部分から経済的な刺激をもたらす訪問者を失うという危険をも冒すことになります。

形式主義的な境界ではなく、その内部の網の目や活気

（＊21）シカゴ市のバック・オブ・ザ・ヤード地区は、わたしの知る限りこの規則に対する大規模な例外として唯一のものです。それは、一部の例では有益な意味合いを持つかもしれない例外で、ここではそれを考える必要はありませんが、本書の後のほうで行政上の問題として検討します。

や、それが生み出す入り組んだ交錯利用だけでもっぱら定義された近隣計画ユニットはもちろん正統派都市計画の発想とは対立するものです。両者のちがいは、自分の運命を自力で形成できる、生きた複雑な有機体を扱うことと、押しつけられたものを単に手入れする（それすらできればの話ですが）だけの、固定した無力な居留地を扱うこととの差なのです。

地区の必要性にこだわるからといって、機能する都市地区が経済的、政治的、社会的に自己完結しているという印象を与えたくはありません。街路が自己完結できないのと同じように、地区だって当然自己完結などしていないし、またするはずもないのです。また地区はお互いの複製品にもなれません。それぞれが大きくちがっているし、またちがっているべきなのです。都市は繰り返しばかりの町の集まりではありません。おもしろい地区は独自の特徴を持ち、独自の特技を持ちます。それは外部の利用者を惹きつけ（そうでない限り、そこには真の都市経済的多様性はほとんどないことになります）、その地区内の人々はよその地区にでかけます。

また地区が自己完結すべき必然性もありません。シカゴ市のバック・オブ・ザ・ヤード地区では、ほとんどの世帯の大黒柱は一九四〇年代まで、地区内の屠殺場で働いていました。これはこの場合には地区形成に影響しました。というのもここでの地区組織というのは、この地区の労働組合組織の続きだったからです。でも、こうした住民たちやその子供たちが屠殺場での仕事から卒業すると、かれらは大シカゴの職業生活や公共生活へと移っていきました。放課後にバイトをするティーンエージャー以外のほとんどの住民は、いまや地区外で働いています。この移行で地区が弱まることはありませんでした。それと同時期に、地区はむしろ強化されたのです。

その間にここで機能していた建設的な要因は、時間でした。都市において時間は、自己完結性の代わりになるものです。時間は都市において不可欠なものなのです。

地区が一体として機能できるようにするための、交錯するつながりは、あいまいなものでも謎めいたものでもありません。それは個別の人々同士の仕事上の関係から構成されるもので、その多くの人々は、ある地理空間の断片を共有しているという以外には、他にほとんど共通点がありません。

多少なりとも近隣が安定していれば、都市地域で真っ先に形成される人間関係は、街路近隣と、他に何か共通点を持っていて、お互いに組織に所属している人々――教会、ＰＴＡ、商工会、政治団体、地元市民連合、健康キャンペーンやその他公共目的の資金団体、村のだれそれさんの息子たち（かつてはイタリア人がそうでしたし、最近ではプエルトリコ人たちの間でよく見られるクラブです）、地主会、地区改善協会、不正抗議委員会等々、その手のものは果てしなくあります。

大都市で、そこそこ確立した地域をのぞくと、ほとんどはごく小規模なのですが、実にいろいろな組織があって、頭がくらくらしそうです。フィラデルフィア市の再開発局コミッショナーの一人であるゴールディ・ホフマン夫人は、再開発が予定されている人口一万人ほどの、フィラデルフィア市の陰気な地区にある組織（あれば）や団体をためしに数えてみました。彼女もその他みんなも驚いたことに、十九組織が見つかりました。小組織や各種の関心を核として生じる組織は、都市には木が葉をつけるように育ち、そしてそれは独自の形で、人生の執念と不屈ぶりの驚異的な表現の一つなのです。

でも機能する地区の形成において決定的な段階は、これを遥かに超えるものです。入り組んだ、でもちがった人間関係が成長しなくてはなりません。これは、その街路の近隣や個別の組織団体を超えて地元の公共生活を拡大し、まったくちがうルーツや出自に帰属する人々とも人間関係を築ける人々、通常はそこの指導者たちですが、そうした人々同士の実用的な人間関係なのです。こうした飛び石式の人間関係は、自己完結型の居住地内での異なる小さな集団同士でも起こりますが、それはほとんど強制されたものです。これに対して都市で起こる飛び石式の人間関係は、もっと偶発的なものです。アメリカ人は、都市全体としての近隣をつくるほうが地区をつくるよりも進歩しているせいもあるのでしょうけれど、飛び石式の地区間をまたがる人間関係は、都市全体としての特別関心近隣で出会う人々の間で偶発的に形成され、その人間関係が地区に持ち込まれることもあるのです。たとえばニューヨーク市では多くの地区ネットワークがこのような形で始まっています。

地区を本当に一体化させるためには、その全人口に対して必要となる飛び石人間は驚くほど少数ですみます。百人ほどもいれば、その千倍の人口を持つ地区がまとまります。でもこうした人々はお互いを見つける時間が必要ですし、とりあえず協力してみる時間が必要です——それにもっと小さな場所の近隣や特別関心のある近隣に根をおろすための時間も。

妹とわたしが初めて小都市からニューヨーク市に出てきたとき、伝言ゲームと称するもので遊んだものです。たぶんわたしたちは、自分たちの繭から出てきて、巨大で目のくらみそうな世界について、自分なりに手探りで把握しようとしていたのでしょう。発想としては、まるっきり異なる人を二人選んで——たとえばソロモン群島の首刈り族とイリノイ州ロックアイランドの靴修理人——その二人の間に伝言でメッセージを伝えなくてはならないと想定したのです。そしてわたしたちは、その伝言が伝わる人々の連鎖として考えられるか、少なくとも不可能ではないものをだまって考えます。いちばん少ない伝言連鎖を思いついたほうが勝ちです。首刈り族は村の酋長に話して、酋長はコプラ（ヤシ油の原料）を買いに来た交易人にそれを伝え、その交易人はオーストラリアの警備巡査が巡回にきたときに話して、その人はこんどメルボルンに旅行にでかける人に話し等々。反対側の端では、靴修理人は神父さんから伝言を受け、その神父さんは市長から、市長は州の議員から、議員は知事から等々。やがてそれぞれ地元近くの伝言役については、思いつくあらゆる人について決まったパターンができあがりましたが、その中間では長ったらしい連鎖でごちゃごちゃするのが通例でした。でもあるとき、ルーズベルト夫人なる人物を使いはじめたのです。ルーズベルト夫人は突然、そういう仲介の連鎖を大幅に飛ばせるようにしてくれました。彼女はまったく予想外の人を知っていました。世界は驚くほど小さくなりました。おかげでこの伝言ゲームも小さくなって、あまりに決まり切ったものとなったので、わたしたちはそれをやめてしまいました。

都市地区は、それぞれ独自のルーズベルト夫人——予想外の人を知っている人々——をある程度持つことが必要です。そういう人物によって、コミュニケーションの長い連鎖（現実生活では、そんなものはそもそも実現しないでしょう）が不要になるのです。

貧困者支援所の代表は、こうした地区単位の飛び石式のつながりを始める人物となりがちですが、でもかれらもその糸口をつけて、折を見てそれを広げる手伝いができるだけです。こうしたつながりは信頼の成長、つまり協力の成長がなければならず、それは少なくとも当初は場当たり的で一時的なものにならざるを得ません。またそれは、かなりの自信を持った人々か、自信の代わりとなるだけの、地元の公共問題について十分な懸念を抱いていなくてはなりません。ひどい混乱と住民の入れ替えがあったイーストハーレムでは、機能する地区が大きな障害にも負けずにゆっくりと再形成されつつあります。ここでは一九六〇年の圧力集会で、五十二の組織が参加して、市長とそのコミッショナー十四人に対し、地区が何を求めているかを話しました。こうした組織としてはPTA、教会、貧困者支援所や福祉団体、市民クラブ、店子組合、商工会、政治組織、地元国会議員、市議会議員、市の評議員などが含まれていました。その集会を成立させてその政策を決めるにあたっては、五十八人の個人が具体的に責任を分担しました。そこにはありとあらゆる能力や職業を持つ人々が含まれており、また人種もさまざまです——黒人、イタリア人、プエルトリコ人、定義不能な人々。これは多くの飛び石的な地区の結びつきを表しています。この水準のネットワークを実現するには、六人ほどが何年もその技能を注ぐ必要があったし、それでもそのプロセスはようやく有効に機能できる段階に達したばかりなのです。

都市地区で、こうした飛び石式のつながりによる良質な強いネットワークがひとたび動きはじめると、その網は比較的急速に拡大して、非常に堅牢な各種の新しいパターンを織りなすことになります。それが起きているという一つの証拠は、地区全体で新しい種類の組織が成長することです。それらは概ね地区全体にまたがるものですが、一時的なもので、その場限りの目的のためだけ

(＊22) グリニッジ・ヴィレッジでは、これらはしばしば長い具体的な組織名に走りがちです。たとえば、「ワシントン広場公園から緊急車両以外の全交通を閉め出す共同緊急委員会」「地下室住民の入居者緊急委員会」「ジェファソン市場裁判所の時計を動かす近隣委員会」「ウェストヴィレッジ提案を打倒してまともなものを出す共同ヴィレッジ委員会」という具合です。

に組織されるものです（＊22）。でも、動き出すためには地区ネットワークには以下の三つが必須です。何らかのきっかけ、十分な数の人々が利用者として自分を認識できるような物理的領域、そして時間です。

飛び石式のつながりを形成する人々は、街路や特別関心組織で小さなつながりを形成する人と同様に、都市計画や住宅供給などで人々を表すとされている統計とはまるでちがいます。統計的な人間は、多くの理由からフィクションにすぎません。その理由の一つは、かれらが無限に交換可能なものとして扱われるということです。実際の人間は独特であり、人生の何年をも、他の独特な人々との重要な関係のために投資して、いささかも交換可能なものではありません。人間関係から切り離された人々は、機能する社会的存在としては破壊されてしまいます――それはときには一時的ですみますが、永遠に破壊されることもあるのです（＊23）。

都市の近隣では、それが街路近隣だろうと地区近隣だろうと、ゆっくり育つ公的な人間関係が一度にあまりにたくさん阻害されると、各種の問題が噴出します――その問題や不安定さ、救いがたさが大きすぎて、ときには二度ともとに戻らないように思えるほどです。

ハリソン・ソールズベリーは、「ニューヨーク・タイムズ」紙の連載記事「揺さぶられた世代」で、都市の人間関係とその疎外についてのこの重要な点をうまく記述しています。

「ゲットーですら［これはかれが説教師の発言を引用した部分です］しばらくの間ゲットーであり続けたら、それなりの社会構造を築き、それがもっと安定性や、もっとリーダーシップや、公共問題解決を支援するような機関をつくり出すものです」

でもスラム取り壊しがその地域に生じると「とソールズベリーは続けて書いています」、それは単にあばら屋を根こそぎにするだけではない。それは人々の根を失わせる。それは教会を潰す。地元商人を破壊する。近隣の弁護士をダウンタウンの新しい事務所へと追いやり、コミュニティの友情や集団関係のしっかりした結び目を、修復不可能なまでにほどいてしまう。

それは古参住民をおんぼろアパートやつつましい

戸建て住宅から追い立て、新しい見知らぬ土地を探すよう強制する。そしてそれは近隣に何百何千という新顔を注ぎ込む。（後略）

改修計画は、もっぱら建物保存を狙ったもので、そのついでにその地区の人口の一部は保存しますが、残りの人々はちりぢりにさせられてしまい、ほとんど同じような結果をもたらします。また、安定した都市近隣がつくり出した高い価値への殺到で儲けようとする、民間建築の大きな集中も同じ結果となります。ニューヨーク市のヨークヴィルからは、このやりかたで一九五一年から一九六〇年にかけて、推定一万五千世帯が追い出されました。そのほとんどは、嫌々ながら去ったのです。グリニッジ・ヴィレッジでは、同じことがいま起きつつあります。実際、アメリカの都市に機能する地区が少しでも残っていることこそ奇跡であり、それが少なすぎるのも当然に思えます。そもそも物理的に見て、十分な交錯利用やアイデンティティを持つ地区を形成しやすい都市の区域は、比較的少ないのです。そしてその中で、発足したばかりの地区や、ちょっと弱すぎる地区は、誤った都市計画方針のおかげで永遠に切断され、切り刻まれ、一般に揺さぶられているのです。都市計画による阻害から自らを守れるだけの機能を持つ地区は、やがて、こうした希少な社会の宝でひと山当てようとする連中の、計画されないゴールドラッシュのおかげで、いずれ踏みにじられることになります。

確かに、よい都市近隣は新参者たちを吸収できます。それが自分の意志で来た新参者だろうと、たまたま便宜的にそこに居住することになった移民たちだろうと。それに、そうした近隣は、それなりの通過人口も保護することができます。でもこうした増加や入れ替えは、徐々に行われなくてはなりません。その場所の自治が機能す

（＊23）一見すると、交換可能な統計のようにふるまって、別のところへ行っても前とまったく同じ役割を果たせる人はいますが、そういう人はたとえばビートニクや、正規軍の将校とその一家、あるいは郊外の職場を変えているジュニア重役一家などのように、わたしたちのかなり均質で内的な遊牧社会に所属している必要があります。それはウィリアム・H・ホワイト・ジュニアが『組織的人間』で記述したような人々です。

るためには、人口の流動の根底に必ず、近隣ネットワークを構築した人々の連続性がなくてはいけないのです。こうしたネットワークは都市の交換不能な社会資本です。どんな理由からであれ、その資本が失われれば、そこから得られるものも消え、新しい資本がゆっくりと運良く蓄積するまでは決して復活しません。

強い都市近隣が民族コミュニティであることがきわめて多いため――特にイタリア人、ポーランド人、ユダヤ人やアイルランド人――社会的なユニットとして機能する都市近隣にはまとまりある民族的基盤が必要なのではないかと考える、都市生活の観察者もいます。要するにこれは、何々系アメリカ人でないと、大都市での地元自治はできないと言っているわけです。これはバカげた話だと思います。

まず、こうした民族的にまとまりあるコミュニティは、部外者の目に映るほど自然にまとまっているわけではありません。またもシカゴ市のバック・オブ・ザ・ヤード地区を例に挙げますが、その基盤となる人々はもっぱら中欧出身ですが、でも中欧もさまざまです。そこにはたとえば、何十という国別の教会があります。こうした集団同士の伝統的な敵対関係やライバル関係は、きわめて大きなハンデでした。グリニッジ・ヴィレッジの主要な三つの部分は、イタリア人コミュニティ、アイルランド人コミュニティ、ヘンリー・ジェイムズ的上流階級から発しています。民族的なまとまりは、それぞれの部分の形成には貢献したかもしれませんが、地区内の相互のつながりを固めるためには何もしていません――それは傑出した貧困者支援所の所長メアリー・K・シムコヴィッチが始めた仕事なのです。今日では、こうした古い民族コミュニティの街路は、世界中からのすばらしい民族的な多様性を持つ近隣となっています。それはまた、中産階級の専門職やその一家もあれこれ大量に吸収していますし、この人々は都市計画のおとぎ話では疑似郊外的な「一体感」を持つ保護された孤島が必要だとされていますが、実際には都市街路や地区の生活で実にうまくやっています。ニューヨーク市のロウアー・イーストサイドで最もうまく機能していた街路（もちろんそれが一掃される前ですが）は大雑把には「ユダヤ系」と呼ばれていましたが、そこで実際に街路近隣に参加している人々は、四十以上の異なる出身民族で構成された個人たちでした。

ニューヨーク市で最も機能している近隣の一つで、その内部で驚異的なコミュニケーションを維持しているのは、ミッドタウンのイーストサイドですが、ここはもっぱら高所得者の住まいであり、アメリカ人という以外にはまったく定義のしようがない人々なのです。

第二に、民族的にまとまりのある近隣で安定している場所は、民族的なアイデンティティ以外に別の性質を持っているのです。それはそこにずっと住んでいる個人がたくさんいるということです。これは単なる民族的アイデンティティ以上に重要な要因だとわたしは思います。こうした集団が移り住んできて時間が作用し、その住民たちが安定して機能する近隣を実現するまでには、通常は何年もかかります。

ここには一見するとパラドックスがあります。住み続ける人々を近隣に維持するためには、都市にはレジナルド・アイザックスが述べたような利用の流動性や移動性がまさに必要なのです。これは本章の冒頭近くで触れた話で、アイザックスは流動性が高いならば近隣が都市にとってあまり重要でないのではないか、と考えていました。

長期的に見ると、多くの人々は仕事や職場を変え、外面的な友人や関心を変化させたり拡大したりして、世帯の大きさも変え、所得も上がったり下がったりして、嗜好でさえかなり変わります。ひと言で言えば、人々は単に存在するのではなく、生きるのです。単調ではない、多様な地域に住んでいれば——特にそれが、物理的な変化の細部が絶えず生じるような地域なら——、そしてその人々がその地域を気に入れば、まわりの人々が変わっても、自分の関心や興味が変わっても、その場に住み続けることができます。中の下の郊外から、中の中の郊外、さらに中の上の郊外といった具合に、所得やレジャー活動が変わるたびに引っ越さなくてはならない人々や、ちがう機会を見つけるためには他の町や都市に引っ越さなくてはならない小さな町の住民とはちがって、都市住民はそんな理由で引っ越したりしなくてよいのです。

都市の各種機会の集合と、その機会や選択を利用できる流動性は、都市近隣の安定性を奨励するにあたっての資産であり、マイナス要因ではありません。

しかしながら、この資産はきちんと利用しなくてはなりません。地区が同質性というハンデを負わされ、したがってごく狭い所得層や嗜好や世帯状況にとってのみ好適であるなら、その資産はどぶに捨てられてしまいます。固定した実体のない統計的人間のための近隣住宅地は、不安定を住まわせているようなものです。そこにいる人々は、統計上は同じままかもしれません。でもそこにいる人々は変わります。そうした場所は永遠に、腰掛けの中継点でしかないのです。

本書の第I部はこれでおしまいです。ここでわたしは、大都市特有の資産や強みを強調し、また大都市特有の弱みも説明してきました。都市は、他のものすべてと同様に、資産を最高に活用しなければ成功しません。わたしは、都市の中でそれを実現しているような場所を指摘し、その仕組みを説明しようとしてきました。でもだからといって、都市生活の断片として強みと成功を示しているような街路や地区を、紋切り型で表面的に模倣すべきだと考えているのではありません。そんなことは不可能だし、ときには建築的な復古趣味の試みでしかないでしょう。さらに、最高の街路や地区ですら、特に設備の面では改善の余地があるものです。

でも、都市のふるまいの背後にある原理を理解すれば、潜在的な資産や強みに逆らうのではなく、それを基盤として改善できます。まず、自分たちの求める大まかな結果がわかっている必要があります――しかもそれがわかるのは、都市における生活がどう働くか知っているからでなくてはなりません。たとえば、活気あるよく活用されている街路がほしいということを知り、なぜそれがほしいかもわかっていなくてはなりません。でも、ほしいものを知るのは、第一歩ではありますが、それだけではまったく不十分です。次の一歩は、都市の仕組みを別の水準で検討することです。つまり、都市利用者にとってのそうした活気ある街路や地区を生み出す、経済的な仕組みの検討が必要なのです。

第Ⅱ部

都市の多様性の条件

第7章
多様性を生み出すもの

職業別電話帳は、都市についての唯一最大の事実を教えてくれます。都市はすさまじい数の部分で構成されているということ、そしてその部分がすさまじく多様だということです。多様性は大都市にとっての天性です。

一七九一年にジェイムズ・ボズウェルはこう書いています。「ロンドンという場所が人によってどれほどちがう場所になるかを考えてはしばしば楽しんだものだ。偏狭な心でもって、ある一つの関心のみに専心している者たちは、その媒体を通じてのみロンドンを見る。（中略）だが知的な人物は、ありとあらゆる種類の人間生活の全貌を擁するところとしてロンドンを捉えるので、その側面はいくら考えても尽きることがないのだ」

ボズウェルは、都市のよい定義を述べているだけでなく、それを扱うにあたっての大きな問題の一つを言いあてています。都市の用途を考えるとき、一つずつ分類にしたがって考えるという罠に陥るのがいかに容易か、ということです。実は、まさにこれこそ——つまり都市を分析するのに用途を一つずつ見るということ——主要な都市計画の戦術となっています。そして、各種の用途分類についてわかったことが、こんどは「広い全体図」にまとめられるというわけです。

こうした手法が生み出す全体像は、群盲が象を撫でて得た知見を集めてつくった象の絵姿ほどにしか役にたちません。象は葉っぱのようだったり、ヘビのようだったり、壁のようだったり、木の幹のようだったり、縄のようだったりするものが、どうにかして継ぎ合わされたような存在だと言われているのをよそに、当の象はのしのしと歩き回ります。都市は、人間自身がつくり出したものであるために、こうしたまじめくさった戯言に対して象よりも無防備なのです。

都市を理解するためには、用途を別々に考えるのではなく、しょっぱなからまず、用途の組み合わせや混合を基本的な現象として扱う必要があります。すでに近隣公園を考えるときにこの重要性は述べました。公園は容易に――そして安易に――独自の現象として考えられ、人口千人あたりの公園面積といったようなものを基準に、足りているのいないのと言われます。こうしたアプローチは、都市計画者の手法を物語るものではありますが、でも近隣公園のふるまいや価値について有益なことは何一つ教えてくれません。

都市の安全や公共のふれあい、交錯利用を維持するのに十分な複雑性を持つためには、混合利用の中身がすさまじく多様でなくてはなりません。だから都市の計画において真っ先に出る質問――そして圧倒的に重要な質問だと思います――は次のようなものです。各種用途の十分な混合――十分な多様性――を、その領域内の相当部分にもたらし、文明的生活を維持するためには、都市は何をすればいいのか？

すさまじい退屈さによる荒廃の猛威を悪者にして、それがなぜ都市生活にとって破壊的かを理解するのは結構なことですが、それだけでは大した成果はあがりません。第三章で触れたボルチモア市の、きれいな歩道公園がある街路の提起する問題を考えてみてください。街頭の好きな友人、コストリッツキー夫人は、利用者の便宜のために街路にある程度の商業が必要だと主張しましたが、その通りです。そして予想されることですが、不便さと公共的な街路生活の欠如は、単調な居住地の数多い副作用のうち、たった二つです。他の副作用としては危険があります――暗くなってから街路に出るのが怖いということです。一部の人は、昼間にかなりひどい襲撃が二件起こったので、一人で自宅にいるのが怖いと言います。さらに、その場所には商業的な選択肢だけでなく、文化的に興味を引くものもまったくありません。単調さがいかに致命的かはっきりしようというものです。

でも、だったらどうしろと？　多様性や利便性、興味や活力などの欠けているものは、地域がそうした便益を必要とするだけで勝手に湧いてくるわけではありません。たとえばここで商業事業を始めようとする人は、だれであれバカです。生計が立てられるわけがありません。ここに活気ある都市生活が何やら生えてくると願うのは、白昼夢を弄ぶに等しいことです。この場所は経済的な砂漠なのです。

退屈なグレー地域を見たり、住宅プロジェクトを見たり、市民センターを見たりすると、信じがたいことではありますが、大都市は本当に多様性を自然に生み出し、新企業を立派に育て、各種のアイデアをつくり出すところなのです。さらに大都市は、数も種類も大量の小企業にとって、天然の経済的故郷です。

都市企業の多様性と規模についての主要な調査は、製造業の調査がほとんどで、特に『大都市の解剖』を著したP・レイモンド・バーノンと、都市が製造業に与える影響をアメリカとイギリスの両方で検討したP・サージャント・フローレンスによるものが代表的です。

通例として、都市の規模が大きくなるほど、製造業の種類も増え、また中小企業の数も比率も高まります。この理由はひと言で言うと、大企業は中小企業より自己完結性が高く、必要となる技能や設備をほとんど社内で持ち、在庫も自分で抱え、市場がどこにあろうと関係なく、広い市場に売ることができるからです。かれらは都市にいる必要はなく、ときには都市にいたほうがよい場合もありますが、しばしば都市にいないほうが有利なのです。でも小製造業企業だと、すべては逆です。通常、社外の多数の供給や技能をいろいろ利用しなくてはならず、市場がある地点で狭い市場を相手にせざるを得ず、この市場での急な変化にも敏感でなくてはなりません。都市企業の巨大な多様性に依存することで、かれらもその多様性に貢献するのです。この最後の部分が忘れてはならない最重要ポイントです。都市の多様性は、それ自体がさらなる多様性を可能にし、それを促進するのです。

製造業以外の多くの活動でも、状況は似たようなものです。たとえば、コネチカット・ゼネラル生命保険はハートフォード市郊外の田舎に新本社をつくりましたが、それが何とか可能になったのは――通常の執務空間、洗面所、医療設備等々に加えて――大きな雑貨店、美容院、ボウリング場、カフェテリア、映画館、各種の遊戯施設を提供したからでした。こうした設備は本質的には非効率で、ほとんどの時間は空いています。補助金がないとやっていけませんが、それはこうした設備が本質的に儲からないからではなく、この場所ではその利用があまりに限られているからなのです。でも、労働力を確保するために競争して、辞めさせないようにするためにはそれら設備が必要とされたのです。大企業はこうした本質的な非効率という贅沢を吸収できますし、他の利点とはかりにかけて負担することができます。でも小事業所はそんなことはできません。対等かそれ以上の条件で、労働力を求めて競争するには、従業員たちが求め、必要とする補助的な利便性や選択を見つけられるような、活気ある都市環境にいなくてはなりません。戦後には、大オフィスが都市から脱出するという話が大いに喧伝されましたが、それがほとんど空論で終わった数多くの理由の一つも、まさにこれです。郊外の土地や空間の安さは、都市でなら、そうした施設を自前で用意する必要はなく、そうした施設を特定の従業員たちや顧客だけで支える必要もありません。各種施設のために必要とされる、従業員一人あたりの追加空間によって相殺されてしまうのです。そうした事業所が中小企業とともに都市に残ったもう一つの理由は、多くの従業員、特に重役たちが、社外の人々――中小企業の人々を含みます――と近接した対面接触やコミュニケーションを必要とするからなのです。

小ささに対して都市が提供する便益は、小売業や文化施設、娯楽でも同じくらい重要となります。これは都市人口がこうした施設の広範な種類や選択を支えられるくらい大きいからです。そして居住地においても、大は小のすべての利点を兼ねることがわかります。たとえば町や郊外は、大スーパーマーケットの立地場所としては自然ですが、雑貨屋はほとんど立地できず、普通の映画館やドライブインはありますが、劇場はほとんど立地がありません。それ以上の多様性を支えるだけの人々がいないのです。もちろん、そういうものがそこにあれば利用者はいるでしょうが（数が少なすぎます）。でも都市は、スーパーマーケットも普通の映画館も、加えてデリカテッセンやウィーン式パン屋、輸入雑貨屋、アートシアター等々が普通に立地でき、そのすべてが共存し、標準的なものが変わったものと、大規模なものが小規模なものと一緒にあります。活気があって人気ある都市の部分では、大規模なものより遥かに多くの小規模なものがあります（＊24）。小規模な製造業者と同じく、こうした中小企業は都市がない他のところでは存在できません。都市がなければ、それは存在できません。

どんな種類であれ、都市が生み出す多様性は、都市内に実に多くの人が近接して存在し、その人々の中には実に多くのちがった嗜好や技能、ニーズ、供給、こだわりなどがあるという事実に根ざしているのです。

店主と店員一人だけの金物屋、ドラッグストア、キャンデー屋、酒場といった、よく見かけるけれど小規模な店ですら、都市の活気ある地区ではすさまじい数や種類で栄えることができます。それらの存在を、手近で便利に感じられる頻度で支えられるだけの人々がいるからで、逆にその便利さや近隣の人間的な感じが、そうした事業所の魅力として大きな役割を果たすのです。それが接近した便利な間隔でこうした商店が成り立たなければこの長所も失われます。ある地理的な領域内で、人口が半減すれば、支えられる商店の数も半減して間隔が倍になるという話にはなりません。距離的な不便さが加わると、小規模で種類が多く人間的な商店は、しおれて枯れてしまうのです。

アメリカは、地方や小さな町の国から都市の国に変わったため、事業所の数もずっと増えました。これは単に絶対数が増えただけでなく、比率的にも増えたのです。一九〇〇年には、アメリカの総人口千人あたり、非農業事業体は二十一個ありました。一九五九年になると、それまでに巨大企業はすさまじく成長したにもかかわらず、独立非農業事業体は人口千人あたり二六・五個ありました。都市化によって、大企業は大きくなりましたが、中小企業はもっと増えたのです。

小ささと多様性とは、確かに同義ではありません。都市の事業体の多様性は、各種の規模を含みますが、種類が多いということは、小さな要素の比率が高いということでもあります。都市環境の活気は、小さな要素がすさまじく集まっているおかげなのです。

また都市の地区にとって重要な多様性というのは、営利企業や小売り業だけに限られているわけではまったくないので、ここでの記述が小売り業を強調しすぎに見えるかもしれません。でも、わたしはそんなことはないと思います。商業的な多様性は、それ自体が都市にとって、経済的にだけではなく社会的にもすさまじく重要なのです。本書の第I部でわたしがあれこれ描いた多様性の用途は、ほとんどが直接的にせよ間接的にせよ、便利で多様な都市商業がたっぷりあることに依存しています。でもそれ以上に、商業が途方もない種類と量を持つ都市地区を見つけたら、そこには数多くの他の多様性も見つかるのが常だし、そこには文化的な機会や各種の場面も多く、住民構成や他の利用者構成もとても多様なのが普通なのです。これはただの偶然ではありません。多様な商業を生み出す、物理的経済的な条件は、他の都市の持つ他の面でのバラエティ創出力や存在と密接に関連しているのです。

　都市は多様性の、天然の経済的発生装置であり、新事業体の天然の経済的育成装置だとさえ言えますが、だからといって都市が存在するだけで自動的に多様性を生み出すということではありません。都市が多様性を生み出すのは、都市が形成する各種用途の効率よい経済的プールのおかげです。そうした用途のプールを生み出し損ねたら、そういう都市は小さな居住地と比べて、多様性の創出がさほど、いやいささかも勝るわけではありません。そして小さな居住地とちがって社会的にも多様性が必要だという事実は、まったく関係ないのです。ここでの議論で、最も驚くべき事実として念頭に置くべきなのは、都市が多様性を生み出すときのすさまじい不均等ぶりです。

　たとえば、ボストン市のノースエンドや、ニューヨーク市のアッパー・イーストサイド、サンフランシスコ市のノースビーチ・テレグラフヒルに住み働く人々は、相

（＊24）小売業では、この傾向はむしろ強化される方向にあります。シカゴ市の不動産アナリストであるリチャード・ネルソンが、二十ほどの都市のダウンタウンにおける小売業の戦後トレンドを分析したところ、大型デパートは全般に売り上げを下げ、チェーン店は概ね横這いとのことです。小規模な専門店は事業を拡大して、数も増えました。こうした小規模で多様な都市企業にとって、都市の外には本当の意味での競合はありません。でも大規模で標準化された店が、自然な故郷である都市外で、都市内の大規模で標準化された店と競合するのは比較的簡単です。ちなみにこれは、まさにわたしが住む近隣で起きたことなのです。もともとグリニッジ・ヴィレッジにあったデパートのワナメイカーズはつぶれて、郊外で出直しました。その間、そのもとの敷地のすぐ周辺にあった小規模店舗や専門店は大量に増えて、力強く繁栄しているのです。

当な多様性と活力を利用して享受できます。そうした場所の訪問者たちも大いにそれに貢献します。でも訪問者たちは、そうした地域の多様性の基盤を創り出したわけではありませんし、また大都市のあちこちに、ときにはまったく予想外の形で散在している、多様性と経済的効率性の数多い穴場にも貢献していません。訪問者たちは既存の何か活気あるものをかぎつけて、それを共有しにやってきて、結果としてそれをさらに支えることになるのです。

その対極として、巨大な都市居住地でも、住民たちの存在が停滞以外ほとんど何も生み出さず、究極的にはその場所に対する致命的な不満しか育まないような場合もあります。そこにいる人々の種類がちがうわけではありませんし、その人々が何やら退屈だったり、活気や多様性がお気に召さなかったりするわけでもありません。そうしたところには、山ほどの探索者たちがいることも多く、そうした属性をどこか、どこでもいいから、よそでかぎつけようとしています。おかしいのは、かれらの地区のほうです。地区人口が、経済的に相互に関わり合って、効率的な用途のプールを形成する能力を発揮させる何かが欠けているのです。

どうやら都市の中で、都市人口としての潜在力がこのように無駄になってしまう人々の数には限りがないようです。たとえば、ニューヨーク市の特別区ブロンクスを考えましょう。人口は百五十万人ほど。ブロンクスは都市の活力や多様性や魅力が嘆かわしいほど不足しています。

確かに、その地区を愛している住民はいます。かれらはもっぱら、「古い近隣」のあちこちでちょっと花開く小さな街路生活に愛着を感じているのです。でも、その数はあまりに少ない。

ブロンクスの百五十万人は、都市のアメニティや多様性の面で実に簡単な、おもしろいレストランという点ですらつくり出せずにいます。ガイドブック『ニューヨークの見所と楽しみ』を書いたケイト・サイモンは、何百というレストランなどの商業施設について書いてあり、特に予想外の意外な場所にある店を採りあげています。彼女はお高く止まってはいないし、読者たちに安上がりな発見を教えるのが本当に好きなのです。でも、サイモンさんの努力にもかかわらず、どんな値段でもろくな選択肢がないので、ブロンクスという大居住地はあきらめなくてはなりませんでした。この特別区にある二つのしっかりした大都市娯楽（動物園と植物園です）に触れた後、動物園外で食事をする場所を一ヵ所推薦するのにもサイモンは苦労します。彼女が見つけられた唯一の可能性にも、こんなお詫び文句がついています。「この近隣は無人の地へと悲しく続いていますし、そしてこのレストランにしても、もうちょっと改装してもバチは当たらないでしょう。でも、同じ店内でお客となっているのが、ブロンクスでは最高の（中略）医療技能の持ち主たちだと思えば、気安めにはなるでしょうか」

まあブロンクスとはそういうところですし、それはとても残念なことです。そこに今住んでいる人たちにとっても残念ですし、他に経済的な選択肢がないために、それを将来引き継ぐことになる人々にとっても残念ですし、都市全体としても残念です。

そして現状のブロンクスが都市の可能性の残念な無駄ならば、都市全体、大都市圏地域全体が、哀れなほどに多様性や選択肢のない状態で存在できるというもっと遺憾な事実を考えてください。デトロイト市の都市部のほとんどすべては、活力と多様性の面でブロンクスと同じくらい貧相です。それは破綻したグレーの環状地帯が次々に重なっているところです。デトロイト市のダウンタウン自体ですら、まともな量の多様性を生み出せずにいます。そこは気力を失って退屈で、夜七時までにはほとんど無人となっています。

都市の多様性が偶然や混沌のあらわれだと信じて安心しきっている限り、その多様性の創出が一定しないのはもちろん謎めいて思えることでしょう。

でも、都市の多様性を生み出す条件は、多様性が花開く場所を観察して、それがなぜそうした場所で花開けるのかという経済的な理由を観察すれば、かなり簡単に見つけられるのです。その結果は入り組んだものですし、それを生み出す材料は大幅に異なってはいても、この複雑性は目に見える経済関係に基づいており、それは原理的には、それが可能にしている複雑な都市の混合よりずっと単純です。

都市の街路や地区にすさまじい多様性を生み出すには、以下の四つの条件が欠かせません。すなわち、

一、その地区や、その内部のできるだけ多くの部分が、二つ以上の主要機能を果たさなくてはなりません。できれば三つ以上が望ましいのです。こうした機能は、別々の時間帯に外に出る人々や、ちがう理由でその場所にいて、しかも多くの施設を一緒に使う人々が確実に存在するよう保証してくれるものでなくてはなりません。

二、ほとんどの街区は短くないといけません。つまり、街路や、角を曲がる機会は頻繁でなくてはいけないのです。

三、地区は、古さや条件が異なる各種の建物を混在させなくてはなりません。そこには古い建物が相当数あって、それが生み出す経済収益が異なっているようでなくてはなりません。この混合は、規模がそこそこ似通ったもの同士でなくてはなりません。

四、十分な密度で人がいなくてはなりません。何の目的でその人たちがそこにいるのかは問いません。そこに住んでいるという理由でそこにいる人々の人口密度も含まれます。

この四つの条件の必要性は、本書が主張する最も重要な論点です。これらが組み合わさると、こうした条件は用途の有効な経済的プールをつくります。この四つの条件を満たすと、あらゆる都市街区が同程度の多様性を生み出すわけではありません。いろいろな理由で、各種地区の可能性は変わってきます。でもこの四つの条件の発達（あるいはそれが完全に発達した場合に対して、現実世界で実現可能な最大限の近似）を考えると、都市地区はその最高の可能性を実現できるはずです。そうなるのを阻んでいる障害は、排除されるはずです。その範囲は、アフリカの彫像や演劇学校、ルーマニア式ティーハウスなどができるほどにはならないかもしれません。でも雑貨店だろうと陶芸学校だろうと、映画、キャンデー店、花屋、アートショー、移民クラブ、金物店、食事ができる場所でも何でも、可能性のある用途は最高の機会を手に入れます。そしてそれに伴い、都市生活は最大の機会が得られるのです。

この先の四つの章では、この四つの多様性の生産装置それぞれを、一つずつ議論します。それを一つずつ説明する狙いは、ひたすら説明の便宜上のものであり、どれか一つ――あるいはどれか複数――が独立して機能するからではありません。この四つすべての組み合わせが、都市の多様性を生み出すには必要だからです。どれか一つでも欠けたら、地区の潜在的可能性は大きく下がります。

第8章
混合一次用途の必要性

条件1：その地区や、その内部のできるだけ多くの部分が、二つ以上の主要機能を果たさなくてはなりません。できれば三つ以上が望ましいのです。こうした機能は、別々の時間帯に外に出る人々や、ちがう理由でその場所にいて、しかも多くの施設を一緒に使う人々が確実に存在するよう保証してくれるものでなくてはなりません。

成功した都市街路では、人々はちがった時間帯で顔を出さなくてはなりません。これはかなり小規模に見た時間の話で、一日のうちの何時、という話です。この必要性については、街路の安全や近隣公園を論じる際に、社会的な面から説明しました。こんどはその経済的な効果を指摘しましょう。

ご記憶でしょうが、近隣公園はそのすぐ周辺に各種のちがった目的で存在する人々が必要です。さもないと、その公園は散発的にしか利用されなくなります。

ほとんどの店舗は、公園と同じく人々が一日中出たり入ったりすることに依存していますが、一つちがいがあります。公園が使われないままでいたら、公園やその近隣にとってはよくないことですが、だからといって公園や近隣がそのせいでなくなることはありません。でも店舗が一日中ほとんど空っぽならば、消えてしまいかねません。あるいはもっと正確には、そもそもそんなところには店はできないでしょう。店舗は公園と同じく利用者を必要とするのです。

人々が一日中散らばった時間帯にいる経済効果のつつ

ましい例としては、都市の歩道という舞台を回想していただきたいと思います。ハドソン通りのバレエです。この動きの継続性（これは街路に安全をもたらします）は基本的な混合利用という経済基盤に依存しています。研究所や食肉包装所、倉庫、さらに目が回るほど多様な小規模製造業者、印刷業者、その他の小産業やオフィスが、多くの飲食店や他の商店の多くを昼間支えています。わたしたち沿道の住民たちや、純粋に居住して貢献している人々も、自分たちでごくわずかな商業を支えますが、でもその数は比較的少ないものとなります。わたしたちは利便性、活気、多様性や選択の点で、自分たちだけで「持てるはずの」量を遥かに上回るものを得ているのです。この近隣で働く人々もまた、わたしたち住民のおかげで、かれら自身だけで「持てるはずの」多様性を上回るものを得ています。わたしたちは経済的に、無意識に協力することで、一緒にこれらを支えているのです。もし近隣に産業がなくなったら、わたしたち住民にとってひどいことになります。多くの事業所は、住民相手の商売だけでは存続できず、消えてしまうでしょう。あるいは産業のほうが住民を失ったら、従業者だけで存続できない事業所は消えてしまうでしょう（＊25）。

ですから、従業者と住民が一緒になって、両者の総和以上のものを生み出すことができているのです。わたしたちがともに支えている事業所は、晩になると停滞地区よりずっと多くの住民を歩道におびき出します。そしてつつましい形で、それらは地元住民や地元従業者以外に、また別の群衆を惹きつけます。それは自分のいる近隣から目先を変えたい人々です。わたしたちがしばしば自分の近隣から目先の変わったところに行きたいのと同じことです。この誘致によって、わたしたちの地域の商業は、もっと多様な人口に曝されます。そしてこれが逆に、この三種類すべての顧客層にさまざまな比率で奉仕して生計をたてている商業の、さらなる成長や種類の拡大を可能にするのです。街路を下ったところの印刷物を売る店、

（＊25）でも、利用者が一日の時間帯すべてに散らばっているということの要因は、多様性を生み出す必要条件四つのうち、たった一つでしかないことはお忘れなく。これは欠かせない要因ではありますが、すべてをこれ一つで説明できるとは思わないでください。

ダイビング器材レンタル店、トップクラスのピザ屋、心地よい喫茶店などです。

都市街路を利用する人々の絶対数と、その人々が一日のすべての時間帯にどう散らばっているかは、まったく別の話です。絶対数の話は別の章にまわします。この段階では、絶対数はそれ自体としては、時間帯ごとに分布する人々と同等のものではないということを理解するのが重要です。

時間分布の重要性は、マンハッタンのダウンタウンの先端を見ると特にはっきりわかります。この地区は、利用者が時間的に極端に偏っているために苦労しているからです。ここの従業者は四十万人ほどで、ウォール街、それに隣接する法律事務所や保険会社の複合ビル、ニューヨーク市役所、連邦機関や州機関のオフィス、ドックや運送事務所の集団、その他各種の事業系雑居ビルがあります。就業時間帯には、正確な数はわからないものの相当数の人々が、ほとんどは仕事上の用件や政府の仕事で、この地区を訪れる人数に加わります。

これは、どの部分同士をとっても歩いて十分に行き来できるほどコンパクトな地域としては、すさまじい数です。こうした利用者たちは、文化サービスは言うにおよばず、毎日すさまじい量の食事や他の商品の需要をつくり出します。

でも、この地区はそのニーズに見合うだけのサービスやアメニティを提供するのが惨めなほどヘタです。食事のできるところや衣料品店は、需要に対して数の面でも種類の面でも、哀れなほど不十分です。この地区にはニューヨーク市で最高の金物屋がありましたが、数年前にもはや帳尻を合わせることができなくなり、潰れました。また、この地区には、最高最大級で最古参の食品専門店がありましたが、それも最近閉店しました。むかしむかし、何軒か映画館もありましたが、暇だけはある貧困者たちの睡眠場所と化し、やがて消えました。この地区の文化的な機会はいまやゼロです。

こうした欠如はすべて、表面的にはどうでもいいことに思えますが、この地区にとってはハンデなのです。企業は次々に、混合利用のマンハッタンミッドタウンへと移転していきました（ミッドタウンがいまや主要なダウンタウンになっています）。ある不動産業者が述べたように、そうしないと「モリブデン（molybdenum）」という綴りが書ける人材が雇えないし、辞めないようにできないのです。こうした損失は、こんどはかつてきわめて便利だったこの地区の対面によるビジネス上の接触の利便性をひどく損なってしまい、いまや法律事務所や銀行が、すでに移転した顧客を追って転出しています。この地区は、その名声や利便性の基盤であり、存在理由である機能そのもの――本社機能の提供――において二流の場所となったのです。

一方、ロウアー・マンハッタンの息を飲むようなスカイラインを形成する大オフィスビルのまわりには、停滞と衰退、空室と産業の残骸の輪が広がっています。次のパラドックスを考えてください。ここには山ほど人がいて、その人々は都市の多様性を欲して価値あるものと考えているため、わざわざよそに出かけてそれを手に入れようとします。そしてここでは、そうした需要とぴったり隣接したところに、多様性が育つことのできる便利な空いた場所がたくさんあるのです。何がいけないのでしょうか？

何がいけないかを理解するには、そのあたりの普通の店に足を運んで、昼食時の大混雑と、それ以外の時間の閑古鳥を見ればすみます。夕方五時半以降や、土日終日このあたりに浸透する死のような静けさを見ればすぐわかります。

ある衣服店の女性店員の話が「ニューヨーク・タイムズ」紙で引用されていました。「お客さんたちは雪崩をうってやって来るんです。正午から数分たったら、いつもすぐにわかります」。同紙記者はさらに説明を続けています。「第一団は、正午から一時少し前まで店にあふれる。そして、しばし息をつけるような静けさが訪れる。一時を数分過ぎると、第二団がなだれ込む」。そして、新聞には書かれていませんが、二時少し前に店は完全に無人となります。

ここの店の商売は、ほとんどが一日二時間か三時間ほどの間に詰め込まれることになります。週に十時間から十五時間。これほどの過少利用は、どんな工場だろうと悲惨なくらい非効率です。ある程度の事業所は、昼休みの群衆相手の営業を思いっきり活用することで、こうしたオーバーヘッドを負担しても利益を出すことができます。でもその数はあまり多くはなりません。それぞれの店が、その時間には十分な数の群衆をかきいれなくてはならないからです。レストランも、あまりに短い大繁盛時間帯に、思いっきり高回転の商売ができるくらい少ない店舗数であれば、昼食と夕食ではなく、昼食とコーヒーブレイクだけでも生計が立つでしょう。でも、これは四十万人の労働者にとっての利便性とアメニティという点でどういう結果をもたらすでしょうか？　かなりひどい状態です。

ニューヨーク市公共図書館にかかってくる焦りの電話は、他のどんな地区よりもこの地区からのものが多いのですが、それもむべなるかな。もちろん、かかってくるのは昼食時です。「このあたりの図書館分館はどこ？見つからないんですけど」という問い合わせです。実は、この地区には、まさに典型的ではありますが、図書館はありません。あったとしても、昼食時の行列をさばけるほどの大きなものは建てられず、またそれ以外のときの無人ぶりに対応するほど小さなものも建てられないでしょう。

昼の群衆相手の事業所以外でも、他の小売りサービスはオーバーヘッドを異様に低く抑えることで、何とか生きながらえることができるし、実際にそうしています。まだ潰れていない、おもしろくて文明的で非凡な場所が何とか存続しているのはこのためだし、それらが異様に衰弱して衰退しつつある建物に入居しているのもそのせいです。

ロウアー・マンハッタンのビジネスや金融業界の利益団体は、数年にわたり市と協力して、この地域の再生に向けた計画をがんばって整え、作業を開始しています。かれらは、正統派都市計画の信念や原理にしたがってそれを進めています。

かれらの理由づけの第一歩はよいものです。かれらは問題から逃げようとはせず、その問題の一般的な性質も直視しています。ダウンタウン・ロウアー・マンハッタン協会がつくったパンフレットにはこうあります。「ロウアー・マンハッタンの経済的な健全性を脅かす要因を無視するのは、長きにわたってこの地に根づいた企業や活動が、従業員たちにとってもっとよい労働条件や、もっと快適で便利な環境を見つけられるような地域へ脱出するのを容認してしまうことです」

さらにこのパンフレットは、人々を一日のあらゆる時間帯に散開させる必要性について、ちょっと理解しているようにもうかがえます。そこにはこうあるのです。「居住人口は、ショッピング施設やレストラン、娯楽用の場所やガレージ施設など、日中の従業者人口が使うのにもきわめて望ましい施設の開発を促します」

でも、これは理解として非常に貧しいものだし、実際の計画を見ると、病気とは無関係な治療法をあれこれ挙げているだけです。

確かに、提案されている計画には居住人口も導入されています。それは大規模住宅建築計画、駐車場、空地という形でかなりの面積を占めています。でも人口で見ると――パンフレットにはっきり書いてあるように――昼間人口のたった一パーセント程度にしかなりません。その小さな人口は、なんと化け物じみたすさまじい経済力を発揮しなくてはならないのでしょうか！　その人たちが「ショッピング施設やレストラン、娯楽用の場所（中略）など、日中の従業者人口が使うのにもきわめて望ましい施設の開発を促す」ためには、その人たちは実に驚異的な悦楽主義的力業を達成しなくてはならないでしょう！

新しい居住人口は、もちろんその計画のごく一部でしかありません。他の部分は、いまの問題を悪化させるようになっています。悪化の道筋は二つあります。まず、それは昼間のビジネス利用をいまよりもっと増やすことを狙っています――製造業、国際貿易事務所や、巨大な新しい連邦機関ビルなどです。第二に、この追加の職場用や住宅プロジェクトや、関連する幹線道路用に計画されている取り壊しは――空きビルや衰退した業務利用に加えて――いまの従業者人口に奉仕するためにまだ存在している、低オーバーヘッドのサービス業や商業のほとんどを一掃してしまいます。いまでさえ従業者人口に比べて種類が（そして数も）あまりに貧相な設備が、従業者人口をもっと増やし、まるで無意味な数の居住者を追加する副産物として、かえって減らされてしまうわけです。いまでさえ不便な状況は、耐えがたいものになるでしょう。さらにこの計画は、それなりにまともなサービスが将来少しでも発達する可能性を、完全に閉ざしてしまいます。なぜなら新事業所を育てるための経済的な賃料で借りられるような場所は、まったく残されていないからです。

ロウアー・マンハッタンは本当に深刻な問題に直面しているし、正統派都市計画のお決まりの理由づけや処方箋は、この問題を単に悪化させるだけです。この地区の問題の根底にある、時間帯ごとの極端な利用者の偏りを有効に軽減するには何ができるでしょうか？

住宅は、どんな形で導入しようともまともな助けにはなりません。地区の日中利用はあまりに激しいので、最高の人口密度で住民が入居したとしても、昼間人口との比率では常にどうしようもなく小さいものとなります。住宅が占有する面積に比べて、その住民たちがもたらす経済的な貢献はきわめて小さなものにしかなりません。

新しい潜在利用者の注入を計画する第一歩は、この地区の根底にある問題を克服するにあたり、その注入が何を達成すべきかを実際的に考えることです。

注入は当然ながら、地区が時間帯による人口バランスを実現するように、現在人のいない時間になるべく多くの人をもたらすべきです。その時間とは、午後半ば（二時から五時まで）、晩と土日です。多少なりとも効果があるほどの大規模な人口を集中させる手段として唯一考えられるのは、その時間に大量の訪問者がやって来ることで、これはつまり、観光客やニューヨーク市自体の多くの住民が、ここに余暇時間を過ごしに足しげくやって来る以外にあり得ません。

この新しい人々の注入を惹きつけるものが何であれ、それはこの地区で働く人々にとっても魅力的でなくてはいけません。少なくとも、それがかれらを退屈させたり、反発を招いたりさせてはいけません。

さらにこの推定される新用途（または用途群）は、新しい時間帯への人々の広がりに刺激された新しい自発的な事業所や施設が、必要な物件の自由度と柔軟性をもって成長できるような、建物や地域を丸ごと置き換えるようなものであってはなりません。

そして最後に、この新用途（または用途群）は地区の特性に沿ったものでなくてはならず、もちろんそれに逆らうようなものであってはなりません。ロウアー・マンハッタンの特徴は、利用の集約度が高く、エキサイティングで、ドラマチックであり、これがその最大の資産の一つです。水に囲まれた魔法の城のように、いきなり雲を突いてそびえ立つ、ロウアー・マンハッタンの不規則なタワー以上に、ドラマチックでロマンチックですらあるものがあるでしょうか？　その寄せ集めたようなギザギザぶり、そのそびえるタワーにはさまれた壮大な峡谷こそがウリなのです。この壮大な都市の存在を、平凡さと紋切り型で薄めてしまうのは、何と野蛮な行為でしょうか（いまのプロジェクト計画は、何と野蛮な行為であることか！）。

では、ここに訪問者を、たとえば週末の余暇時間に惹き寄せるものとしては何があるでしょうか？　長年にわたり、残念ながら訪問者にとって独特な魅力のうち、都市計画で根こそぎにできるようなものは、すべて根こそぎにされてきました。かつてはマンハッタンの先っぽのバッテリーパークにあり、この公園一番のアトラクションだった水族館は、移転させられて、コニーアイランドに再建されました。コニーアイランドなんて、水族館をいちばん必要としていない場所なのに。そのコニーアイランドにあった、奇妙で活気ある小さなアルメニア人の近隣（ここぞまさに、観光客や訪問者向けアトラクションとしてのユニークさの点で重要な住宅地でした）はトンネルのアプローチをつくるために丸ごと根絶やしにされて、いまや観光ガイドブックや新聞の女性欄は、そこから移植された住民の残りや驚異的な商店を見つけるために、訪問者をブルックリンに送り出しています。遊覧船や、自由の女神への航路は、スーパーマーケットのレジほどの魅力もないものに取り囲まれてしまいました。バッテリーパークのパークスデパート・スナックバーは、学校の食堂並の魅力しかありません。湾に舳先のように張り出している、ニューヨーク市で最も胸躍る立地にあるバッテリーパーク自体が、老人ホームの運動場もどきにされてしまいました。この地区に都市計画が行った仕打ちはすべて（そして都市計画が提案しているこの先のものすべては）、人々にこれ以上ないほどはっきりと、こう述べているのです。「あっち行け！　ほっといてくれ！」。何一つ「いらっしゃい！」と迎えてくれるものはありません。

できることは山ほどあります。

ウォーターフロント自体が、余暇の人々を惹き寄せられる資産なのに、真っ先に無駄にされています。地区のウォーターフロントの一部は、すばらしい海洋博物館にするべきです――展示用の船舶やおもしろい船を常時停泊させて、乗船して見学できる船舶の最高のコレクションをつくるのです。それはこの地区に、午後には観光客を、そして週末や休日には観光客や市民たちの両方を引き寄せ、そして夏には万人にとってすばらしいものとなるでしょう。岸辺の他の特色は、湾の遊覧船や島の周遊船の乗船場所となるべきです。こうした乗船場所は、飾りたてて、できる限り華やかで俗悪にすべきです。その近辺に新しいシーフードレストランやその他いろいろな店が開店しなければ、わたしはロブスターの殻を丸ごと食べて見せましょう。

沿岸ではなく、ちょっと内陸に入ったところの街路のマトリックス内には、関連するアトラクションを配置しましょう。これは意図的に、訪問者がちょっと歩くだけでもっと地区内に引き込まれるようにするためのものです。たとえば新しい水族館をつくり、コニーアイランドのものとはちがって入場無料にすべきです。人口八百万人近い都市は、水族館を二つくらい支えられるし、その魚を無料で見せるくらいのお金はあります。ひどく必要とされている公共図書館の分館もつくりましょう。それも普通の巡回型分館ではなく、海洋と金融関係の伝承をすべて集めた専門図書館センターもつくるのです。

こうしたアトラクションすべてにもとづく特別イベントを、晩や週末に集中的に行いましょう。安い芝居やオペラもそこに付け加えるべきです。出版人で都市研究家のジェイソン・エプスタインは、ヨーロッパ都市における実験を思慮深く検討して、ロウアー・マンハッタンに役立つヒントがないか探しました。かれは、パリにあるような常設のリング一つのサーカスを示唆しています。これは、上手にやれば気の滅入る製造業の工場をもっと追加するよりも、この地区の長期的なビジネス価値に対する純粋な経済的支援として、遥かに有効なものとなります。工場は場所をふさぎ、地区が強みを維持するのにまったく貢献しません（そして本当に製造業工場を必要とする市の他の部分から工場を奪ってしまうことにもなります）。

地区が晩や週末に活気づくにつれて、新しい住宅利用が自然に登場することが期待できます。ロウアー・マンハッタンには無数の古い家があって、おんぼろですが根本的には魅力があり、まさに他の地区で活気が生まれたときに修復されたような建物です。独特で活気あるものを探している人々は、それを掘り出してくれるでしょう。

でもこういった地区における住宅は、必ず地区の活気の結果であって、その原因であってはいけません。

余暇時間にもとづく追加用途のこの提案は、不真面目で高価に思えるでしょうか？

もしそうなら、ダウンタウン・ロウアー・マンハッタン協会と市が用意した計画の予想コストを考えてみてください。もっと職場を追加して、住宅プロジェクトや駐車場をつくり、そしてプロジェクトに住む人々を週末には地区から連れ出すための幹線道路もつくるという計画です。

こうしたものは、計画者たちの積算だと、公共や民間の資金を合わせて総額十億ドルもかかるのです！

現在では日中の人の分布が不均衡だというロウアー・マンハッタンの極端な条件は、他の地区にも同じくあてはまる、人を正気づかせるような原理をたくさん示しています。

まず、どんな近隣や地区も、それがいかに確立して高名で資金豊富だろうと、そしていかに一つの目的のために集中的に人がいようと、人々を日中の時間帯に散開させる必要性は無視できないということです。無視すれば、多様性を生み出す潜在力を潰してしまうことになるのです。

さらに、一つの機能のみ満足するよう完璧に計算され、その機能に明らかに必要とされるあらゆるものを備えた近隣や地区は、業務だろうと他の用途だろうと、その用途しかないなら必要とされるものを提供することはできません。

人々が日中の広い時間帯に広がっていないような地区の計画は、その問題の原因に取り組まない限り、せいぜいできるのは古い停滞を新しい停滞で置き換えるだけのことです。しばらくは小ぎれいに見えはしますが、でも大金をかけてその程度しか手に入らないのでは割に合いません。


そろそろわたしが論じている多様性には、ちがった二種類のものがあることが明らかでしょう。最初のものは、一次用途の多様性で、それ自体が停泊地のようにその場所へ人々を運んでくるものです。オフィスや工場は一次用途です。また住宅もそうです。一部の娯楽、教育、余暇の場所は一次用途です。ある程度までは（つまりその利用者のある程度の部分にとっては)、多くの博物館や図書館、画廊もそうですが、すべてではありません。

一次用途は、ときにはかなり変わったものになります。ルイビルは、戦争以来、靴見本の大産地で、半端な靴のバーゲンで有名ですが、ある街路の四街区に集中した靴屋三十店舗にまでだんだん成長してきました。「ルイビル・クーリエジャーナル」誌の不動産記事欄編集者であり、都市デザインと都市計画の有名な批評家でもあるグレイディ・クレイは、この店舗すべて合わせると、五十万足の靴が店頭や倉庫にあると報じています。かれはわたし宛にこう書いています。「これはインナーシティのグレー地帯にあります。でも口コミで話が伝わると、顧客がそこら中から集まってきて、インディアナポリス、ナッシュビル、シンシナティから買い物客が来て、ついでにキャデラックの取引もかなり盛んになりました。これについてちょっと考えてみたんです。だれもこんな成長を計画はできません。だれもこれを奨励したわけでもありません。実は最大の脅威は、これをばっさり対角線状に断ち切る予定の幹線道路なんです。市役所ではだれもそれを気にしていないようです。わたしは関心を喚起したいと思っています(後略)」

ここからもうかがえるように、外見上の壮大さなど重要性のしるしとされるものだけを見ていては、人々の誘因として一次用途がどれほど有効かはわからないのです。とても良さそうに見えるものは、実際にはあまり効果がありません。たとえばフィラデルフィア市の公共図書館の本館は、壮大な文化センターに押し込められていますが、惹きつける利用者数は分館三つの合計よりも少ないのです。分館の一つは、魅力的ですが何の気取りもなく、チェスナット街のダウンタウン商店の間に設置されています。多くの文化施設と同様に、図書館は一次用途と利便性用途の組み合わせであり、この属性を組み合わせたときに、どちらの用途でもうまく機能します。つまり規模と外観や、所蔵図書数では本館の建物のほうが立派です。でも都市利用の要素という役割で見ると、小さな分館のほうが重要で、外観ではそれがわかりません。一次用途の混合がどう機能するかを理解したいなら、利用者数で見た実績を考えるのが必須です。

どんな一次用途であれ、それ自体では都市の多様性を生み出すものとしてあまり効果がありません。それが別の一次用途と組み合わさった場合でも、同時間帯に人々を出入りさせて街路に来させるのであれば、何も実現したことにはならないのです。これは一次用途として別物とさえ言えません。でも、一次用途をうまく組み合わせて、それが人々を別々の時間帯に街路に来させるのであれば、その効果は経済的な刺激をもたらします。二次的多様性を生み出す肥沃な環境が生まれるのです。

二次的多様性というのは、一次用途の存在に対応して成長し、一次用途が惹きつける人々にサービスを提供する事業所の総称です。この二次的多様性が単一の一次用途に奉仕するものなら、それがどんな用途だろうと、本質的に有効性の低いものとなります（＊26）。混合一次利用に奉仕すれば、それは本質的に有効で、そして——もし多様性を生み出す他の三条件がよければ——大成功を収めることもできるのです。

この街路利用の広がりで、多様な消費者ニーズや嗜好が日中のもっと広い時間帯に散らばれば、各種の独特な都市的専門サービスや店舗が成り立ち、そしてこれは自己強化するプロセスです。利用者のプールが複雑に混じり合うほど、したがって有効性が高まるほど、自分の顧客を各種の人口からふるいにかけることが必要なサービスや店舗も増え、そしてそれがさらに多くの人々を惹きつけることになります。したがって、ここでさらにもう一つ区別を行うことが必要になります。

もし二次的多様性が十分に開花して、風変わりなものや独特なものを十分に含むようになれば、それは一見すると、その集積によって、それ自体が一次用途になれるし、また実際になります。人々は、それを目的にやって

（＊26）たとえば住宅の一次用途だけに奉仕するショッピングセンターは、ロウアー・マンハッタンと似たような問題を抱えていますが、時間で見るとロウアー・マンハッタンの逆になります。したがって、そうしたショッピングセンターの多くは午前中は店を閉めて、晩遅くまで店を開いています。「ニューヨーク・タイムズ」紙で引用されていたショッピングセンターの重役はこう語っていました。「いまの状況だと、日中はモールで大砲を撃ったところで、だれにも弾が当たらないでしょう」。ショッピングセンターの中で、標準化された投資回収の早い事業所以外の店が栄えているところが実に少ない理由の一つは、単一の一次用途に奉仕することの本質的な非効率性です（そしてそれは他の理由いくつかと組み合わさっています）。

来るようになります。これはよいショッピング街で起こることですし、つつましい規模ですがハドソン通りでも起こっていることです。この発生を矮小化するつもりはありません。それは都市街路や地区、そして都市全体の経済的健全性に不可欠なものです。それは都市の用途流動性や、幅広い選択、そして街路や地区ごとのおもしろくて便利な特性のちがいにも不可欠です。

それでも、二次的多様性が完全に「それ自体として」一次用途になることはめったにありません。それがしっかり根を下ろして、活気が成長して変化するためには、それは混合一次用途という基本的な基盤を維持しなくてはなりません――固定した理由があって、人々が一日中時間的に散らばって利用しなくてはいけないのです。これは、ダウンタウンのショッピングでも同じです。それがそこにあるのは、基本的には他の混合一次用途のおかげで、それが著しくバランスを失えば、ショッピングも（ゆっくりとではあれ）先細りになります。

何度かさりげなく、一次用途の混合が多様性を生み出すためには有効でなくてはならない、と述べてきました。何がそれを有効にするのでしょうか？　それはもちろん、多様性を刺激する他の三条件と組み合わされなくてはなりません。でもそれに加えて、一次用途の混合は、それ自体として有効に機能しなくてはなりません。

有効性というのは、まずはそれぞれの時間帯に街路を利用している人々が、本当に同じ街路を使っていなくてはならない、ということです。その人たちの道筋が分離しているなら、あるいは相互に隔てられているなら、実際にはそこに混合はありません。そうなると都市街路の経済から見れば、ちがうもの同士の互助性はフィクションか、あるいは隣接するちがう用途を抽象化しただけのものとなり、地図上以外では何の意味もなくなってしまいます。

有効性というのは第二に、同じ街路をちがう時間帯に使っている人々の間で、部分的に同じ施設を使う人々がいるということです。いろんな人々がいるでしょうが、でもある時間帯に何らかの理由で顔を出す人々と、別の理由でやって来る人とは、まったく相容れない形で選り分けられてはいけません。極端な例としては、ニューヨーク市のメトロポリタン・オペラの新しい本拠は、向かいにある低所得者向け公共住宅プロジェクトと同じ街路を共有することになりますが、この隣接性は無意味です——ここに双方が支援する多様性が育つための場所があったとしてもです。この種の絶望的な経済的事故は、都市で自然に生じることはめったにありませんが、都市計画はそれをしばしば引き起こします。

そして最後に、有効性というのは、ある時間帯に街路にいる人々の混合比率が、他の時間帯に街路にいる人々の混合比率とある程度近い構成を持たなくてはならないということです。この点はすでに、マンハッタンの最南端に関する計画を論じるときに述べています。活気あるダウンタウンは、その中やごく近いところに住宅が入り込んでいるというのはよく指摘されているし、こうした住民たちが享受して支えるのを支援する夜間用途があることもいわれています。これはそれ自体としては正確な指摘だし、それを根拠にして多くの都市は、ダウンタウンの住宅プロジェクトが奇跡を起こしてくれると期待しています。ちょうどロウアー・マンハッタンの計画がそうであったように。でも現実の生活では、そうした組み合わせが本当に活気を持つときには、住民たちはダウンタウンの日中、夜間、週末の利用がある程度バランスのとれたところで生じる、非常に複雑なプールの一部となっているのです。

同じように、何万、何十万の住民の間に、数千人ほど労働者がちょろちょろ入ってきたところで、全体としても、何か重要性を持つ地点でも、目に見えるバランスはまったく生じません。あるいは大きな劇場街の中にオフィスビルが一つぽつんとあったところで、現実的にはほとんど何の意義も持ちません。つまるところ、一次用途の混合として重要なのは、人々を経済的互助性のプールとして、いつも普通にどれだけ混ぜ合わせることができるかということなのです。これが要点であり、そしてそれは漠然とした「雰囲気」効果などではなく、実体のある具体的な経済的問題なのです。

ここまでダウンタウンに話をしぼってきました。それは別に、都市の他の部分で主用途の混合が必要ないからではありません。それどころか、必要であり、ダウンタウン（または名前はどうあれ、都市で最も集中的に利用されている場所）での混合の成功は、都市の他の部分で可能となる混合に関係しているのです。

ダウンタウンに話をしぼってきたのは、特に二つの理由からです。まず、不十分な一次混合というのは、ダウンタウンでの大きな失敗であることが多く、しかもダウンタウンではそれが唯一の破壊的な根本的失敗なのです。ほとんどの大都市のダウンタウンは、多様性を生み出すための四つの必要条件をすべて満たしています――あるいは過去には満たしていました。だからこそ、そこがダウンタウンになれたのです。今日では、そうした場所はまだ条件のうち三つは満たしています。でも、それが（第13章で述べる理由のために）あまりに業務一辺倒となり、勤務時間が終わった後はあまりに人が少なくなってしまったのです。この条件は、都市計画の専門用語で概ね定式化されています。都市計画ではもはや「ダウンタウン」ということばは使わず、「CBD」ということばを使います――ビジネス中心地区（Central Business District）の略です。名実ともにビジネス中心になっている地区は、大失敗です。マンハッタンの南端で見かけるほどのひどい不均衡に達したダウンタウンは（まだ）多くありません。ほとんどのダウンタウンには、従業者に加えて、勤務時間帯や土曜日にも十分な日中買い物客がいます。でもほとんどはこの不均衡状態に向かっていますし、そこから抜け出すための資源は、ロウアー・マンハッタンより少ないのです。

ダウンタウンの一次用途の混合を強調する第二の理由は、都市の他の部分に与える直接的な影響です。たぶん、都市がその心臓部に、全体としてある程度依存していることにはみんな気がついていると思います。都市の心臓部が停滞したり崩壊したりすると、全体としての社会近隣である都市が苦しみはじめます。崩壊しつつある心臓部の活動を通じて力を合わせるはずだった人々が、力を合わせられなくなります。中心的な活力のある場で、偶然にしか出会わないはずで、実際に出会ってきたようなアイデアとお金が、出会わなくなります。都市の公共生活のネットワークに、耐えがたいギャップが生じます。強力で包括的な中心的心臓部がないと、都市はお互いに孤立した利害の集合体となりがちで、社会的にも文化的にも経済的にも、その分離した部分の総和以上のものをつくり出せなくなるのです。

こうした配慮事項は重要ですが、ここでわたしの念頭にあるのは、強い都市の心臓部が他の地区に与える、もっと具体的な経済効果です。

産業や企業の育成に対して都市が提供する特異な便益は、すでに指摘したように、最も複雑な用途のプールが形成されるところで最も有効かつ確実に機能します。こうした事業の育成装置から生まれるのは、後に都市の他の部分にその力を移転してくれるかもしれない――そして現実の生活では実際にそうします――経済の若きスターたちなのです。

この移転は、ウィスコンシン大学の土地経済学教授リチャード・ラトクリフが詳しく記述しています。「分散化が衰退と退廃の症状となるのは、それが何も後に残さない場合だけである。分散化が遠心力の産物である場合には、それは健全なのである。ある種の都市機能の外部転出が起こるのは、外部の立地に引っ張られたのに対応してのことではなく、むしろ中心部から押し出されたために生じるのである」

健全な都市では、低度利用が高度利用に絶えず置き換わる、とラトクリフ教授は述べます（＊27）。「人工的に引き起こされた分散は話がちがう。それは全体としての効率性や生産性を損なう危険を持つ」

ニューヨーク市では、レイモンド・バーノンが『大都市の解剖』で述べたように、マンハッタン島の一部がホワイトカラー労働向けに集中的に開発されたせいで、製造業は押し出されて他の特別区に移転しました（都市の製造業者が大きくなって自己完結できるようになったら、郊外や小さな町に移転することがあります。こうした郊外や小さな町も、こうしたすばらしく生産的な場所である集中した大都市の強力な育成効果に経済的に依存しているのです）。

多様性と事業の育成装置から押し出された用途には、他の都市多様性と同じく、二種類あります。押し出されたのが、一次用途の混合で惹き寄せられた人々に奉仕する二次多様性であるなら、その業種は二次多様性が開花できる場所を見つけなくてはなりません――つまり他の条件もさることながら、一次用途が混合しているところを探すのです。見つからなければ衰退して、おそらくは

（＊27）このプロセスは極端になれば自滅しますが、これは問題の別の側面なので、本書の第Ⅲ部で扱います。ここではとりあえず無視できます。

潰れるしかないでしょう。その移転は、もし自分にふさわしい場所を見つけられるなら、都市にとっては機会を提供します。それはさらに複雑な都市の形成を高めて加速します。これはたとえば、ハドソン通りの外からの影響でわたしたちに影響しているものです。スキンダイビングの器材屋さんはそういうところから来たし、印刷と額縁屋さんや、空き店舗に入った彫刻家もそうです。かれらは、もっと強力な多様性生成装置からあふれてやってきた事業です。

この移転は価値が高いものですが（ただし十分に経済的に肥沃な場所がないためにその企業が消えてしまわなければの話ですが）、一次用途の多様性が集中度の高い中心から押し出されたことによる移動に比べれば、重要度は低いものです。というのも、たとえば製造業のような一次用途が、もはや自分の生み出すすべてを収容しきれず、用途のプールからあふれ出した場合には、それは業務的な一次用途が必要とされている場所での一次用途混合の一部になれるのです。それが存在することで、新しい一次混合用途のプールが形成されることになります。

土地利用経済学者ラリー・スミスは、オフィスビルはチェスの駒だと、うまいことを言っています。かれは、新しいオフィスビルのための夢のような計画で、非現実的な数の地点を再活性化させようとしていた都市計画家にこう言ったそうです。「あなた、もうそのチェスの駒は使い果たしてしまいましたよ」。あらゆる一次用途は、オフィスだろうと住宅だろうとコンサートホールだろうと、都市におけるチェスの駒です。お互いにちがった動きを見せるものは、歩調を合わせて使わないと、大したことは実現できません。そしてチェスの場合と同様、ポーンがクイーンに変わることもあります。でも都市の建物はチェスとはちがう点があります。駒の数はルールで決まったりはしていません。うまく動員すれば、駒の数はどんどん増えます。

都市のダウンタウンでは、勤務時間後に人々に奉仕して、その場所を生き生きとさせて活気づけるような、完全に民間の事業所を公共政策で直接注入することはできません。また公共政策はどんな強権を発揮しようとも、そうした用途をダウンタウンに押しとどめることはできません。でも間接的には、公共政策は独自のチェスの駒を利用したり、公共の圧力に弱いものを適切なところで呼び水として使うことで、それらの育成を促進することはできるのです。

　ニューヨーク市の西五十七丁目にあるカーネギーホールは、そうした呼び水の驚くべき例です。それは街区が長すぎるという深刻なハンデにもかかわらず、街路にとってみごとな成果を上げました。カーネギーホールがあることで、夜には集中的な利用がもたらされ、おかげでそのうちに夜の仕事が必要な別の用途を生み出しました――映画館が二軒できたのです。そしてカーネギーホールは音楽センターなので、多くの小さな音楽やダンスや演劇スタジオやリサイタルルームが生み出されました。このすべては、住民たちと混合してからみ合っています――ホテル二軒と多くのアパートが近くにあり、そこには各種の店子がいますが、その多くは音楽家や音楽教師です。街路は昼間には、小さなオフィスビルや、東西の大きなオフィスビルがあるので成り立っています。そして、この二シフト制の利用は二次多様性を支えているので、それがやがては人々にとっての誘因になりました。利用者が時間帯ごとに散らばっているのでレストランにとっても刺激になりますから、ここには山ほどできました。高級イタリアンレストラン、豪華なロシアンレストラン、シーフードレストラン、エスプレッソハウス、酒場何軒か、自動販売機、ソーダ屋、ハンバーガーハウス。レストランの間や周辺では、珍しいコインや古い宝飾品、新刊書に古本、とてもすてきな靴、アート材料、驚くほど手の込んだ帽子、花、グルメ食品、健康食品、輸入チョコレートなどが買えます。三回着たディオールのドレスや昨年の流行のミンクを売買できるし、イギリス製スポーツカーを借りることもできます。

　この場合、カーネギーホールは重要なチェスの駒で、他のチェスの駒と力を合わせて機能しています。この近隣全体に対して考案できる最も破滅的な計画は、カーネギーホールを潰してありがちなオフィスビルで置き換えることです。これがまさに起ころうとしていたことでした。ニューヨーク市は、その最も立派な、あるいは立派になれる文化的なチェスの駒をゲームから引き上げて、リンカーン舞台芸術センターという都市計画上の孤島に集めるという決定を下し、その一環としてカーネギーホールも移転が決まったのでした。それをかろうじて救ったのは、頑固な市民による圧力政治戦術でしたが、でもニューヨーク交響楽団の本拠ではもはやなくなってしまいました。交響楽団は、一般の都市の汚濁から自らを取り除くことにしたわけです。

さてこれはどうしようもない都市計画で、新しい夢を考えなしにごり押しする副産物として、都市の利用の既存プールを盲目的に破壊し、停滞という新しい問題を自動的に育むものです。チェスの駒は——そしてダウンタウンでは、公共政策や公共への圧力で立地が決まる夜間利用のチェスの駒は——既存の活気を強化拡張するよう配置されるべきであり、また戦略的な場所では既存の利用時間の不均衡にバランスを取り戻すために利用されるべきです。ニューヨーク市のミッドタウンは、昼間は集中的に利用されるのに、夜には不気味なほど活動がなくなる場所がたくさんあります。そうした場所はまさに、リンカーン・センターでゲームから外されたようなチェスの駒を必要としています。グランドセントラル駅から五十九丁目の間の、パーク街を中心とした新オフィスビルの並ぶ一帯もそうです。グランドセントラル駅のすぐ南もそうです。三十四丁目を中心としたショッピング街もそうです。どれもかつては活気ある地区でしたが、過去のどこかで魅力と人気と高い経済価値をもたらしていた一次用途の混合を失い、悲しい没落を迎えたのです。

だからこそ、文化センター地区や市民センター地区といったプロジェクトは、確実にそれ自体として悲惨なほどバランスが悪いだけでなく、都市に対する影響という点でも悲劇的なのです。それは用途を——しかも集中的な夜間利用であることが多いのです——夜間利用が欠かせず、それがないと衰退するような場所から取り除いて孤立させてしまうのです。

混じりっ気のない文化地区を計画した初のアメリカ都市はボストン市でした。一八五九年に、機関委員会が「文化保存」を呼びかけ、ある用地を「教育、科学、芸術的な性格を持つ機関だけのために」温存しようと述べました。この動きは、ボストン市がアメリカ都市の中で、活気ある文化的なリーダーとしての地位をゆっくりと着実に弱める過程の開始とたまたま同時期に起こりました。無数の文化施設を都市一般や日常生活から分離して非汚染化させたことが、ボストン市の文化的衰退の原因の一つだったのか、それとも他の原因によって不可避となっていた退廃の一つの症状だったのか、わたしは知りません。でも、確実なことが一つあります。ボストン市のダウンタウンは、一次用途のよい混合がないために、悲惨なほど苦しみました。特に、夜間利用と活気ある(博物館行きのものや昔々のものでない)文化利用のよい混合がないのが痛かったのでした。

大規模文化団体のための資金集めをしなくてはならない人々は、記念碑的な建物の巨大な混じりっ気ない島のほうが、都市の街路網の中に置かれた単発の文化建築よりも、お金持ちは喜んで大金を寄付してくれるのだと主張します。これはニューヨーク市のリンカーン舞台芸術センター計画を生んだ理由づけの一つでした。資金集めについて、これが事実かどうかわたしは知りませんが、ありそうなことではあります。というのも、非常に開明的でもある裕福な人々は、何年にもわたり専門家たちから、唯一の価値ある都市建築はプロジェクト建築なのだと聞かされ続けてきたのですから。

ダウンタウンを計画する人々や、かれらに協力している企業家集団の間には、アメリカ人というのはみんな夜には家にこもってテレビを見ているか、あるいはPTA会合に出るくらいだという幻想(ないしは言い訳)があります。シンシナティ市で、晩になると完全に無人となり、結果として日中も半分死にかけているようなダウンタウンについて尋ねると、そういう話を聞かされます。でもシンシナティ市民は、川向こうにあるケンタッキー州コヴィングトン市のかなり高価なナイトライフを、年間にのべ五十万回も訪れているのです。コヴィングトン市のほうにも、独自の陰気なバランス欠如はあるのですが。ピッツバーグ市が自分の無人のダウンタウンの言い訳として使うのも「みんな外出なんかしないんです」というものです(＊28)。

ダウンタウンにある、ピッツバーグ市駐車局のガレージは、晩の八時になると稼働率十パーセントから二十パーセントです。ただしホテルでイベントがあれば、中央のメロン広場ガレージは稼働率五十パーセントに達

(＊28) 別の言い訳としては、ビジネスマンたちがいささか誇らしげに述べるものがあります。「うちのダウンタウンは、ウォール街みたいなもんなんですよ」というのです。明らかにその人たちは、ウォール街の近隣がどんな困難に直面しているかというニュースを聞いていていないのです。

することもあります（公園や消費者向けの商店と同じく、駐車場や交通施設は、利用者が広い時間帯に分散していないと、本質的に非効率で無駄が多いのです）。一方、ダウンタウンから五キロ離れたオークランドという地区の駐車場問題はいささかすさまじいものです。「群衆の一団が去ったとたんに、別のものが入ってくるんです。頭痛の種ですよ」と当局は説明しています。これまた簡単に理解できることです。オークランドにはピッツバーグの交響楽団、市民ライトオペラ、小演劇グループ、一番ファッショナブルなレストラン、ピッツバーグ体育協会、他に大規模なクラブが二つ、カーネギー図書館本館、博物館に画廊、歴史協会、シュライナーモスク、メロン大学、宴会に大人気のホテル、ユダヤ教青年会、教育委員会本部、大病院などすべてがあるのですから。

オークランドには不釣り合いなほど多くの余暇や勤務時間後の用途があるので、ここも不均衡です、ピッツバーグ市はオークランドでも業務用のダウンタウンでも、主要なメトロポリス的二次多様性を強力に生み出すようないい場所がありません。ありがちな店舗や、大したことのない多様性は、ダウンタウンにあると言えばあります。高級な商業的多様性は、オークランドのほうがまだ見込みがあるので、そちらを選んでいますが、血の気がなくあまり栄えていません。オークランドは大都市の心臓部が持つべき有効な用途のプールとはほど遠いからです。

ピッツバーグ市が、この二重の不均衡に陥ってしまった原動力は、不動産業者だった故フランク・ニコラでした。かれは五十年前の都市美運動の時代に、酪農農場のみごとな牧草地に、文化センターをつくろうという活動を始めました。幸先よく、カーネギー図書館と芸術センターが、すでにシェネリー用地保有社から寄贈された用地への移転を承知していました。どのみち当時のピッツバーグ市のダウンタウンは、どうしようもなく陰気で煙と煤だらけだったので、そうした機関にとっては魅力のある場所ではなかったのでした。

でも、いまのピッツバーグ市ダウンタウンは、事業家たちのアレゲニー会議主導による大規模な美化運動のおかげで、潜在的には魅力ある場所となっています。そして理屈のうえでは、一シフトしかないというダウンタウンの不均衡も、まもなく市民公会堂と、その後は交響楽団ホールやアパートの追加により、部分的には改善されるはずです。これらはすべて、ダウンタウンのすぐ隣に建設予定なのです。でも、酪農農場と都市に汚されていない文化という精神は、まだ強く残っています。あらゆる装置——幹線道路、公園ベルト、駐車場——が、こうしたプロジェクトをダウンタウンから切断しており、両者の接触する部分が地図上の抽象的な存在にしかならないようにしています。人々が同じ街路でちがった時間に顔を出すという経済的な現実の実現は阻まれているのです。アメリカのダウンタウン衰退は謎でも何でもないし、それらが古くさいから衰退しているのでもなく、利用者が車でよそに吸い出されてしまったから衰退しているのでもありません。ダウンタウンは、余暇用途を業務用途から選り分けようとする意図的な政策により、無慈悲に殺されているのです。そうすることが秩序だった都市計画だというまちがった発想が、そこには働いているのです。

当然のことながら、一次用途のチェスの駒は、人々を時間帯ごとに分散させるという必要性だけを考えて、都市のあっちやこっちに千切っては投げるわけにはいきません。その用途自身が持つ個別のニーズは当然考える必要があります——その用途にとってのよい立地とは何かということです。

でも、そんな恣意性は必要ないのです。わたしはしばしば、都市の根底にある複雑な秩序について、賞賛しつつ語ってきました。この秩序のみごとなところの一つは、混合用途それ自体の成功と、その混合の独特で個別な要素それぞれの成功は、相互に矛盾するどころか、お互いに調和していることが多いということです。こうした利益の同一性（あるいは対応性）の例は、本章でもいくつか挙げてきましたし、他の例についても匂わせることで挙げています。たとえばロウアー・マンハッタンで計画されている新しい業務用途は、同地区の根本的な問題を悪化させるだけでなく、同時にその新規用途でやってくる従業員や役人たちに対し、経済的に退屈で不便な都市環境という負担を与えるものだと述べました。では、こんどは、この都市の活力における本質的な秩序がダメになったときに生じる、かなり複雑な悪影響をはっきり示す例を挙げましょう。

これは法廷&オペラ事件と呼んでもいいかもしれません。四十五年前に、サンフランシスコ市は市民センター地区をつくりはじめましたが、その後ずっとこれは頭痛の種でした。このセンターはダウンタウン近くにつくられ、ダウンタウンに活気を引き寄せることが意図されていましたが、もちろんかえって活力を追い払ってしまい、周辺にはこうした血の通わない人工的な場所を取り巻くことが多い荒廃が生じました。このセンターは公園の中にあれこれいろいろ脈絡なしに置かれているのですが、その中にはオペラハウス、市役所、公共図書館、各種の行政府が入っています。

さて、オペラハウスと図書館をチェスの駒として考えたとき、それが都市を支援する最もよい方法とは何だったでしょうか？　それぞれ別々に、集約度の高いダウンタウンのオフィスや商店と近接して連携した形で使われていたでしょう。これと、それらが根付かせたはずの二次多様性は、そのどちらの建物自体にとっても、やはりもっと親和的な環境となったでしょう。いまのオペラハウスは、周辺と一切関係ない形で建ち、最寄りの設備といえば、市役所の裏にある公務員雇用事務所の待合室で、相互にまったく何の関係もなく、利便性も何もあったものではありません。そして図書館は、現状ではドヤ街の住民たちが寄りかかる壁となっています。

残念ながら、この種の出来事では、一つのまちがいが次々に連鎖していきます。一九五八年には、刑事裁判所の場所を選ぶことになりました。論理的な場所は、他の役所の近くです。弁護士たちや、弁護士の近隣についてまわるサービスの面から考えてもそうなることは、みんな理解していました。でも裁判所が建てば、その周辺のどこかには、保釈金貸し付け所やあまり格調高くない酒場といった二次多様性が生じることも認識されていました。どうしましょう？　裁判所を市民センターの近くかその中に建てて、共同で業務をするはずの建物と近接性を持たせましょうか？　でも刑事裁判所の周辺環境は、オペラハウスの近くでお奨めできるようなものではありません！　近くの何とも言えない冴えなささ加減だけでもすでに不適切なのに。

こんなバカげたジレンマでは、どんな解決案も貧相なものになるしかありません。選ばれた解決策は、裁判所を不便な遠い場所に配置することでしたが、オペラハウスは「市民的」（というのがどういう意味かは知りませんが）でない生活によるさらなる汚染から救われた、というわけです。

このうんざりするような泥沼は、有機体としての都市の要求と、各種の個別利用の要求との矛盾から生じるものではまったくありませんし、これ以外の都市計画上の泥沼も、そうした矛盾などから生じる例はほとんどありません。それがもっぱら生じるのは、都市の秩序と個別用途のニーズの双方と恣意的な矛盾を生じている計画理論のせいなのです。

この不適切な理論の問題は——この場合は審美的理論ですが——あまりに重要であり、またあれやこれやで適切な都市の一次用途混合にとって実に一貫して邪魔になっているので、この事例の持つ含意についてここでさらに突き詰めてみましょう。

ワシントンDC芸術評議会で絶えず異論を唱え続けてきた建築家であるエルバート・ピーツは、この紛争をうまく言い表しています。かれが述べているのはワシントンについてですが、その見解はサンフランシスコ市の問題にもあてはまるし、その他多くの場所での問題にもあてはまります。

私が思うに、まちがった原理が［現在のワシントン都市計画の］重要な側面を動かしている。これらの原理は歴史的に発達して、あまりに多くの惰性的な支持や既得権を獲得してきたため、ワシントンの建築的な成長を導いている多忙な人々は、何の疑問もなくそれを受け入れているにちがいない——だが私たちはそのようなことをしてはいけないのである。

ひと言で、何が起きているかというと以下の通りである。政府の首都は都市に背を向けている。政府建築はまとめられて、都市の建物から隔てられている。ランファンはそんな考えは持っていなかった。それどころか、彼は両者を融合させようと手を尽くし、両者がお互いに奉仕し合うようにしたのだった。政府の建物や市場、全国的な組織の本部、学術機関、国家の記念碑を、都市全体の建築的な利益となるところに配置し、全米の首都という刻印を市のあらゆる部分につけようという明確な目的があったかのようにすら思える。これは感情的にもしっかりしたものであり、建築的な判断としても確固たるものである。

一八九三年のシカゴ万博以来、都市というものを記念碑的な栄誉の集まった庭として捉え、卑俗なごちゃごちゃした「妥協」の産物たる地域とははっきり分けるという建築的イデオロギーがやってきたのであった。(中略) この進め方においては、都市を有機体として見る感覚や、都市がその記念碑にふさわしいマトリックスであり、それと親和性を持つのだという感覚を示すものは一切ない。(中略) その損失は審美的なものにとどまらず、社会的なものでもある。(後略)

ここには正反対の審美的な考え方があるだけだよ、とあっさり言う人もいるでしょう。趣味の問題だし、議論にならないよ、と。でもこれは趣味より深い話なのです。その考え方の一つ――選り分けられた「栄誉の集まり」――は、都市の機能的・経済的なニーズや、その具体的な利用に逆らうものなのです。もう一つの考え方――この建築的な焦点が、日常的なマトリックスに親密に囲まれているという混ざり合った都市――は、都市の経済的その他の機能的ふるまいと調和しています(*29)。

都市の一次用途はすべて、それが記念碑的で特別な形で現れようとそうでなかろうと、いちばんいい形で機能するためには「卑俗な」都市の親密なマトリックスを必要としています。サンフランシスコ市の裁判所は、独自の二次多様性によるマトリックスが必要です。オペラハウスもまた、それなりの二次多様性を持つ別のマトリックスが必要です。そして都市のマトリックスのほうでも、こうした用途を必要としています。というのも、こうした存在の影響力が、都市のマトリックス形成に役立つからです。さらに、都市のマトリックスはそれ自身が、独自のあまり目覚ましくない内部での混ざり合い(単細胞な人たちに言わせると「ごちゃごちゃ」)が必要です。さもないとそれはマトリックスではなく、住宅プロジェクトのような「卑俗な」単調性となってしまい、サンフランシスコ市の市民センターのような「神聖な」単調性と同じくらい道理をわきまえない代物と化します。

確かにどんな原理であれ、その仕組みを理解していない人は、それをいい加減に破壊的な形で適用しても平気です。ランファンの、焦点とそれを取り巻く日常的な都市のマトリックスと相互依存させるという審美的な理論は、一次用途――特に記念碑的な外観を持てるもの――を、それらが必要とする経済的その他の作業関係を無視して配置することでも実現は可能です。でもランファンの理論はすばらしいものです。それは機能と切り離された抽象的な視覚的な面でよいのではなく、それが本物の都市の、本物の施設のニーズと調和して適用応用可能だからです。もし、こうした機能的なニーズが考慮されて尊重されるなら、選り分けられて孤立した用途（それが「神聖」だろうと「卑俗」だろうと）を褒めそやすような審美的理論は適用不可能なのです。

完全なまたは圧倒的な住宅系都市地区でも、そこで育める一次用途が複雑で多様であるほどよいのは、ダウンタウンと同じです。でもこうした地区でいちばん必要とされるチェスの駒は、業務系の一次用途です。リッテンハウス広場の公園やハドソン通りの例で見たように、居住と業務という一次用途はうまく補い合い、住宅からの人がまったくいない昼間は従業者たちが活気をもたらし、従業者たちがいなくなる晩には、住宅からの人が活気をもたらします。

職住分離が望ましいという話は、これまでみんなあまりにたたき込まれてきた説なので、現実の生活を見て、業務の混合がない住宅地区が都市内ではあまりうまくやっていけないということを観察するには、それなりの努力が必要です。ハリー・S・アシュモアが「ニューヨーク・ヘラルド・トリビューン」紙に書いた、黒人ゲットーに関する記事で、ハーレムの政治的指導者のこんな発言が引用されていました。「白人どもは、じわじわここに戻ってきて、ハーレムをおれたちから奪い取ろうとするだろうな。だって「ハーレムは」このあたりで

（＊29）ニューヨーク市の五番街と四十二丁目にある公共図書館は、そのような建築的焦点の一例です。グリニッジ・ヴィレッジの中心にある、古いジェファソン市場裁判所もまた一例です。読者のみなさんも一人残らず、ある都市のマトリックスにある個別の記念碑的な焦点を何かご存じだとわたしは確信しています。

一番魅力的な不動産だしよ。丘もあるしどっちの川も見渡せるし、交通の便もいいし、近場で工業がないのはこの地区だけじゃねえか」

そんな理由でハーレムが「魅力的な不動産」になるのは、都市計画理論の中だけの話です。かつて中上流白人の住宅地だった出発点の頃から、ハーレムはニューヨーク市の中で、まともに機能した経済的に活気ある住宅地区だったためしがありません。そしてだれがそこに住もうと、他の物理的な改良に加えて、住宅ばかりの中によい健全な業務が混ざらない限り、決してそれは改善されないでしょう。

住宅地区の一次業務用途は、二次多様性と同じく、願っているだけで生まれるものではありません。業務系がなくてそれを必要としているところに業務用途を織り込むにあたり、公共政策にできることはあまりありません。せいぜい、そうした用途を認めて、間接的に奨励するくらいです。

でも、積極的な誘致はどのみち最も優先的に必要とされるものではありませんし、活力を必要とするグレー地域に努力を注ぐにあたり、最も成果の上がる方法でもありません。第一の問題は、ダメになりつつある住宅地区ですでにかろうじて存在している、業務やその他一次用途のチェスの駒を最大限に活用することです。ルイビル市の靴見本市場は変わった例ではありますが、こうした日和見主義の必要性を大きく訴えかけています。ブルックリン特別区のほとんどもそうだし、ブロンクス特別区の一部も、それどころかほとんどあらゆる大都市のインナーシティにあるグレー地帯もそれを求めています。

既存の業務用途の存在をどうやって日和見的に使い、そこからどうやって構築すればいいのでしょうか？　それを居住用途と合わせて、街路利用の有効なプールへと高めるには、どういう支援をすればいいのでしょうか？ここでわたしたちは、典型的なダウンタウンと、通常の問題を抱えた住宅地区とのちがいを指摘する必要があります。ダウンタウンでは、十分な一次用途混合の不足が通常はいちばん深刻な基本的ハンデです。ほとんどの住宅地区では、そして特にほとんどのグレー地域では、一次用途混合の不足はハンデの一つでしかなく、ときにはそれが最悪の問題でない場合すらあります。これは、ほとんどの都市住宅地区は、街区も大きすぎたり、一度につくられたために建物が古くなってもこの当初のハンデを克服できていなかったり、あるいはそもそも人口の絶対数が不十分だったりすることも多いのです。ひと言で言うと、多様性を生み出す四条件のうち、ダメなものがいくつもあるのです。

十分な業務がどこから来るかを心配する以前に、まず問題は住宅地区の中でどこに業務が存在しながら、一次用途の要素として無駄になっているかを把握することです。都市では、資産を増やすには既存の資産をもとに構築する必要があります。業務と居住の混合が存在するか存在しそうなところで、それを最大限に活用する方法を考えるためには、多様性の他の三つの生成装置が果たす役割を理解することが必要なのです。

でも、次の三つの章ではこんな主張をすることになると思います。多様性を生み出す四条件の中で、グレー地帯の問題治療に対処するための簡単な課題が二つあります――古い建物は、普通はすでにそこにあるので、その潜在的な役割を果たせるでしょう。そして必要なところに追加で街路をつくるための土地収用は、本質的には難しいことではありません（金の無駄遣い手段として教わってきた大規模な取り壊しによる再開発に比べれば、大した問題ではないでしょう）。

でも他の二つの必要条件――一次多様性の混合と住宅の十分な密集――が存在しないなら、それをつくるのはもっと難しくなります。適切なやり方は、この二つの条件の少なくともどちらかがすでに存在していたり、あるいは比較的簡単にそれを育成できたりするところから手をつけることです。

いちばん扱いの難しい都市地区は、住宅系のグレー地域で、基盤となる業務系の混在もなく、高密の住宅もないようなところです。ダメになった、またはダメになりつつある都市地域は、そこにあるもののためにダメになっているのではなく（それは常に何かをつくる基盤として見ることができます）、欠けているもののためにダメになっているのです。最も著しい、最も供給しにくい欠如を抱えたグレー地域に活気を持たせるような支援は、ほとんど不可能です。まずはそれ以前に、一次用途の混合へ向けて出発くらいはできそうなグレー地域の地区を育成する必要があり、またダウンタウンが時間帯ごとの人の分布を改善して活気を取り戻す必要があります。都市がどの部分であろうとも多様性や活気をうまく生成したら、最終的にはそれが他の部分でも成功を構築する可能性を高めます——そこにはいずれ、いちばん手のつけにくい地域も含まれることになるのです。

言うまでもなく、よい一次用途の混合があり、都市の多様性を生み出すのに成功している街路や地区は大切にされるべきであり、混合利用のために毛嫌いされたり、構成要素をふるい分けようとする試みで破壊したりしてはいけません。でも残念ながら、伝統的な都市計画家がこうした人気のある魅力的な場所に見るのは、正統派都市計画の破壊的で単細胞な目的を適用しなさいという、抵抗しがたい招待状でしかないようです。十分な政府予算と十分な権限を与えられれば、都市計画者たちは、都市の一次用途混合を簡単に破壊してしまえます。それは計画のない地区に一次用途混合が育つより速いので、基本的な一次用途混合は純減することになります。そしてそれがまさに今日起こっていることなのです。

第9章

小さな街区の必要性

条件2：ほとんどの街区は短くなくてはいけません。つまり、街路や、角を曲がる機会は頻繁でなくてはいけないのです。

短い街区の長所は単純なものです。

たとえば、ある人がマンハッタンの西八十八丁目、セントラルパーク西とコロンバス街の間のような長い街路の街区に住んでいる場合を考えましょう。三百メートルの街区に沿って西に歩いて、コロンバス街の商店にたどりつくか、バスに乗ります。あるいは東に向かってセントラルパークに出るか、地下鉄に乗るか、別のバスに乗ります。隣接する八十七丁目や八十九丁目の街区には、何年にもわたり決して足を踏み入れないかもしれません。

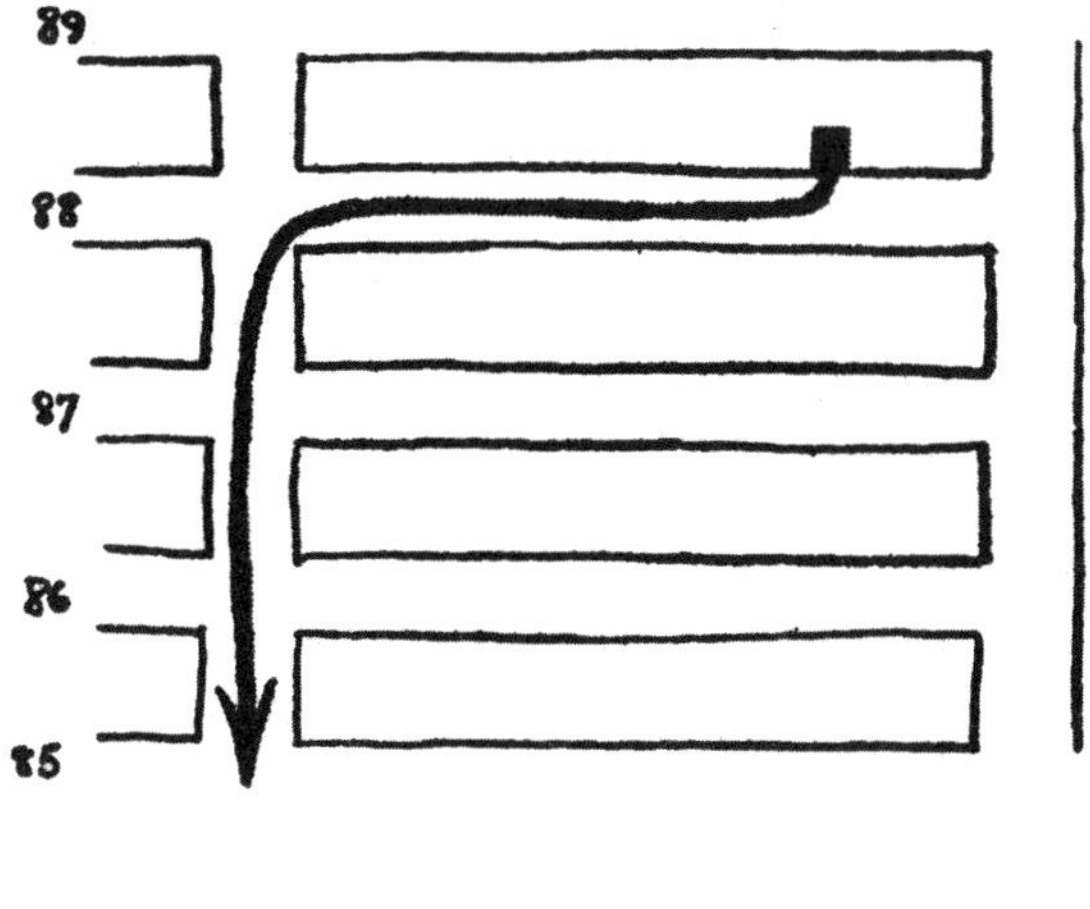

これは深刻な問題をもたらします。すでに孤立した個別の街路近隣が、社会的に寄る辺ない存在になりがちだということは見てきました。この人物は、八十七丁目や八十九丁目、あるいはそこに住む人々が、自分といささかも関係があると思わない理由が山ほどあるわけです。

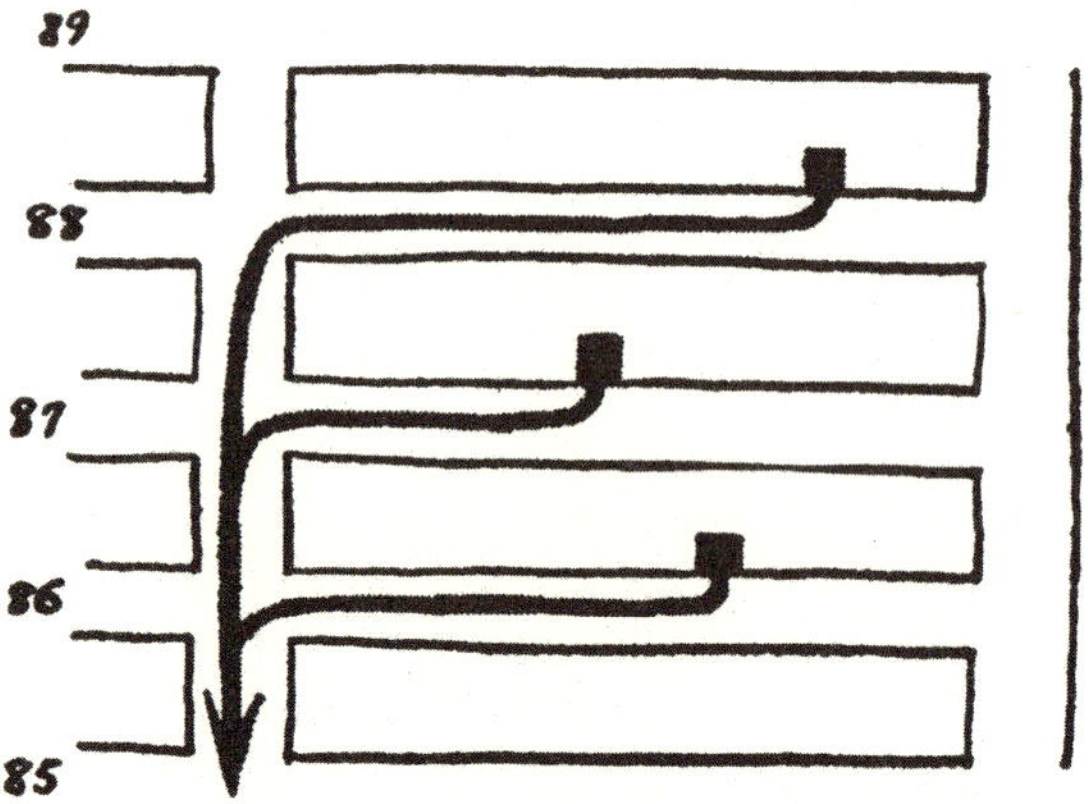

それを信じるには、かれは自分の日常生活から得られる証拠よりも遠くに足を運ばなくてはなりません。

かれの近隣を考えたとき、こうした自己孤立的な街路の経済的な影響もまた、同じくらい制約をもたらすものです。この街路の人々や、隣の街路の人々が、経済的利用のプールを形成できるのは、その長い隔てられた経路が出会って一つの流れになるときだけです。この場合、それが起こりえる最寄りの場所はコロンバス街です。

そしてこの停滞した細長いうらぶれた街路から来る何千もの人々が出会って、利用のプールを形成できるのは、近場ではコロンバス街だけなので、コロンバス街自体も独自の単調さを持つようになります——果てしない商店、そしてその圧倒的多数が標準化された陰気な商業なのです。この近隣には地理的に商業が成り立つような街路に面した部分があまりに少ないので、商業はすべて、その種類も必要とする売り上げ規模も、本来その商業にとって自然な利便性の規模（利用者からの距離）も無視して、いっしょくたにするしかなくなっています。その周辺には陰気なほど長い単調でどんよりした店の帯が延々と続いています——それが長い間隔をおいて、唐突に壮絶な隙間をぽっかりと空けているのです。これが失敗した都市地域で典型的に見られる構図です。

ある街路の常連利用者を、別の街路の常連利用者から物理的に厳密に分離させるというのは、もちろん訪問者にも適用されます。たとえばわたしは、西八十六丁目のコロンバス街からちょっと入ったところにある歯科に、もう十五年も通っています。その間ずっと、わたしはコロンバス街は南北に行き来したし、セントラルパーク西も南北に行き来しましたが、西八十五丁目や西八十七丁目は使ったためしがありません。そんなことをしたら不便だし無意味です。歯医者の後で子供たちを、コロンバスとセントラルパーク西の間の西八十一丁目にあるプラネタリウムに連れて行こうとしたら、最短ルートは一つ。コロンバスを下って八十一丁目に入るのです。

では、この東西に細長い街路に、もう一本街路が南北に通っていた場合を考えましょう――スーパーブロックのプロジェクトで山ほど見かけるような不毛の「プロムナード」などではなく、経済的に引き合う場所で店が開店して成長できるような建物を持つ街路です。たとえば買い物をしたり、食べたり見物したり、一杯やったりできるような場所ができるところです。この追加の街路があると、八十八丁目の人はもう、ある地点に出かけるのに、単調でいつも同じ道を歩かなくてすみます。いろいろちがった道が選べるのです。近隣は、文字通り人にとって開かれたものになります。

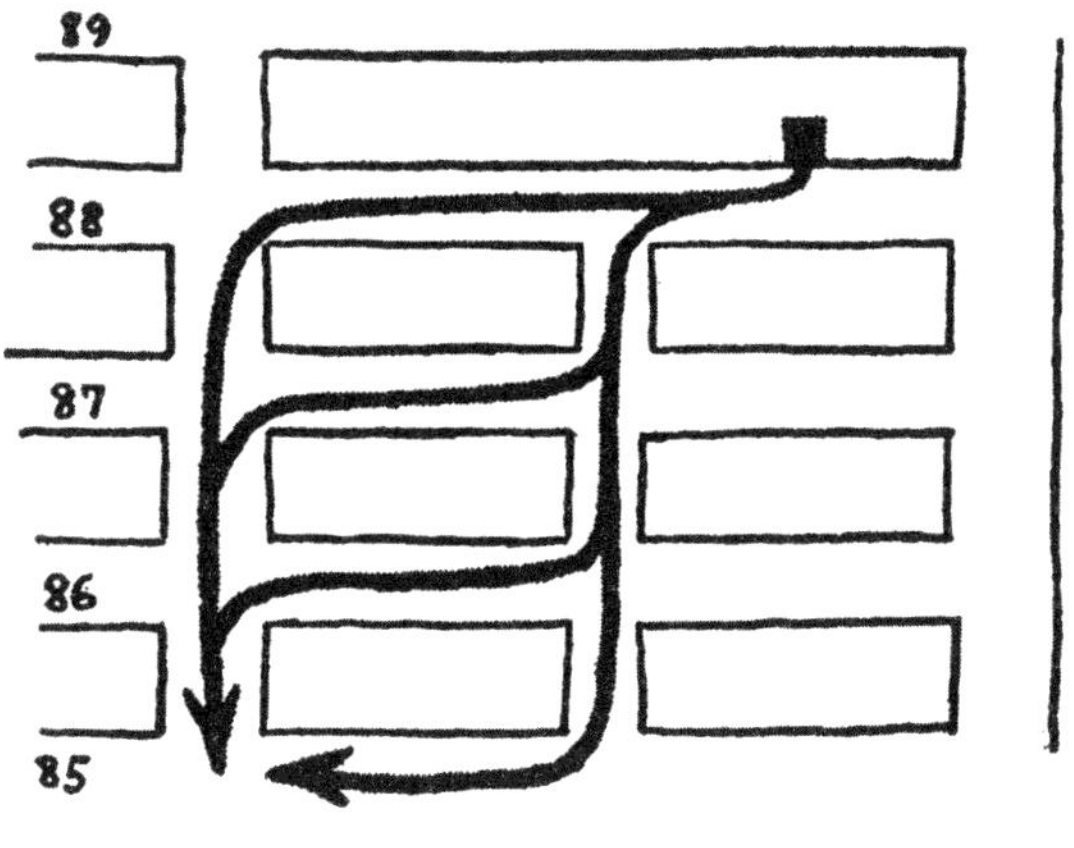

同じことが他の街路に住んでいる人にもあてはまるし、またコロンバス近くにいて、地下鉄やセントラルパークのどこかを目指している人にもあてはまります。経路が相互に孤立するかわりに、こうした経路はいまやお互いに混ざって絡み合うのです。

商業にとって引き合う場所の供給は大幅に増え、そうした商業の分布や利便性も大きく改善されます。西八十八丁目の人々の中に、わたしの住んでいるところの角にあるバーニーズのような新聞屋兼近所の変わった場所を商業的に支えられる人数の三分の一くらいがいて、同じくらいの人数が八十七丁目や八十九丁目にもいたら、いまやかれらはそれを追加の街角のどこかで実現できる可能性が出てきます。こうした人々が自分たちの購買力を、一つの経路以外のところではプールできないのなら、こうしたサービスや経済的機会や公共生活の分布は不可能なものとなってしまいます。

こうした細長い街区の場合、同じ近隣に同じ一次用途のためにいる人々ですら、あまりに隔てられているために、都市の交錯利用の十分に複雑なプールを形成できなくなります。異なる一次用途の場合でも、細長い街区は有効な混合をまったく同じ形で阻害する見込みが高いのです。細長い街区は自動的に人々を、ごくまれにしか交差しない経路へと振り分けてしまい、異なる用途が地理的にはごく近くにあっても、現実的な効果としては文字通り、お互いから遮られていることになるのです。

こうした細長い街区の沈滞と、追加の街路がもたらせる用途の流動性との対比は、それほど現実離れした想定ではありません。こうした変化の一例はロックフェラーセンターで見られます。ここは五番街と六番街の間の細長い街区のうち三つを占有しています。ロックフェラーセンターには、その追加の街路があるのです。

ロックフェラーセンターをご存じの読者の皆さんは、そこにこの追加の南北街路であるロックフェラープラザがなかったらどうなるかを想像してみてください。センターの建物が、それぞれの脇道に沿ってすべて連続していたら、それはもはや利用の中心とはならないでしょう。それは自己孤立した街路の寄せ集めとなり、それが五番街と六番街でだけたまることになります。他の面でどんなに巧みな設計をしたところで、それらを結び合わせることはできません。というのも都市の近隣を、都市用途のプールへと結び合わせるのは、建築の均質性ではなく、用途の流動性と経路の混ざり合いだからです。その近隣がもっぱら業務中心だろうともっぱら居住中心だろうと同じです。

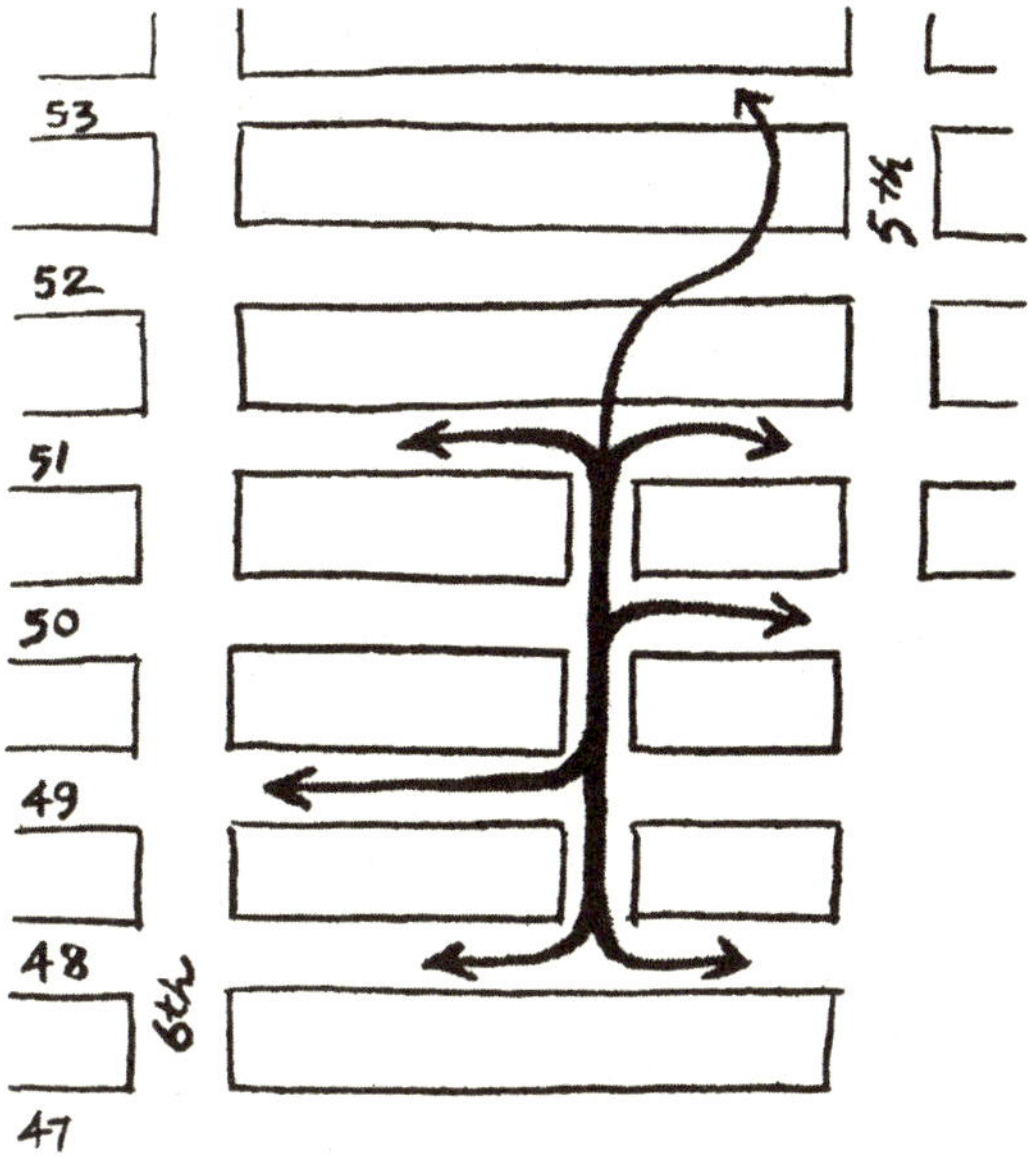

ロックフェラーセンターの街路の流動性は、その北側に弱まりつつも続き、五十三丁目にまで達します。それは街区を貫通するロビーとアーケードがあって、それを人々が街路のさらなる延長として使うからです。南側だと、用途のプールとしての流動性は、四十八丁目で唐突に終わります。その次の街路である四十七丁目は自己孤立しているのです。それはもっぱら卸売り街です（宝石卸売りの中心です）が、ニューヨーク最大のアトラクションに地理的には隣接している街路の用途としては、いささかつまらないものではあります。でもちょうど八十七丁目と八十八丁目の街路利用者たちと同じく、四十七丁目の利用者と四十八丁目の利用者は、何年にもわたり一度もお互いの街路に混ざり合わずにいられるのです。

長い街路はその本質からして、都市が事業育成や実験や、多くの小さい特殊事業所のために提供する潜在的な長所を阻害してしまいます。そうしたものは、顧客や利用者を、きわめて多種多様な通行人の中から引き出さなくてはならないからです。長い街路はまた、都市の用途混合が地図上のフィクション以上のものになるためには、異なる種類の人々が異なる目的のために、異なる時間に顔を出しても同じ街路を使わなくてはならないという原理を阻害してしまいます。

マンハッタンの何百という細長い街区のうち、自発的にだんだん活気を増したり魅力を発揮したりしているのは、かろうじて八つから十個といったところです。

グリニッジ・ヴィレッジからあふれ出た多様性と人気がどこへこぼれていき、どこで止まったかを眺めると示唆的です。グリニッジ・ヴィレッジでは賃料が着実に上がり、予想屋たちは過去二十五年にわたってずっと、すぐ北のかつてファッショナブルだったチェルシーが復活すると予想し続けてきました。この予想はチェルシーの位置を見ても、またそこの建物の種類やその混ざり具合や人口密度がグリニッジ・ヴィレッジとほとんど同じだということを見ても、論理的に思えます。でも、その復活はこれまでまったく起きていません。それどころかチェルシーは、細長い自己孤立的な街区の障壁の後ろで停滞を続け、そのほとんどは他のところが改修されるよりも急速に荒廃しつつあります。今日、チェルシーは大規模なスラム取り壊しを受けており、その過程でもっと大きくもっと単調な街区を与えられています（都市計画という疑似科学は、実証的な失敗を繰り返して実証的な成功を無視するというこだわりの点で、ほとんど神経症じみています）。一方、グリニッジ・ヴィレッジは規模も多様性も人気も、ずっと東のほうまで拡大し、産業集積の間のちょっとした隙間から外へと広がって、着実に短い街区と流動的な街路利用の方向性にしたがっています——そちらの方角にある建物は、あまり魅力的でもないし、一見するとチェルシーの建物ほど使いやすくも見えないのですが。この一方向への運動と、別方向での停止は、気まぐれでもなく謎めいてもおらず「混沌とした偶然」でもありません。それは経済的に見て都市の多様性に貢献するものと、しないものに対する、地に足の着いた対応なのです。

これまたニューヨーク市で繰り返し話題になる「謎」は、六番街の高架鉄道を撤去しても、ほとんど変化が生じず六番街の人気もほとんど高まらなかったのに、イーストサイドの三番街の高架鉄道を撤去したら、きわめて大きな変化が生じて、人気も大いに高まったのはなぜだろう、というものです。でも細長い街区のおかげで、ウェストサイドは経済的にどうしようもなくなっており、しかもそれが島の中央部、つまりウェストサイドで最も有効な用途のプールが生じる可能性の高いところに向かって起きていました。イーストサイドでは、島の中央部の方向で短い街区が生じており、そこはまさに最も有効な用途のプールが形成拡張する最高の機会があった場所なのです（＊30）。

　理論的には、イーストサイドの六十丁目台、七十丁目台、八十丁目台にある短い脇道のほとんどすべては居住のみの街区です。でも、書店やドレスメーカーやレストランといった、実に数多くの専門店が、みごとにそこに潜り込んでいるのを見るとなかなか示唆的です。そしてそれは通常、必ずではありませんが、角近くにあるのです。これに対するウェストサイド側は、書店など成立していないし、過去にも成立しませんでした。これはウェストサイドで次々に不満を抱きそこを後にする人々が、読書なんか嫌ったからではないし、本を買うには貧乏すぎたからでもありません。それどころか、ウェストサイドはいまも昔も知識人だらけです。おそらく本の市場としてはグリニッジ・ヴィレッジに匹敵するくらい「自然な」優良市場のはずですし、イーストサイドよりも「自然な」市場としてはもっと優秀かもしれません。細長い街区のために、ウェストサイドは都市の多様性を支えるのに必要な、流動的街路利用の複雑なプールを物理的に形成できなかったのです。

　「ニューヨーカー」誌の記者が、五番街と六番街の間の長すぎる街区の間に何とか追加の南北の抜け道を見つけようとする人々が多いのを見て、三十三丁目からロッ

（＊30）五番街から西に向かうと、最初の三街区、ときに四街区は、長さ二百六十メートルに及びます。例外はブロードウェイが斜めに交差するところです。五番街から東に向かうと、最初の四街区の長さは、百三十メートルから百四十メートルです。マンハッタン島の両側がセントラルパークで隔てられているところを適当に選んだ七十丁目では、セントラルパーク西とウェストエンド街で八百メートルにわたってまっすぐ続く建築線は、たった二つのアヴェニューが交差しているだけです。一方東側では、同じ長さの建築線が五番街から二番街のちょっと先まで続いていますが、そこには五つのアヴェニューが交差しています。五つの交差点を持つ東側《イーストサイド》の一帯のほうが、二つしか交差点のない西側《ウェストサイド》より圧倒的に人気が高いのです。

クフェラーセンターまで何とか即席の街区貫通経路をでっちあげられるか、試しました。街区を抜ける店舗やロビーや、四十二丁目図書館の背後にあるブライアント公園などのおかげで、九つの街区は、ばらばらながらも簡単な通り抜け手段が見つかりました。でも、四つの街区では、柵の下をくぐりぬけたり、窓から入り込んだり、ビルの警備員をなだめすかしたりしないと無理だったし、二つの街区では、地下鉄の通路を通って問題を回避するしかなかったとのこと。

成功したり魅力を発揮したりする都市地区では、街路は決して消え去ったりはしません。正反対です。可能な場合にはそれは枝分かれします。だからフィラデルフィア市のリッテンハウス広場地区や、ワシントンDCのジョージタウンでは、かつて街区の中心を通る裏道だったものが、建物の面している街路となり、利用者はそれを街路と同じように利用しています。フィラデルフィア市では、そこにしばしば商業さえ出店しているのです。

また細長い街区がニューヨーク市以外で利点を持っていたりするようなこともありません。フィラデルフィア市では、建物がその所有者によって自然に倒壊するに任されている近隣があります。これはダウンタウンと市の公共住宅プロジェクトの一大地帯の間にある地域です。この近隣が絶望的なのにはいろいろ原因がありますし、その中には社会的に崩壊して危険となった、再開発地区が近くにあるという理由も含まれます。でもこの近隣では明らかに、その物理的構造も何ら事態の改善に役立っていません。フィラデルフィア市の標準的な街区は、一辺百三十メートルです（同市のいちばん成功している地域では、路地が街路となってそれがさらに半分になっています）。この倒壊する近隣では、当初の街路設計の中でそうした「街路の無駄」の一部が排除されました。その街区の一辺は二百三十メートルもあります。もちろんここは、竣工したときから早速停滞しました。ボストン市では、「無駄な」街路と交錯利用の流動性の山であるノースエンドが、公共の無気力と金銭的な障害にもかかわらず、雄々しくスラムからの自力脱出を果たしています。

都市街路が多すぎるのは「無駄」だというおとぎ話は、正統派都市計画の真理の一つとされていますが、これはもちろん田園都市と輝く都市の理論家たちからきています。かれらは都市を街路に使うのを糾弾しました。土地はむしろ、プロジェクトのための大平原としてまとめるべきだと考えたのです。このおとぎ話がことさら破壊的なのは、それが多くの停滞や失敗の原因として、いちばん単純でいちばん不要で、いちばん簡単に直せるものと見て取れる人々の能力を知的に邪魔するからです。

スーパーブロックのプロジェクトは、細長い街区の欠点をすべて、しばしばもっと誇張された形で持っていることが多いのです。そしてこれはそこにプロムナードや遊歩道がちりばめられていて、つまり理論的には適切な間隔で街路があって人々が行き来できるようになっていても同じです。こうした街路は無意味です。そこを多種多様な人々が使うための積極的な理由がほとんどないからです。消極的な理由で見ても、単にこっちからあっちに行くときの目先を変えるという点からもこうした小道は無意味です。あらゆる風景が基本的に同じだからです。その状況は、「ニューヨーカー」誌の記者が五番街と六番街の間の街区について気がついたのとは正反対です。そこでは人々は、自分たちが必要としているのに欠けている街路を探し出そうとします。開発プロジェクトでは、人々はそこにあっても無意味な遊歩道や交差モールを避けようとします。

この問題を提起するのは、単にプロジェクト計画の異様なところを糾弾するためだけではありません。数の多い街路や短い街区に価値があるのは、それが都市近隣の利用者による、複雑な交錯利用の網の目を可能にしてくれるからなのだ、ということを示したいのです。街路の数が多いのは、それ自体が目的ではありません。それはある目的を果たすための手段なのです。その目的――多様性を生み出して都市計画者以外の多くの人々の計画を喚起すること――が、あまりに抑圧的なゾーニングや、多様性の柔軟な成長を不可能にする硬直的な建設などによって阻害されれば、街区が短くなっても意味あるものは何も実現できません。一次用途の混合のように、数の多い街路が多様性を生むのに有効なのは、ひたすらその仕組みのせいなのです。これはつまり、それが機能する方法（それに沿って混合利用者を惹きつけること）と、それが実現を支援する結果（多様性の成長）が分かちがたく関連し合っているやりかたが重要なのです。その関係は互恵的なものなのです。

第10章 古い建物の必要性

条件3：地区は、古さや条件が異なる各種の建物を混在させなくてはなりません。そこには古い建物が相当数あって、それが生み出す経済収益が異なっているようでなくてはなりません。この混合は、規模がそこそこ似通ったもの同士でなくてはなりません。

都市は古い建物をあまりに必要としているので、活気ある街路や地区がそれなしで育つのはおそらく不可能でしょう。古い建物というのは、博物館級の古い建物ということではなく、みごとで高価な修復を受けた古い建物ということでもありません――とはいえ、そういうのも立派な含有物とはなります――むしろたくさんの平凡で目立たない、価値の低い古い建物で、一部はおんぼろの古い建物も含まれます。

都市地域に新しい建物しかなかったら、そこに存在できる事業所は自動的に、新築の高い費用を負担できるところに限られてしまいます。こうした新築ビルの高い入居費用は賃料という形の負担になるかもしれず、家主が建設の資本コストに対して払う金利と元金返済という形の負担になるかもしれません。どういう形でそれが支払われるにせよ、何らかの形での支払いは必要です。そしてこの理由から、新築費用を賄える事業所は、比較的高いオーバーヘッドを負担できなくてはなりません――高いというのは、古い建物でもどうしても必要とされる金額と比べてということです。こうした高いオーバーヘッドを負担するには、その事業所は(a)収益性が高いか、(b)補助金をたくさんもらえるところでなくてはなりません。

あたりを見回していただくと、一般に新築ビルの費用を負担できるのは、老舗か高売り上げか、標準化された事業か、あるいはたっぷり補助金の入った事業であることがわかるでしょう。新築ビルにはチェーンストアやチェーンレストランや銀行が入ります。でも近隣酒場や外国レストランや質屋は古い建物に入ります。スーパーマーケットや靴屋は新築ビルに入ることが多いのですが、よい本屋や骨董店はめったに入りません。補助金の多いオペラや美術館は新築ビルに入りますが、芸術の非公式な供給ルート——スタジオ、画廊、楽器屋、画材店、席とテーブルの稼ぎが悪い非経済的な議論も吸収できるような裏部屋——は古い建物に入ります。もっと顕著かもしれませんが、街路や近隣の安全と公共生活に必要で、その利便性と人間的な性質で親しまれている、何百という普通の事業所は、古い建物でならうまくやっていけますが、新築ビルの高いオーバーヘッドだとまちがいなく潰れます。

どんなものであれまったく目新しいアイデアというのは——それが最終的にはどれほど儲かったり成功したりするようになっても——新築ビルの高いオーバーヘッド経済の中では、そんな確率の低い試行錯誤や実験の余地はまったくありません。古いアイデアが新しい建物を使えることはたまにあります。でも新しいアイデアは古い建築を使うしかないのです。

都市内で新築ビルを賄える事業所ですら、すぐ近くに古い建物が必要です。そうでないと、その事業所が一部を占める総合的なアトラクションや総合的な環境は、経済的にあまりに限られたものとなってしまいます——その結果機能的にも限られすぎて、活気のあるおもしろい便利なものになれなくなってしまうのです。都市のどこであれ、花開く多様性というのは、高収益事業、中収益事業、低収益事業に無収益事業が入り交じっているということなのです。

高齢建築が都市街区や街路に対して与える唯一の害は、それがいずれ古いだけの存在になるということです——これはどんなものでも、古びてすりきれてきたら直面する害です。でも都市地域では、そうした状況は古いための失敗ではありません。話が逆です。その地域が失敗しているからこそ、古いだけになってしまうのです。他の何らかの理由やその組み合わせで、そこの事業所や人々のすべてが新しい建設を賄えなくなってしまっているのです。新築や修復を負担できる人々や事業所をつなぎとめられなくなっているのかもしれません。成功した人々や事業所はよそに移転してしまうのです。また、選択の余地のある新参者たちを惹きつけることができません。その場所に機会や魅力が見いだせないのです。そしてときには、そうした地域は経済的にあまりに不毛になりすぎて、よそでなら成長して成功し、自分の居場所を新築したり修復したりしたはずの事業所ですら、この場所ではそうするだけの稼ぎが得られないのです(*31)。

成功した都市地区は、建設に関する限り、一種の果てしない穀倉のような状態が続きます。古い建物の一部は毎年新しいものに改築されます――あるいは改築したに等しい状態へと改修されます。したがって長年たつうちに、そこには時代や種類のちがう建物の混合が生じます。これはもちろんダイナミックなプロセスで、その混合の中でかつては新しかったものが、やがては古いものとなるのです。

ここでも混合一次用途の場合と同じく、時間の持つ経済的な影響が問題になってきます。でもこの場合に想定されているのは、一日の中の時間帯という意味での時間ではなく、何十年、何世代という時間の経済的な効果です。

時間は、ある世代の高い建築コストを、続く世代にとってのバーゲン品にしてくれます。時間は当初の資本コストを支払い、この減価償却は建物が稼ぎ出すべき収益に反映されます。時間は一部の事業所にとって一部の建築を陳腐化させ、他の事業所にそれを提供してくれます。時間は、ある世代の効率的な空間利用を、別の世代にとっての豪華な空間に変えてくれます。ある世紀のごく普通の建物は、別の世紀では便利な変わった建物となります。

新旧建物混在の経済的な必要性は、戦後の建築コスト急上昇、特に一九五〇年代の高騰と関連した異常事態ではありません。確かに、ほとんどの戦後の建物が稼ぐべき収益と、大恐慌以前の建物が稼ぐべき収益との差額は極端に大きいものです。商業空間では、坪当たりの負担費用の差は百パーセント、二百パーセントにものぼります。しかも、古い建物のほうが、新しい建物よりつくりがしっかりしていて、しかも新旧問わずあらゆる建物の維持費は高くなっている場合でもそうなのです。古い建物は、一九二〇年代や一八九〇年代にも、都市の多様性における必須の中身でした。建築費そのものがいかに乱高下しようと、あるいは安定しようと、これはいまも昔も、そして将来も確実なことです。というのも、減価償却した建物は、まだ資本費用の回収がすんでいない建物よりも必要な収入が少ないからです。一貫して上昇し続ける建築費は、古い建物の必要性を強調するだけです。建築費が上がり続ければ、街路や地区における建物の混合の中で、古い建物の占める割合が上がることを必要とするかもしれません。というのも建築費が上がれば、新築費用を賄うために必要な、金銭的な成功の閾値が高くなるからです。

数年前にある都市デザイン会議で、都市においては商業多様性が社会的に必要だという講演をしました。やがてわたし自身の発言が、デザイナーや都市計画家や学生たちから、あるスローガンの形で戻ってくるようになりました（このスローガンは絶対にわたしの発案ではありません）。「街角に雑貨店の余地を残しておかなくてはならない！」

最初わたしは、これは単なる言い回しであって、多様性の全体を表す一例として雑貨店が挙げられているのだと思いました。でもやがて、郵便で送られてくる開発プロジェクトや再開発地域の計画書や図面を見ると、あちこちにものすごい間隔を開けて、文字通り街角の雑貨店のための場所が用意されているのを見かけるようになったのです。こうした計画には「見てください、あなたのおっしゃることにちゃんと留意しましたよ」という手紙がついてきます。

この街角雑貨屋の小細工は、都市の多様性についての

（＊31）これらはすべて、事前にそこにある内在的なハンデと関連したものです。でも、一部の都市地区が手のつけようがないほど古びてしまうのには別の理由もあります。その地区は不動産ローン提供者たちによって、示し合わせた形でブラックリスト入りしているのかもしれません。たとえばボストン市のノースエンドがそうでした。こういう形で近隣をどうしようもなく衰退させる手段は、よく使われるものですし、きわめて破壊的です。でもここでは、都市の地域が多様性を生み出して生き延びる、内在的な経済能力を扱います。

理解としては薄っぺらい尊大なものでしかなく、十九世紀の村にならふさわしいかもしれませんが、今日の活気ある都市地区にはまるで不適切です。実は普通、孤立した雑貨店は都市ではあまり繁栄できません。それは通常は、停滞した多様性の低いグレー地帯のしるしなのです。

それでも、こうした善意のまぬけさを設計した人々は、単におかしなことをしようとしていたわけではないのです。おそらくはかれらなりに、自分に与えられた経済条件の中でできる限りのことをしていたのです。プロジェクトのどこかに郊外型ショッピングセンターを置き、つまらない隅っこに街角雑貨店を置くくらいが、期待できるせいぜいのものなのです。というのもこれらは、全体を大きく新築ビルでカバーするか、あるいは新築と事前に決められた大幅な改修との組み合わせを想定した計画ばかりなのですから。多様性の活気ある種類は、一貫して高いオーバーヘッドによってあらかじめ排除されているのですから（その開発の展望は、一次用途の混合が不足していて、したがって一日の時間帯ごとの顧客分散が不十分であることで、なおさら貧相なものとなっていました）。

孤立した雑貨店も、それが本当に実際につくられた場合ですら（＊32）、その設計者たちが思い浮かべていたような心地よい事業所にはなり得なかったでしょう。その高いオーバーヘッドを負担できるには、(a)補助金を受けるか——それにしてもだれがなぜ？——あるいは(b)定型化した高売り上げの販売工場に変わるしかないのです。

一気につくられた大規模な建築物は、広範な文化・人口・ビジネスの多様性を収容するには本質的に非効率なのです。それは単に商業的な多様性ですら、効率的には収容できません。これはニューヨーク市のストイヴェサントタウンのようなところで見られます。一九五九年、この地区の供用開始から十年以上たった時点で、ストイヴェサントタウンの商業空間を構成する三十二軒の店頭のうち、七つは空いているか、経済的でない形（倉庫代わり、単にウィンドウ広告のためだけなど）で使われていました。これは全店頭のうち二十二パーセントが無利用か低利用だったということです。同時に、その道をはさんだ向かい側は、ありとあらゆる年代や状態の建物が混合していて、店頭は百四十ヵ所ありましたが、そのうち空いていたり低利用だったりするのは十一ヵ所で、無利用や低利用の比率はたった七パーセントです。でも、実際の両者の差はこの数字だけで見たより大きいのです。と言うのも古い街路の空き店舗はほとんどが小さく、接道の長さで測れば比率は七パーセントより低くなります。プロジェクトの店舗はそうではありませんでした。街路の繁盛している側は、建物の年代が混成している側ですが、その顧客の大半はストイヴェサントタウン側から来ているし、しかもそのためには幅の広い危険な幹線道を渡らなくてはならないのです。この現実はチェーンストアやスーパーマーケットにも認識されていて、かれらは新しい店舗を出すのに、プロジェクト側の空き店舗に入るのではなく、年代の混合した環境に出しています。

都市地域における単一時代の建築は、最近ではもっと効率の高い対応力のある商業競争から保護されていることもあります。この保護——それは商業的な独占以上でも以下でもありません——は都市計画業界では非常に「進歩的」と考えられています。フィラデルフィア市のソサエティ・ヒル再開発計画は、デベロッパーの開発したショッピングセンターに対する競争が都市地区全体のどこにも登場しないようにゾーニングで決めています。同市の都市計画者たちは、地域に「食糧計画」というのもつくっていて、これはつまり地区全体に対してある一つのレストランチェーンが、独占的なレストラン経営権を与えられるということです。他の人の食べ物は一切ダメ！ シカゴ市のハイドパーク・ケンウッド再開発地区は、ある郊外型ショッピングセンターのほとんどあらゆる商業について、その計画の主要デベロッパーの所有物件となるように独占権を保持しています。ワシントンの巨大な南西部再開発地区では、大規模住宅デベロッパーは自分自身との競争すら排除するところまでいってしまったようです。このプロジェクトの当初計画は、中央に郊外型ショッピングセンターを配して、あちこちに日用品店を散在させていました——おなじみの孤立した街角雑貨屋という小細工です。ショッピングセンター経済学者が、高いオーバーヘッドを負担する中央の郊外型センターの売り上げを、こうした日用品店が喰ってしまう

(*32) 通常それらは、賃料という経済的現実に直面させられた時点で、計画から落とされるか、あるいは無期限延期になったりします。

かもしれないと予測しました。それを避けるため、日用品店は計画から外されました。このようにして、都市代用品の規格化された独占パッケージが「計画型ショッピング」としてまかり通ることになるのです。

独占計画はこうした本質的に非効率で停滞した、一気につくる仕組みを、経営的には成功に導くことができます。でもそれは、都市の多様性に匹敵するものを魔法のようにつくり出すことはできません。また、都市における年代混成で本質的に多様なオーバーヘッドの持つ、本質的な効率性の代わりにもならないのです。

建物の年代というのは、有用性や望ましさとの関連で見たとき、きわめて相対的なものです。活気ある都市地区では、何一つとして古すぎて選択の余地ある人たちが敢えて使おうとしないなどとは思えません――あるいはいずれその場所が何か新しいものに取って代わられるとも思えません。そしてこの古いものの有用性は、単なる建築的なちがいや魅力の問題ではありません。シカゴ市のバック・オブ・ザ・ヤード地区では、風雨で荒れたこれという特徴もない、おんぼろでおそらくは陳腐化した枠組壁の建物であっても、人々が貯金を崩して賃貸をうながすことができないほどひどいということがあり得ないかのようです――というのもこれは、選択の余地ができるほど成功しても、人々が敢えて出て行こうとしない近隣だからです。グリニッジ・ヴィレッジでは、活気ある地区でバーゲン品住宅を探す中流世帯や、金の卵を探す改修業者にとって、どれほど古い建物だろうと嫌がられることはありません。成功した地区にあっては、古い建物も「じわじわ埋まる」のです。

反対の極として、目新しさが万病の薬であるマイアミビーチでは、築十年のホテルはもう古くさいとされて、もっと新しい他のホテルに客を取られてしまいます。目新しさとその人工的な繁栄のうわべだけのお飾りは、実に目減りしやすい資産なのです。

都市住民や事業所の多くは、新築ビルなど必要としていません。本書が書かれている建物のフロアは、ジムつきヘルスクラブ、キリスト教式室内装飾業者、民主党反乱分子による改革クラブ、リベラル党政治結社、音楽協会、アコーディオン奏者協会、マテ茶通販の引退輸入業者、紙を売りマテ茶の配送もする業者、歯科研究室、水彩教室、宝飾品製造業者が入っています。前に入居していてわたしが来る少し前に転出した店子としては、タキシードの貸し出しをやる人物、地元の労組、ハイチの舞踏団がいました。新築ビルには、わたしたちのような連中の居場所はありません。そして、こちらとしても新築ビルなどに用はないのです（＊33）。わたしたちが、そして他の多くの人々が求めているのは、活気ある地区の古い建物で、わたしたちの中にもその活気をさらに高めることができる人がいるのです。

また都市における新築住宅が文句なしによいとは限りません。新築都市住宅ビルには、多くの欠点がついてきます。そして、都市住宅ビルの各種の長所についての価値評価や、一部の欠点からくるペナルティは、人によって評価の重みづけがちがっています。たとえば一部の人は、小人向けに設計されたような略式食堂よりも、同じお金で広い空間（あるいは同じ面積なら少ないお金）を好みます。一部の人は、音が筒抜けにならない壁を好みます。これは多くの古い建物では得られる長所ですが、新築アパートだと、一部屋月十四ドルの公共住宅だろうと、一部屋月九十五ドルの豪華住宅だろうと得られません（＊34）。一部の人は、居住条件の改善について、一律に無差別な設備改善をしてすべてお金で支払うのではなく、一部は労働や工夫で支払いを行いたいと思うでしょうし、自分にとって最も重要なものを自分で選びたいと思う人もいるでしょう。人々が自らの意志で居残っているスラムを、その住民たちが自発的に脱スラム化するにあたり、奥まった陰気な空間を快適で便利な部屋に変える手段として、色や照明や装備が使えるのを知っている一般人がいかに多いか、寝室のエアコンや電動換気ファ

（＊33）いえいえ、わたしたちとしても最もご遠慮願いたいのは、どこかのお優しい方が、わたしたちがあまり問題視されそうになくて、ユートピア型夢の都市の一角に補助金付きで入居を認められるべきかどうか審査してくださることなのです。

（＊34）「あなた、あたしたちがワシントンスクエアヴィレッジに住むことにした五十一のすばらしい理由の一つが暖炉だったって、本当に確かなの？」と、高価なニューヨーク市の再開発プロジェクトで抗議する住民たちが発行したマンガに出てくる主婦が、こう尋ねています。夫は答えて曰く「え、なんだって？　もっと大きな声で話してくれよ。お隣さんがトイレを流したので聞こえなかった」

ンのことを聞いたことがあるか、荷重を支えていない仕切り壁の撤去について学んでいるか、そして小さすぎるユニットを二つつなげて一つにするやり方さえ学んでいることも、すぐにわかります。古い建物を混ぜると、居住コストや趣味を結果として混ぜることになるので、事業所の多様性を実現すると同時に、居住人口の多様性と安定性を実現するためにも不可欠なのです。

大都市の歩道沿いで最もみごとで楽しい光景のほとんどは、古い地区を巧妙に新しい利用に適合させた部分です。タウンハウスの広間が職人のショールームになったり、厩《うまや》が住宅になったり、地下室が移民クラブになったり、ガレージや醸造所が劇場になったり、美容室がメゾネット式アパートの一階になったり、倉庫が中華料理の工場になったり、ダンススクールがチラシ印刷業者になったり、靴修理店が窓に念入りな絵の描かれた――貧乏人のステンドグラスです――教会になったり、肉屋がレストランになったり。これらは、都市地区に活気があって人間のニーズに応答力を持っていれば、永久に起こり続けるちょっとした変化なのです。

たとえば、それまでまったく収益をあげていなかった空間で、最近ルイビル芸術協会が改装して劇場、音楽スペース、画廊、図書館、酒場、レストランにした以前の歴史を考えてみましょう。もともとそこはファッショナブルなヘルスクラブとして誕生し、それが潰れると学校になり、その後は乳製品会社の厩になり乗馬学校になり、フィニッシング&ダンススクールとなり、またもヘルスクラブになり、芸術家のスタジオになり、また学校、鍛冶屋の工場、倉庫、そしていまや芸術の花開くセンターです。こんな希望や仕組みの連続を予測したりそのための用意をしたりできる人がいるでしょうか？　それができると思えるのは想像力のない人だけです。そしてそんなことをやりたがるのは傲慢な人物だけです。

こうした古い都市建築の永続的な変化や入れ替えは、その場しのぎという言い方もできますが、それは最もぺダンチックな意味においてでしかありません。それはむしろ、ある形の原材料が正しい場所で見つかったということなのです。それは他には生まれなかったはずの用途に使われたのです。

その場しのぎで見るからに悲しいものと言えば、都市の多様性が非合法とされてしまうことです。ブロンクス特別区にあるパークチェスターの、広大な中流階級向けの開発プロジェクトには、定型化したありきたりな商業（当然その一部は空き家になっています）が並んでいて、そこはプロジェクト内部での許認可のない競争や補遺から守られています。その外側には、入ってこられない商業が寄り集まって、パークチェスター住民に支持されています。プロジェクトの角を過ぎたところには、もとガソリンスタンドだった穴だらけのアスファルト敷地の上に醜く固まって、プロジェクトの人々が明らかに必要としている他の商業がいくつか集まっています。消費者金融、楽器屋、中古カメラ売買、中華料理屋、余り物衣服店。他にどれだけのニーズが満たされずにいるのでしょうか？　混合した建物年代が、一挙建設の経済的死後硬直に置き換わり、その本質的な非効率性と、その結果として何らかの「保護主義」の必要性が生じれば、何が必要とされているかなどという議論は、単なる学術的な空論でしかないのです。

都市は一次多様性の混合と、二次的多様性を育成するために、古い建物の混合が必要なのです。特に、新しい一次多様性を育成するためには、都市は古い建物が必要なのです。

もし育成がうまく成功したら、その建物の収益性は向上する可能性があるし、実績もそれを裏付けています。グレイディ・クレイは、これがたとえばルイビル市の見本靴市場ですでに見られていると報告しています。「市場が買い物客を惹きつけはじめたときには、賃料はとても低かったんです。売り場が六×十二メートルだと、月額二十五ドルから五十ドルくらいです。それがいまや七十五ドルまで上がっています」。都市にとって経済的に重要な資産となる事業所の多くは、小さな貧しいところから出発し、やがては改修や新築の費用を賄えるだけの存在になります。でもこのプロセスは、出発点となる低収益空間が適切な場所になければ、起こりようがありません。

一次多様性のよい混合を導入する必要のある地域は、古い建物にかなり依存しなくてはなりません。特に多様性を引き起こすための意図的な試みの初期にはそうです。たとえばニューヨーク市のブルックリン特別区は、多様性の量や、魅力と活気を高める必要がありますが、そのためには居住と業務の組み合わせを最大限に経済的に活用しなくてはなりません。こうした一次的な組み合わせが、有効で集中した比率で存在しないと、ブルックリンは二次的多様性の潜在力を発揮しようがないのです。

ブルックリン特別区は、立地場所を求めている大規模な確立した産業を誘致したくても、郊外とうまく競合できません。少なくともいまは無理ですし、まして郊外を相手に、郊外の条件で郊外式のやり方で勝つなど絶対に無理です。ブルックリンはまったくちがう資産を持っています。ブルックリンが居住と業務の一次混合を最大限に活用したいのであれば、それは業務事業所を育てて、そしてできるだけ長くその事業所を捕まえておくしかありません。そしてそのような事業所をなるべく高い居住人口の集中と組み合わせ、短い街区をつくって、その業務事業所の存在を最大限に活用することです。かれらの存在を活用すればするほど、業務用途もしっかり捕まえておけるはずです。

でもそうした業務用途を育成するには、ブルックリンに古い建物が必要です。そしてまさに、その事業所がそこで果たしてほしい機能の実現にそれが必要なのです。

というのも、ブルックリンはかなりの育成機能を持っています。毎年、ブルックリンに流入する製造業企業よりも、ブルックリンから転出する製造業企業のほうが多いのです。それなのに、ブルックリンにある工場の数は増え続けています。ブルックリンのプラット大学の学生三人（＊35）が書いた論文が、このパラドックスをみごとに説明しています。

その秘密は、ブルックリンが産業の育成装置だということである。小ビジネスが絶えずこの地で起業しているのだ。たとえば機械技術者二人が、他人の下で働くのに飽きて、ガレージの奥で起業する。それが成功して成長する。やがてはガレージでは手狭になって、屋根裏を借りる。いずれはビルを買う。それでも手狭になって、自社ビルを建てることになったら、クイーンズやナッソーやニュージャージーに転出する可能性は高い。でもそれまでの間に、かれらと似たような企業が二十社から五十社は起業しているのである。

なぜ自社ビルを建てる頃には転出してしまうのでしょうか？　まず一つには、ブルックリンはこうした新規産業の必需品――古い建物や、中小企業にとっては必須の広範な他の技能や供給業者との近接性――以外には、あまりに魅力が少ないのです。また別の理由としては、業務系のニーズについての計画には、努力がほとんど、いやまったく行われていません――たとえば都市に出入りする自家用車で渋滞する幹線道路には、大金が投資されているのに、市の古い建物や港湾や鉄道を使う製造業者のための輸送用幹線道路には、それに匹敵するだけの考慮も資金も投資されていません（＊36）。

ブルックリンは、他のアメリカの衰退都市地域と同様に、必要以上の古い建物を擁しています。別の言い方をすれば、その近隣の多くでは長いこと、新しい建物の段階的な増加が起こらなかったということです。でも、ブルックリンが手持ちの資産や長所をもとに成長するのであれ――そしてこれは都市が成功する唯一の方法です――こうした広範に分布する古い建物の多くは、その過程で不可欠なものとなるでしょう。改善をもたらすには、いま欠けている多様性を生み出すための条件を供給するべきであって、古い建物を大量に一掃してはいけません。

あたりを見回すと、プロジェクト建設の日々以前から、一気に建てられた都市近隣の衰退例はたくさんあります。しばしばそうした近隣はファッショナブルな地域としてスタートしました。あるいは、ときにはしっかりした中

（＊35）スチュアート・コーエン、スタンリー・コーガン、フランク・マルチェリーノ

（＊36）拡張するビジネスが都市内に立地するにあたっての大きな阻害要因とされることが多い地価は、建設費やその他あらゆる費用に比べて、その比率をどんどん下げてきています。たとえばタイム社は、周縁部のずっと安い敷地ではなく、マンハッタン中心の高価な敷地に建てることを決めました。その決定は各種の理由にもとづいていましたが、その中の一つは土地保有コストよりも、従業員が不便な場所からでかける外出用のタクシー代だけでも高くつくというものだったのです！「アーキテクチュラル・フォーラム」誌のスティーブン・G・トンプソンは、再開発用の補助金のおかげで都市の用地費は、その建物のじゅうたん代より安いという指摘を（未刊行ですが）行っています。じゅうたん代より高い用地費を正当化するためには、都市は都市でなくてはならず、機械や砂漠であってはならないのです。

流向け地域としてスタートすることもあります。どんな都市にも、そういう物理的に均質な近隣はあるのです。

通常、まさにそうした近隣は多様性の創出に関する限り、あらゆる形でハンデを抱えることになります。そうした近隣が持続できずに衰退する原因のすべてを、その最も明らかな不運、つまり一度に建てられたせいにすることはできないでしょう。それでも、これはそうした近隣のハンデの一つだし、そして残念ながら、建物が古びてもその影響はずっと長いこと続きかねないのです。

そうした地域が新しいときには、都市の多様性に何ら経済的な可能性を提供しません。各種の原因から生じる退屈さというペナルティは、早いうちからこの近隣に刻印を記すことになります。それは立ち去りたい場所になります。そして建物が実際に古びてくる頃には、その近隣が持つ唯一の役に立つ都市的属性は価値が低いということだけになりますが、それだけでは不十分なのです。

一気に建てられた近隣は、通常は年月がたっても物理的にほとんど変わりません。わずかに起こる物理的な変化は悪い方向へのものです——徐々に荒れて、少数の不規則な新規利用がちらほら生じるだけ。人々はこうした少数の不規則なちがいを見て、それが激変の証拠か、ときにはその原因だと考えるようになります。荒廃と戦え！　かれらは近隣が変わったことを嘆きます。でも実際には、物理的にはそこは驚くほど変わっていません。むしろそこに対する人々の気持ちが変わったのです。近隣は奇妙にも己を更新できず、己を活気づけることもできず、自己修復もできず、新世代に好きこのんで選択し求めてもらうこともできません。死んでいるのです。実はそれは生まれたときから死んでいたのですが、死体が腐臭を放ちはじめるまでみんなあまりそれに気がつかなかったのです。

最後に、荒廃を修繕して戦おうというかけ声が失敗すると、それをすべて一掃して新しいサイクルを始めようという決定がやってきます。古い建物の一部は、「再生して」新築と経済的に同等にできれば残すことに決まるかもしれません。新しい死体が設置されます。まだ腐臭はしませんが、でも前と同じくらい死んでいて、前と同じくらい、生のプロセスをつくり上げるような継続的な調整や適応や再配置ができません。

こんな陰惨であらかじめ失敗のわかっているサイクル

が繰り返されるべき理由はありません。こうした地域を検討して、多様性生成に必要な他の三条件のどれが欠如しているのかわかれば、そしてその三条件が最大限に改善されれば、古い建物の一部は潰さなくてはなりません。追加の街路をつくり、人口密度を上げ、官民問わず新規の一次利用のための場所を見つけましょう。でも古い建物の十分な混合は残されなくてはなりませんし、また残ったものは、過去からの衰退や過去の失敗の証拠以上のものになるのです。それは地区にとって必要で価値のある、各種の中収益、低収益、無収益の多様性各種が入る場所となるのです。新築ビルの経済価値は、都市ではあ交換可能なものです。それはもっと建設費を使えば交換可能です。でも古い建物の経済的価値は、好き勝手に交換できません。それは時間がつくり出すものです。この多様性にとっての必須条件は、活気ある都市近隣が過去から受け継ぐことしかできず、そして年月をかけて維持するしかないのです。

第11章　密集の必要性

条件4：十分な密度で人がいなくてはなりません。何の目的でその人たちがそこにいるのかは問いません。そこに住んでいるという理由でそこにいる人々の人口密度も含まれます。

何世紀にもわたり、都市について考えてきたおそらくあらゆる人は、人々の密集とかれらが支えられる専門性に何らかのつながりがあるようだということに気がついてきました。その一人であるサミュエル・ジョンソンは、この関係について一七八五年にすでに言及していいます。かれはボズウェルにこう語っています。「薄く散らばった人々は、何とかやりくりはできるが、でもそれは劣悪なやりくりでしかなく、あまり多くのことはできない。(中略)利便性を生み出すのは密集なのである」

観察者たちはこの関係を、ちがった時代や場所で絶えず再発見し続けています。だから一九五九年に、アリゾナ大学のビジネス科教授ジョン・H・デントンは、アメリカの郊外やイギリスの「ニュータウン」を研究して、こうした場所は文化的な機会維持のために、都市への容易なアクセスに依存せざるを得ないという結論に達しました。「ニューヨーク・タイムズ」紙はこう報じています。「彼がこの発見の根拠としたのは、文化施設を支えるのに十分な人口密度の欠如である。デントン氏は(中略)分散化がこうした希薄な人口の広がりを生み出してしまい、したがって郊外部に存在できる唯一の有効な経済需要は、多数派向けのものだけだとしている。提供される財や文化活動は、多数派が求めるものだけだ、とかれは述べた」等々。

ジョンソンもデントン教授も、大人数がもたらす経済的な影響について語っています。でもそれは、希薄に広がった人口を無制限に寄せ集めたような人数ではありません。かれらが言っているのは、人々の密集度がどれほど濃いか薄いかが大いに関係しているようだということ。わたしたちが高密とか低密とか言っているものの影響を比べていたのです。

この密集度――または高密度――と利便性や他の多様性との関係は、ダウンタウンに関する限り全般によく理解されています。都市のダウンタウンにはものすごい数の人々が集中することはみんな知っていますし、また集中しなければそれはダウンタウンと呼べるほどのものにならない――ましてダウンタウンの多様性などまったくない――ということも理解しています。

でもこの密集と多様性の関係は、一次用途が居住である都市地区となると、ほとんど考慮されません。でも、居住はほとんどの都市地区で大きな部分を構成しています。地区に住む人々は、その場所にある街路や公園や事業所を利用する人の相当部分を占めるのが通例です。そこに住む人々の密集に助けてもらわないと、人々が住み、便利さも多様性も必要としているところにそれがほとんど生じなくなってしまいます。

確かに地区の住宅は（その土地の他のどんな利用でもそうですが）他の一次用途で補って、街路にいる人が時間帯ごとに分散するようにすべきです。その経済的理由については第8章で説明しました。こうした他の用途（業務、娯楽等々）は、密集に有効な貢献をするのであれば、市街地を高度利用しなくてはなりません。もし単に物理的な場所を占有するだけで、ほとんど人手がかからないような用途なら、多様性や活気にはほとんど何も貢献しません。この点についてあれこれ説明する必要はないでしょう。

でも同じ論点が住宅についても同じくらい重要なのです。都市住宅も、高度な土地利用を実現しなくてはなりません。それは地価より遥かに深い理由があります。一方でこれは、ありとあらゆる人をエレベータ式の高層アパート――あるいは、何か一、二種類の住戸形式――に住まわせることができるとか、そうすべきだとかいうことでもありません。その種の解決策は、多様性を別の方向から阻害するので、多様性を殺してしまいます。

　住戸密度は多くの都市地区とその将来の発達にとって実に重要であり、しかも活気の要因としてあまりに考慮されていないので、この章では都市密集のこの側面に専念することにします。

　高い居住密度は、正統派都市計画や住宅理論においては悪者にされています。それはありとあらゆる問題や失敗のタネだということになっています。

　でも少なくともアメリカの都市では、高密度とトラブル、高密度とスラムとの相関とされているものは、ひたすらまちがっています。実際の都市を見るだけの手間をかける人ならだれにでもわかることです。その例をいくつか挙げましょう。

　サンフランシスコ市で、住戸密度最大の地区――そして住宅地で建蔽率の最も高いところ――はノースビーチ・テレグラフヒルです。これは人気のある地区で、大恐慌と第二次大戦に続く数年で、自発的に着実な脱スラム化を果たしたところです。一方、サンフランシスコ市最大のスラムは、ウェスタン・アディションという地区です。ここは着実に衰退して、いまや大規模な取り壊しが行われています。このウェスタン・アディション（まだ新しかった時代には、非常によい住宅地とされていました）はノースビーチ・テレグラフヒルより遥かに低い住戸密度であり、それを言うならファッショナブルなロシアンヒルやノブヒルよりも低かったのです。

　フィラデルフィア市で、自発的に更新が進んでその周縁部を拡大している唯一の地区は、リッテンハウス広場です。そしてここは、インナーシティで再開発や取り壊しが予定されていない唯一の場所です。住戸密度はフィラデルフィア市で最高です。北フィラデルフィアのスラムは、同市で最悪の社会問題を示しています。ここの住戸密度は平均で、リッテンハウス広場のほとんど半分です。フィラデルフィア市でさらなる衰退と社会無秩序を示している広大な領域は、リッテンハウス広場の半分以下の住戸密度しかありません。

　ニューヨーク市のブルックリンで、一般に最もうらやましがられて、人気があり、更新を続けている近隣はブルックリンハイツです。ここの住戸密度はブルックリン特別区で最高の水準です。失敗したり衰退したりしているブルックリンの、果てしなく広がるグレー地帯は、ブルックリンハイツの半分以下の住戸密度です。

マンハッタンでは、ミッドタウンのイーストサイドで最もファッショナブルな一角と、グリニッジ・ヴィレッジで最もファッショナブルな一角の密度は、ブルックリンハイツ中心部と同じくらいの水準です。でも、おもしろいちがいも見られます。マンハッタンでは、高い活気と多様性を持つきわめて人気ある地域が、こうしたファッショナブルな一角を取り囲んでいます。そうした地域では、住戸密度はもっと高くなっています。ところがブルックリンハイツでは、ファッショナブルな一角を囲んでいる近隣では住戸密度は下がります。活気と人気も下がっています。

ボストン市では、本書の序章で述べたように、ノースエンドが脱スラム化を果たして、市で最も健康的な地域の一つになっており、最高水準の住戸密度を持っています。一世代にわたりだんだん衰退し続けているロックスベリー地区は、ノースエンドの住戸密度の九分の一です(＊37)。

都市計画の文献に登場する過密なスラムは、住戸密度の高い活気に満ちた地域なのです。過密なスラムというのは、現実のアメリカ生活において、住戸密度の低い退屈な地域であるのが通例です。カリフォルニア州のオークランド市で、最悪で最も広範なスラムは、戸建ての一、二世帯向け住宅が二百街区も広がるところで、もう都市的な密度と言えないような密度しかありません。クリーブランド市最悪のスラムも、三平方キロ近い似たような代物です。デトロイト市は今日、果てしないほどに思える低密度な失敗地区が何平方キロも広がっています。ニューヨーク市の東ブロンクスは、各地の都市で見放されているグレー地帯の象徴になれそうなほどの場所ですが、密度は全市平均の遥か下です(ニューヨーク市の平均住戸密度は純住宅地一エーカーあたり五十五戸)。

とは言え、都市で住戸密度が高いところはどこでも成功するという結論に飛びついてもダメです。高密なだけでも成功しないし、またこれこそ「まちがいない」答えだと思うのは、とんでもない過剰な単純化です。たとえば、チェルシーや、ひどくダメになったアップタウンのウェストサイド、ハーレムの大半は、どれもマンハッタンにあって、グリニッジ・ヴィレッジやヨークヴィル、ミッドタウンのイーストサイドと同じくらいの高い住戸密度を示しています。かつては超ファッショナブルだったリバーサイド・ドライブは、今日では問題まみれですが、住戸密度はさらに高いのです。

人々の密集と多様性創出との関係が、単純な比例関係だと考えたら、密度の高低の影響は理解できません。この関係の結果（ジョンソン博士とデントン教授がどちらも単純で大雑把に述べたものです）は、他の要因にも大幅に影響されます。そのうち三つについては、この前の三つの章で述べてきました。

住民が密集しても、それがどんなに高密だろうと、他の不足により多様性が抑圧されたりじゃまされたりすれば「十分」ではありません。極端な例として、住宅がいくら密集しても、型にはまったプロジェクトなら多様性を生み出すには「十分」ではありません。型にはめられているのだから、多様性なんか生まれようがないからです。そして計画されない都市近隣でも、建物があまりに規格化されすぎていたり、街区が細長すぎたり、居住以外の一次用途の混合がなかったりすれば、ほとんど似たようなことが別の理由から生じます。

それでも、都市の多様性が花開くためには人々の高密な集中が必要条件の一つだというのは確かです。そしてここから言えるのはやはり、人々が住む地区においては居住用に取り置かれた土地に、住戸が高密に集中していなくてはならないということです。多様性が、どこにどれだけ生じるかを左右する他の条件は、十分な数の人々がそこにいなければそもそも何も左右しようがありません。

低密都市が、事実の裏付けもないのにこれまでよいものとされ、高密都市が悪者扱いされているのは、住戸の高密さと住戸内の過密とがしばしば混同されているからです。高密度というのは、面積あたりの住戸数が多いということです。過密というのは、住戸の居室数に対して住んでいる人の数が多すぎるということです。国勢調査での過密の定義は、一部屋あたり一・五人以上というものです。これは土地面積あたりの住戸数とはまったく関係ありません。ちょうど現実の生活で、高密度と過密とが何の関係もないのと同じです。

この高密度と過密との混同は、密度の役割を理解するのにあまりに邪魔になるので、ここで手短に説明してお

(＊37) これら事例の密度の数字を挙げましょう。これは純住宅地面積(訳注：道路部分や公共用地を含めないということ)一エーカーあたりの住戸数で示してあります。数字が二つ挙がっているときには、それはその場所の平均が収まる数字の範囲を示しています(この種のデータはしばしばそのような形で集計されています[訳注：一エーカーは約〇・四ヘクタールなので以下の数字を二倍するとだいたい一ヘクタールあたりの数字になる])。サンフランシスコ市：ノースビーチ・テレグラフヒル、八〇－一四〇、ロシアンヒルとノブヒルと同じくらいだが、ノースビーチ・テレグラフヒルのほうが建物の宅地被覆率が高い。ウェスタン・アディション、五五－六〇。フィラデルフィア市：リッテンハウス広場、八〇－一〇〇、北フィラデルフィアのスラム、約四〇、問題のある連棟住宅街、通常は三〇－四五。ブルックリン：ブルックリンハイツ、中心部は一二五－一七四、その他のほとんどでは七五－一二四。それを過ぎると四五－七四に下がる。衰退したり問題のあるブルックリン地区の例として、ベッドフォード・ストイヴェサントでは半分が七五－一二四で半分が四五－七四。衰退中のブルックリン地区の一部は、一五－二四まで下がる。マンハッタン：イーストサイドの最もファッショナブルな一角は一二四－一七四。ヨークヴィルでは上がって一七四－二五四。グリニッジ・ヴィレッジの最もファッショナブルな一角、一二四－一七四、安定した古い脱スラムのイタリアコミュニティを含む残りの大半では二五五以上に上昇。ボストン市、ノースエンド二七五、ロックスベリー、二一－四〇。

ボストン市とニューヨーク市についての数字は都市計画委員会の計測集計から、サンフランシスコ市とフィラデルフィア市は都市計画局職員や再開発局職員の推定です。

あらゆる市はプロジェクト計画において些末な密度分析にこだわってみせますが、プロジェクト以外のところの密度について正確なデータを持っているところは驚くほど少ないのです(ある都市計画局長は、そこを潰したときの移転問題がどれほど大きいかの目安とする以外にそんなものを調べる意義がわからないと言いました!)。わたしの知るどの都市も、成功した人気のある近隣の平均密度を構成するのに、局所的な建物ごとの密度変化がどうなっているのか調べたりはしていません。ある都市計画局長は、その市で最も成功している地区について、小スケールでの具体的な密度分布について尋ねると、「そういう地区について一般化するのは難しすぎますよ」と文句を言いました。そういう地区について一般化するのが難しかったり不可能だったりするのは、まさにそれが、それ自体として「一般化」されたり標準化されたりできる部分がほとんどないからなのです。それらの構成要素の気まぐれさ加減や多様性こそがまさに、成功する地区の平均密度についての最も重要で最も無視されている事実です。

きます。これはまたもや、田園都市計画から受け継いだ混乱の一つなのです。田園都市計画者たちやその弟子たちは、面積あたりの住戸が多い（高密）と同時に、個々の住戸に人が多すぎる（過密）スラムを見て、過密な居室という事実と、それとはまったく異なる高密に建てられた土地という事実とを区別し損ねたのです。どのみちかれらは、このどちらも同じくらい嫌って、ハムと卵のように両者を組み合わせ、おかげで今日に至るまで住宅屋や都市計画屋たちは「こうみつとかみつ」とまるで一語であるかのようにまとめて口走ります。

この混乱にさらに拍車をかけたのが、住宅プロジェクトによる救世を支援すべく、改革者たちの多くが使う統計的な化け物――生の人口密度という数字です。このおっかない数字は、面積あたり住戸がいくつあって居室がいくつあるかについて、何も物語ってくれませんし、大きな問題を抱えた地域について、この数字が挙がると――この数字が出るときはたいがいそうです――それを見ればこんな大量の人々の密集は何やらゾッとするようなものだという示唆がつきまとっています。人々が一部屋に四人住んでいるとか、あるいはあらゆる形で悲惨が濃縮されているといった事実は、ほとんど関係なくなってしまいます。ボストン市のノースエンドには住宅地一エーカーあたり九百六十三人が住んでいますが、死亡率は人口千人あたり八・八人（一九五六年）で、結核死亡率は一万人あたり〇・六人です。一方、ボストン市のサウスエンドは住宅地一エーカーあたり三百六十一人で、死亡率は千人あたり二十一・六人、結核死亡率は一万人あたり十二人です。サウスエンドについて、何かとてもよくないことが起きているという指標が、そこの人口密度がエーカーあたり千人近い数字ではなく三百六十一人しかいないせいだと主張するのはバカげています。事実はもっとややこしいのです。でも同じように、人口密度がエーカーあたり千人という惨めな水準を挙げつらい、この数字はよろしくないのだと主張するのもバカげています。

高密と過密とのこうした混同はあまりにありがちなので、田園都市の大計画家の一人であるレイモンド・アンウィン卿は『過密では何も得られない』と題する小論を発表しましたが、これは実は過密とは何の関係もなく、むしろ低密住宅をスーパーブロック式に配置したものについての小論でした。一九三〇年代になると、住戸の中での人々の過密と、土地に建物が「過密」とされたもの(つまり都市住戸密度と建蔽率)は意味も結果も実質的に同じものと見なされていましたし、そもそものちがいなど最初から考慮すらされない場合も多かったのです。ルイス・マンフォードやキャサリン・バウアーのような評論家は、都市の非常に成功した地域が高い住戸密度と高い建蔽率を持っていることを無視できなくなると、そうした人気ある場所で快適に暮らしている幸運な人々は実はスラムに住んでいるのに、活動が活発なのでそれに気がつかないいか、それを嫌だと思わないのだ、という言いぐさに逃げます(マンフォードはいまでもこの立場です)。

住戸内の過密と、住宅の高密さとは、常に独立して存在しています。ノースエンド、グリニッジ・ヴィレッジ、リッテンハウス広場、ブルックリンハイツは、それぞれの都市内では高密ですが、わずかな例外をのぞいて住戸内は過密ではありません。サウスエンドや北フィラデルフィアやベッドフォード・ストイヴェサントは密度はずっと低いのですが、その住戸あたりの人数は多すぎ、住戸内は過密であることが多いのです。今日では、高密な地域より低密な地域で過密が見られることのほうが多いのです。

また、いまアメリカの都市で実施されているようなスラム取り壊しは、通常は過密問題の解決とは何の関係もありません。それどころかスラム取り壊しや再開発は、通常は問題を悪化させます。古い建物が新しいプロジェクトで置き換わると、住戸密度は以前より低く抑えられることが多いので、その地区にある住戸数は前より減ります。前と同じ住戸密度が再現されたり、少し上がったりする場合でも、そこに収容される総人数は減ります。そこを追い出される人々は過密だったことが多いからです。結果として、どこかよその地域で過密が悪化します。特に有色人種は、住めるところがなかなか見つからないのに追い出されます。あらゆる都市は過密を禁じる法律を形の上では持っていますが、市自らの再開発計画が、新しい地域で過密を強いるならば、そういう法律を実施することはできません。

理論的には、都市近隣に多様性を生み出すのに必要なだけの高密な集中度を持った人々は、十分に高い住戸密度の地域に住んでもいいし、住戸密度が低いところに過密に暮らしてもいいはずだと思うかもしれません。どちらの条件でも、人口密度は同じです。でも現実の世界では、両者の結果は異なります。十分な住戸数にそれぞれ十分な人々が住んでいれば、多様性は生み出されるし、人々は自分たちの近隣固有のものごとの混ざり具合に対して愛着と忠誠を発達させ、そこに破壊的な力——一部屋あたりの人数が多すぎて住戸が過密になること——が組み込まれ、必然的に各種の狙いが足を引っ張り合うこともありません。十分な住戸数にそれぞれ十分な人々が住んでいれば、多様性とその魅力は容認できる水準の生活条件と組み合わさり、選択肢ができた人々のうち居残る人々も増えます。

住戸や居室内での過密は、アメリカではほぼ確実に、貧困か差別の症状であり、とても貧乏だったり、居住地差別による被害者だったり、あるいはその両方がもたらす、数々の腹が立つ残念な重荷の一つ(でもたった一つ)です。実は住戸密度の低いところで起こる住戸内の過密は、住戸密度の高いところで起こる過密よりもっと陰気で破壊的です。というのも住戸密度が低いところでは、気晴らしや逃避になる公共生活が少ないし、不正と無視に対して政治的に反撃するための手段も少ないからです。

だれしも過密は嫌いだし、それに耐えねばならない人々はなおさらそうです。好き好んで過密になる人はほとんどいません。でも、高密な近隣に好き好んで住む人は、結構います。過密な近隣は、住戸が高密だろうと低密だろうと、通常は選択肢を持っている人々が過密でない形で住んでいたときに、うまく機能しなかったような近隣です。選択肢のある人々はそこを去りました。時間をかけて自然に過密を解消した近隣や、過密解消を数世代にわたって続けてきたような近隣は、うまく機能してきた場所であり、選択肢のある人々の忠誠心を惹きつけて維持するような近隣であることが多いのです。アメリカの都市を取り巻く、相対的に密度の低い巨大なグレー地帯は、衰退して放棄されつつあったり、衰退して過密になりつつあったりします。それは大都市における低い密度の典型的な失敗例を示す、重要な信号なのです。

都市住戸の適切な密度とはどのくらいでしょうか?

これはリンカーンが「人の脚はどのくらいの長さであるべきでしょうか」と尋ねられたときの答えと少し似ています。リンカーンの答えは、地面に届くだけの長さがあればいい、というものでした。

まったく同じように、適切な都市の住戸密度は、そのパフォーマンス次第です。これこれの人数の人口（それもどこか従順な空想上の社会に住んでいる人々）に理想的に割りあてられるべき土地の量に関する抽象論にもとづくことはできません。

都市の多様性を促進せずに、その足を引っ張るようなら、その密度は低すぎるか高すぎるのです。このパフォーマンスの悪さは、その密度が高すぎたり低すぎたりする原因です。密度を見るときには、カロリーやビタミンを見るのと同じような見方をしなくてはいけません。適正な量が適正かどうかは結果次第です。そして何が適正かは個別の例でちがってくるのです。

こちらではうまく機能する密度が、あちらではうまくいかない理由を理解するために、まずは密度の低いほうから始めましょう。

きわめて低い密度、純住宅地一エーカーあたり六戸以下は、郊外でならうまくやっていけます。こうした密度での敷地は、二十×三十五メートルかそれ以上となります。郊外地でも、もちろんもっと密度が高いところはあります。エーカーあたり十戸だと、住宅用敷地は平均で、十五×三十メートルより少し小さいくらいです。これは郊外生活だと手狭ですが、巧妙な敷地計画とよい設計や、まともな郊外立地であれば、郊外かそれにそこそこ匹敵するものがつくり出せます。

エーカーあたり十戸から二十戸となると一種の準郊外ができます（＊38）。これは小さめの敷地に建つ戸建てか二世帯住宅、あるいはかなりぜいたくな庭や植栽を持つ、大きめの連棟住宅となるでしょう。こうした構成は、退屈になりがちですが、都市生活から隔離されている限り成り立つし、安全なものです。都市の活気や公共生活を生み出すことはないでしょう——人口が希薄すぎるのです——し、都市の歩道の安全性を維持するにも役立たないでしょう。でも、かれらはそんなことをする必要が生

（＊38）厳密な田園都市計画の古典的な理想はこの範囲です。エーカーあたり十二戸となっています。

じないかもしれません。

でもこの手の密度が都市を取り囲んでいると長期的には悪い結果になりがちで、グレー地域を運命づけられています。都市が成長を続けるうちに、こうした準郊外をそこそこ魅力的にして機能させてきた特徴が失われます。それが都市に飲み込まれてその身中奥深くに位置するようになると、それまで持っていた真の郊外や地方部への地理的近接性をもちろん失います。でもそれ以上に、そこは社会経済的にお互いに私的生活に「適合」しない人々からの保護を失い、都市生活の持つ特異な問題に対して超然としていられなくなります。都市と通常の都市問題に飲み込まれた準郊外は、そういう問題に対処するための都市の活力を持っていません。

ひと言で、エーカーあたり二十戸以下の密度が正当化できないわけではなく、そうした密度にすべきまともな理由だってあるのですが、それはその住戸や近隣が大都市の一部や一区画でない場合だけです。

こうした準郊外密度を超えると、都市生活の現実からはごく一時的であっても、ほとんど逃れようがありません。

都市では（ここでは町のような、地元での自己完結性がないことをお忘れなく）、エーカーあたり二十戸以上の密度ということは、地理的には近くに住んでいる人々の多くがお互いに見知らぬ同士であり、時間がたっても知り合いにならないということです。それだけでなく、似たような密度かそれ以上の近隣が近くにあるため、よそからの見知らぬ人々が入ってきやすいことにもなります。

いったん準郊外密度が突破されると、あるいは郊外立地が飲み込まれると、いささか唐突に、まったくちがった種類の都市居住地が生じます――いまやちがった種類の日常的な仕事を扱わねばならず、それを扱うちがった手法が必要で、ある種の資産はないのに別の資産の潜在性はあるというような居住地です。その時点から、都市居住地は都市の活力と都市の多様性を必要とするようになるのです。

でも残念ながら、都市につきものの問題をもたらすのに十分な密度は、都市の活力や安全、便利さや興味を生み出す役割を果たすのに十分な密度とはまったく限りません。だから、準郊外の特徴と機能が失われる水準から、活気ある多様性と公共生活が生み出される水準までの間には、大都市の住戸密度としてかなり広い幅が存在することになります。これを「どっちつかず」密度と呼びましょう。この密度は準郊外生活にも都市生活にも適していません。通常は、そこには各種の問題しか起こらないのです。

この「どっちつかず」密度は、定義からして、上限はまともな都市生活が開花して建設的な力が働きはじめるところとなります。それがどこかは場合によります。都市によってもちがうし、同じ都市の中でも、そうした住宅が他の一次用途にどれくらい手助けされているか、そしてその地区の活気や独自性に惹かれる利用者からどのくらい支援を受けているかによっても変わってきます。

フィラデルフィア市のリッテンハウス広場やサンフランシスコ市のノースビーチ・テレグラフヒルのような地区は、どちらも用途の混合や外部利用者への魅力という点でかなりの幸運を享受しています。いずれの地区も、純住宅地一エーカーあたりおよそ百戸という密度で、明らかに活力を保っています。一方、ブルックリンハイツでは、この密度では明らかに不足です。ここだと、平均が純住宅地エーカーあたり百戸に下がると、活力も低下するのです（＊39）。

活力のある都市地区の中で、エーカーあたり百戸をずっと下回る密度を持つところは一ヵ所しか知りません。

（＊39）一部の都市計画理論家たちは、都市の多様性と活気を訴えつつ、同時に「どっちつかず」密度を推奨したりします。たとえば「ランドスケープ」誌一九六〇－六一年冬号で、ルイス・マンフォードはこう書いています。「さて都市の偉大な機能とは（中略）あらゆる人物、階級、集団間の出会い、遭遇、挑戦の可能性を最大の数だけ可能にし、それどころか奨励して引き起こすことである。それは社会生活のドラマが演じられる舞台を提供するとでも言おうか。そしてそこでは観客がこんどは役者となり、役者が次は観客となるのである」。でも次の段落で、かれはエーカーあたり密度が二百から五百人（強調はわたしです）の都市地域をけなして、「公園や庭を一体的な一部として設計し、密度はエーカーあたり百人以下か、あるいは子供のいない人々の地区では、エーカーあたり百二十五人以下にすべきである」と推奨します。エーカーあたり百人の密度ということは、住戸密度はエーカーあたり二十五－五十戸くらいとなります。都市性とこのような「どっちつかず」密度は理論の上でしか組み合わせられません。これは都市の多様性を生み出す経済のために相容れないのです。

これはシカゴ市のバック・オブ・ザ・ヤード地区です。ここが例外でいられるのは、この地区が政治的に、通常なら高密な集中がなくては得られないような便宜を、政治的に受けられるからです。「どっちつかず」密度なのにこの地区は、大都市で幅をきかせられるくらいの人々を擁しています。というのもその機能してる地区の領域は、他の地区が名目上でしか実現できないほど地理的に遥かに広がっているからであり、そして同地区はこの大きな政治力のすべてを驚くほどの手腕と決意を持って活用して自分の必要としているものを手に入れます。でもバック・オブ・ザ・ヤード地区ですら、視覚的な単調さ、ちょっとした日々の不便さ、あまりに異質に見える見知らぬ人への恐怖という、ほとんど常に「どっちつかず」密度につきまとう欠陥を抱えています。バック・オブ・ザ・ヤード地区は地区人口の自然増に対処するため、だんだん密度を高めつつあります。ここで行われているように密度を徐々に上げるのは、地区の社会経済的な資産を犠牲にするものではまったくありません。それどころか、その資産を強化しているのです。

「どっちつかず」密度の上限がどこなのか機能的な答えを出すなら、地区がその範囲から逃れるのは、その土地で居住に供されている土地が、二次都市多様性が花開き、活気を生み出すのに役立つくらいのよい一次多様性をもたらすほど高密になったときと言えます。ある場所でこれを実現できる密度の数字は、他の場所では低すぎるかもしれません。

数値的な答えはこの機能的な答えよりは意義が小さいものです（そして残念ながら、それは教条主義的な人々が、生活からくるもっと真実でもっと精妙な報告に対して耳を閉ざす原因になりかねません）。でもわたしの判断では、「どっちつかず」密度から脱する数値的な限界は、おそらくエーカーあたり百戸くらいではないかと思います。ただしこれは、その他すべての面で多様性を生み出すための条件が最高に有利な場合です。一般論としては、エーカーあたり百戸以下だと低すぎることになるかと思います。

仮に問題を生み出す「どっちつかず」密度から脱したとして、あり得る都市的密度の検討に戻りましょう。都市の住戸密度はどのくらいまで高くなる「べき」でしょうか？　どこまで高くなれるものでしょうか？

　言うまでもなく、目的が活気ある都市生活なら、住戸密度はその地区の最大限の多様性の可能性を刺激するために必要なだけ高くなるべきです。おもしろくて活力ある都市生活をつくる、都市地区や都市人口の潜在力を無駄にすることもありますまい。

　でもそれならば、密度が多様性を刺激するのではなく抑圧するようになったら、その理由は何であれ、その密度は高すぎることになると言えます。まさにそれが実際に起こることがあるし、そして高すぎるというのがどれくらいかを考えるにあたっては、これが主要なポイントとなります。

　住戸密度が高すぎると多様性を抑圧しはじめる理由は、ある時点で、ある土地にあまりに多くの住戸を収容しようとすると、建物の規格化が起こらざるを得ないということです。これは致命的です。と言うのも、建物の年代と種類の大きな多様性は、人口の多様性や事業所の多様性、場面の多様性との直接的で明示的な結びつきを持っているからです。

　都市における各種の建物すべて（新築・既存問わず）の中で、土地に住戸を追加する効率がどうしても低くなる種類のものはあります。三階建ての建物は、同じ面積の土地に五階建ての建物よりは少ない住戸しかもたらせません。五階建ての建物は、十階建てには劣ります。これをずっと続ければ、ある敷地に押し込められる住戸の数はとんでもないものになります――これはル・コルビュジエが、公園の中で同じ摩天楼の繰り返しという設計によって実証してくれたことです。

　でも、こうやってある面積の土地に住戸を押し込めるに際し、あまりに効率的になりすぎてはいけませんし、また実際そうはなりません。建物同士のバラエティの余地がなくてはならないのです。でも、そうしたバラエティのうち、最大効率より低いものが押し出されてしまいます。最大効率やそれに近いものは、何であれ規格化を意味することになるのです。

　どんな時や場所でも、ある規制や技術や資金条件のもとでは、土地に住戸を押し込める最も効率の高い建物の建て方は一つに決まりがちです。たとえば、ある時と場所では細い三階建ての連棟住宅が、都市住戸を土地に乗せるための最大効率に対する解答だったようです。それが他のあらゆる住戸タイプを押し出してしまったところは、うんざりする単調性がもたらされています。別の時期には、もっと幅の広い五階建てや六階建ての、歩いて上がれるアパートが最も効率が高かったようです。マンハッタンのリバーサイド・ドライブが建てられたときには、十二階建てと十四階建てのエレベータ式アパートが明らかに詰め込み効率最大だったようですし、この規格化を基盤として、マンハッタン最高の住戸密度地帯が生み出されました。

今日では、エレベータ式のアパートが敷地に住戸を詰め込む最も効率的なやり方です。そしてこのタイプの中には、もっとも効率のよいサブタイプもあります。たとえば低速エレベータの場合の最大階高（これは今日では十二階とされているようです）や、鉄筋コンクリート造で最も経済的な高さなど（ちなみにこの高さはクレーンの技術的な改良に左右されるので、この数字は数年ごとに更新されます。執筆時点ではそれは二十二階でした）。エレベータ式アパートは、人々をある一定の土地に詰め込む最も効率的なやり方というだけにとどまりません。それは、不利な条件のもとではそれをやる最も危険な方法になるでしょう。これは多くの低所得者向け住宅プロジェクトでの経験が示していることです。一部の状況だと、それはすばらしい結果となります。

エレベータ式アパートは、別にエレベータ式だからというだけで規格化を招くわけではありません。三階建ての建物が、三階建てというだけで規格化されてしまうわけではないのと同じことです。でもエレベータ式アパートがその近隣が収容されているほとんど唯一の形式になった場合には、確かに規格化をもたらします——ちょうど三階建ての家屋が、その近隣が収容されているほとんど唯一の形式になったら単調な規格化をもたらすのと同じことです。

都市近隣を収容するのに、これが最高という唯一の方法はありません。たった二つや三つの方法でよいとは言えません。そこに変化があればあるほどよいのです。建物のバリエーションの幅と数が減りはじめたとたんに、人口と事業所の多様性も停滞、もしくは増えるどころか減るのです。

高密度と建物の大きなバラエティを両立させるのは簡単ではありませんが、やってみなくてはいけません。反都市計画やゾーニングは、実質的にそれを不可能にしてしまいます。それはこれから見てみましょう。

人気のある高密都市地域では、建物にものすごく変化があります――ときには壮絶なほど。グリニッジ・ヴィレッジもそういう場所です。ここはエーカーあたり百二十五戸から二百戸以上の密度で人々を収容しつつ、建物はまったく規格化されていません。この平均値は、単世帯住宅、貸部屋つき住宅、低所得者向けを含めた数多くのアパートや貸し家、そしてエレベータ式アパートも新旧規模もさまざまに混じったもので実現されています。

グリニッジ・ヴィレッジがこれほどの高密度とこれほどのバラエティを共存させられるのは、住居用に供された土地（純住宅地面積と呼ばれます）が建物で覆われているからです。空地のままで何も建てられない土地はかなり少なくなっています。ほとんどの部分では、住宅地の上の建物は土地の六十パーセントから八十パーセントを覆っていて、残り四十パーセントから二十パーセントは庭や中庭などで何も建っていません。これは建蔽率として高いものです。土地自体の利用としてきわめて効率が高いから、建物のほうではかなりの「非効率」が許されます。そのほとんどは住戸を詰め込むのにきわめて効率が良いわけではありませんが、それでも高い平均密度が実現されています。

さて、仮に住宅地のうち十五パーセントから二十五パーセントにしか建物が建っておらず、残りの七十五パーセントから八十五パーセントは空地で何も建っていないとしましょう。これは住宅プロジェクトでは普通の数字で、広がる空地は都市生活だとコントロールするのが実に難しくて、実に多くの空疎さと問題を生み出します。空地を増やすと建てる場所は驚くほど減ります。空地が四十パーセントから八十パーセントへと倍増したら、建てられる土地は三分の二も削られてしまいます！　建てられる土地は六十パーセントだったのが二十パーセントになってしまうのです。

これだけの土地が空地のままだと、土地そのものが住戸を詰め込むという点については「非効率」に使われています。土地の二十パーセントから二十五パーセントしか建てられないと、拘束衣はきわめてきついものとなります。住戸密度をとても小さいものにするか、あるいは建物が建つわずかな土地に、住戸をかなりの効率で押し込める必要があります。こうした状況では、高い密度と建物のバラエティを両立させるのは無理です。エレベータ式アパート、それもきわめて高層のアパートが不可欠になります。

マンハッタンのストイヴェサントタウン・プロジェクトは、純住宅地エーカーあたり百二十五戸という密度で、グリニッジ・ヴィレッジなら密度の下限くらいです。でもストイヴェサントタウンでは建蔽率がたった二十五パーセント（残り七十五パーセントは空地のままです）なので、ここにそれだけの住戸を詰め込むにはきわめて硬直的に規格化されて、ほとんど同一の巨大なエレベータ式アパート棟が果てしなく並ぶしかありません。想像力の豊かな建築家や敷地計画家は、建物の配置を変えたかもしれません。でも、どんなちがいも些末なものにしかならなかったでしょう。こんな低い建蔽率でこれだけの密度のところに、まともで相当な建物のバラエティを導入しようとしても、数学的不可能性が天才を抑え込んでしまいます。

建築家でプロジェクト住宅専門家のヘンリー・ホイットニーは、エレベータ式ビルと低層ビルの組み合わせとして理論的に可能なものをたくさん考案しました。これは国出資のあらゆる再開発や公共住宅で要求される、低い建蔽率の計画を対象にしたものです。ホイットニーさんによれば、どんなにがんばっても住戸のほとんどすべてを規格化しない限り、都市的な密度の最低線（エーカーあたり四十戸くらい）を超えることは物理的に不可能だということです——建蔽率を上げない限りは、つまり空地を減らさない限りは。低い建蔽率でエーカーあたり百戸の密度では、バラエティのまねごとすら生じません——でも不適切な「どっちつかず」密度を避けるには、これがおそらく密度の最低線なのです。

したがって、低い建蔽率——それが地元のゾーニングによるものだろうと国の命令によるものだろうと——および建物の多様性、そしてまともな都市密度は、相互に相容れない条件なのです。低い建蔽率で、都市の多様性を生み出すのに十分な密度があると、それは自動的に多様性を許容するには高すぎる密度ということになります。この代物は、矛盾が組み込まれているのです。

でも、建蔽率が高かったら、近隣の密度は近隣を規格化の犠牲にしない範囲でどこまで高くできるでしょうか？　これはその近隣にどのくらいの建物タイプのバリエーション、そしてどんなバリエーションがすでに存在しているかでかなり変わってきます。過去からのバリエーションは、現在の（そしていずれは将来の）新しいバリエーションが追加されるための基盤です。過去からすでに、三階建てアパートや五階建てアパートに規格化されてしまっている近隣では、現在の時点で新しい建物タイプを一つ追加して密度を上げるだけなら、十分なバリエーションなど実現できません。考えられる最悪のケースは、過去からの基盤がまったくないところ、つまり更地です。

まったく異なるたくさんのタイプの住戸やその建築物が、一時にまとめて追加できるとは、ほぼ確実に期待できません。それはないものねだりというものです。建物には流行があります。流行の背後には経済的、技術的な理由があり、そうした流行はある時点で、都市住戸建設において本当にちがう可能性をごく少数のもの以外は排除してしまうのです。

密度が低すぎるところでバリエーションを増やすときも、一度にできるのは別々のちがった箇所に新しい建物を追加するだけです。ひと言で言えば、何か突然の大変動じみた津波としていきなり密度を引き上げて、その後は何十年も何も起きない、というような上げ方をしてはだめです。むしろ徐々に上げていかなくてはなりません――そしてこのための新しい建物も、徐々に建てなくてはなりません。密度を徐々に、でも連続的に上げるというプロセスそのものが、規格化なしで最終的に高い密度を可能にしてくれるのです。

規格化が起こらない状態で、最終的な密度がどのくらい高く引き上げられるかは、もちろん最終的には土地次第で、それは建蔽率がとても高い場合でもそうです。ボストン市のノースエンドでは、高い密度はエーカーあたり平均二百七十五戸になりますし、かなりのバリエーションがあります。でもこのよい組み合わせは、一部の建物の裏側のあまりに高すぎる建蔽率という犠牲を払うことで実現されています。裏庭や小さな街区の中庭などを潰して、あまりに多くの増築が行われてきました。実際のところ、こうした内側の建築は小さいし低層なので、密度の面では比較的比率が小さいのです。そして、すべての場合にこれらがダメなわけではありません。たまに目先が変わるという意味ではチャーミングです。問題は、それが多すぎることです。この地区にエレベータ式アパートを何棟か追加すれば――ノースエンドの住宅のバラエティとして欠けているものです――街区の中の空地は多少増やせるし、地区の密度も下がりません。同時に、地区の建物のバラエティも減るどころか増えます。でもそうしたエレベータ式アパートを都市もどき的な低い建蔽率で建てなくてはならないなら、これは無理です。

純住宅地面積エーカーあたり二百七十五戸というノースエンドの密度を上回るのは、かなりの規格化を伴わなければ無理ではないかと思います。というのもほとんどの地区では――ノースエンド独特の長期にわたるちがった建築タイプという遺産がないので――規格化をもたらす究極の危険ラインはかなり低いはずだからです。ドタ勘ですが、たぶん純住宅地エーカーあたり二百戸くらいというところではないでしょうか。

さてここに、こんどは街路を持ち込まなくてはいけません。

高い建蔽率は、高密での建物のバラエティにとって不可欠ではありますが、耐えがたいものになりがちです。特にそれが七十パーセントに近づくとそうです。その土地に頻繁に街路が横切っていないと、耐えがたいものになります。建蔽率の高い長い街区は圧迫感があります。街路が頻繁なら、建物の間に開けたところができるので、街路以外の部分での高い建蔽率を補うことになります。

どのみち、多様性を生み出すには都市街区に細かく街路が入ることが必要です。ですから高い建蔽率の付属としてそれが重要だというのは、街路の多さの必要性を単に強化しているだけの話です。

でも、もし街路が稀少ではなく多すぎたら、街路という形での空地が追加されることになります。活気ある場所に公共公園を加えたら、これまた別種の空地を加えることになります。そして住宅以外の建物が住宅地域にたくさん混在していれば（一次用途が十分に混合するには、これは不可欠です）、似たような影響が実現されます。つまりその地区の住戸や住民は総数として、その分だけ薄められるということです。

こうした装置――多数の街路、活気ある場所の活気ある公園、混在する各種の非居住用途、さらには住戸そのものの大きなバリエーション――の組み合わせは、陰気で圧迫感のある高密度や高建蔽率とはまったくちがった効果を生み出します。でもこの組み合わせは、大量の住宅地を空地にした「開放的な」高密度ともまったくちがう効果をたくさん生み出すのです。その結果が実にちがったものになるのは、いまわたしが述べた各種の装置それぞれが、高い建蔽率からの「開放」より遥かに多くのものを提供するからです。それぞれは、独特かつ不可欠なかたちで地域の多様性と活気に貢献し、おかげで高密度から不活発なだけのものではなく、何か建設的なものを生じることができるのです。

わたしがここでやっているように、都市に高い住戸密度や高い建蔽率を必要だと主張するのは、人食い鮫に味方するようなものだと伝統的には思われています。

でも、エベネザー・ハワードがロンドンのスラムを見て、人々を救うには都市生活を捨てなくてはならないと結論づけた時代とは、物事が変わったのです。都市計画や住宅改革ほど停滞していない分野での進歩、たとえば医学、衛生、疫病学、栄養学、労働法などの分野での進歩のおかげで、かつて高密都市生活につきものだった危険で退廃をもたらす条件は革命的に変わってしまいました。

一方、大都市地域（中心都市と、その郊外や依存している町）の人口は増え続け、いまや総人口増加の九十七パーセントはこれらの地域で生じているのです。

シカゴ大学人口研究センター所長フィリップ・M・ハウザー博士はこう語っています。「この傾向は今後も続くと予想されます。（中略）こうした人口集中は、われわれの社会がこれまで考案した中で最も効率的な生産者と消費者のユニットを示しているからです。一部の都市計画家が反対する、標準的な大都市圏の規模や密度、混雑そのものが、われわれの最も貴重な経済資産なのです」

一九五八年から一九八〇年までに、アメリカの人口増加は五千七百万人（出生率が一九四二〜四四年の低い水準になると仮定）から九千九百万人（出生率が一九五八年の十パーセント増しになると仮定）の間のどこかになります。出生率が一九五八年水準で続くなら、人口増は八千六百万人です。

この成長のほとんどすべては大都市圏に配置されます。

もちろんこの増分の相当部分は大都市自体から直接生じるものです。と言うのも、大都市はもはやしばらく前のような人口吸収地域ではなく、人口の供給源となっているからです。

この増分は郊外や準郊外、そして退屈な新しい「どっちつかず」地帯にあふれ出ることもできます——もっぱら低活力の「どっちつかず」密度を持つ退屈なインナーシティから広がる地域です。

あるいはこの大都市圏の成長を活用して、少なくともその一部を使って、現在は「どっちつかず」密度でヨタヨタしている不健全な都市地区を増築できます——増築して（他の多様性を生む条件との組み合わせで）こうした人口集中が、個性と活気を持つ都市生活を支えられるところまで建て増すのです。

わたしたちの困難はもはや、人々を大都市圏に高密に収容しつつ、疫病や不衛生や児童労働の猛威をどうやって避けるか、ということではありません。この形で考え続けるのはアナクロニズムです。今日のわたしたちの困難は、むしろ人々を大都市圏に収容しつつ、無気力でどうしようもない近隣の猛威をどうやって避けるかということなのです。

その解決策が、新しい自己充足的な町や小都市を、大都市圏のそこら中に計画するなどという無駄な試みにあるわけがありません。アメリカの大都市圏の内訳にはすでに、かつては比較的自己充足的で統合された本物の町や小都市だったところが、いまや不定形で崩壊した場所となってあちこちに点在しているのです。そうした場所が大都市圏の複雑な経済に引きずり込まれたその日から、職場や娯楽や買い物の場所の選択肢が大幅に増え、そうした町や小都市はそれまでの統合性やある程度の完全性を、社会的にも経済的にも文化的にも失いはじめたのです。いいとこ取りはできません。二十世紀の大都市経済と、十九世紀の孤立した町や小都市生活の組み合わせは無理なのです。

大都市と大都市圏人口という事実に直面し、しかもその大都市はさらに拡大する以上、わたしたちはまともな都市生活を知的に発展させて、都市の経済的な強さを高めるという仕事に直面しています。わたしたちアメリカ人が、都市経済に暮らす都市の人々だというのを否定しようとするのはバカげています——そしてそれを否定するプロセスで、大都市圏の真の田舎をすべて失っているのもバカげています。この田舎の喪失は、過去十年間ずっと、一日およそ三千エーカー（千二百ヘクタール）ずつ着実に進行しているのです。

でも、理性が世界を支配しているわけではありませんし、理性が必ずしも通るとも限りません。ボストン市の高密なノースエンドのような健全な地区が、高密であるが故にスラムでないわけがないとか、ひどい場所でないわけがないといった非理性的なドグマは、高密に集中した人々の問題を見るときに、根本的にちがった見方が二つあるのでなければ――そしてその二つの見方が、根底のところで感情的なものでなければ――いまのような形で現代の都市計画者たちに受け入れられたりはしなかったでしょう。

大都市の規模と密度で密集した人々は、自動的に――必要かもしれませんが――悪だと感じられます。これはありがちな想定です。人類は少数だと魅力的ですが数が多くなるとうっとうしくなります。この視点からすると、人々の集中はあらゆる面で物理的に最小限に抑えられるべきだということになります。できる限りのやり方で数そのものを減らし、それ以降は郊外の芝生や小さな町の平穏さの見せかけを狙おうというわけです。これからすると、緊密に集まった大人数に必然的に生じる奔放な多様性は、なるべく抑え、隠して、叩き潰し、もっと希薄な人口でしばしば見られる均質性そのものや、もっと希薄で扱いやすいバラエティもどきに仕立てるべきだということになります。この混乱した生き物ども――寄り集まったこんなにも多数の人々――はきちんと選り分けて、静かに片付けてあげるべきだということになります。現代の卵生産農場でのニワトリたちのように。

一方、都市の規模と密度で密集した人々は、積極的によいものとも考えられます。それはかれらが莫大な活力の源だから望ましいのだという信念のためです。それは小さな地理的範囲の中に、ちがいや可能性のすばらしい驚くべき豊かさを表現していて、そのちがいの多くは独特で予測不可能で、それ故なおさら価値が高いのです。この視点からすると、都市に集まった大人数の人々の存在は、物理的事実として積極的に容認されるべきだというだけにとどまりません。それは資産として享受されるべきで、その存在は祝福されるべきだということになります。花開く都市生活のために必要なところではその集中度を上げ、それ以上に目に見えて活気ある公共街路生活や、経済的にも視覚的にもできる限りのバラエティを受け入れて奨励すべきだというわけです。

　思想の体系は、どれほど客観性を謳おうとも、根底には感情的な基盤と価値観があります。現代都市計画と住宅改革の発達は、人々の都市への集中が望ましいものだということを陰気にも認めたくないという感情に根ざしていて、都市への人口集中に対する否定的な感情は、都市計画を知的に殺す後押しをしてきたのです。

　高密な都市人口は、それ自体として望ましくないという感情的な前提からは、都市やそのデザインや計画や経済や人々にとって、よいものは何も生まれてきません。わたしに言わせれば、高密な都市人口は資産です。わたしたちがやるべきなのは、都市の人々の都市生活を推進することなのです。そしてその都市の人々が、都市生活を発達させられるまともなチャンスが提供できるだけの、十分に高密であると同時に多様性のある形で集中して収容されることを希望したいのです。

第12章 多様性をめぐる妄言いくつか

「混合利用は醜い。交通渋滞を引き起こす。破壊的な用途を招き入れてしまう」

こうした理由から都市は多様性に抗うべきだと言われます。こうした信念は都市のゾーニング規制の形成を後押しします。都市の再開発を、不毛で型にはまった空疎な代物に仕立ててしまった背後にあるのはこうした議論です。それは都市の成長に必要な条件の提供により自発的な多様性を意図的に奨励するような都市計画を、じゃまするものとなっています。

都市における異なる用途の複雑なからみ合いは、混沌の現れではありません。それどころか、それは複雑できわめて発達した秩序形態を示しているのです。ここまで本書で述べてきたすべては、このからみ合った用途の複雑な秩序がどう機能するかを示すことが狙いです。

成功した都市地区のためには建物や用途や場面の複雑な混合が必要とはいえ、それでも、多様性は醜さや用途の衝突や渋滞など、都市計画の伝承や文献で伝統的に指摘されてきたような欠点をもたらすのでしょうか?

こうした欠点と称される代物は、多様性が多すぎるのではなく少なすぎるような、失敗した地区のイメージにもとづいたものです。それは退屈でみすぼらしい住宅地に、少数の荒れた零細商店が散在しているようなイメージを呼び起こします。ジャンクヤードや中古車置き場のような低価値の土地利用をイメージさせます。けばけばしくどこまでも広がる、ごうつくばりな商業のイメージを呼び起こします。でもこうした条件はどれ一つとして、花開く都市の多様性を表すものではありません。まったく正反対で、これらはまさに豊富な多様性が育たなかったか死に絶えたかした都市近隣が見舞われる老衰を示しているのです。それは都市に飲み込まれたのに、自力で成長して成功した都市地区らしく経済的にふるまえない準郊外に起こることを示しているのです。

混合一次用途、頻繁な街路、建物の年代とオーバーヘッドの混合、利用者の高密な集中で引き起こされる、花開く都市の多様性は、都市計画という疑似科学が伝統的に想定する多様性の欠点など引きずっていません。ここでは、なぜそれを引きずっていないのか、なぜそうした欠陥がおとぎ話にすぎず、あまりにまじめに受け取られたあらゆるおとぎ話と同様に、現実の扱いを阻害するのかについて説明しようと思います。

まず、多様性は醜く見えるという信念を考えてみましょう。もちろん、どんなものでもやりかたがまずければ醜くなります。でもこの信念は別のものを含意しています。それは都市の用途の多様性が本質的に雑然として見えるということを暗黙のうちに語っています。そしてまた、用途の均質性を持つ場所のほうが見かけがよく、少なくとも快い秩序だった審美的な扱いを適用しやすいのだ、と暗黙に述べています。

でも用途の均質性や類似性は、現実生活では非常に不可思議な審美的問題を引き起こすのです。

もし用途の同じさ加減がそのまま――同じだと――はっきり表現されていれば、それは単調に見えます。強弁するなら、この単調さはどんなに退屈であれ、一種の秩序として捉えられなくもありません。でも美的には、残念ながらそれは深い無秩序を伴っているのです。何一つ方向感覚を伝えないという無秩序です。同じさ加減の単調さと反復を判で押された場所では、移動しても、どこにも到達していないように思えるのです。北も南も同じ、東も西も同じ。ときには東西南北みな同じです。これは大規模プロジェクトの敷地内に立つとそんな感じです。方向感覚を維持するためには、ちがう方向ごとにちがい――多くのちがい――が飛び出してくることが必要です。徹底した同じさ加減の光景は、こうした方向性や移動の自然な表現を欠くか、あるいはそれが非常に希薄で、したがって深い混乱を引き起こします。これは一種のカオスです。

この種の単調性は一般に、一部のプロジェクト計画者たちや、最高に型にはまった心を持つ不動産デベロッパーを除けば、理想として追求するにはあまりに抑圧的だと考えるのが通例です。

でも用途が実際に均一なところでは、しばしば建物ごとに、意図的なちがいや差異が図られているのをよく見かけます。でもこうした仕組まれたちがいは、美的な混乱も引き起こします。というのも本質的なちがい――本当にちがった用途から生じるちがい――が建物やその環境には欠けているので、その仕掛けは単に、ちがって見えたいという欲望を表しているだけなのです。

この現象のかなり露骨な表現の一部については、かつて一九五二年にうまく記述されています。「アーキテクチュラル・フォーラム」誌編集者ダグラス・ハスケルが「奇矯建築」という名前でまとめたものです。奇矯建築は、道路沿いの商業地域に見られる基本的に均質で規格化された事業所で、いちばんみごとに開花していいます。ホットドッグの売店がホットドッグの形をしていたり、アイスクリームの売店がアイスクリームコーンの形をしていたり。これはほぼ同じものが、顕示趣味の意匠によって、独特なものに見せかけたり、他の似たような商業的ご近所とちがって見せようとしているという明らかな例です。ハスケルさんは、もっと高級な建物においても特別に見せようとする（実際には何も特別ではないのですが）同じ衝動が作用していると指摘しています。ヘンテコな屋根、ヘンテコな階段、ヘンテコな色彩、ヘンテコな看板、ヘンテコな……。

最近ではハスケルさんは、似たような顕示趣味の兆候がもっと立派なはずの建物でも見られるようになってきたと指摘します。

確かにその通りです。オフィスビルにも、ショッピングセンターにも、市民会館にも、空港ターミナルにも。コロンビア大学建築学教授ユージーン・ラスキンも、「コロンビア大学フォーラム」一九六〇年夏号に載った「バラエティの性質について」という論説で、この現象について言及しています。まともな建築のバラエティは、ちがう色や材質を使うことからくるのではない、とラスキンは指摘します。

それは対照的な形態を使うことにあるのだろうか［とかれは尋ねています］。大型のショッピングセンターを訪ねてみれば（ニューヨーク市のウェストチェスター郡にあるクロスカウンティ・ショッピングセンターが思いあたるが、どれでもお好きなのをどうぞ）言いたいことはわかるだろう。スラブ、塔、輪っかや持ち放し階段などが敷地のそこらじゅうに山ほど使われているが、その結果は唖然とするほどの同じさ加減が地獄の拷問のごとくに続く。どれもちがった装置でこちらをつつくが、すべて苦痛なだけだ。（中略）

たとえば、全員（あるいはほとんど全員）が自分の食い扶持を稼ごうとしているビジネス街をつくるとき、あるいは全員が家庭の要求に深く浸かっている住宅地をつくるとき、あるいは現金と商品との交換に専念するショッピング街をつくるとき——つまるところ、人間活動のパターンがたった一つの要素しか持たない場所をつくるときには、建築が納得のいく多様性——人間同士のちがいに関する既知の事実を納得いく形で示すもの——を実現するのは不可能なのだ。デザイナーがいくら色や材質や形態を変えても、製図用具があまりの負荷に壊れるだけだ。

これは芸術というのがウソの通用しない唯一のメディアであることをまたもや証明するものでもある。

街路や近隣で用途が均質になればなるほど、残された唯一の方法でちがって見せようという誘惑は強くなります。ロサンゼルス市のウィルシャー大通りは、わざとらしくひねりだされた派手なちがいが次々に並ぶ、何キロも続く本質的には単調なオフィスビルの見本です。

でもロサンゼルス市はこうした景観を示す唯一の場所ではありません。サンフランシスコ市は、ロサンゼルス市のこの手の代物をやたらにけなしますが、新しい外縁部の選り分けられたショッピングセンターや住宅開発ではほとんど似たように見えますし、その理由は基本的に同じです。クリーブランド市のユークリッド街は、かつて多くの評論家がアメリカで最も美しい通りだとしていましたが（それは当時、基本的には大型のきれいな敷地に、きれいな大邸宅の並ぶ郊外通りでした）、いまや「アーキテクチュラル・フォーラム」誌で評論家のリチャード・A・ミラーにアメリカの街路として最も醜くて最も無秩序な場所としてこきおろされており、その評価はきわめて正当なものです。純粋な都市用途に変わる中で、ユークリッド街は均質になってしまったのです。これまたオフィス街で、これまた絶叫するような、でもわざとらしいちがいばかりです。

用途の均質性は、どうしても美的なジレンマに陥ってしまいます。均質性は実態通り均質に見え、正直に言えば単調に見えるべきか？　それとも均質に見えないよう努力して、人目は引くけれど、無意味で混沌としたちがいを目指すべきか？　これは都市の衣の下では、均質な郊外の古くさいおなじみの美的なゾーニング問題です。外観の統一性を必要とするようなゾーニングを行うべきか、それとも同じさ加減を禁止するようなゾーニングをするべきか？　同じさ加減を禁止するのであれば、デザインとしてあまりに統一性がないものを禁止するための一線はどこに引くべきか？

都市地域がその用途面で機能的に均質なときは必ず、都市にとってそれが美的なジレンマとなり、しかもその問題は郊外よりずっと強い形で現れます。というのも都市の一般的な景観では、建物がほぼ支配的な役割を果たしているからです。これは都市にとってはバカげたジレンマですが、まともな答えはありません。

用途の多様性は一方で、確かにあまりに下手な扱いを受けることが多いのですが、でも内容の本当のちがいを表示するというまともな可能性を提供してはいます。したがってそれは、インチキっぽさや顕示趣味や無用な新しもの好きではない、目にもおもしろくて刺激的なちがいとなれます。

ニューヨーク市五番街の、四十丁目から五十九丁目まででは大小の店や銀行ビル、オフィスビル、教会、各種機関などですさまじく多様です。その建築は、こうした用途のちがいを表現していて、そのちがいは建物の年代がちがっていることや、技術と歴史的な趣味のちがいからきています。でも五番街は無秩序にも断片化されているようにも爆発しているようにも見えません（＊40）。五番街の建築的な対照やちがいは、主に中身のちがいからくるものです。それはまともで自然なコントラストやちがいです。全体は驚くほどうまくまとまっており、単調にもなっていません。

ニューヨーク市のパーク街の新しいオフィス街は、五番街より遥かに規格化されています。パーク街は、その新築オフィスビルの中にいくつか、現代デザインの傑作が含まれているという優位性を持っています（*41）。でも用途の均質性や年代の均質性は、パーク街に美的に役立っているでしょうか？　いいえそれどころか、パーク街のオフィス街区は外観がどうしようもなく無秩序で、五番街に比べると全体的な印象は、退屈の上に混沌とした建築的なエゴという感じです。

居住用途も含みつつ、非常にうまい仕上がりの都市多様性の例はたくさんあります。フィラデルフィア市のリッテンハウス広場、サンフランシスコ市のテレグラフヒル、ボストン市のノースエンドの一部がそうした例です。住宅建築の小さな集まりなら、それぞれが似ていたりまったく同じだったりしても、その集まりが短い街区だけでその後すぐに繰り返されたりしなければ、退屈な単調さはもたらしません。こうした場合、人はその集まりを一つのまとまりとして見て、内容や外観で隣の用途や住宅タイプとちがうものとして見なします。

ときには用途の多様性は年代の多様性と組み合わさって、あまりに長すぎる街区から単調性の呪いを解いてくれることもあります——しかもここでも顕示趣味の必要性はありません。真の内容的ちがいが存在するからです。この種の多様性の例は、ニューヨーク市の十一丁目の、五番街と六番街に挟まれた部分です。この通りは評判も高く、歩くのもおもしろい場所として賞賛されています。南側には、東から西へ向かって、十四階建てのアパート、教会、三階建ての家が七軒、五階建ての家、四階建ての家が十三軒、九階建てのアパート、一階がレストランと酒場になっている四階建ての家が五軒、五階建てのアパート、小さな墓地、一階がレストランになった六階建ての家があります。北側には、同じく東から西へ、教会、幼稚園の入った四階建ての家、九階建てのアパート、五階建ての家三軒、六階建てのアパート、八階建てのアパート、四階建ての家が五軒、六階建ての共有アパート、五階建てのアパート二軒、まったくちがう年代の五階建てアパート、九階建てのアパート、社会研究ニュースクールの増築分で一階に図書館があり奥の中庭が外からのぞける建物、四階建ての家、一階がレストランの五階建てのアパート、頑固で安そうな一階建てのクリーニング屋、一階がキャンデーと新聞の売店になっている三階建てのアパート。これらはほとんどすべて住宅建築ですが、それが十個のちがう用途の存在によって区切られています。純粋な住宅建築でさえ、建設技術や趣味の面でちがう時代を含み、また住み方の様式や費用もちがっています。そこには飾り気のない、つつましく表現されたちがいがすばらしいほどたくさんあるのです。一階の階高もちがい、入り口や歩道へのアクセスもちがっています。それはこうした建物が本当に種類も年代もちがっているという事実から直接出てくるものです。その効果は静謐であり、また自意識過剰でもないものです。

もっとおもしろい視覚効果、それもこれまた顕示主義やその他のインチキ臭さがないものは、十一丁目より遥かに激しい建物タイプの混合から生じることができるし、また実際に生じています――遥かに激しいというのは、それがもっと激しい本質的なちがいに根ざしているからです。都市におけるほとんどのランドマークや焦点――これは都市にもっと必要なものであり、減らしてはいけません――は、まわりとは劇的にちがう用途のコントラストから生じるのであり、そのために本質的に特別なものに見え、本質的なちがいのコントラストとドラマを演出できるように平然とそこに位置するのです。これはもちろん、記念碑的な建物や立派な建物を、まとめて他の本質的に似通ったご近所といっしょくたに「栄誉の集まった庭」に集めるのではなく、都市のマトリックスの中に配置すべきだと主張したピーツが語っていたことです（第8章参照）。

また都市の混合におけるつつましい要素が持つ本質的に激しいちがいも、美的に見下すべき代物などではありません。これだってわざとらしさを押しつけられなくても、コントラストや動きや方向性の喜びを伝えることはできるのです。住居の間にまぎれこんだ工房、製造業の

（＊40）唯一の大きな目障りで無秩序な要素は、四十二丁目の北東角にある看板の群れです。これはおそらく善意のものなのでしょう。というのもこれを書いている時点では、それは通行する群衆に対し、家族で祈れ、万が一に備えて貯金を、少年非行をくい止めよう、というピントのずれた呼びかけを行っているからです。それがどれだけ改心をもたらせるかは疑問です。それが図書館から五番街を見たときの景観を悪化させているのは、疑問の余地はありません。

（＊41）リーバーハウス、シーグラム、ペプシコーラ、ユニオンカーバイド。

建物、魚市場の隣にあって、いつも魚を買いに行くたびに楽しませてくれる画廊、市の別のところにある気取ったレストランが、新しいアイルランド移民が仕事の口を探しに行くような粗野な酒場と対比を見せつつ共存しているところ。

都市の建築風景におけるまともなちがいは、ラスキンがみごとに述べているところによれば、

（前略）人間のパターンのからみ合いを示している。それはちがったことを、ちがった理由で、ちがった目的を念頭にやっている人々で一杯であり、そして建築はその差を繁栄して表現する——その差は形態のみならず、中身と一体になっているのだ。人間であるわれわれは、人間に最も興味を引かれる。文学や演劇と同じく建築においても、人間環境に活気と彩りを与えるのは、人間のバリエーションの豊かさなのである。（中略）

単調さの危険を考えたとき（中略）ゾーニング法で最も深刻な欠陥は、それがある地域丸ごと単一利用だけになることを認めてしまうということだ。

視覚的な秩序を求めるにあたり、都市は大きく三つの選択肢を持っていますが、そのうち二つは絶望的なもので、一つには希望があります。都市は均質な地域を目指して均質な外観を得て、結果として陰気で方向感覚を喪失するような場所をつくれます。あるいは均質な地域でも、均質でないかのように見せかけようとして、下品で不正直な結果を得ることができます。あるいは多様性がたくさんある地域を目指して、そこでは本物のちがいが表現されているので、最悪でもちょっとおもしろいだけ、最高ならば喜ばしい結果が生じます。

視覚的な面でどうやって都市の多様性にうまく対応し、どうやってその自由を尊重しつつ、視覚的にそれが秩序の一種だと示すかは、都市における美観問題の中心です。これについては本書の第19章で扱います。ここでとりあえず言いたいことは、都市の多様性は本質的に醜いものではなく、それは誤解だし、しかもきわめて単細胞的な誤解だということです。でも都市の多様性欠如は、一方では本質的に陰気になるか、あるいは下品で混沌としたものになるのです。

多様性が交通渋滞を引き起こすというのは本当でしょうか?

交通渋滞を引き起こすのは車両であり、人間自体ではありません。

人々が高密に集中しておらず、希薄にしかいないところでは、あるいは各種の多様な用途がごくまれにしか起きないところでは、何か個別の誘因は確かに交通渋滞を引き起こします。病院やショッピングセンターや映画館は、交通の集中を伴います——そしてそれ以上に、そこに来る道や帰る道に沿って大量な交通量をもたらします。そういう施設を使う必要があったり使いたかったりする人は、車でそこに行くしかありません。こうした仕組みだと、小学校すら交通渋滞を起こします。というのも子供を学校まで運ばなくてはならないからです。集中した多様性が広範にないと、人々はあらゆるニーズのために自動車に乗ることになります。道路や駐車場に必要な空間のため、あらゆるものがさらに外に追いやられ、そしてそれがさらに車の利用増加につながります。

これは人口が希薄に広がっていれば我慢できます。それが我慢できない状態となり、その他のあらゆる価値や便利さのあらゆる側面を破壊してしまうのは、人口が高密か連続的に広がっている場合です。

高密で多様化した都市地域では、人々はいまでも歩きます。これは郊外やほとんどのグレー地帯では実用的ではない活動です。ある地域内にある多様性の種類がすさまじく多くて規模がそろっていればいるほど、歩く量は増えます。外部から活気ある多様な地域にやってくる人々でも、来るまでは車や公共交通を使いますが、到着してからは歩きます。

都市の多様性が破壊的な用途を招き入れてしまうというのは本当でしょうか? どんな用途でも(あるいはほとんどどんな用途でも)認めてしまうのは破壊的なのでしょうか?

これを考えるには、いくつかちがった用途を検討する必要があります——一部は実際に有害で、一部は伝統的に有害と思われているけれど実際にはちがいます。

破壊的な用途の分類として、たとえばくず鉄置き場などがその例として挙がりますが、これは地区の全般的な便利さにも魅力にも、人々の集中にも何ら貢献しません。

何も提供しないのに、これらの用途は土地に対して——そして審美的な堪忍袋に対し——とんでもない要求をします。中古車置き場もこの範疇です。また放棄されたりほとんど利用されていなかったりする建物もここに入ります。

おそらくみんな（例外はそうした場所の持ち主だけかもしれません）、この種の用途分類は荒廃を招くことに合意します。

でも、だからと言って、くず鉄置き場のようなものが、都市の多様性によってもたらされる脅威だと言うことにはなりません。成功した都市地区はくず鉄置き場だらけだったりしませんが、それが理由でこうした地区が成功しているわけではないのです。話は逆です。そこは成功しているからこそ、くず鉄置き場がないのです。

くず鉄置き場や中古車置き場のような、場所を食う経済性の低い用途は、もともと粗野で成功していないような場所にブタクサのように生えてくるのです。それらは歩行者交通の密度が低くて、周囲の魅力があまりに低く、空間をめぐる高価値な競合がないところに生えます。その自然な居場所はグレー地帯や、ダウンタウンはずれの衰退地で、多様性と活力の炎があまり燃えさかっていないところです。住宅プロジェクトの遊歩道から建築制限が解除されて、こうした無人のだれも使わない場所が本来の経済水準に合った用途になったら、くず鉄置き場や中古車置き場などがまさにその多くに出現するはずです。

くず鉄置き場が示す問題は、荒廃対策部隊が直せるより根深いものです。「これを排除しろ！　こんなものがここにあってはいけない！」と叫ぶだけでは何も実現できません。問題はその地区で、もっと重要な土地利用のほうが収益性が高くて理にかなったものとなるような、経済環境を整えることなのです。それができないのなら、その土地はくず鉄置き場にしておいたほうがむしろいいかもしれません。くず鉄置き場だって多少は利用されますから。公園や学校のグラウンドなどの公共用途も含め、他のどんな用途もうまくいかないでしょう。そうした公共用途はその場の魅力やそれを取り巻く活力に依存する他の用途にとって貧相すぎる経済環境では、まさにすさまじい失敗となるでしょう。つまりくず鉄置き場が象徴する問題は、多様性を恐れたり抑圧したりすることでは解決されず、むしろ多様性のための肥沃な経済環境のきっかけをつくってそれを育成することでしか解決できないのです。

もう一種類の用途は、都市計画者やゾーニング屋たちに伝統的には有害とされてきた用途、特にそれが住居地域に混じると有害とされてきた用途です。このカテゴリーには酒場や劇場、病院、業務、工業などが含まれます。これは有害ではないカテゴリーです。こうした用途が厳しく制限されるべきだという議論は、それらが郊外や退屈で本質的に危険なグレー地帯でもたらす影響から来ており、活気ある都市地区での影響からではありません。

グレー地帯に非住居用途を薄く散らすのはあまり役に立たず、むしろ害をもたらします。グレー地帯は見知らぬ人と対処する能力がないからです——そしてそれを言うなら、見知らぬ人々を守ることもできません。でもここでも、これは周囲に広がる退屈さと暗さの中で、多様性があまりに弱いことから生じる問題なのです。

多様性がたっぷりと引き起こされた、活気ある都市地区では、こうした用途は害をもたらしません。むしろ安全や公共的なふれあい、交錯利用への直接的な貢献や、あるいはこうした直接的な効果をもたらす他の多様性を支える役に立つので、積極的に必要なものなのです。

業務用途は別の架空のお化けを連想させます。すなわち悪臭を放つ煙突や散らばる灰などです。もちろん、臭い煙突や散らばる灰は有害ですが、でもだからといって、集約的な都市製造業（そのほとんどはこうした嫌な副産物をもたらしません）やその他の業務が居住地から分離されるべきだということにはなりません。臭いや排気に対して、ゾーニングや土地利用の整理分類で少しでも対応すべきものだという発想自体がバカげています。空気はゾーニング境界など知りません。煙や臭いそのものを直接扱う規制のほうが適切です。

都市計画者やゾーニング屋たちの間で、土地利用における大きな標語は、かつては糊工場でした。「自分の近所に糊工場があったらどう思いますか」というのが、決めの台詞でした。なぜ糊工場が出てくるのかは知りませんが、当時の糊というのは死んだ馬や死んだ魚を使っていたので、それを持ち出せば善良な人々は震え上がり、それ以上何も考えなくなったのかもしれません。うちの近くには以前に糊工場がありました。小さくて魅力的な煉瓦造の建物に入っていて、その街区で最もきれいに見える場所の一つでした。

　最近では、糊工場の代わりに別のお化けが使われます。「霊安室」です。これが用途を厳しく制限しないと近隣に忍び込んでくる恐ろしいものの代表例とされているのです。でも霊安室や、あるいは都市部で言われる葬儀場は、何の被害も与えないようです。生気に満ちた、活力ある多様化した都市近隣では、弱々しい郊外の街路とはちがい、死を思い出させるものでもそれほど気が滅入るものではないのかもしれません。おもしろいことに、実に強硬に都市内の死に反対する厳しい用途規制の支持者たちは、どうも同じく強硬に、都市において生命が生まれることにも反対するようです。

　グリニッジ・ヴィレッジのある街区は、たまたま自発的に魅力やおもしろさや経済価値を高めたのですが、執筆時点ではそこにもう何年も前から葬儀場がありました。これは顔をしかめるべきことでしょうか？　明らかにそれは、その街路のタウンハウス改修に資金をつぎこんだ家族たちには特に妨げにならなかったようですし、またそこに店舗を開いたり改装したりするのに投資してきた実業家たちにも、新しい高賃料アパートを建てている建設業者にも、何の妨げにもならなかったようです（＊42）。

　死が都市生活の中で、意識に上ってはいけないとか口に出してはいけないといった奇妙な発想は、一世紀前のボストン市で議論されたようです。都市改良家たちは、ボストン市ダウンタウンの教会から小さい古いお墓を移転させろと主張したのでした。トマス・ブリッジマンというあるボストン市民の意見が最終的には通ったのですが、かれはこう述べました。「死者の埋葬場所は、それが何か影響を持つにしても、美徳と宗教の味方である。（中略）その声は、愚行と罪に対する永遠の譴責《けんせき》の一つなのである」

　都市内の葬儀屋がもたらすとされる害について、わたしが見つけ出せた唯一のヒントはリチャード・ネルソン著『商業立地選択』にあったものだけでした。ネルソンは、葬儀屋を訪れる人がその旅程のついでに買い物をしたりすることが少ないということを、統計的に証明しています。したがって、葬儀場の隣に立地しても、商業的なメリットはまったくないというわけです。

　大都市の低所得近隣、たとえばニューヨーク市のイーストハーレムなどでは、葬儀場はプラスの建設的な力として機能できるし、実績もあります。というのも葬儀場にはかならず葬儀屋がついているからです。葬儀屋は薬局店主や弁護士、歯医者、聖職者と同じく、こうした近隣では尊厳や野心や豊富な知識といった性質を代表する職種なのです。かれらはよく知られた公人であり、地元での市民生活も活発です。やがては政治家への道を歩む人もかなり多いのです。

正統派都市計画のあまりに多くの部分と同様に、この用途だのあの用途だのがもたらすとされる害となるものは、だれも「これがなぜ有害なの？　ずばりどういう害をおよぼすの、そしてその害って何？」という質問を発することなしに、なぜか受け入れられているようです。豊富な多様性の欠如ほどの被害を都市地区にもたらす、合法的経済用途なんて一つでもあるのか、わたしは怪しいと思います。非合法のものだって、ほとんどは無害でしょう。都市荒廃のどんな特殊形態であっても、退屈さによる壮絶な荒廃がもたらす被害の足下にもおよびません。

とは言ったものの、豊富に多様化した都市地区で、位置を制限しないと有害な、最後の用途群を挙げましょう。片手で数えられます。駐車場、大型重量トラック配送所、ガソリンスタンド、巨大な屋外広告（＊43）、そしてその業務の性格からではなく、ある街路では規模がまちがっているために有害な事業所です。

この五つのどれも（くず鉄置き場とはちがって）十分に収益性を持ち、活気ある多様化した地域での場所が買えるし、またそういうところに立地したがるでしょ

（＊42）ちなみにこの街区は、近所ではいつもすてきな住宅通りとして言及されており、確かに居住が実際面でも外観的にも圧倒的な主用途です。でもその住宅の間に、本書執筆時点で他に何が詰め込まれているかを考えてください。その葬儀場はもちろん、不動産屋、洗濯屋二軒、骨董屋、住宅金融公社事務所、医院三軒、教会とシナゴーグ（兼業です）、教会兼シナゴーグの背後には小劇場、美容院、声楽スタジオ、レストラン五軒、学校だか工芸工場だかリハビリセンターだかわからない謎の建物。

（＊43）通常はそうですが、常にというわけではありません。巨大な屋外広告がなければ、タイムズスクエアはどうなってしまうでしょうか？

う。でも同時に、これらは街路を荒涼とさせるのが通例でもあります。視覚的には、街路の秩序を失わせるもので、あまりにも目立つために、それに対抗しようとして街路の利用や街路の外観に秩序を導入しても、さほど印象に残らないのです。

これらの問題のうち、最初の四つの視覚効果はすぐにわかるし、よく検討の俎上に挙がります。その用途自体、それがどういう種類の用途かという点で問題になります。でも、わたしが挙げた五番目の問題はちがいます。というのも、この場合は、問題は種類ではなく、規模だからです。一部の街路では、街路に面した部分を他と不釣り合いなほど大きく占有しているものはすべて、街路の統合をくずして荒涼とさせてしまいます。一方でまったく同じ種類の用途でも、小規模だと害をおよぼさずにかえって資産となります。

たとえば、多くの都市で「居住用」街路は住戸と同時に、各種の商業や業務用途を含んでいますし、こうした用途はどれか一つ街路に接する前面が、まあ普通の住戸の占有する長さと同じくらいであれば、うまく収まれるし、実際に収まっています。収まるというのは、単なる表現ではなく実際にそうなのです。そうした街路は一貫性があり、基本的な秩序を持ちつつバリエーションがある視覚特性を持ちます。

でもまさにそうした街路で、突然大規模に道路前面を占有してしまう用途は、街路を爆破させてしまうように見えます——断片化させて飛散させてしまうのです。

この問題は、通常のゾーニング的な意味での用途とは何の関係もありません。そうした場所に、レストランやお菓子屋、雑貨屋、たんす工場、印刷屋などがあっても、問題なく収まります。でもまったく同じ種類の用途——たとえば巨大カフェ、スーパーマーケット、巨大木工工場、大印刷工場——は、規模がちがうので視覚的な大混乱（そしてときには聴覚的な大混乱）を引き起こしてしまいます。

完全に何でも認めてしまう多様性は、こうした街路に確かに荒廃をもたらしかねず、自衛のために、制限が必要となります。でも必要な制限は、用途の種類についての制限ではありません。必要な制限はある用途に認められる建物前面の規模についてのものです。

これは都市問題としてあまりに自明でどこにでも見ら

れるものだから、それをどう解決するかはゾーニング理論での懸念事項の一つになっているはずだと思うのが人情でしょう。でもゾーニング理論では、そんな問題があるということ自体が認識されていません。執筆時点で、ニューヨーク市都市計画局は新しく進歩的な、時代に即した包括的ゾーニング制度についての公聴会を開いています。市内の関心ある組織や個人はいろいろコメントを求められているのですが、それぞれの街路がどの用途地域に入るかを見て、必要ならばそれを別のどの用途地域に変えるべきか提言するように言われています。用途地域分類は何ダースにもわたり、それぞれ実に慎重かつよく考えられて区分されています——そしてそのすべてが、多様な都市地域における現実生活の用途問題にとっては、まったく役に立たないのです。

そうしたゾーニング制度の背後にある理論そのもの——制度の細部ではなく——自体が大幅な修繕と見直しが必要だというのに、何を提言しろというのでしょうか？　この悲しい状況は、たとえばグリニッジ・ヴィレッジの市民団体などで多くの無益な戦略会合をもたらしました。みんなに愛されて人気のある居住系の横丁には、小事業所の混在や散在が見られます。それがあるのは既存の居住系ゾーニングからの例外措置のおかげか、あるいはそのゾーニングに違反しているからです。みんなその存在が好きだし、それが望ましいかどうかについて議論が起こることもありません。議論はむしろ、新ゾーニングにおけるどの用途地域が、現実生活のニーズといちばん矛盾が小さいか、という話をめぐってのものになります。提示されているそれぞれの用途地域の欠点はかなりのものです。そうした街区を商業地域に分類したら、資産となる小規模利用は認められるものの、用途だけで話が決まってしまい、規模は無制限となります。たとえば大規模スーパーマーケットも認められてしまいます。住民たちはスーパーを、居住系街路の特徴を爆弾のように破壊してしまうと恐れています——実際にそうなのですから。だから居住系の用途地域を要求して、小事業所はこれまで通りゾーニング違反の状態でこっそり居座り続ければすむ、というのがこの議論です。でも居住系の用途分類に反対する議論としては、ひょっとしてだれかがそれを杓子定規に受け取って、「非準拠」の小規模用途を否定するゾーニングが強制されてしまうかもしれない！　というものです。きまじめな市民たちは、自分の近隣の市民的な利益を真摯に考えているのに、どの規制がその規制自身を最も建設的に回避してくれるかについて、大まじめに議論しているというわけです。

ここで提示されているジレンマは緊急で現実のものです。たとえばあるグリニッジ・ヴィレッジの街路は最近、用途地域条例提訴委員会に提出された議案のために、まさにこの問題の一種に直面しています。この街路にあるパン屋は、もとはもっぱら小売りで小さいパン屋だったのですが、精力的な成長をとげて、大規模な卸売となり、いまや大幅に拡張するためにゾーニング例外措置を申請していたのでした（もと卸の洗濯屋があった隣の一角にまで拡張しようとしたのです）。この街路は長いこと「居住用」として用途地域分類されていましたが、最近はかなり自発的な改善が行われ、そこの地主の多くや店子たちは、街路に対する誇りと懸念を高めていたこともあり、この例外措置申請に反対することにしました。そして負けてしまいました。負けたのは無理もないことです。というのもかれらの主張は曖昧だったからです。闘争の指導者たちの一部は、地主だったり、小規模な非居住用途を一階に持つ物件に住む人々でした。かれら自身も「居住用」用途地域と、現実的にも感情的にも対立した立場にありました——ちょうどその大型パン屋がまちがいなく対立していたように。でも、その街路の居住用途での魅力と価値を高めてきたのは、まさにその街路の小規模な非居住用途であり、それが増えてきたことだったのです。それに含まれるのは不動産屋、小出版社、書店、レストラン、額縁屋、たんす工場、古いポスターやパンフレットを売る店、キャンデー屋、コーヒーハウス、洗濯屋、雑貨屋二つ、小さな実験劇場でした。

パン屋の例外措置反対運動指導者の一人は、その街路で改修された住宅物件の主な所有者でした。その人に、自分の住宅物件の価値に対して被害が大きいのはどっちの選択肢だと思うかを尋ねてみました。街路から「非居住」用途を段階的に排除していくのと、パン屋の拡張と。かれは、最初の選択肢のほうが破壊的だと答えましたが、こう付け加えました。「こんな含みのある選択肢なんてバカげてるじゃありませんか！」

確かにバカげています。このような街路では、伝統的な用途規制のゾーニング理論においては謎であり、異常な存在なのです。これは商業ゾーニング問題としてすら謎です。都市の商業ゾーニングがますます「進歩的」（つまり郊外的な条件を真似したもの）になるにつれて、それは「地元日用品店」「地区購買」等々のちがいを強調するようになってきました。最新のニューヨーク市のゾーニング制度にもこれが全部入っています。でもこのパン屋のあるような街路をどう区分すればいいのでしょうか？ そこは最も純粋に地元だけの日用用途（洗濯屋やキャンデー屋）もあり、地区全体から人を集めるもの（たんす工場、額縁屋、コーヒーハウス）があり、都市全体から人を集めるもの（劇場、画廊、ポスター屋）もあり、全部混じっています。その混ざり具合は独特ですが、ここのような分類しがたい多様性のパターンは、どこにでもあるものです。すべての活気ある多様な都市地域は、活気があり驚きに満ち、郊外商業とはまったくちがう世界に存在しているのです。

あらゆる都市街路が、街路に面する建物正面の規模についてゾーニングが必要だというわけでは決してありません。多くの街路、特に居住用だろうと他の用途だろうと混用だろうと、大規模ビルや幅の広いビルが圧倒的な街路では、街路に長く面した事業所もあっていいし、それが小さいものと混じっても、爆発して崩壊するようには見えないし、機能的にも一つの利用で圧倒されるようなことはありません。五番街は、こうした大規模なものと小規模なものとの混在が見られます。でも規模によるゾーニングが必要な都市街路は、本当にそれをひどく必要としているのです。それは、その街路自身のために必要なだけではありません。一貫した特性を持つ街路が存在することで、都市風景そのものにも多様性ができるからなのです。

ラスキンはバラエティに関する論説で、都市ゾーニングにおける最大の欠点はそれが単調さを認めてしまうことだと主張しました。その通りだと思います。たぶん次の大きな欠点は、用途の規模が重要になるところでそれを無視してしまったり、それを用途の種類と混同してしまうことかもしれません。そしてこれは、街路の視覚的（そしてときには機能的な）崩壊につながるか、そうでなければ規模や経験的な影響など無視して、用途の種類をふるいにかけて分離してしまおうという無差別な試みにつながります。それによって抑えられるのは、ある地域では不幸な結果をもたらした、多様性のある一つの限られた表現にとどまりません。多様性そのものがこれによって無用に抑圧されてしまうのです。

確かに、花開く多様性を持つ都市地域は、奇妙で予想外の用途や風変わりな場面を生み出します。でもそれは多様性の欠点ではありません。それこそが多様性の本質であり、一部なのです。これが起こるということは、都市の使命の一つが守られているということなのです。

ハーバード大学神学部教授パウル・J・ティリッヒは以下のように述べています。

大都市はその本質から、他には旅によってしか得られないものを提供してくれる。それは、異質なものである。異質なものは質問につながり、おなじみの伝統を否定するので、それは理性を究極の意義へと持ち上げるのに貢献するのだ。（中略）この事実の何よりの証拠は、全体主義の当局が臣民たちから異質なものを遠ざけようとする試みである。（中略）大都市は細かい部分に切り刻まれ、そのそれぞれが監視され、粛正され、均等にされている。異質なものと、人類にとって不可欠な合理性は、どちらも都市から排除されているのだ。

これは都市を享受して楽しむ人々にはおなじみの発想ですが、その表現はもっと軽いものであるのが普通です。『ニューヨークの見所と楽しみ』を書いたケイト・サイモンは、ほとんど同じことを以下のように述べています。「子供たちをグランツ［レストラン］につれていきましょう。（中略）よそでは決してお目にかからないような種類の人々に出くわすかもしれませんし、子供たちはおそらく決してそのことを忘れないでしょう」

人気ある都市のガイドブックが存在し、それらが発見や珍しいもの、異質なものを強調しているということ自体が、ティリッヒ教授の論点を裏付けています。都市はあらゆる人に何かを提供してくれる能力を持っていますが、それが可能なのは都市があらゆる人によってつくられているからであり、そしてそのときにのみその能力は発揮されるのです。

第Ⅲ部

衰退と再生をもたらす力

第13章　多様性の自滅

　これまでのわたしの見解と結論を要約するとこうです。アメリカの都市には、複雑に入りまじって相互支援を行う、いろんな種類の多様性が必要です。都市生活がきちんと建設的に機能するように、また都市の人々が社会と文明を維持（そしてもっと発展）できるようにするためには、それが必要なのです。公共体、準公共体は都市の多様性創造を支援できる事業の一部を担当していま す——たとえば公園、博物館、学校、ほとんどの公会堂、病院、一部の職場や住宅。でもほとんどの都市多様性とは、公共の活動の正式な枠組みの外にある、思い思いのアイデアや目的、計画や企みを抱く膨大な数の人々や民間組織によってつくられたものです。都市計画とデザインのおもな責務は——公共政策と活動にできる範囲で——こうした幅広い非公式な計画、アイデア、機会が公共的な事業と共に繁栄できるような都市の開発であるべきです。一次用途、頻繁な街路、規模の似た古さのちがう建物の混在、人口の集中がうまく組み合わさっていれば、都市地区は経済的、社会的に見て、多様性が自然発生して最大限の能力を発揮するのに適した場所になるでしょう。

　衰退と再生に関するこの一連の章では、都市の多様性と活力の伸びに良くも悪くも影響をおよぼせる、いくつかの強い力に重点を置きたいと思います。これらの力は、多様性の発生に欠かせない四条件の一部が欠けて、地域が歪められていない場合に効いてきます。

　これらの力で悪いほうに働くものは、めざましく成功した都市の多様性が自滅する傾向、都市において一つの大規模な（たいていは必要で普通なら望ましい）要素が致命的な影響をおよぼす傾向、人口の不安定さが多様性の成長に逆らう傾向、公私の資金が発達と変化を過剰にしたり過少にしたりする傾向です。

確かにこれらの力には互いに関係があります。都市の変化の要因はどれも他のあらゆる要因と相互関連があるのです。でもこれらの力を個別に見ることは可能ですし、有用です。何のためにこれらを認識して理解するかといえば、これらと闘おうとし――あるいはもっと望ましくは――建設的な力に換えようとするためです。これらの力は多様性そのものの成長に影響するほか、多様性を生じさせる基礎条件導入の難易度にも影響しがちです。これらを考慮に入れないと、活力をもたらす最善の計画でさえ二歩進むごとに一歩後退してしまうでしょう。

これらの強い力の筆頭は、都市におけるめざましい成功が――まさに成功の結果として――自滅してしまう傾向です。この章では、多様性の自滅について述べます。この力はさまざまな影響をおよぼしますが、中でもダウンタウンの中心地が絶えず移動し変わるのはこの力のせいです。これは廃れた地区を生む力であり、都心部の沈滞と崩壊の多くを引き起こしています。

多様性の自滅は、街路でも活力のちょっとした中心でも、街路のグループでも、地区全域でも起こり得ます。最後の例が最も深刻です。

自滅がどんな形をとるにせよ、起こることの流れはだいたい以下のようなものです。つまり、都市のどこかで多様化した混合用途が並はずれて有名になり、全体として成功します。その地域の成功（その基盤は必ず花開いた魅力ある多様性です）のせいで、この地域への立地をめぐって猛烈な競争が展開されます。そして、経済的に見て軽薄な流行に相当するものが生じ、その立地に人々が殺到します。

この立地をめぐる争いの勝者となるのは、その地区の成功を共に築いた数多くの用途のごく一部だけです。何であれその地域で結果的に最も収益の高い少数の用途が、何度も何度も繰り返されて、比較的収益性の低い利用形態を押し出して圧倒してしまいます。そして膨大な数の人々がその地域の利便性とおもしろさに惹き寄せられたり、活気と刺激に魅惑されたりして、この地域で暮らすか働きたいと思っても、やはりその競争の勝者はその地域の利用人口属性のごく一部の人々だけです。そこへ行きたい人が非常に多いので、入る人や残留する人は必要な費用により自己淘汰されることになります。

小売業の収益性にもとづく競争は街路に大きな影響を与えがちです。労働や生活空間の魅力にもとづく競争は、街路の集まり全体や地区全体にも大きな影響を与えがちです。

このようにして、このプロセスで勝利を収めた支配的な用途が一つか少数現れます。でもこの勝利は空疎なものです。経済的な互助性と社会的な互助性という、きわめて複雑で成功していた有機的組織体は、このプロセスによって破壊されてしまうのです。

この時点から、競争を勝ち抜いた用途以外の目的でその地域を利用していた人々は、だんだん去っていきます――他の用途がもはや存在しないからです。視覚的にも機能的にも、その場所はだんだん単調になります。次には、時間帯ごとに人間が十分に分散していない場合に見られるあらゆる経済的不都合が起こるでしょう。その場所は、そこの一次用途にとってさえ望ましいものではなくなっていきます。マンハッタンのダウンタウンが統括オフィス立地として望ましさを失ったのもこのせいです。

そうこうするうちに、かつては非常に成功し、熾烈な競争の対象だった場所は衰退し、どうでもいい場所になってしまいます。

すでにこのプロセスをたどり、瀕死状態にある街路がアメリカの都市にもたくさん見受けられます。いまこのプロセスが進行中の街路の現場もあります。わたしの住んでいるところの近くでそういう場所といえば、グリニッジ・ヴィレッジの主要商業街である八丁目がありまず。三十五年前、ここは平凡な街路でした。ところがその大地主の一人（そして、とても見識の高い計画・住宅専門家でもあった）チャールズ・エイブラムスが、当時としては珍しい、小さなナイトクラブと映画館を建てたのです（スクリーンがよく見える小さな劇場、コーヒーラウンジ、くつろいだ雰囲気はその後広く真似られました）。こういった事業は人気が出ました。夜間や週末には多くの人を街路に呼び込み、それが日中通りすぎる人たちに加わって、日用品店や専門店の成長を促す一助になりました。こういった店自体も昼夜を問わずさらに多くの人々を惹きつけました。先に述べたように、このような昼夜二交代制の街路は、レストランにとって経済的に健全な場所です。八丁目の歴史がこれを実証しつつあります。この街路は興味深い成長をとげ、さまざまなレストランができました。

八丁目の全事業の中で単位面積あたりの儲けが一番大きいのは、レストランでした。だから自然とレストランが増えていきました。その一方で、五番街との角にあったさまざまなクラブ、画廊、一部の小さな事務所は、没個性で巨大な超高賃料アパートに押し出されました。この歴史の中で唯一の非凡な要素はエイブラムスその人です。たいていの資産家なら何が起ころうとしているかじっくり考えなかったでしょうし、成功を前にして憂慮すべきだとも思わなかったでしょうが、エイブラムスは違いました。かれは本屋、画廊、クラブ、職人たち、他にない店が押し出されるのを危惧の念を持って見守りました。新しいアイデアが他の街路で持ち上がり、八丁目にやってくる新しいアイデアがどんどん減るのを見ていました。この動きが他の街路を活気づかせ、多様化させる一方で、八丁目がゆっくりとはいえ着実に非多様化していることにも気づきました。このプロセスがこのまま論理的な終着点にたどりついたら、やがて人気が去って八丁目は見捨てられるだろうと気づいたのです。そこでエイブラムスは八丁目の戦略的に重要な区間にある自分の地所の大部分について、混在用途の構成にレストラン以外の何かをもたらすテナントを慎重に探してきました。でも現在のレストランの高い収益力にある程度迫るテナントでなければならないので、なかなか見つかりません。これが可能性を狭めるのです――純粋に商業的な可能性ですらそうなのです。八丁目の多様性と長期的成功にとって最悪の潜在的脅威は、要するにずばぬけた成功が解き放ってしまった力なのです。

近くの街路、三丁目では別の類の用途入れ替えが起きたために、同じような問題がもっと進んでいます。この街路は数街区にわたり、旅行者にとても人気が出ました。かれらがまず惹きつけられるのは、コーヒーハウスや近隣のバーといった地元のボヘミアン生活で、そこに――最初のうちは――ナイトクラブの灯りがちらほら散在していて、そのすべてがおもしろい近隣の店や、昔ながらのイタリア街や、芸術家地区の住環境と混ざり合っていました。十五年前の来訪者比率では、夜間の観光客たちはこの地域の用途混合に建設的な役割を果たしていました。かれらのおかげで生まれた全体的な活気は、この住環境の魅力の一部であると同時に、観光客にとっても魅力だったのです。現在ではナイトスポットが街路を圧倒し、地域の生活そのものも圧倒しています。よそ者の扱いと保護に長けた地区に多くのよそ者を集中させすぎ、そのよそ者たちはすっかり無責任な気分でやって来るので、どんな都市社会であれ自然には扱えないほどになっているのです。最も収益性の高い用途の複製が、この地域自身の魅力の基盤を蝕んでいるのです。どれか一つの用途が均衡を欠くほど複製されて強調されてしまうと、都市は必ずこうなります。

わたしたちは街路やその近隣が機能的用途で区分されていると考えがちです――娯楽、オフィス、住居、買物など。確かに、そういう機能区分はあるのですが、でもその街路が成功を維持するためには、その区分はほどほどのものでしかありません。たとえばある街路が、多様性の中でも服の買物といった二次的用途区分の一つで大きな利益をあげて、それがほとんど唯一の用途になってしまうと、ほかの二次用途が目あての人はしだいに寄りつかなくなり、そこを無視するようになります。このような街路に長い街区があると、それは複雑な交錯利用のプールとしての街路をさらに退化させ、利用者の画一化が進み、および結果として沈滞も悪化します。そしてこういう街路が全体として一次用途一つ――たとえば仕事――だけに特化しつつある地区にある場合、状況が自然に好転する見込みはほとんどありません。

多様性の自滅は、めざましく成功している小さな活動の中心でも、街路沿いでも見受けられます。プロセスは同じです。一例として、フィラデルフィア市のチェスナット通りとブロードストリートの交差点について考えてみましょう。数年前はチェスナット通りの買物とその他の活動の頂点だった場所です。この交差点の四つ角は不動産屋が「百点満点の立地」と呼ぶ、うらやむほどの場所だったのです。その一角を占めるのが銀行でした。やはり百点満点の立地を望んだらしい別の三つの銀行が残りの三つの角を購入しました。その瞬間からもはやそこは百点満点の立地ではなくなってしまったのです。現在この交差点はチェスナット通りの不毛な障壁となって、多様性と活動は追いやられてしまいました。

これらの銀行は、家を建てるために田舎に千二百坪の土地を買ったわたしの知り合いの家族と同じまちがいを犯しています。家を建てる資金が十分になかった何年もの間、かれらはその場所をたびたび訪れて、そこで最も魅力的な丘の上でピクニックをしました。いつも自分たちがそこにいるところを想像するほどその丘が気に入ったので、やっと家を建てるときもその丘の上に建てたのです。でも家を建てたので、丘はなくなってしまいました。かれらはどういうわけか、丘のあった場所に自分たちが移住したら、そこが破壊され、失われてしまうことに気づかなかったのです。

街路は（特に街区が短い場合は）成功した用途の大量複製を克服できることもあるし、しばらく衰退と沈滞を見せた後に、自然に再生することもあります。周囲の地区が強力で活気ある多様性の混ぜ合わせ——特に一次的な用途の多様性という強力な潜在基盤——を維持していれば、このような回避が可能です。

でも街路の近隣や地区全体が、最も収益性の高い用途や一流の用途の過剰複製に乗りだした場合、問題は遥かに深刻です。

この破滅的な用途画一化の顕著な証拠は多くの都市の商業地区に見受けられます。ボストン市のダウンタウンは、考古学的な地層のように、歴代の歴史的中心地が層をなして画一化された用途の化石となっており、どの層も一次的な用途の混合を欠いて沈滞しています。ボストン都市計画委員会はダウンタウンの用途を分析して色分けしました——本社・金融オフィスを示す色、官庁を示す色、ショッピング、娯楽施設など。沈滞している地域はすべて、地図上ではほとんど単色で塗りつぶされています。その一方で、バックベイとパブリック・ガーデンの角が接するダウンタウンの一端は、赤と黄の縞模様で塗られて凡例として別の扱いになっています。個別の用途にしたがって地図にするには複雑すぎるため、「混合」を示す凡例が与えられているのです。ここはボストン市のダウンタウンで自然に変化、成長をとげて、現在も活気ある都市らしく活動している唯一の場所です。

ボストン市で見られるような一連の用途画一化されたダウンタウン近郊は、一般的には動きつつあるダウンタウンの中心地が残したなごりだと漠然と考えられていますす。中心がどこかよそに動いた結果としてそうしたものが生じたと見なされているのです。でもそうではありません。これらの過剰な複製のかたまりこそ中心地が動く原因なのです。多様性は成功の複製に押し出されていきます。はじめに気前よく資金提供を受けるか、たちどころに成功した場合（めったにない例）を除いて、新しいアイデアは二番手の場所に舞い込むのです。そしてその二番手が一流になってしばらく栄え、最終的にはやはりその地域での最も大きな成功が複製されることで破壊されてしまいます。

ニューヨーク市では、商業地域の用途画一化はすでに一八八〇年代から当時のジングルにのせて覚えられていました。

八丁目の南で男が稼ぐ
八丁目の北で女が使う
それがこの大きな町のやりかた
八丁目の北と八丁目の南

ウィラ・キャザーは著書『私の不倶戴天の敵』の中で、マディソン・スクエアが多様性の強力な中心地になる順番が来たときのことについて次のように述べました。「マディソン・スクエアは当時岐路にあった。なかば商業的、なかば社会的な二重人格を持ち、南には店、北には住宅があった」

キャザーさんは用途混合の特徴と「二重人格」について書いていますが、これはめざましく成功した場所が頂点に近づいて平衡状態になるときにいつも生じる特徴です。でもこの混ぜ合わせが「岐路」を示していることはほとんどありません。それは路が合流して混合する印なのです。

いまのマディソン・スクエアは、盛りをすぎてかつての繁栄が見る影もない、大規模なオフィスビルと商業の地区です。でもその絶頂時には、旧マディソン・スクエア・ガーデン（現在はオフィスビルに取って代わられている）を有していたという点で特筆に値します。その後ニューヨーク市には、これほどあかぬけて華やかな魅力ある公会堂はありません。というのは、それ以来ニューヨーク市の優れた混合用途の魅力ある高価な中心地に、こんな大規模な集会所があったことはないからです。

マディソン・スクエアの最終的な用途画一化と長きに

わたる衰退は、当然ながら孤立した事象ではありませんでした。成功した混合用途にかかる多くの経済的圧力の蓄積から生まれた大きな動きの一部です。場所をめぐるこれらの競争圧力は、マディソン・スクエアより大きな規模で絶え間なくダウンタウン中心部全域において、多様性をますますふるいにかけて画一化し、ダウンタウンの上のほうから多様性を南へと転がしていきました。結果としてダウンタウンそのものが動いて、その後に落ちぶれた地区が残ったのです。

移動していくダウンタウンの中心は、たいてい過剰な複製のかたまりと一緒に、強力で新しい多様性の組み合わせがほとんど避けて通るか飛び越えていった、これといって何もない小地域を残します。これらの小地域あるいは路側帯は、その後もたいしたことのないままになりがちです。というのは、隣接する画一用途のかたまりがもたらす人口は、特定の時間帯に集中しすぎているからです。そこには場所はあるのですが、そこでの用途のきっかけとなるものがありません。

過剰な複製による地区多様性の自滅は、アメリカのダウンタウンを動かすのと同じ力のせいでロンドンでも起きているようです。イギリスの「都市計画学会誌」一九五九年一月号に掲載されたロンドン中心部の計画問題に関する論文にはこう述べられています。

多様性は何年も前にシティ（銀行および金融機関の中心地）から去った。あふれんばかりの昼間人口に対して夜間人口は五千人である。シティに起こったことがウェストエンドに起こりつつある。ウェストエンドにオフィスを設ける企業の多くは、取引先と顧客のためにホテルやクラブ、レストランなどのアメニティがあり、従業員のための店や公園があると主張する。このプロセスが続けば、まさにそうした長所が丸呑みにされて、ウェストエンドは荒涼としたオフィス街の海になってしまうだろう。

アメリカの都市には、際立って成功した住宅地は悲しくなるほどわずかしかないし、都市の住宅地のほとんどでは、そもそも豊かな多様性を生み出す四つの基礎条件がそろったためしがありません。したがって際立った成功に続く自滅の例は、ダウンタウンのほうがよく見受けられます。でも際立って魅力的になって多様性と活力を生み出すことに成功する比較的少数の都市住宅地も、最終的にはダウンタウンと同じ自滅の力にさらされます。この場合、非常に多くの人々がこの地域に住みたがるため、最も多額のお金を支払える人々のために圧倒的な量の建物を過剰に建てると儲かるようになります。そういう人々はたいてい子供がおらず、これは今日、単に最も多額の金を支払えるだけでなく、きわめて小さな空間に最も多くを支払える、あるいは支払う人々です。この狭く儲かる人口集団向けの設備は、ほかのあらゆる組織や人口を犠牲にして増えます。家庭が締め出され、さまざまな都市生活の場面が締め出され、新規建設コスト負担に耐えられない事業が締め出されます。このプロセスは現在グリニッジ・ヴィレッジ、ヨークヴィル、マンハッタンのミッドタウン・イーストサイドの大部分でとても急速に起きています。こうした場所で過剰に複製されている用途は、ダウンタウンの中心部で過剰に複製されているものとは異なりますが、プロセスは同じですし、起こる理由や最終的な結末も同じです。称賛された魅力的な丘は、丘そのものに新たな居住者が居住活動をすることによって破壊されてしまうのです。

ここで説明したプロセスは、ある一時点では小さな地域でしか起こりません。というのもそれは、際立った成功に続いてしか起こらないからです。それでもこのプロセスの破壊力は、それぞれの時点だけで見たときの地理的な影響範囲よりさらに大きくて深刻なものです。このプロセスが際立った成功を収めた地域で起こるというその事実のために、アメリカの都市は際立った成功をもとにさらに発展するのが難しくなります。だから都市もしばしば衰退に陥ってしまうのです。

また、際立った成功が衰退する方法そのものが、このプロセスを都市にとって二重に破壊的なものにしています。新たな建築物と限られた用途の複製は、ある地域の互助性を壊すと同時に、本来であればそこが多様性を増大させて互助性を強めるはずだった、その他の地域での多様性と互助性を実質的に奪っているのです。

どういうわけか、銀行、保険会社、有名企業はこの意味で最も悪質な二重破壊者となります。銀行や保険会社がかたまっているところに目をやれば、多様性の中心がそれらに取って代わられ、活気の丘がブルドーザーで潰されていることがあまりに多いでしょう。すでに過去の遺物となったか、そうなりかけている場所が目に入るはずです。この奇妙な状況は二つの事実のせいではないかと思います。これらの企業は保守的です。都市での立地条件に保守主義を適用するということは、成功がすでに実証されている場所へ投資するということです。その投資が街路を破壊しかねないことを理解するにはかなり先まで見通す必要があるので、すでに達成されたことに最大の価値を置く人々には無理なのです――おそらくかれらは成功の見込みがある地域に目がくらんでいるか、なぜ都市の一部が成功して他はそうでないか理解していないせいで、自信が持てずにいるのです。またこのような企業には資金があるため、望みの場所をめぐるほとんどの競争相手を出し抜くことができます。だから丘の上に住むという願いと能力は、銀行や保険会社、そして銀行や保険会社からたやすく金を借りられる有名企業で実にうまく組み合わされます。ほかの都市活動の多くと同じように、相互の近接性による利便性も、ある程度は重要です。でも、それはこのような強力な企業が多様性のうまい組み合わせを、狙い澄ましたように潰して立地し続けている理由の説明としてはあまりに不十分です。地域が業務用途の過剰な複製で（ほかの組織を犠牲にして）いったん沈滞してしまうと、他の組織の中で繁栄しているものは、もはや魅力的ではない利便性の巣をさっさと離れます。

しかし各種の都市用途から特定の犯人を狙い撃ちするのは、それが突出した犯人であっても誤解を招くおそれがあります。他の用途でも、同じような経済的圧力をおよぼして、同じように中身のない勝利で終わりを迎える場合が多すぎるのです。

これには都市そのものの機能不全の問題としてアプローチしたほうがもっと有意義だと思います。

まず、多様性の自滅は成功によって起こるもので、失敗によって起こるのではないことを理解しなければなりません。

次に、このプロセスは成功へ導いたのと同じ経済的プロセスの延長で、そのプロセスは成功に欠かせないものだったことを理解しなければなりません。多様性が都市で成長するのは、経済的機会と経済的魅力のおかげです。

多様性の成長プロセスの中で、場所の競合利用者たちは押し出されます。都市のあらゆる多様性は、少なくとも部分的には、他の何らかの組織を犠牲にして成長するのです。この成長期には、一部の独特な用途ですら、占有する土地に対する経済的利益率がひどく低いために押し出されてしまうこともあります。その独特の用途がガラクタ置場、中古車置場、廃屋なら、それが押し出されるのはみんな有益だと考えますし、実際に有益です。成長期には、新たな多様性の多くが独特な低価値の組織だけでなく、既存の複製用途をも犠牲にして生じます。同一性は取り去られるのと同時に、多様性が加えられます。場所をめぐるこの経済競争の結果が多様性の増加なのです。

多様性の成長が進みすぎると、新たな多様性の追加はもっぱら既存の多様性との競争になります。取り除かれるのは比較的小さな同一性だけで、ことによるとそれすらないかもしれません。これは活動と多様性の中心が頂点に達した状態です。追加されるのが何か（フィラデルフィア市の街角の最初の銀行のように）まったくちがうものであれば、多様性の純損失はまだありません。

つまりこれは、一定期間は健全で有益な機能として働くプロセスなのですが、それが決定的な局面で自らを修正し損ねると機能不全になります。思い浮かぶ例えは、壊れたフィードバックです。

電気的フィードバックの概念は、コンピュータや自動化機械の発達で有名になりました。機械が行うある一連の行動の最終産物の一つが、次の行動を修正して導く信号になっているのです。細胞の活動の一部も、電気的ではなく化学的なものですが、フィードバックプロセスによって修正されているといまでは考えられています。「ニューヨーク・タイムズ」紙の記事では、次のように説明されています。

細胞内環境の最終生成物の存在が、最終生成物を生産する仕組みの速度低下や停止を引き起こす。［ウィスコンシン州立大学医学部のヴァン・R・］ポッター医師はこの細胞活動を「知的」と表現した。これとは対照的に、変化や変異をとげた細胞はフィードバック制御なしに必要のない材料まで生産し続けるという点で「バカ」のようにふるまう。

最後の一行は、多様性の成功がそれ自体を破壊する、都市地域の行動の描写としてもうまくあてはまると思います。

成功した都市部は、非凡かつ複雑な経済・社会的秩序を持ってはいても、この意味では壊れていると考えてみましょう。都市の成功の構築で、わたしたち人間は驚くべき成果を上げましたが、フィードバックを抜かしていました。この手抜かりを埋め合わせるには都市をどうすればいいのでしょうか?

自動的かつ完璧に働く本物のフィードバックシステムに相当するものを都市につくれるとは思えません。でも不完全な代用品でもいい線までいくと思います。

問題は一ヵ所での過剰な複製を阻止して、それらが過剰な複製ではなく健全な追加になるような別の場所に立地させることです。そういう他の場所は離れたところにあるかもしれないし、とても近いところにあるかもしれません。いずれにせよ、その場所をめくら滅法に決めることはできません。その用途が持続的成功のすばらしい機会をもたらす場所——もっと言えば、それが自滅を招くのではなく、すぐれた機会をもたらしてくれる場所でなければいけないのです。

こうした別の場所への配置は三つの手段の組み合わせで促進できると思います。それを、多様性のためのゾーニング、頑固な公共建築、競合する代替立地と呼ぶことにします。それぞれについて簡単に触れましょう。

多様性のためのゾーニングは、画一性をはかる通常のゾーニングとは別物と見なされるべきですが、あらゆるゾーニングと同じく、これも抑圧的です。多様性のためのゾーニングの一形態は、一部の都市地域ではすでにおなじみです。歴史的に価値のある建築物の破壊規制です。これらの建物は、すでに周囲とちがうし、そのちがいを保つようゾーニングされるのです。この概念を少し進めた発展形をグリニッジ・ヴィレッジの市民団体が提案し、市に受け入れられたのは一九五九年のことでした。一部の街路では建築物の高さ制限が劇的に引き下げられました。影響を受けたほとんどの街路には、すでに新しい高さ制限を超える建築物が数多くあります。これは非論理性の表れではありません。むしろこれこそ新しい制限が求められた理由です。制限高より低い状態で残っている建物が、もっと価値のある高層建築物の過剰な複製にそれ以上取って代わられないようにすることが狙いなのです。この場合も同一性はゾーニングにより追い出されました——と言うか実質的には、ちがいがゾーニングで組み込まれたのです——この上なく限定的なやり方で、比較的少数の街路においてではありますが。

意図的に多様性をはかるゾーニングの目的は、いまの状況と用途の凍結であってはなりません。それは死を意味します。むしろ大事なのは、変化や交代が起こるとき、それが一種類のものばかりにならないようにすることです。これはしばしば、多数の建物の早すぎる建て替えを抑える効果も発揮します。際立って成功した都市地域が必要とする多様性ゾーニングの個々の具体的な方式や、その組み合わせは、地域ごとにちがうし、そこを脅かす自滅のかたちに応じてもちがってくると思います。しかし、原則として建物の築年数と規模を直接の規制対象とするゾーニングは論理的なツールです。物件の種類は、通常は用途と人口の種類に反映されるからです。高層オフィスやアパートのしつこい複製で囲まれた公園があったら、特にその南側沿いは、低い建物群向けにゾーニングするといいでしょう。これは一石二鳥です。公園に冬の陽射しを確保できるし、少なくともある程度は、間接的に周囲の用途の多様性を守れるのです。

このような多様性のためのゾーニングはすべて——意図的な目的は最も収益性の高い用途の過剰な複製を阻止することなので——税の調整を伴う必要があります。最も速やかに利益が上げられる潜在的用途への転換を阻まれた土地は、その事実を税に反映してもらう必要があります。不動産開発に上限を定めておきながら（その制限手法が高さ、体積、歴史的あるいは美観的価値によるものだろうと何だろうと）、もっと収益性が高い形で開発された近くの不動産の不適切な価値を、そういった不動産の鑑定評価に反映させるのは現実的ではありません。実のところ、近隣の収益性上昇を理由に都市不動産の鑑定価値を上げるのは、現在の過剰な複製に拍車をかける強力な手段です。この圧力は、明らかに複製阻止を目的とした制御をものともせずに、引き続き複製を推し進めるでしょう。都市の税収基盤を増す方法は、あらゆる敷地の短期的な課税可能性を限界まで利用することでは決してありません。それでは近隣一帯の長期的な課税可能性を損なってしまいます。都市の税収基盤を増す方法とは、成功した地域の面積を拡大することです。強力な都市の税収基盤は強力な都市の引力の副産物であり、それに不可欠な材料の一つは——目的が成功の維持となった場合——きめ細かく意図的で計算された、地域ごとの税収を変えることで、多様性を支えて自滅を未然に防ぐことなのです。

とどまるところを知らない用途の複製を阻止する第二の潜在的ツールは、わたしが頑固な公共建築物と呼ぶものです。これはチャールズ・エイブラムスが八丁目の地所でとった私的方針にやや似たものを、公共団体や準公共団体が公共用地に導入することを指します。エイブラムスは自分の土地でレストランの過剰な複製と戦うため、別の種類の用途を探します。公共団体や準公共団体は、公共建築や施設をつくるときに、それが効果的に多様性を増やせる場所を選ぶべきです（近隣を複製するのではなく）。そして用途においては周囲の成功（場所が良かったなら公共施設もその成功に一役買います）のおかげで地所がどれほど価値を持とうと、そしてそれに取って代わって成功を収めた用途を複製しようとする申し出額がいかに大きくとも、頑固にそこに居座ること。これは自治体や、自治体の成功に明示的な利害関係がある団体にとっては、小を捨てて大を取る政策で——多様性ゾーニング計画を実施する際の、小を捨てて大を取る税制に似ています。ニューヨーク公共図書館は、きわめて不動産価値の高い場所にありますが、周辺のどの有益な用途を複製するよりも大きな価値を地域に提供しています——視覚的にも機能的にも大きく異なるからです。市民の働きかけでニューヨーク市庁が準公共団体に資金を貸与して、周辺用途を複製するために当時の所有者が売ろうとしていたカーネギーホールを買い上げさせたおかげで、カーネギーホールはコンサートホール兼公会堂として維持され、持続的で効果的な近隣の混合主用途が根を下ろしました。つまり公共体や公共性のある団体は、札束にとり囲まれ、札束攻撃でそこをどくよう懇願されても、周囲の異なる用途の中にあって揺るがないことで、多様性の維持に大きく貢献できるのです。

多様性のためのゾーニング、頑固な公共用途というこれらのツールは、いずれも多様性の自滅に対する防御措置です。これらは言わば風よけで、経済的圧力の一時的な突風には抵抗できますが、継続的な強風に耐えることはとても望めません。いかなる形のゾーニング、公共建築政策、課税査定政策も、どれほど明示的であろうと、結局は強力な経済的圧力に屈してしまいます。通常はそうであったし、たぶんこれからもそうでしょう。

したがって防御ツールにもう一つ加えねばなりません。それは競合する代替立地です。

アメリカ人は都市を嫌うと広く信じられています。アメリカ人が都市の失敗を嫌うというのはあり得ると思いますが、成功した活気ある都市部を嫌ったりしていないのは証拠からも明らかです。それどころか、局地的な自滅が起こるのは、多くの人々がそういった場所を利用したり、働いたり住んだり、訪れたりしたがるせいなのです。成功する多様性の組み合わせを金で潰すことで、わたしたちはおそらく親切心から相手を殺してしまうに等しいことをしているのです。

つまり活気ある多様な都市部への需要は、供給を遥かに上回っています。

際立って成功した都市地域が自滅の力に抵抗するためには——そして自滅に対して嫌がらせで防御しようとする嫌がらせ効果が有効となるためには——多様で活気ある、経済的に持続可能な都市地域の供給を増やさなくてはなりません。ここでわたしたちは、都市の多様性に経済的に欠かせない四つの条件をもっと多くの街路や地区に提供するという、基礎的な必要性に立ち返ることになるのです。

確かにどの時点をとっても、とても人気が高くてきわめて豊かに多様化した地区はどこかにあるでしょうし、そこは一時的にずいぶん儲かる複製によって破壊されやすくなっています。でも他の地域が機会面や利益の面で、その地区にあまりひけを取らなければ、そして成功しそうなもっと多くの地域が後に控えているのなら、そうした地域が最も人気のある地域に対して、競合する代替立地を提供できます。そうした代替立地の魅力を補強するために、最も人気のある地区に、複製の障害となる力を導入すべきです。それは競合する魅力を持つ代替立地に不可欠な付属物です。でも、競合する代替立地は、その魅力が比較的弱いものであっても、そこに存在しなければなりません。

もしそこで競合している地域が十分な成功を収め、

フィードバック信号の都市代替物を必要とするようになったら、そうした地域も過剰な複製に対する防御を求め、手に入れるべきです。

都市地域が「バカ」細胞のように行動しはじめる時点を見つけるのは簡単です。際立って成功した地区になじみがある人なら、この質的な転換が起ころうとすれば気づきます。なくなりはじめた施設の利用者や、そうした施設を好ましく眺めていた人々は、こだわりある地域の多様性とおもしろさが下り坂になればすぐわかるのです。人口の一部が追い出され、人口の多様性が狭まればすぐにわかります――自分たちが追い出されたら特に。かれらはこういった結果の多くが実現する前でさえ、予定された変化や差し迫った物理的変化を日常生活や日常の光景に投影することでそれに気づきます。地区の人々はそれを話題にして、のろまな地図や統計が手遅れになってから不幸を知らせてくれるよりずっと前に、多様性の自滅とその影響を認識するのです。

際立った成功の自滅問題の根底には、活気ある多様化した街路と地区の供給を、需要との健全な関係に持ち込むという問題があるのです。

第14章
境界の恐るべき真空地帯

都市における大規模な単一用途は、共通した特徴を持っています。これらは境界を持ち、そして都市の境界部はたいてい破壊的なお隣さんとなってしまうのです。

境界――単一用途による大規模な領域利用や拡散した領域利用の周縁部――が「普通」の都市の地域の端を形づくります。境界は受動的なもの、あるいは何の変哲もないただの縁だとしばしば考えられています。でも境界は積極的な影響をおよぼします。

鉄道線路は境界の典型例なので、遥か昔から社会的境界としても使われています――「線路の向こう側」という表現です――ちなみにこの表現は言外に、大都市よりも小さな町での話に結びついています。ここでは境界が規定する地域の社会的意味合いは考えず、むしろ境界がそれに隣接して取り巻く都市に与える物理的、機能的影響を考えましょう。

鉄道線路の場合は、その片側の地区は反対側の地区よりましかもしれないし、もっと悪いかもしれません。でも物理的に最悪なのは、たいてい線路のすぐ両横の地帯です。どんなに活気ある多様な成長が一方で起ころうと、古いものや廃れたものに代わるどんなものが現れようと、それはこれらの地帯の内側、線路から遠いあたりで起こりがちです。都市の線路脇によく見られる価値の低い荒廃した地帯は、線路や側線を直接活用している建物を除く、その地帯の中のものすべてを苛んでいるように見えます。これは不思議な話です。というのも、その衰退と荒廃の材料に目をやると、かつてこの荒廃地帯に新しい建物や、野心的な建物さえ建てようとだれかが思っていたのがわかるからです。

線路沿い地帯の破滅傾向は、たいていは騒音、蒸気機関車時代の煤《すす》など、環境として鉄道線路が一般的には望まれないことの結果だと説明されています。でもわたしは、これらの欠点はその原因の一部にすぎないし、その一部も重要なものではないかもしれないと思います。それが原因なら、そもそも当初から開発されなかったはずです。

また、同じ類の荒廃が都市のウォーターフロント沿いでもよく起こっています。たいていは線路沿いよりもウォーターフロント沿いのほうがひどいし、荒廃の範囲も広いのです。でもウォーターフロントは鉄道沿いとはちがい、うるさくも汚くもないし、好ましくない環境でもありません。

大都市の大学キャンパス、都市美市民センター、大病院の敷地、そして大型公園の周辺地域すら、しばしばひどい荒廃に襲われやすく、物理的な崩壊が起きていなくとも、沈滞ぎみ――崩壊に先立つ状況――であることが多いというのもまた不思議なことです。

それでも従来の都市計画理論と土地利用理論が本当なら、そして静けさと清潔さに、期待されているような大きな正の効果があるのなら、これらの期待はずれな地帯こそ本来ならめざましい経済的成功を収めて、社会的に重要になっているはずです。

鉄道線路、ウォーターフロント、キャンパス、幹線道路、大型駐車場、大型公園はそれぞれ、ほとんどの点で異なるものですが、共通点もたくさんあります――停滞あるいは衰退しつつある環境の真っ只中に存在するという傾向に関わる部分です。そして事実上最も魅力のある都市部――文字通り人々を惹きつけるもの――に目をやると、これらの恵まれた地域は、大規模な単一用途に隣接する地帯にはめったに見られません。

都市のお隣さんとしての境界が持つ根源的問題は、都市街路の利用者のほとんどにとって行き止まりの場所になりがちだということです。境界はほとんどの人にとって、たいていの場合は障壁なのです。

だから、境界に隣接する街路は、一般的利用の限界です。「普通」の都市地域の人々にとっては終点であるこの街路が、単一用途の境界を構成する地域内の人々にもほとんどはまったく使われないと、そこは利用者のほとんどいない、行き詰まった場所になるしかありません。

この生気のなさは、さらなる影響をもたらします。境界街路を利用する人がほとんどいないので、結果として隣接する脇道（と、場合によっては平行な街路）もあまり利用されないのです。これらの街路は、境界のほうへ向かって、それを越える人々の、ついでの動線を手に入れ損ねます。向こうへ越えていく人がほとんどいないからです。隣接する街路に人気がなくなって人が寄りつかなくなってしまうと、それに隣接する街路もあまり利用されなくなります。そしてそれがどんどん続き、強い魅力のある地域からの集中利用がそれに対抗できる場所まで荒廃が続くのです。

このように境界には隣り合ったところに利用の真空地帯をつくる傾向があります。別の言い方をするなら、都市のある一画の用途を大規模に単純化しすぎると、隣接地域の用途も単純化してしまう傾向があるのです。この用途の単純化——つまり利用者が減り、その人たちの目的の種類や目的地も減るということです——は、悪循環に陥ります。単純化された地域が経済活動にとってますます不毛になると、利用者はさらに減り、地域はまたさらに不毛になります。一種の解体あるいは荒廃のプロセスが始まるのです。

これは深刻です。というのは、別々の目的でやってきた人々の、本当の持続的な混ざり合いという装置だけが、街路を安全に保てるからです。これが二次多様性を培う唯一の装置です。ばらばらで自己孤立した近隣や僻地ではない、地区の形成を促す唯一の装置なのです。

各種の都市用途間での抽象的またはもっと間接的な互助性は（有益ではありますが話が別次元になります）、このような役割を果たしません。

ときにはこの荒廃プロセスの目に見える証拠が、図示されたようにあからさまなこともあります。この例はニューヨーク市のロウアー・イーストサイドの一部で見られており、夜には特に顕著です。大規模な低所得者向け住宅プロジェクトの敷地は、広くて暗く、人気もありません。また、その境界部分の街路も暗く、人通りが皆無です。商店はプロジェクトの住人たちのおかげで持ちこたえている数軒を除いて廃業しており、多くの敷地が使われず空き家になっています。プロジェクトの境界からだんだん遠ざかるにつれ、街路ごとにわずかずつ活気が高まり、だんだん明るくなるのですが、経済活動が増して人通りが増えるのは何本も街路を越えてからです。そしてこの真空地帯は年々少しずつ周りを侵食しているように見受けられます。このような境界が二つ近接しているところに挟まれた近隣や街路は、隅々まですっかり弱ってしまいます。

新聞ではときどき荒廃のプロセスを鮮やかに物語る事件が報じられています――たとえば、これは「ニューヨーク・ポスト」紙が一九六〇年二月に起きたある事件を報じたものです。

月曜夜に東百七十四丁目百六十四番地のコーエン精肉店であった殺人は一回限りの事件ではなく、この通りで起こった一連の窃盗や強盗のクライマックスだった。（中略）約二年前に通りの向こうのブロンクス横断道路で工事が始まってから、地域には問題が絶えないと食料品店の店主は語っている……。かつて夜九時や十時まで開いていた店は、いまや午後七時には閉店している。暗くなってから敢えて出歩く買い物客はほとんどいないので、そんなわずかな客を逃がしたところで、遅くまで店を開けるリスクには値しないと店主たちは感じている。（中略）殺人事件は夜十時まで店を開けている近所の薬局の店主に最も大きな影響をおよぼした。「死ぬほどこわいですよ」と、かれは語る。「こんなに遅くまで開けているのはうちだけです」

驚くほどのバーゲン価格で新聞広告に出る物件で、こうした真空地帯の形成がうかがえることもあります――全十室の煉瓦造で最近改修済み、新しい銅の上下水配管付きの物件が一万二千ドル――そして住所から明らかになる所在地は、大型開発プロジェクトの境界部と、幹線道路の間。

そのおもな影響は、街路から次の街路へと徐々に進行する歩道の治安悪化です。ニューヨーク市のモーニング・ハイツには、長く幅の狭い近隣区域があって、その一辺はキャンパス、反対側は長く延びるウォーターフロント公園で縁取られています。この区域はさらに、いくつか他の施設が割り込んできているので、それらの施設の障壁でさらに遮られています。この区域ではどっちを向いても、たちまち境界に突きあたってしまいます。この数十年間、人が夕方に最も寄りつかなかった境界は、公園との境界でした。でもほとんど気づかないうちに、治安が悪いという共通理解は次第に地域全体に影響を広げました。現時点で夜にわずかながらも人通りがあるのは、とある街路の片側だけです。この片側だけの街路は、ブロードウェイの続きで広いキャンパスのどん詰まりの縁の向かいにあります。そしてそれさえも、この区域の大部分では別の境界に阻まれて、ほとんど無人となってしまいます。

でもほとんどの場合は、境界の真空地帯にとりたてて劇的なところはありません。むしろ単に活気がないだけのように見えて、その状況が当然のことと見なされがちなのです。ジョン・チーヴァーの小説『ワップショット家の人びと』には、真空地帯の特徴がうまく述べられています。「公園の北側には荒廃して見える近隣地域がある――迫害されているわけではなく、単に人気がなくて、まるでニキビか口臭でもあるかのようで、しかも顔色が悪い――生気がなくて継ぎ目があって、特徴に欠けるところがそこここにある」

境界の利用の乏しさの理由はさまざまです。

一部の境界は、そこを通行する人が一方通行でしかないために弱まってしまいます。住宅プロジェクトがその例です。そのプロジェクトに住んでいる人々は境界を行き来します(通常、まとまった数で行き来するのはそのプロジェクト敷地の一辺だけ、多くても二辺だけです)。でもそれに隣接する地域の人々はほとんどの場合、完全に境界の向こう側にいてプロジェクト側にやって来ることはありません。かれらは境界線を利用の行き止まりとして扱っています。

双方向から交錯利用を止めてしまう境界もあります。平面交差の鉄道線路や幹線道路や堤防がよくある例です。双方向から交錯利用される境界もありますが、大部分が日中に限られるか、一年の特定の時期に激減します。大きな公園がよくある例です。

そのほか、境界の利用がきわめて薄い例として、その敷地にある大規模なたった一つの要素による土地利用の度合いが、その広大な周囲に比べてあまりに低いケースがあります。広い敷地を持つ市民センターがよくある例です。本書執筆時点で、ニューヨーク市都市計画委員会はブルックリンに工業団地の設置を計画していて、四十ヘクタールの敷地に入居する企業群が約三千人の労働者を雇用する予定だとのこと。ヘクタールあたり七十五人というのは都市部の土地利用として非常に低密度なので、その四十ヘクタールは莫大な周辺を生み出すでしょうから、この事業は境界沿いのすべての部分に利用の乏しさをもたらすことになるでしょう。

影響をおよぼす原因が何であれ、関連して起こる効果は、大規模なあるいは長く延びた周辺沿いの利用の乏しさ（生身の利用者の少なさ）なのです。

境界の真空現象は都市設計者、とりわけ心から都市の活気と多様さを高く評価して、生気のなさや茫漠としたスプロール現象を嫌う人たちを当惑させています。かれらは中世の街壁のように、境界とは都市を活性化させ、都市にはっきりと明確な形を与えるのに適した手段だと判断することもあります。これはもっともらしいアイデアです。一部の境界は確かに、集中を促進して都市部を活性化させるのに役立っています。サンフランシスコ市やマンハッタンの堤防はいずれもこの効果を有しています。

それでも、こういった場合に大きな境界が都市の活気を集中させたところで、境界沿いの地帯がそれを受けて活気づいたり、正当な分け前を獲得したりすることはめったにありません。

この「歪んだ」行動を理解するには、都市の土地をすべて二種類に分けてみるとわかりやすいでしょう。一つ目は一般地と呼べるもので、歩行者の一般的な公共移動に利用されます。人々がすすんで自由に動き回る土地であり、こちらから向こうへ行ったり来たりするときに通る場所です。街路、小さな公園の多く、そしてときには建物のロビー（通り道として自由に使える場合）がここに含まれます。

二つ目の種類は特別地とでも呼べるもので、一般的に歩行者が公共通路として利用することはありません。そこに建物が建つ場合もあれば、そうでない場合もあります。公共用地である場合もあれば、そうでない場合もあります。物理的にアクセスできる場合も、そうでない場合もあります。そんなことは重要ではありません。重要なのは、人がその周りを歩いたり、沿って歩いたりすることはあっても、そこを通り抜けはしないということです。

　この特別地について、一般の歩行者にとっては邪魔になるものとして少し考えてみましょう。入れないから、あるいはほとんど関係がないから、かれらにとってこれは地理的障害物なのです。

　こうして考えてみると、都市の特別地はすべて一般地の利用に対する障害です。

　でも別のとらえ方をすれば、特別地は一般地の利用に大きく貢献しています。それは一般地に人々をもたらしてるのです。特別地は何であれ、移動する人々をもたらします。その人々を家庭や職場に収容することで、あるいは他の目的のために人々を惹きつけることによって、その人々を一般地に提供しているのです。都市建築物がなければ都市の街路は無用です。

　このようにどちらの類の土地も移動に貢献しています。でも両者の関係は常にある程度の緊張をはらんでいます。特別地の二つの役割の間には、常に引力と抗力が存在しています。一方は一般地利用の貢献者として、もう一方はその利用に対する障害として。

　これはダウンタウンの商売人が昔からよく心得ていた原則で、それを理解するにはかれらが使っていた用語で説明するのが最も簡単です。大きな「死んだ場所」がダウンタウンの街路に現れると、徒歩移動の密度が低下して、その地点の都市利用も低下します。ときにはこの低下が経済的に非常に深刻で、死んだ場所のどちらか片側でビジネスが衰退することもあります。こういった死んだ場所は、本当の空き地の場合もあれば、ほとんど使われない記念建造物なんかの場合もあるし、駐車場の場合もあれば、午後三時以降は活気を失う銀行の集まりにすぎない場合もあります。具体的に何であれ、死んだ場所は、一般地の地理的障害物としての役割のほうが、一般地利用者をもたらす役割をしのぐようになりました。二つの役割の緊張状態が緩んだのです。

　一般地は、特別地の死んだ地点の影響のほとんどを吸収して隠すことができます。それが物理的に小規模な場合は特にそうです。特別地と一般地のギブアンドテイクの度合いにはバリエーションが必要です。静かな小規模な地点と最高に賑やかな地点は、街路と地区の多様性の必然的な結果であり側面だからです。

　でも特別地が莫大な障害物になってしまうと、二種類の土地の緊張状態はすっかり緩んでしまいかねず、そうなると通常は隠すことも埋め合わせることもできません。これは物理的障害物として（あるいは意図的に利用を阻止するためのものとして）一般地からどれだけを奪うのでしょうか？　利用者の集中で一般地にどれくらい与えて返すのでしょうか？　この方程式への下手な解は、通常は一般地の真空地帯を生み出します。問題はなぜ利用が、きれいなはっきりした境界のところまで広がれないほど歪んでしまうのか、ということではありません。むしろ、なぜはっきりした境界のところまで広がるほど歪んだ利用をわたしたちが期待するか、ということなのです。

境界は近くの一般地にこのような真空地帯（よって多様性や成長に向かう社会的な活力が異常に乏しい場所）を生み出しがちだし、都市をばらばらに分割してしまいます。「普通」の都市の両側に広がる近隣をばらばらにしてしまうのです。これらは小さな公園と逆のふるまいです。小さな公園は、人気があれば別々の方向の近隣をまとめあげ、人々を混ぜ合わせます。境界はまた、都市の街路と逆にふるまいます。街路もやはり通常は両側の地域と用途をまとめあげ、利用者を混ぜ合わせるのです。境界は、境界とある程度の共通点を持つ、印象的ながらも小規模な多くの用途とは逆の機能を持ちます。たとえば鉄道の駅は線路とちがうやり方で周囲と相互作用しますし、単一の政府庁舎と近隣との相互作用は、大規模な市民センター地区と近隣との相互作用とは異なります。

境界の持つこの分離または都市分割の効果自体は、必ずしも有害なものとは限りません。境界によって切り離された地区それぞれが強い都市地区を形成するほど大きく、十分な規模を持つ多様な用途と利用者のプールを備えていれば、分離効果は無害なもので済みます。それどころか人々に方向感覚を与え、心の中に都市の地図を持たせ、地区を場所として理解させる手段としてとても有用にもなり得ます。

問題が持ち上がるのは、地区が（第6章で述べたように）境界で両断されたり寸断されたりして、ばらばらになった近隣が、弱いかけらになり、都市より小さい規模の地区が機能的に存在できない場合です。境界が多すぎると、それが幹線道路、施設、プロジェクト、キャンパス、工業団地その他どんな特別地の大規模用途の境界だろうと、こんな要領で都市をボロボロにしかねません。
境界の欠点を理解すれば、不要な境界の発生から救われるでしょう。今日のわたしたちは、気前のいい境界の建設が都市の秩序の進んだ形を表すという誤解のもとに、不要な境界をたくさんつくっているのです。

でも境界で都市を分割し、自らを真空地帯で取り囲むあらゆる機関や施設を、都市生活の敵と見なすべきだということにはなりません。その逆で、多くは都市にとって明らかに望ましく、重要なものです。大都市には大学、大規模な医療機関、大都市の魅力を持つ大きな公園が必要です。都市には鉄道が必要です。ウォーターフロントは経済的利点やアメニティに。幹線道路も必要です（特にトラック輸送のために）。

重要なのは、このような施設を毛嫌いすることでも、価値を見くびることでもありません。むしろこれらには長所もあれば短所もあると認識することです。

そうした施設の破壊的な影響に抵抗できれば、これらの施設自体も機能しやすくなります。施設の大部分やその利用者たちにしたところで、沈滞や真空地帯に囲まれるのは良いことではありませんし、まして衰退に囲まれるなどなおさらです。

最も簡単に正せる例は、周縁部の大規模な利用を論理的に促進できる境界だと思います。

たとえばニューヨーク市のセントラルパークについて考えてみましょう。東側では周縁部やすぐ内側で集中的な利用の例（ほとんどは日中利用）がいくつか見られます――動物園、メトロポリタン美術館、模型ボート専用池。西側では興味深いことに周囲からの侵入が見られ、これは利用者自身がつくり出して、しかも夜間に行われているという点で注目に値します。ここは公園に入る特別な横断歩道で、一般的に夕方や夜間に犬を散歩させる通り道になり、他の散歩目的の人、公園に入りたくてしかも安全だと感じていたい人にも利用されています。

でも公園の周縁部――特に西側――には何もない広大な場所があって、それが境界の大部分で悪い真空効果をおよぼしています。一方で公園の奥深くはものにあふれていますが、そのものの性質ではなく所在地のせいで、それが日中しか利用できません。想定利用者の多くが行きにくいところなのです。（おんぼろガレージのように見える）チェスハウスがその一例ですし、回転木馬もそうです。真冬の午後には四時半という早い時間に、警備員が安全のために人々をこれらの場所から追い立てます。また、これらの設備は重く見苦しい構造だし、公園の奥深い内部という立地では恐ろしく生気を欠いていま す。みごとな回転木馬を場違いで陰気なものに仕立てるのはたいした偉業ですが、セントラルパークではこれが達成されているのです。

こういった公園の用途は大きな公園の境界部に持ってきて、公園とそれを取り巻く街路をつなぐものとして設計されるべきです。街路の世界に属しながら他方の公園の世界にも属し、その二重生活の中ではじめて魅力的でいられるのです。これらは公園を遮断する縁としてではなく（これはひどい使い方です）、強力で魅力ある境界活動の場所となるように計算されるべきです。夜間利用も奨励しましょう。大規模である必要はありません。非常に大きな公園の周縁部に、それぞれ独自の建築的特徴と環境を備えた三、四軒のチェス・チェッカーハウスを配置するほうが、この目的においては四倍大きなチェス・チェッカーハウス一軒よりもずっと価値があります。

公園の真空地帯との闘いは、街路の向かい側――都市側――にもかかっています。あやしげな用途を大きな都市公園に注入するという提案は絶えず耳にします。商業化の圧力も絶えません。そうした提案の一部は不可解です。たとえばニューヨーク市で大きな議論を巻き起こした、セントラルパークに新しいカフェを寄付するという問題がそうです。これは、認めるべきかどうか境界線ギリギリの事例ですが、文字通り物理的にも境界事例です。このような準商業利用、商業利用の多くは公園境界の都市側に置かれるべきものです。公園に出たり入ったりする交錯利用（と交錯監視）を演出して強化するように計算ずくで配置しましょう。一般的にこれらは公園側の境界用途と連携して機能すべきです。公園の境界に接して設けられたスケートリンクが一例に挙げられるでしょう。街路をはさんだその向かいの都市側には、それと連携する形で、スケーターたちが軽食をとり、見物人たちが屋内あるいは屋外の一段高いテラスから道越しにスケートを眺められるカフェをつくります。ここでも、リンクとカフェの両方とも、夕方から夜間にかけても利用しない手はありません。大きな公園では自転車に乗るのもいいでしょう。でも自転車のレンタル屋は、境界線の都市側のほうに置いてもいいでしょう。

つまり重要なのは境界線ギリギリの事例を探し出して新しいものを考案し、都市を都市として、公園を公園として保持しながら、その間の連携を明確で活気ある十分に高頻度なものにすることだと言えるでしょう。

ここでの原則は、マサチューセッツ工科大学で都市計画を教える准教授で『都市のイメージ』の著者であるケヴィン・リンチが、別の議論との関連で鮮やかに述べたものです。リンチはこう書いています。「縁を通して何らかの視覚的あるいは動的侵入が許されるなら——強いて言うと両側の地域にそれがある程度深く構造化されているならば、その縁は単なる圧倒的な障壁以上のものになれる。そういう縁は障害ではなく継ぎ目になる。二つの地域が縫い合わされる交流の線となるのだ」

ここでリンチが述べているのは境界に関する視覚的、美的問題についてですが、まったく同じ原則が境界の引き起こす多くの機能的問題にもあてはまります。

大学は、公共向けの用途を周縁部の戦略的拠点に置き、さらに世間が見たり関心を持ったりしそうな要素を——隠すのではなく——周縁部に配置して場面として公開したら、少なくともキャンパスの一部であれ、障壁よりは継ぎ目になるようにできます。ニューヨーク市の社会研究ニュースクールは図書館を備えた新しい建物で、（比較的小さな機関なので）非常に小さな規模でこれをやってのけました。図書館は街路と学校の小さな「キャンパス」である魅力的な中庭を結ぶリンクです。図書館も眺望も視覚的に開かれて劇的に演出されており、街路にとっての喜びであり、活性剤にもなっています。わたしの見る限り、都市内の大きな大学は、自分がいかに独特の施設であるかについて、何の考えも想像も働かせていません。多くは閉鎖的な場所か田舎じみた場所を装って、郷愁を漂わせて自分が都市に引っ越してきたことを認めようとしないか、オフィスビルを装うかのどちらかです（当然ながら実際はどちらでもありません）。

ウォーターフロントも、今日普通に行われているよりずっと継ぎ目らしくふるまわせることができます。衰退したウォーターフロント真空地帯のありがちな救済策は、それを公園に置き換えることで、すると今度はその公園が——予測通り通常はぞっとするほど利用不足の——境界要素になり、真空効果を内陸方向へと押し込みます。問題の発生源である汀線で問題に取り組み、岸辺を継ぎ目にするようめざすほうがもっと重要です。ウォーターフロントの業務利用は、おもしろいものであることが多いので、一般の眺望から延々と遮ったりすべきではありません。それをやると水面もまた、地面からの都市の眺望から遮蔽されてしまうのです。こうしたウォーターフロント業務が長く続くところは、工事や水上交通を垣間見たり眺めたりできるように計算された、さりげない小規模な隙間をつくるべきです。わたしの住んでいるところの近くには、古い開放式ドックがありますが、これは水辺数キロほどの間にこの一つしかないのです。それに隣接して公衆衛生局の焼却炉と平底船停泊地がありますす。このドックはウナギ釣り、日光浴、たこ揚げ、車の修繕、ピクニック、サイクリング、アイスクリームやホットドッグの販売、通りすぎる船に手を振ったり、おしゃべりに使われています（公園局には属していないので、だれも何ら規制を受けません）。暑い夏の夜やけだるい夏の日曜日には、これほどすばらしい場所はありません。ときどき待ちかまえているごみ運搬船に清掃車が荷を落とす、バシャンガタンという大きな音があたりにとどろきます。そんなにおキレイな光景ではありませんが、ドックでは大いに楽しまれている日常風景です。だれもが夢中になります。ウォーターフロント作業の公開場所は、見るべきものがまるでない隔離された場所ではなく、両側でまさに作業（積み込み、積み下ろし、ドック入れ）が行われるところでなくてはいけません。ボート遊び、ボート見物、魚釣り、水泳（可能なところで）はすべて、陸と水の間のやっかいな境界の障壁ではなく、継ぎ目をつくる助けになっているのです。

一部の境界は継ぎ目に変えようとしても見込みがありません。幹線道路や高速ランプがその例です。また、大きな公園、キャンパス、ウォーターフロントでさえ、障壁効果が克服できるのは、おそらく周縁部のごく一部に沿ったところだけでしょう。

これらの例で真空地帯と戦う唯一の方法は、手近にあるきわめて強い抵抗勢力に依存することだと思います。つまり境界近くの人口集中を意図的に高く（かつ多様に）して、境界近くの街区は特に短く、潜在的な街路利用をきわめて流動的にして、一次用途の混合を豊富にし、建物の年代の混合も豊富にするのです。境界そのもののぎりぎり近くまで利用度を高めることはできないかもしれませんが、真空地帯を狭い範囲にとどめる助けにはなります。ニューヨーク市のセントラルパーク近くでは、マディソン街の東側の大部分が公園の境界真空地帯への抵抗勢力として機能しています。西にはそれほど緊密な抵抗勢力がありません。南方では公園の向かい側の歩道で抵抗勢力が働いています。グリニッジ・ヴィレッジでは抵抗勢力がウォーターフロントの真空地帯を徐々に後退させています。街区がきわめて短いこと――ところによっては四十八メートル――が原因の一つで、そのために活気が少しばかり飛び火しやすくなっているのです。

　必要な都市境界に対して抵抗勢力を用いるというのは、活気ある混合地域の構築にはできるだけ多数の都市要素を使い、不必要な境界の構成にはできる限り少数の都市要素を使うということです。

　住居（補助金の有無にかかわらず）、大ホール、公会堂、政府庁舎、ほとんどの学校、ほとんどの都市産業、すべての都市商業は、入り交ざった環境でも仲良く機能できるし、複雑に混ざり合った都市の編み目構造の一部および一画として活躍します。要素がその混ぜ合わせから取りのぞかれて大規模な単一用途という形で分離されると、よけいな境界ができてしまうだけでなく、都市の混合の他の要素からその用途が差し引かれて、抵抗勢力をつくる材料を減らしてしまいます。

　計画的な歩行者専用道構想が、本質的に弱く断片的な領域の周りにある走行中や駐車中の車にとって手強い境界をつくってしまうと、解決できるより数多くの問題を持ち込みかねません。それでもこれはダウンタウンの商店街や再開発地域の「タウンセンター」にとっては、しゃれた計画案です。だからこそ、まず都市自体の機能を理解せずに都市交通計画や幹線道路系を考案するのは危険なのです。最善の意図を持った計画であっても、際限ない境界の真空地帯と利用の断絶を、これらが最大にして最も不要な害をおよぼす場所へもたらしかねないのです。

第15章 スラム化と脱スラム化

スラムとその住民は、一見すると果てしない問題の被害者（また同時にそれをひどくしている人々）であり、その問題は相互に強化し合っています。スラムは悪循環として作用します。やがてそうした悪循環は、都市の働きすべてを巻き込みます。拡大するスラムはますます多くの公的資金を要求します――単に公的援助による改善や、現状維持のためだけでなく、ますます広がる退却と退行に立ち向かうために。ニーズがさらに大きくなるほど、先立つものは少なくなります。

いまの都市再開発法は、スラムとその住人を一気に一掃して、もっと税収をもたらすはずのプロジェクトや、あまり公的支出のかからない扱いやすい住民を呼び戻す開発プロジェクトに置き換えることで、この悪循環の個別連鎖を断とうとしています。この方法は失敗します。せいぜいスラムをこっちからあっちへ移して、独自の困難や崩壊をさらに追加するにすぎません。最悪の場合は、建設的で、改善しつつあるコミュニティを破壊してしまいます。そうした場所は、本来ならそうした破壊ではなく、奨励や支援が必要な状況なのです。

スラムへと退行しつつある近隣での「荒廃と闘おう」運動や「保全」運動と同じように、スラム移転が失敗するのも、症状をいじるだけで問題の原因を克服しようとするからです。スラム移転屋たちがあげつらうまさにその症状こそ、実は過去の問題の名残でしかなく、たいていは現在や将来の問題の重要な指標ではないのです。

スラムやスラムの住民に対する従来の計画アプローチは、ひたすら尊大です。尊大な人々がやっかいなのは、かれらがあり得ないほど大きな変化を望んで、その手段としてあり得ないほど表面的な手段を選ぶ点です。スラム克服には、そこの住民が自らの利益を理解して、それにしたがって行動できると認めるべきです。事実そうなのですから。スラム自体に備わった再生の力を認識し、尊重してそれを手がかりにする必要があります。その力は実際の都市で機能することがはっきり示されています。これは、人々に上から目線でより良い生活をもたらそうとするのとはまるでちがいますし、現在行われていることともまるでちがいます。

確かに悪循環は理解しづらいものです。原因と結果がごっちゃになってしまうからです。そしてごっちゃになるのはまさに、各種の原因と結果が非常に複雑な方法で結びつき、また別の形でもつながったりするからです。

それでも特に決定的な結びつきが一つあります。この結びつきを断てば（そしてこれを断つには、単なる良質な住宅供給などではすみません）スラムは自然に脱スラム化します。

永続的スラムの鍵となる結びつきというのは、その場所からあまりに多くの人々が、あまりにも早く出ていく――そしてそれまでの間は、出ていくことを夢見る――ことです。この結びつきを断たなければ、他のスラムやスラム生活の克服をめざす努力はちっとも役に立ちません。ノースエンド、シカゴ市のバック・オブ・ザ・ヤード、サンフランシスコ市のノースビーチ、わたしの住んでいる脱スラム化した元スラムなどでは、この結びつきが断たれ、それっきり復活していません。この結びつきを断つのに成功したアメリカの都市スラムがごく少数なら、それを根拠に希望を抱くには懐疑的にもなるでしょう。これらの場所が異常かもしれないからです。もっと重要なのは、多くのスラム地域で脱スラム化が始まったのに、それが認識されず、逆にそれが阻まれたり破壊されたりすることがあまりに多いことです。脱スラム化がかなり進んでいたニューヨーク市のイーストハーレムの一部は、まず必要な資金が得られず妨げられました。そして資金難で脱スラム化プロセスが遅れたものの、環境の退行には到らなかった近隣の多くは、あっさり破壊されました――そしてその場所につくられた開発プロジェクトでは、スラム問題が病的なほど表面化したのです。ロウアー・イーストサイドで脱スラム化が始まっていた部分の大半は破壊されてしまいました。つい最近、一九五〇年代前半にわたしの住む近隣は破壊的な地域分断から救われましたが、それも市民たちが市役所と戦えたからにすぎません——そしてその際にも、この地域がお金を持った転入者たちを惹きつけているという証拠を役人たちに突きつけて、かれらを恥じ入らせることができたからにすぎません。とは言えこの脱スラム化の兆候は、知らないうちに起こっていた各種の建設的変化の中では、おそらく最もつまらないものだったのですが（＊44）。

ペンシルバニア大学の社会学者ハーバート・ガンズはアメリカ都市計画学会機関誌の一九五九年二月号で、気づかれることなく脱スラム化しつつあるスラムであるボストン市のウェストエンドについて、その再開発による取り壊し前夜に、冷静ながら辛辣な描写をしています。ウェストエンドは公式には「スラム」とされているが、「安定した低賃料地域」と呼ぶほうが正確だとガンズは指摘しました。スラムというのを「社会的環境の性質のせいで問題や病変を生じさせていると証明できる」地域と定義するなら、ウェストエンドはスラムではないとかれは述べています。住民たちの地域に対する強い愛着、高度に発達した非公式なその社会統制、多くの住民がアパートの内装を近代化あるいは改善した事実をかれは述べます——どれも脱スラム化しつつあるスラムに典型的な特徴です。

脱スラム化は、逆説的ですが、そのスラム住民の大部分をスラム内に引き留められるかどうかにかかっています。スラムの相当数の住民や実業家が、その場所で独自に計画を立てて実行するのが望ましく実利的だと判断するか、それともほぼ全員がどこかよそへ引っ越さなければならないかどうかにかかっているのです。

時がたっても社会経済的改善のきざしが見られないスラム、あるいはちょっと改善してもすぐ後退するスラムを「永続的スラム」と呼びましょう。でも都市の多様性を生み出す条件をスラムに導入できるのなら、そして脱スラム化のきざしが邪魔されずに奨励されるのなら、スラムが永続的になる理由などないはずなのです。

（＊44）一九六一年、ニューヨーク市はまたもや空虚な疑似郊外にわたしたちを「再生」させようとして、そのための権限と連邦予算を要求しています。当然ですが地元は激しく闘っています。

脱スラム化に足る住民数を永続的スラムが維持できないというのは、スラム自体以前から始まっていた特徴です。スラムが形成されると、それが悪性の組織となって健全な組織を食い荒らすという作り話があります。でたらめもいいところです。

破滅が目に見えるずっと前から初期のスラムに見られる最初の兆候は、沈滞と不活発さです。退屈な近隣は必然的にもっと活発な市民や意欲的な市民、裕福な市民から見捨てられるし、よそへ行ける若者からも見捨てられます。また選択の余地を持つ転入者も当然ながら惹きつけられません。また、これらの選択的放棄と活気ある新しい人々の選択的不足に加えて、こういった近隣はやがて非スラム住民から、かなり唐突に一気に見捨てられることが多いのです。理由はすでに述べました。退屈さによる極度の荒廃が、都市生活にとっていかに非実用的なものかを、ここで繰り返す必要はありますまい。

スラム形成の最初の機会となる、非スラム住民による大規模な地域の放棄は、最近では別のスラム（特に黒人スラム）が近いせい、あるいは黒人家庭が多少存在するせいにされることがあります。かつてスラムが形成される理由がイタリア系、ユダヤ系、アイルランド系家庭の存在や、その近接のせいにされることがあったのと同じです。住居の古さや老朽化、あるいは遊び場がない、工場が近いといった、漠然とした一般的な欠点のせいにされることもあります。

しかしこういった要素はすべて軽微なものです。シカゴ市では湖畔の公園地域からわずか一、二街区離れると、少数民族の居住地から遠く離れ、緑に恵まれた、ぞっとするほど静かで気取っていると言えるほど立派な建物が並ぶ近隣があります。これらの地域には文字通り放棄のサイン（看板）が見られます。「貸家」「賃貸」「空き」「定住、短期滞在用空室あり」「滞在歓迎」「寝室あり」「家具つき」「家具なし」「空室あります」。シカゴという都市は、有色人種が非情にも住居にすし詰めにされたり、あまりに高い家賃を払わされたりする場所です。そのシカゴ市にありながら、これらの建物は居住者を惹きつけるのに苦労しています。これらの建物に引き合いがないのは、賃貸や売却が白人相手に限られているからです——そして選択の余地が多い白人はここに住もうと思いません。この特別な膠着状態の恩恵を受けているのは、少なくともいまのところ、経済的選択肢が少なく、それ以上に都市生活にまだなじんでいない、転入したての田舎者たちのようです。かれらの受ける利益は眉ツバものです。退屈で危険な近隣を背負い込まされるのですから。そこは都市生活に適さないので、ついにはかれらより洗練された有能な住民たちを追い払ってしまったような場所なのです。

確かに、意図的に近隣の住民を一変させようという陰謀もあります——我先に脱出しようとする白人から安く家を買って、いつも住むところに困って追いやられている有色人種に、法外な値段で売りつける不動産業者たちの企みです。でもこの手口も、すでに沈滞している活気に乏しい近隣でしか成立しません(もともといた白人よりも全般に有能で経済水準の高い有色人種の住民を迎える場合は、この手口がかえって近隣の維持管理を改善してしまうこともあります。でもこの収奪的な経済は、密度の低い無気力な近隣を、かなり混乱した過密な近隣にしてしまうこともあるのです)。

都市の失敗を受け継ぐスラム住民や貧しい移民がいなくても、選択の余地がある人々に見捨てられる活気の乏しい近隣地域という問題はなお存在するし、たぶんずっと大きな悩みの種になるでしょう。この状況はフィラデルフィア市の一部で見受けられます。沈滞した近隣で「まともで安全で衛生的な」住居に空きが出る一方で、そこの住人たちは都市に組み込まれていないこと以外、本質的にはそれまでとほぼ変わらない新たな近隣地域へと転出するのです。

いま新しいスラムが自然に形成されている場所を見つけ、そこで形成される典型的な市街地がいかに冴えなくて、暗く多様性に欠けるかを理解するのは簡単です。このプロセスは現在起こっているものだからです。もっと理解しにくいのは、活気ある都会らしさの欠落こそが常にスラム当初からの特徴だったという事実です。これは、それが起きたのが過去だから見えにくいということもあります。それにスラムについての古典的改革文献には、そんなことは書いてありません。このような文献は——リンカーン・ステフェンズの『自伝』が好例です——この本は、すでに退屈な始まりを克服した(が、その一方で他の問題を抱えてしまった)スラムに着目しています。ある時点のせわしげでごった返すスラムを見て、スラムとはいまも昔もそんなものだった――そして徹底的に排除しない限り、今後もそのままだというひどく誤った含みをもって指摘したのです。

わたしの住んでいる地域は脱スラム化をとげた元スラムなのですが、ここは今世紀前半の時点ではまさにそのようなごった返した場所で、地元ギャングのハドソン・ダスターズが市内全域で名を馳せていました。でもこの場所のスラムとしてのキャリアは、そんな喧噪の中で始まったわけではありません。道を数街区ほど下ったところにある聖公会教会の歴史は、このスラム形成についての物語でもあります。発端は一世紀ほど前です。この近隣にはもともと農場、村道、避暑用の家があり、それが準郊外地に発展して、急速に成長する都市に組み込まれました。有色人種とヨーロッパからの移民がその周囲を取り巻いていました。物理的にも社会的にも、この近隣地域はかれらの存在に対処できる仕組みができていませんでした――それを言うなら、いまの準郊外地だってできていませんが。この閑静な住宅地から――古い写真を見るとすてきな場所です――最初に去っていったのは信徒家族で、多くがばらばらに去っていきました。残った信徒もやがてはうろたえて、こぞって去っていきました。打ち捨てられた教会の建物は、準郊外地に流入してきた貧者たちに説教をするための、伝道用チャペルとしてトリニティ教区が引き継ぎました。元の信徒は教会をもっと山の手に建て直し、その近隣に信じられないほど退屈で静かな住宅地を新しく移植しました。いまではハーレムの一部になっています。この放浪者たちが次の前スラムをどこに築いたのか、記録は残っていません。

スラム形成の理由とそのプロセスは、その後何十年にもわたり、驚くほど変わっていません。新しいことと言えば、不適切な近隣はいまやもっと急速に見捨てられてしまい、スラムがかつてより薄く広く広がってしまうということです。当時は自動車や、郊外開発向けの政府保証つき融資がまだありませんでした。だから自分の住む近隣が、都市生活につきものの一般的な条件（たとえば見知らぬ人の存在）を示すようになり、しかも、これらの条件を資産に変える天然の手段がまったくない場合でも、実際問題としてそこを見捨てるのは、ある程度の選択の余地がある世帯でも難しいことでした。

スラムが最初に形成されるとき、人口が飛躍的に増加することがあります。でもこれは人気の表れではありません。住居が過密になりつつあるしるしです。選択肢が最も乏しい人々が、貧困や差別によって過密化せざるを得なくなって、人気のない地域にもやって来るからです。

住戸密度そのものは増加する場合もあるし、しない場合もあります。古いスラムでは貧困者向けアパートの建築で、増加するのが常でした。でもたいていの場合、住戸密度が増加しても過密状態が軽減されることはありませんでした。むしろ過密状態が住戸密度の高さと相まって、総住民数が大きく増加したのです。

ひとたびスラムが形成されると、そのもとになった移住パターンが継続しがちです。前スラムでの移住のように、二種類の移動が起こります。成功した人々はもちろん、ごく控えめな利益しか上げていない人々ですら、転出を続けます。しかし住民みんなが控えめな利益を上げはじめると、ときどき住民がいっせいに転出することもあります。どちらも破壊的な流れですが、後者は前者より破壊的なようです。

人口不安定の一症状である過密はさらに続きます。なぜ続くかというと、過密になった人々が残るからではなく、離れていくからです。過密をもたらしたような経済条件を克服した人々のうち、あまりに多くの人が転出してしまい、地元で自分たちの状況を改善しようとはしないのです。そしてかれらの代わりに、いまのところ経済的選択肢が皆無に等しい人々が入ってきます。こういう状況下では、建物は当然ながら不相応な速さで老朽化してしまいます。

このように、永続的スラムの住民は絶え間なく変わります。ときにはこの変化は注目すべきものと見なされます。それは経済的転出や移住が民族変化を伴う場合です。でも転出転入は、あらゆる永続的スラムで起こっているものですし、それは民族が同じままのスラムでもそうです。たとえばニューヨーク市のハーレム中心部のような大都市の黒人スラムは、長いこと黒人スラムのままかもしれませんが、そこでは住民の大規模で選択的な入れ替わりが生じているのです。

絶え間ない退去は当然ながら、埋めるべき空き家以上のものを後に残します。残されるのは、いつまでたっても形にならなかったり、絶えずよちよち歩きの段階に逆戻りを繰り返すようなコミュニティです。建物の築年数は、コミュニティの年齢指標にはなりません。コミュニティの年齢指標を築くのは人々の連続性だからです。

この意味では、永続的スラムは常に前進でなく後退しており、こうした環境こそが他の問題の相当部分を悪化させているのです。一気に起きる転出がひどい場合だと、その後に再起するものはコミュニティというよりジャングルさながらです。流入して来る新たな人々にそもそも共通点がほとんどなく、最も無慈悲で冷酷な人々が多少なりとも全体の雰囲気を左右するようになると、こうなってしまうのです。このジャングルを好まない人は――こうした場所では、人口の入れ替わりがすさまじく激しいことを見ると、どうやらほとんどあらゆる人がここにあてはまるようです――できるだけ速やかに出ていくか、出ることを夢見ます。しかしこんな手のつけようもなさそうな環境ですら、住民を維持できればゆっくりとではあれ改善が始まります。これに該当する街路がニューヨーク市にあるのを知っていますが、でも十分な数の人々をつなぎとめるのはひどく困難です。

永続的スラムの後ろ向きな進歩は、計画的でないスラムに限らず、計画的スラムでも起こります。おもな違いと言えば、計画的スラムでは永続的な過密という一症状は出ないことですが、これは住居あたりの占有者数が規制されているからです。ハリソン・ソールズベリーは「ニューヨーク・タイムズ」紙での非行に関する連載で、低所得者向けプロジェクトで作用する悪循環での重要な結びつきを指摘しています。

> （前略）あまりに多くの場合、（中略）スラムは新しい煉瓦と鉄骨に閉じこめられている。恐怖と貧困は、これらの新しく冷たい壁の後ろに閉じこめられている。一つの社会悪を解決しようという善意からなされた努力で、コミュニティはその他の悪を激化させ、新たな悪をつくることに成功してしまった。低家賃住宅プロジェクトへの入居資格は、基本的に所得水準をもとに決まっている。（中略）人々の分離を強いるのは宗教や人種でなく、所得というか所得不在という鋭い刃だ。これが社会構造に対してどう影響するかを理解するには、自分で目のあたりにするしかない。能力ある前途有望な家庭は絶えず追

い出される。（中略）転入してくる側を見ると、経済・社会的水準はどんどん下がる傾向がある。（中略）社会悪を生み、果てしない外部援助を必要とする人間のための、排出口前のゴミ受けが形成されるのだ。

こうした計画的スラムの建設者たちは、いつも「コミュニティが形成されるだけの時間がたてば」まちがいなく改善するだろう、と望んでいます。でもそこでの時間というのは、計画的でない永続的スラムと同様に、コミュニティを形成してくれる存在ではなく永遠に攪乱し続ける存在です。したがって、まあ予想はつくことですが、ソールズベリーが述べたような閉じ込め型スラムの最悪の例は、ほぼ必ずと言っていいほど永続的スラムの果てしない後退が最も長く作用してきた、最も古い低所得者向けプロジェクトです。

しかしこのパターンの不気味な改変版が登場しつつあります。計画的スラム移転の増加と、新しいプロジェクトにおける「移転した」人々の割合増加のせいで、古いプロジェクトや古い永続的非計画スラムにありがちな扱いにくさと障害を備えた状態で、新しいプロジェクト住宅が始まってしまうことがあるのです――まるで若いうちから数多くの崩壊と分裂の浮沈にさらされてきたかのように。おそらく住民の多くがすでにそんな経験をしてきて、当然ながら情緒的なお荷物としてそれを引きずっているせいでしょう。ユニオン貧困者支援所のエレン・ルーリーは新しいプロジェクト住宅の状況についてこう述べています。

現地居住者（前の住居が都市再開発のために取り壊されたので公共住宅に収容された家族）をすべて訪問した結果として、すぐに一つの所見が出てきます。大規模プロジェクト開発の運営を行う実施主体の仕事はきわめて難しいものですが、大量の人がしょっぱなから不満を抱き、強制移住させられたことで住宅局に腹を立て、また、移転させられた理由を完全には理解していなくて、慣れない新しい環境で寂しさと不安を感じている――そういう家族はプロジェクトの管理運営をますます難業にしてしまうのです。

スラム移転もスラム閉じ込めも、スラムの永続化における重要な結びつき――あまりに多くの人々がすぐ転出しすぎる傾向（もしくは必然性）――を断てません。どちらの手段も永続的な後退プロセスを悪化させ、激化させるだけです。脱スラム化だけがアメリカの都市スラム問題を克服できるし、実績もあります。脱スラム化が存在しないなら、わたしたちがそれを生み出さなければなりません。でもそれが実際に存在して機能している以上、重要なのはそれがさらに早くもっと多くの場所で起こるように力を貸すことです。

脱スラム化の土台は、都市の公共生活と歩道の安全を享受できるくらい活気のあるスラムです。そして最悪の土台とは、スラムを解体するどころかつくってしまう、退屈な場所です。

経済的に必要なくなっても住民が好んでスラムにいる理由は、生活のきわめて個人的な部分と関係があります。都市計画者や都市デザイナーが決して直接手を出して操作できない――また操作したいと思うべきでもない――領域です。スラムに残るという選択は、スラムの他の住民との個人的な結びつき、そしてかれらが近隣に支えられていると信じていること、また生活において何が重要で何があまり重要でないかという価値観と、大いに関係があります。

しかしスラムに残りたいという願望は、もちろん近隣の物理的要素からも間接的に影響を受けています。大事な本拠地の「安全」には、物理的恐怖からの文字通りの安全も含まれています。街路に人気がなくて怖い、安全でないスラムが自然に脱スラム化することは絶対にありません。またそれ以外に、脱スラム化しつつあるスラムに残って近隣地域で自分たちの居場所を向上させている人々は、その街路近隣への強い愛着をしばしば口にします。それが生活の大きな部分を占めているのです。かれらは自分たちの地元がユニークで、世界のどこを探しても替えがきかず、欠点はあっても著しい価値があると考えているようです。この点については、かれらの言う通りです。というのも、活気ある都市の街路近隣を構成する多数の人間関係や公人は、常にユニークで複雑であり、真似できない独自の価値を持っているからです。脱スラム化した地域や、脱スラム化の途上にある地域は複雑な場所で、スラムが形成されがちな単調で物理的にもありふれた場所とはまったく異なります。

とは言え、十分な多様性とそれなりにおもしろくて便利な生活を獲得したスラムがすべて、自動的に脱スラム化するとは申しません。そうならない場所もありますし——あるいはもっとありがちなのが、脱スラム化を始めてしばらくすると、必要な変化の邪魔になる（大部分は経済的な）障害が多すぎて、プロセスが現実的でないとわかって、その場所が退行してしまうか、ことによると破壊されてしまうのです。

いずれにせよ、スラムへの愛着が脱スラム化を促すほど強くなるような場所では、脱スラム化より先にこの愛着が起こります。選択の余地がある人が望んでスラムに残ろうとするのなら、その時点より前に愛着ができていたはずです。後からでは遅すぎます。

住民が望んでスラムに残っているという初期の兆候として、空き家も増えず、住戸密度も下がらないのに人口が減る、ということがあります。要するに、住戸の数が一定なのに、それが前より少数の住民に占有されているのです。逆説的に見えるでしょうが、これは人気のしるしです。つまりかつて過密だった住民たちが、過密を解消できるだけの経済力を持ったとき、なじみの近隣を捨てて過密の新しい波にそこをゆだねるのではなく、その場所で過密を解消しているのです。

確かに住民数の減少は転出者のせいもありますし、これから見ていくようにそれも重要です。でもここで注目すべき大事な要素は、この転出者たちが住んでいた場所は空き家になるのではなく、好んで残る人々が買っていることが著しく多いということです。

わたしの住む近隣はたまたまかつてアイルランド系スラムだったのですが、脱スラム化は早くも一九二〇年から明らかに始まっていました。この国勢調査の調査区人口は、一九一〇年時点の六千五百人（人口のピーク）から当時五千人に減少していました。大恐慌で家族がふたたび大きくなって、人口はごくわずかに増加しましたが、一九四〇年には二千五百人に減り、一九五〇年になってもあまり変わりませんでした。この期間、この調査区ではビルの解体はほとんどありませんでしたが、いくらか改修がありました。アパートの空きはいつもほとんどなく、住民はおもに一九一〇年頃からいた人々やその子孫で構成されていました。スラム人口がピークの半分以下に下がったのは、おもに住宅地の住戸密度が高い地域で起こった過密解消の度合いを示す指標なのです。その指標は、間接的には残った人々の特徴である所得と選択の余地の増加も示すものです。

同じような人口減少が脱スラム化しつつあるグリニッジ・ヴィレッジのあらゆる地域で起こりました。イタリア系スラム、サウス・ヴィレッジの救貧住宅は、かつては信じられないほどのすし詰めでしたが、ある代表的な国勢調査区で見ると住民数は一九一〇年のおよそ一万九千人から一九二〇年には一万二千人に減少して、大恐慌で約一万五千人に増加したのち、また繁栄がやってきて約九千五百人に落ち着きました。この脱スラム化人口減少は、わたしの住んでいる地域と同じで、中流階級の新しい住民が古いスラム住民に取って代わったしるしではありません。古い住民の大部分が中流階級へと変化したことを示していたのです。ここで過密解消の程度を示すものとしてわたしが選んだ国勢調査区二つで、戸数そのものはきわめて安定したままで、児童人口が総人口に比例してわずかに減りました。これらの多くはそこに残った家族です（＊45）。

ボストン市のノースエンドで起こった過密解消は、グリニッジ・ヴィレッジの脱スラム化で起こったものと非常に似ています。

過密解消が起こった（もしくは起こっている）か、人口減少がその地域を最もよく知る人々の間での人気のしるしかを知るには、この減少がかなりの空き家増加を伴っているかを見る必要があります。たとえばロウアー・イーストサイドの（決してすべてではなく）一部地域では、一九三〇年代の人口減少のうち過密解消によるものはごく一部だけでした。残りは大量の空き家増加のせいです。これらの空き家がまた満室になったら、当然ながら過密な人口がそこに住み着きました。そうした空き家は、選択の余地のある人々に見捨てられたのです。

スラムに残る人々が十分な数になると、他にもいくつか重要なことが起こります。

一部には信頼の実践と増大のせいで、コミュニティ自体がやがては（遥かに長時間を要しますが）あまり偏狭でなくなって、能力と強さを獲得するのです。これらの事柄は近隣を論じた第6章で述べています。

ここで起こる三つ目の変化は重要なものです――そしてその変化は、やがて起こる偏狭さの低下が示唆しているものです。その変化というのは、住民自体の緩やかな自己多様化です。脱スラム化しつつあるスラムに留まる人々の経済的、教育的発達の度合いはさまざまです。大部分の人の進歩は控えめなものですが、なかにはかなりの進歩をとげた人もいれば、ほとんど何の進歩もない人もいます。技能、関心、活動、地元地域以外での知人関係もさまざまで、ときとともに多様に枝分かれしていきます。

現在、都市の役人たちは「中流階級を呼び戻す」という無駄話をしています。まるで都市を離れてランチハウスとバーベキューグリルを手に入れて立派になるまでは、だれも中流階級でないとでも言うように。確かに都市は中流階級人口を失いつつあります。でも都市が中流階級を「呼び戻す」必要はないし、それを人工栽培のように慎重に守ってやる必要もありません。都市は中流階級を生やします。でも、育つにつれてその人々を引き留めておくには、そして自己多様化した住民という安定勢力として引き留めておくには、都市の人々が中流階級になる以前の段階からその人々を価値あるものと見なし、その場所につなぎとめるに値すると見なさなくてはなりません。

脱スラム化しつつあるスラムで極貧状態のままでいる人々も、脱スラム化プロセスから利益を受けます――したがって、都市も利益を受けるのです。わたしたちの住む地域では、元のスラム住民の中で実に不運だったりやる気のなかったりする人々は、そのままなら永久にスラム住民だったかもしれないのに、その運命を免れて大喜びです。それにこういった底辺の人々は、ほとんどの基準で見れば成功者とは言いがたいのですが、自分の住む街路近隣ではそのはほとんどが成功者の部類に入るので

(＊45) 常に中流階級か高所得者が住み、一度もスラムになったことがなかったグリニッジ・ヴィレッジの国勢調査区では、この期間も住民数が減少しませんでした。もともと過密でなかったので減少しようがなかったからです。これらの国勢調査区では、一般に住戸そのものが増えたために人口が（一部では激しく）増加しています。しかしこれらの地域の子供の人口は常に低く、比例した増加になっていません。

す。かれらは何気ない公共生活の網目のなかで重要な一部を占めています。かれらが街路の観察と街路の管理に時間を注ぎ込んでくれるため、わたしたちの一部はかれらに寄生しているとも言えます。

脱スラム化しつつあるスラムやすでに脱スラム化したスラムには、ときどき貧しい移民や無教養な移民が流れ込むのが常です。本書の序章で引用したボストン市の銀行家は「いまだに移民が流入している」と、ノースエンドを嘲笑しました。わたしたちの地元も受け入れています。これも脱スラム化の偉大なサービスの一つです。人々は消化しきれない奔流としてではなく、徐々に追加される存在としてやってきます。そしてそれを受け入れるのは、よそ者を文化的に受け入れ、そして対処できる近隣なのです。これにより移民は吸収同化されます。移民——わたしたちのところはほとんどがプエルトリコ人で、都市に必須のすばらしい中流階級を構成しつつあります——は、移民特有の問題の大部分からは逃れられなくても、少なくとも永続的スラムのつらさや士気喪失は免れることができます。かれらは公共の街路生活に速やかに溶け込んで生き生きとしていますし、責任を果たすだけの能力を持っています。こうした人々が永続的スラムで無秩序に入れ替わりを続ける集団の一部になったら、このコミュニティ内でのようにふるまうのはまず無理でしょうし、そこに長く留まってもいないでしょう。

他に脱スラム化から恩恵を受けるのは、選択の余地がある新入りたちです。都市生活に合った生活場所を都市で見つけられるからです。

どちらの種類の新参者も脱スラム化しつつある地域や、すでに脱スラム化を終えた地域の住民の多様性を増大させてくれます。でもこの追加された住民の多様性に欠かせない土台となるのは、自己多様化と、かつてのスラム住民そのものの安定なのです。

脱スラム化プロセスの始めでは、最もめざましい成功をとげた希有なスラム住民——あるいは最も成功した野心的な子供たち——は、ほとんど、あるいはまったく残らない傾向があります。脱スラム化はむしろ、ささやかな成功を収めた人々、個人的な愛着が本人自身の成功よりも大事だと感じる人々から始まるのです。その後、地域が改善されるにつれて、残る人々の成功や野望の閾はかなり上ることもあります。

最も成功した人々や最も大胆な人々を失ってしまうのも、ある特別な意味では、脱スラム化に必要なのだと思います。というのも、去る人々の一部はスラム住民のほとんどが抱えるひどい問題の一つを克服しつつあるからです——差別の重荷です。

いま最も大々的にはたらく差別は、言うまでもなく黒人差別です。でもこれは、おもなスラム住民全員が多少なりとも対処しなくてはならない不正でもあるのです。

ゲットーは、まさにそこがゲットーであるという事実により、骨のある人々、特にあきらめを知らない若者なら、普通は自分から住みつこうとはしない場所です。その他の物理的設備と社会環境が客観的にどれだけ優れていようと、それは変わりません。そこに住まざるを得ない場合もあります。かれらがゲットーの中でかなり多様化する可能性もあります。でもこれは、それを受け入れたり、喜んで愛着を感じたりという状態とはかけ離れたものです。わたしに言わせれば、アメリカのゲットー住民であきらめたり、敗北主義に陥ったりする人が少ないのは、幸運なことだと思います。自分たちを支配的な民族だと思ってしまう心理的傾向がやすやすとまかり通るようなら、社会としての心配事は遥かに増えるでしょう。が、それなのにゲットーには骨のある人々が住んでいて、かれらはゲットーが嫌いなのです。

ゲットー出身者たちがゲットーの外で成功すると、差別が目に見えて崩れ、昔から近隣にのしかかっていた重荷が取りのぞかれます。すると、もはやゲットーにいることは必ずしも劣った人間だという証拠ではなくなります。れっきとした自らの選択を示すものかもしれなくなるのです。この例として、ノースエンドのある若い肉屋が、いまやノースエンドに住んでいてもそれだけで「格下げ」されることはないのだと、注意深く説明してくれました。かれは主張を説明するためにわたしを店の戸口に連れていき、同じ街区の少し先にある三階建てのテラスハウスを指さすと、そこに住んでいる家族は家の改装に二万ドル（しかも貯金から！）注ぎ込んだばかりだと教えてくれて、こう付け加えました。「あの男はどこにだって住めました。いまなら、その気になれば高級な郊外住宅地にだって住めました。ここに居たがっているんです。ここの者たちはここにいなくちゃいけないわけじゃない。好きでここにいるんです」

スラムの外で居住地差別が実質的に打破されるのと、めざましさでは劣りますが、脱スラム化しつつあるスラム内での自己多様化の進展とは、並行して起こります。アメリカの黒人においてこのプロセスが実質的に止まってしまい、概ね発達停止段階に入っているのなら——これはきわめてありそうにないし、事実なら我慢ならないことだと思うのですが——黒人スラムは他の少数民族スラムや、混成民族スラムのような形では脱スラム化できないのかもしれません。この場合、都市への被害などまったくどうでもいいほどの大問題が他にたくさん生じるでしょう。脱スラム化は別の種類の活力や経済的、社会的変化の副産物なのです。

地域が脱スラム化すると、かつてそこがいかにひどくて、その地域と住民がいかに無力だと思われていたか忘れられがちです。わたしの地元も、まったく無価値だと思われていたことがありました。黒人スラムだって、脱スラム化できないはずはないと思います。そこにはたらくプロセスが理解されて支援が得られれば、古いスラムより迅速に脱スラム化できるはずです。他のスラムの場合と同じく、スラム外の差別の克服とスラム内の脱スラム化は同時に進行しなければなりません。いずれも他方の達成を待っていることはできません。外部の差別の緩和一つひとつが、内部の脱スラム化の助けになりますし、内部の脱スラム化の進展は外部の助けになります。この二つは相伴うのです。

脱スラム化に欠かせない固有のリソース——住民の進歩と自己多様化——は、スラムにいる者やスラムを抜けた者を含む有色人種にも、白人と同じくらい顕著に備わっています。ある意味で、このリソースを有色人種が明らかに持っているという事実は、驚くべきものではありません。かれらは、そのリソースの出現を阻む極度の障害に直面しているのですから。実のところ、有色人種の住民が進歩と自己多様化をとげ、気骨がありすぎるせいでゲットーを気に入らず、そのせいで、アメリカのインナーシティはすでに失ってはならないほど多数の黒人中流階級を失っています。

インナーシティに居残るという選択をすると、人種にとって、ゲットー住民としての地位に甘んじているとどうしても思われてしまうのが有色人種にとっての現実であるなら、黒人中流階級は多少なりとも力をつけたとたんに、大規模に転出してしまい続けると思います。つまり脱スラム化は少なくとも直接的に――間接的にも――差別によって阻害されているのです。ここで繰り返しはしませんが、この本の冒頭近く（八十九ページと九十ページ）で展開した、街路の利用と街路生活の質と、住宅地の差別克服の実現性とを結びつけた議論を思い出してください。

わたしたちアメリカ人は、自分たちがいかに素早く変化を受け入れるかをよく話題にしますが、残念ながら知的変化はそれほど素早くないようです。スラム住民でない人々は、いまの世代も次の世代も、スラムとスラム住民に関して同じばかげた考えに固執しています。悲観論者たちはいつも、現在のスラム住民たち自体に何か劣ったところがあると思っているらしく、いまのスラム住民と、かつての移民たちとの深刻なちがいを指摘できると称しています。そして楽観論者たちはいつも、スラムにどんな問題点があろうとも、住宅や土地利用の改革と十分なソーシャルワーカーで直せないことなどないと感じているようです。どっちの過度な単純化も、バカさ加減では五十歩百歩です。

住民の自己多様化は営利企業や文化事業の多様化に反映されます。収入の多様化だけでも、可能性のある商業的多様化の幅に（しばしばとてもつつましやかな形で）ちがいをもたらします。わかりやすい例として、ニューヨーク市のある靴修理工の場合について考えてみましょう。かれは隣接地域のほとんどから住民が一掃されて、新しい低所得者向けプロジェクトが建設される間もその場所に粘っていました。新たな客を長い間期待して待ったあげく、いまやその店をたたもうとしています。かれはこう説明します。「昔はいい頑丈な作業用ブーツを修理したもんだ。腕のふるいがいがあるいい靴をね。でもこの新しいやつらは、労働者でもみんなひどく貧しい。靴はえらく安くて薄っぺらでばらばらになっちまう。それを持って来るんだ――ほら。こんな靴は修理できない。どうしろって言うんだ――つくり直すかね？　でもやつらには工賃が払えない。ここじゃわたしは用なしなんだよ」。かつての近隣も、圧倒的に貧しい地域として分類されたでしょうが、そこにはつつましいながら進歩をとげた人々がいました。最も貧しい人々を寄せ集めた地域ではなかったのです。

脱スラム化しつつあるスラムのうち、過密解消で大規模な人口減少が起こったところでは、人口減少と直結した形で、収入の多様性が広がりました——ときには他の近隣や地区からの訪問者の交錯利用が大幅に増えることもあります。こういった環境では、人口の大幅減少は（もちろん一気に激減したのではなく、徐々に起こったのですが）商業破壊にはつながっていません。むしろ脱スラム化しつつあるスラムでは、事業の種類と繁栄は一般的に増加するのです。

住民が一様に極貧なら、きわめて高密な居住でないと、多様性の真の豊かさと興味深い幅は生み出せません。アメリカの旧スラムの一部が——もちろん多様性を生むほかの三つの基本条件と組み合わさって——非常に高い住戸密度にすさまじい過密を重ねることで実現したように。

成功する脱スラム化とは、十分な人々がスラムに愛着を持ち、またスラムにいることに実利があるということです。多くの脱スラム化しつつあるスラムは、実利の不在という暗礁に乗り上げてしまっています。この非実利性はほとんどの場合、改修や新築や、営利企業の事業などのための資金ニーズがきわめて緊急性が高く、それが手に入らなければ致命的になるような状況で、資金調達ができないということです。非実利性は脱スラム化しつつあるスラムにおいて、多くの細かな変化を時期に応じて実現するのが困難だということとも関連します。この問題については次の二つの章で取り上げます。

こうした小さな（しかし強力な）障害以外に、いまの脱スラム化はしばしば究極の障害で足止めされてしまっています——それは破壊です。

スラムが自ら過密を解消したという事実そのものが、そのスラムを全体的あるいは部分的な都市「更新」取り壊しにきわめて魅力的な場所にするのです。ぞっとするほど過密した永続的スラムでやる場合と比べたら、住民移転問題は実に簡単に思えます。地域が相対的に見て社会的に健全だということも、もっと高所得の住民のためにそこを取り壊すのが魅力的に思える要因となります。そこは「中流階級を呼び戻す」のにふさわしい場所に思えるのです。永続的スラムとはちがって、そこは「再開発の機が熟して」います。まるで謎めいた文明の美点みたいなものがこの地自体に備わって、それが移転されるかのように。活気があって安定している低家賃のウェストエンド（ボストン市）の破壊を引きつつ、ガンズは再開発に着手した他の大都市にもあてはまる見解をこう述べています。「一方で、もっと老朽化した、有害でさえある住宅が存在する、他の地域の再開発優先度は低い。潜在的なデベロッパーたちや、その他の強力な利害保持者たちが関心を示さないからだ」

計画者、設計者、政府の役人たちの受けた教育の中で、こういった脱スラム化しつつあるスラムの破壊という誘惑に逆らうものは何もありません。それどころか、かれらを専門家たらしめるすべてが、その誘惑を強めるのです。というのは、脱スラム化に成功しつつあるスラムは――必然的に――輝く田園都市の理想とは正反対の配置や用途、建蔽率、混合利用、活動を示しているからです。そうでなければ、そこは決して脱スラム化できなかったでしょう。

脱スラム化しつつあるスラムには、特に脆弱な面がもう一つあります。だれもそこで大儲けしていないことです。都市の二大稼ぎ手は、成功していない永続的スラムと、高賃料あるいは高コストの地域です。脱スラム化しつつある近隣は、もはや新参者を食い物にする地主に必要以上の支払いをしないし、永続的スラムほど政策、薬物、犯罪、上納金が豊かに集中した場所でもないからです。一方でそうした土地は、多様性の自滅をもたらすほど高い地価や物件価格にもなっていません。もっぱら質素な境遇にある人々に、まともで活気に満ちた住み処を提供し、多くの小事業主がつつましい生計を立てられるようにしているだけです。

したがって脱スラム化しつつある近隣の破壊に反対する人々は――特にその場所が選択の余地のある転入者をまだ惹きつけはじめていなければ――そこに事業を構えている人や住民だけです。その人たちが理解のない専門家に対し、ここはいい場所でさらに良くなりつつあるんだと説明しようとしても、だれも耳を貸しません。どこの都市でもこういった抗議は、進歩と高い税収を邪魔する視野の狭い人々の遠吠えだと思われて、軽視されるのです。

脱スラム化の中で起こるプロセスは、巨大都市経済が（うまくいっていれば）常に多くの貧者を中流階級に変え、多くの無学な人々を技能（あるいは教養さえ）ある人々に変え、多くの青二才を有能な市民に変えているという事実にかかっています。

ボストン市のノースエンドが改善されたのは、「ノースエンドの人間はシチリア人だ」という事情があるから、特殊で異例なのだとノースエンドの部外者数名から聞かされました。わたしが幼かった頃、シチリア島出身者やその子孫がスラムの住民なのは、かれらがシチリア人だからだと信じられていたのです。ノースエンドの脱スラム化と内部の自己多様化は、シチリアとは無関係です。関係があるのは大都市経済の活力、そしてこの活発な経済が生み出す選択と機会（良いものも悪いものも）です。

このエネルギーとその影響は——大昔の農民生活とはかけ離れていて——大都市ではまったく自明で、当然視されているので、これらが顕著で重要な事実として都市計画に盛り込まれていないのは不思議です。都市計画が都市の住民の中で自然発生する自己多様化を尊重しないのも、それを支援しようと工夫しないのも不思議です。また、都市デザイナーたちが自己多様化の力に気がつきもせず、またそれを表すという美観問題に魅力を感じていないように見えるのも不思議です。

これらの奇妙な知的欠落は、非常に多くの都市計画や都市設計の暗黙の前提がそうであるように、田園都市というたわごとに端を発していると思います。エベネザー・ハワードの田園都市構想は、いまではほとんど封建的に見えます。産業労働階級の人々はきちんと自分の階級の中に留まり、しかもその階級内で同じ仕事に収まっているものとさえかれは考えていたようです。また、農業労働者たちは農業に留まり、かれの理想郷では（敵である）実業家たちはたいした勢力ではなく、計画者たちは素人の無礼な批判に邪魔されることなく、優れた高尚な仕事を続けられると考えていたようです。

ハワード——と、かれに追随したさらにひたむきな信奉者たち（アメリカの分散主義者たちや地域計画者たち）——の癇《かん》にえらく障ったのは、権力、人、金の大きな移動を伴う新しい十九世紀の産業社会と巨大都市社会の流動性そのものでした。ハワードは権力、人、金の使用と増加を、簡単に管理できる静的なパターンに凍結させたかったのです。実はかれがたまたま望んだのは、その時点ですでに古くさくなっていたパターンでした。「地方部からの流出のせき止め方が現在のおもな問題の一つだ」と、かれは述べています。「労働者たちを土地に戻すことはできるかもしれないが、地方の産業をイングランドの田舎によみがえらせるにはどうしたらいいだろうか?」

ハワードはどこからともなく果てしなく現れるように見受けられる、ぞっとするような新しい都市の商人や起業家たちを出し抜こうとしていました。かれらが事業を続ける余地をまったく残さず、独占的な会社計画の厳しい指示でしか活動できなくする――それが田園都市を考案するにあたってのハワードの最大の関心事の一つでした。産業化と都市化の連携に内在する活発な力を恐れ、拒んでいたのです。スラム生活の克服にあたり、そうした力が関与する余地をまったく残さなかったのです。

利他的な計画専門家という新しい貴族が――意義あるものすべてを――支配する静的な社会の復興は、現代アメリカのスラム取り壊し、スラム移転、スラム閉じ込めとはかけ離れた構想に思えるかもしれません。でもこれらの封建主義もどきの目的から生じた都市計画が見直されたためしはありません。これが二十世紀の現実の都市に対処すべく採用されているのです。アメリカの都市スラムが脱スラム化するときには、都市計画などにおかまいなく脱スラム化し、都市計画の理想に逆らって脱スラム化する理由の一つはこれです。

伝統的な都市計画は、計画の内部的な整合性を保とうとして、スラム住民らしくないほど所得があるのに「スラム」に居残っている不思議な存在について、何やらおとぎ話を持ち出します。そういう人々は惰性の被害者だとされ、背中を押してやらなくてはならないと言うのです(自分自身についてのこんな情報をしゃあしゃあと告げられた人々の反応は、とてもここに掲載できないものです)。このおとぎ話によると、スラム取り壊しは当人たちが抗議したとしても、実はかれら自身のためになる、なぜなら向上を強いることができるのだから、と言うのです。この場合の向上とは、値札のついた人々の中から自分の属する一団を見つけて、それと一緒に行進するということです。

脱スラム化とそれに伴う自己多様化――活気あるアメリカ大都市経済が持つ最大の再生力かもしれません――は、このように伝統的な都市計画と再開発の英知という濁った光の中では、単に社会的乱雑さと経済の混乱を示すものでしかないと思われ、そのような扱いを受けるのです。

第16章

ゆるやかなお金と怒濤のお金

ここまでわたしは、もっぱら都市の成功に寄与する特質として、内在するものについてばかり述べてきました。たとえるなら、農業について論じるのに良い作物を育てる土、水、機械、種、肥料の要件についてだけ述べて、これらを手に入れる経済的手段にはまったく触れなかったようなものです。

農業必需品を買う経済的手段や方法がなぜとても重要かを理解するには、まず作物栽培の必需品がなぜとても重要なのか理解すべきだし、そしてその必需品の性質も多少は理解しなければなりません。それがわかっていないと、確実な水供給の資金をどこから得るかという問題を無視して、とんでもなく複雑な囲いをつくるための資金源の話ばかり熱心にする羽目になりかねません。または、水が何やら重要だとわかってはいても、農業用の水の供給源について理解していなければ、財産を雨乞いに注ぎ込んでしまい、給水管を買うための資金手当ができなくなるかもしれません。

お金でできることには限界があります。内在的な成功の条件が欠けていて、お金を使ってもその成功条件を実現できないような都市なら、お金で内在的な成功を買うことはできません。そのうえ、その成功条件をお金が壊すような場所では、お金は究極の害にしかなりません。一方でお金は成功の要件供給を支援することで、都市に内在する成功を築くのに貢献します。それどころか、お金は成功に実に不可欠なのです。

これらの理由から、お金は都市の衰退にとっても再生にとっても強い力です。でも重要なのは単にお金があることだけではなく、それがどういう形で提供されているか、何のために利用できるかということなのだということは、理解しておかねばなりません。

都市の住宅地や事業物件で起こるほとんどの変化を助成し、形づくっているのはおもに三種類のお金です。このお金はあまりにも強力な道具なので——資金が動けば都市も動きます。

三種類の資金の筆頭で最も重要なのが、民間の融資機関からの貸付金です。抵当ローンの融資残高順に並べると、これらの機関で重要なのは、セービングス&ローン組合、生命保険会社、商業銀行、相互貯蓄銀行です。この他さまざまな種類の中小抵当融資機関があって、中には年金基金のように急速に成長をとげているものもあります。都市（とその付近の郊外）で起こる建設、改装、改修、建て替え、増築の圧倒的に多くが、この類の資金で実現されています。

二番目が政府から供給される資金で、これは税収か政府の借入能力を通じてもたらされます。昔ながらの政府による都市構造物（学校、幹線道路など）の他、一部の住宅地や事業用地がこの類の資金提供を受けています。また、政府が部分的に出資してくれたり、他の融資を保証してくれたりするので、これで成り立ったり影響を受けたりするものはもっとたくさんあります。民間資金による再開発や再建プロジェクトが収支面で成り立つようにしてくれる連邦政府や市当局からの土地クリアランス助成金も、この資金用途の一つです。連邦政府、州政府、市当局による住宅プロジェクトもそうです。連邦政府はさらに通常融資機関からの住宅ローンの最大九十パーセントも保証するし——貸し手から保証つき担保ローンの買い取りもするでしょう——もちろん融資を保証する開発は、連邦住宅局が認める計画基準に合っていなければいけません。

三番目のお金は、投資の闇世界、現金と信用のいわば裏社会からもたらされるものです。このお金が最終的にどこから来るか、どんな経路でもたらされるかは隠されていて不明朗です。このお金の利息は最低でも約二十パーセントで、市場が耐えうる限り高い利子率で貸しつけられます（利息と仲介者の手数料や取り分を合わせて、最高八十パーセントに至る場合もあります）。このお金はさまざまな役割を果たします——中には実際に建設的で有用なものも多少はあります——が、特に目につくのは、単調な建物をスラムの建物に変える搾取的転換に融資して、途方もない利益を上げるという役割です。このお金は担保融資市場にとって、個人金融にとっての高利貸しのお金のような存在なのです。

これら三種類のお金は、重要な面でちがう働きをします。いずれも都市物件の変化のための資金を提供するのに、独自の役割を果たしているのです。

これらのちがい――特に闇世界のお金と合法的な政府・民間資金のモラル上のちがい――はよくわかっていますが、この三種類の資金の働きはある点で同じだと指摘したいと思います。つまり、これらのお金は都市に怒濤の変化をもたらします。ゆるやかな変化を形づくるお金は比較的わずかです。

怒濤のお金は集中的に地域に流れ込み、激しい変化を生み出します。このはたらきの裏面として、怒濤資金は怒濤にあずかることのない地域には、比較的わずかなしずくしか送り込みません。

たとえて言うと、大部分の市街地や地区に与える影響という点で見たとき、これら三種類のお金は、命の水をもたらして安定した継続的成長の糧となる灌漑施設のようには機能しません。むしろ人の力のおよばない邪悪な天候のようにふるまいます――焼けつくような干ばつや、猛烈な浸食作用をおよぼす洪水をもたらすのです。

当然ながら、これは都市を育む建設的な方法ではありません。しっかりした基盤のある都市建築は、継続的にゆるやかな変化をもたらしながら複雑な多様性を築きます。多様性を成長させるのは、互いに依存してさらに効果的な用途の組み合わせを築く変化です。脱スラム化は――いまの遅々とした進み方は加速させるべきですが――安定した段階的な変化のプロセスなのです。目新しさをなくした後も持久力を保持し、街路の自由を保って市民の自主管理を支持する都市建築はすべて、地域が順応して最新の状態を保ち、おもしろさや便利さを保つことが必要です。それには無数の段階的かつ持続的なきめ細かい変化が必要なのです。

市街地と地区をうまく機能する（つまりはおもに多様性を生む条件を提供するという意味です）状態にして、それを維持するという仕事は、いつ始めても早すぎるということはありません。でもその一方で、どんな場所だろうと、その仕事はこれでおしまいということがなく、将来も決して終わることのない仕事でもあるのです。

既存のものを利用し、それを足がかりにして補強するのに必要なお金は、ゆるやかにやってくるお金です。でもこの不可欠な道具が欠けているのです。

これは決して避けられない状況ではありません。それどころか（ある程度の成り行きと）善意によるかなりの工夫があってこうなったのです。多大な努力を通じてのみ生じる「避けられない」状況は、ホームズが言うように、都市における怒濤資金利用についても同じです。その具体的な現れとして、地域を一掃する怒濤のような再開発への投資を促すあらゆるセールストークやパンフレットを集めたなら、最低でもこの本の厚さの五十倍にはなるでしょう。でもこういった宣伝や、その背後にある膨大なデータ収集や立法作業にもかかわらず、この型の都市投資は非常に煩雑で、多くの場合は資金活用を刺激して見返りを与えるよりも、むしろそれを麻痺させて不利益をもたらす結果になっています。だからこの類の怒濤に対する投資にさらなるチャンスと一押しを与えるには、ますます大きなインセンティブを絶えず考案しなくてはならないのです。アメリカ商工会議所のアーサー・H・モトリー会頭が一九六〇年末のある再開発会議で述べたように「連邦政府資金を利用している一部の都市は、非常に多くの土地を買ったのに、そこに何も再建しておらず、おかげで連邦住宅資金公団は最大のブタクサ栽培者になってしまった」のです。

モトリーの陰気な現実論は「挑戦」だの「健全で美しい都市における実業家の利害」だのという決まり文句や「この分野への将来の投資の鍵は収益性という要因である」という賢しげな文句に走りがちな、こういった会議の雰囲気に合うものではありませんでした。

担保融資や建築費の利用の裏には、確かに収益性という要因についての懸念があります――ほとんどの場合は、合法的な収益についての合法的な懸念です。でも加えてこの資金利用の裏には、都市そのものについてもっと抽象的な概念があり、そうした概念こそが都市でお金を使って何が行われるかを強力に決めるのです。公園の設計者やゾーニング屋たちと同じく、担保融資の貸し手たちもイデオロギー的、法制的な真空の中で機能しているわけではありません。

まず資金枯渇の存在とその影響から始めましょう。と言うのは、担保融資資金の枯渇は、本来ならまったく不必要なはずの多くの都市衰退を引き起こしているからです。

「課税力が破壊の力であるなら、（中略）信用当局は破壊の力であるだけでなく、創造する力であり［資金の］方向を変える力である」と、ハーバード大学ロースクールのチャールズ・M・ハール教授は、政府による住宅建築投資へのインセンティブを分析して述べています。

信用当局や信用管理が持つ破壊の力は、負の力です。つまりそれは貸し渋りの力です。

都市近隣に対する貸し渋りの影響を理解するには、まずいくつかの奇跡について考えてみるのがいちばんです――この衰退をもたらす力を克服するにはまさに奇跡が必要だと理解していただくために。

ボストン市のノースエンドは、奇跡的に衰退を回避できた例です。

大恐慌と戦争の後、実質的にはまったく何の建設も行われていませんでしたが、この時代にノースエンド地域は通常融資機関の担保融資ブラックリストに載せられました。つまりノースエンドはアメリカの貸付システムによる建築、増築、改修用の貸付から、まるでタスマニアのコミュニティであるかのように、事実上切り離されたのです。

大恐慌に始まってブラックリスト時代にまたがる三十年間にこの地区で行われた最大の通常担保融資は三千ドルで、それすら稀でした。きわめて豊かな郊外であっても、こんな状況ならこの時期に持ちこたえるのはほとんど不可能だったはずです。ましてそこで物理的な改善が起きたとすれば、それは奇跡でしょう。

異様に幸運な状況のおかげで、ノースエンドはそのような奇跡を成しとげました。住民や実業家やその親戚、友人の中にたまたま石工、電気工、大工、請負業者のような建設業に携わっている人がたくさんいたのです。こういった人々がサービスを無料で提供したり、またあるときは物々交換で提供したりすることにより、ノースエンドの建物を近代化し、改修したのです。かかった費用はおもに建材の費用だけだったので、貯金からその都度払いで資金を都合できました。ノースエンドでは、後に元が取れるだろうと思われる改修の資金調達をするには、実業家や家主はそのお金を事前に持っていなければならないのです。

つまりノースエンドは銀行システム以前に働いていた、物々交換と蓄積という原始的方法に戻ったのです。これが持続的な脱スラム化とコミュニティ存続の前提条件でした。

しかしこれらの方法は、新築ビルには適用できません。でもノースエンドにもあらゆる都市地域と同じように、新しいビルがゆるやかに導入されるべきなのです。

現状でノースエンドが新しい建物を手に入れるには、更新と再開発の怒濤——複雑さを壊し、人々を分散させ、実業家たちを一掃する怒濤——に服従するしかありません（＊46）。ノースエンドにおける安定した持続的な改善や、古びたものの建て替えのための資金ニーズと比べれば、莫大な資金もかかるでしょう。

シカゴのバック・オブ・ザ・ヤードは、死刑執行が確定したように思われた後も存続して進歩しました。それが実現できたのは、別の種類の並はずれたリソースのおかげです。わたしの知る限り、バック・オブ・ザ・ヤードは融資ブラックリスト入りというよくある問題に正面から取り組み、直接的な方法でそれを克服した唯一の都市地域です。なぜそれが可能だったか理解するには、この地区の歴史を少しばかり理解する必要があります。

バック・オブ・ザ・ヤードは、かつて悪名高いスラムでした。偉大な暴露屋で活動家でもあるアプトン・シンクレアが、著書『ジャングル』で都市生活の底辺と人間搾取を描こうとして題材に選んだのが、バック・オブ・ザ・ヤードとその家畜飼育場でした。ここの出身の人々は地区の外で仕事を探すとき、一九三〇年代になってもウソの住所を告げて、当時の居住地差別を避けようとしていました。実際、一九五三年になっても、風雨で傷んだ建物がひしめくこの地区は、ブルドーザーで完全に潰すべきだと信じられている場所の典型例です。

一九三〇年代、この地区の大黒柱たちはおもに家畜飼育場で働いており、この地区とその人々は食品加工工場の労働組合結成に深く関わることになりました。そして新たな闘志のもとに、それまで地区を分断していた国籍をめぐる昔ながらの対立を葬り去る機会をつかむため、数々の非常に有能な人々が、地元組織の実験を始めたのです（＊47）。この組織はバック・オブ・ザ・ヤード評議会と名付けられ「われわれ人民は自らの運命を切りひらく」と勇敢なスローガンを掲げ、政府のように機能するようになりました。独自の公共サービスの実施においても地方行政に言うことをきかせる点においても、通常の市民団体よりも包括的できちんとした組織を持ち、遥かに大きな力をふるっています。方針は小組織や地区から選ばれた二百人の代表者で構成される、一種の立法府で決定されます。地区に必要な行政サービス、施設、規制、規制対象外を市役所から引き出す地区の力は、シカゴ全域から大いに畏敬の念を持って見つめられています。つまり、バック・オブ・ザ・ヤードは闘争において軽く、あるいはうかつに扱えるような政治体の一部ではありません。それがこの話の重要な点なのです。

評議会結成から一九五〇年代前半までの間に、地区の人々やその子供たちは別の種類の功績も上げました。多くが卒業後に、特殊技能を要する頭脳労働あるいは専門職に就いたのです。この段階で「避けられない」次の動きというと、所得階層で区分された郊外への集団移動、そしてそれにより放棄された地区に、選択の余地がほとんどない人たちがどっと流入することだったはずです。永続的スラムへの退化。

しかし脱スラム化しつつある都市地域の人々が一般的にそうであるように、この地区の人々は残ることを望みました（だからこそすでに地域内で過密の解消と脱スラム化を進めていたのです）。既存の機関、特にとりわけ教会は、かれらが残ることを望みました。

しかし同時に数千人の住民が、すでに達成されていた過密解消やわずかな修復と改装にとどまらない住居の改善も望みました。もはやスラムの住人ではなかったので、

（＊46）こうした怒濤の第一段階は、歴史的建造物の周囲の大規模な取り壊し案という形で、すでに計画されています。ボストン市――少なくともその伝統の守護者たち――は、現在の旅行客や生徒たちがアメリカの自由の意味を吸収する際に、無関係な存在であるノースエンドで気が散るのではと恥じています。

（＊47）この指導者たちはバーナード・J・シェイル司教、社会学者にして犯罪学者でもあるソウル・D・アリンスキー、そして当時は近隣公園管理人だったジョゼフ・B・ミーガンです。アリンスキーは理論と組織化の方法を著書『市民運動の組織論』で説明しています。

スラムまがいの生活はしたくなかったのです。

二つの願望——残留と改修——は両立しませんでした。改修用の融資が受けられなかったからです。バック・オブ・ザ・ヤードはノースエンドと同じく、担保融資のブラックリストに載せられていたのでした。

ところがバック・オブ・ザ・ヤードの場合は、この問題に対処できる組織が存在しました。評議会の調査で、地区の事業や住民や機関がシカゴのおよそ三十のセービングス&ローン銀行や貯蓄銀行に預金しているという情報が出てきたのです。預金者は——個人のみならず施設や事業も——融資機関がこのまま地区をブラックリスト入りさせるなら、預金を引き揚げる用意があるという合意が地区で成立しました。

一九五三年七月二日に、評議会の調査に登場した銀行と貯蓄貸付銀行の代表者たちが会合に招かれました。地区の担保融資問題が提示され、和やかに議論が行われました。評議会のスポークスマンたちはていねいに意見を述べました。地区の預金者の数……預金の規模……都市住民による貯蓄の投資が、その都市ではほとんど利用できないというのは理解しがたいという点……地区内での問題に対する純粋な懸念……市民の理解の重要性。

会合が終わるまでに、融資機関のいくつかが力を貸す——つまり融資の申請を前向きに検討すると誓いました。この同じ日、評議会は新しい住宅四十九戸分の用地について交渉を始めました。まもなく九万ドルの融資が得られ、最もごみごみと立ち並んだスラムアパートが、屋内トイレの設置などの近代化をとげました。三年間で約五千戸が持ち主によって改修されましたが、その後の改修は多すぎて記録がありません。一九五九年には小さなアパートの建設がいくつか始まりました。議会と地区の人々は銀行の関心と改善への協力に感謝を述べました。銀行も健全な投資の場所としてこの地域を賞賛しました。この地域から放り出されて「移転」させられた人はいません。損なわれた事業もありませんでした。つまり脱スラム化は——どこでもいずれはそうなるように——融資の必要性が重要になった後でも、進んでいたのです。

都市地域の融資ブラックリスト入りは個人とは無関係です。これは住民や実業家個人に対してではなく、近隣地域に対して行われるものです。たとえばニューヨーク市のイーストハーレムのブラックリスト地区で知り合ったある商店主は、成功している商売の拡大と近代化用の一万五千ドルの融資は受けられなかったのに、ロングアイランドに家を建てるために三万ドルを調達するのには苦労しませんでした。同じように、ノースエンドで煉瓦職人や帳簿係やボルト工といった仕事をして生きてさえいれば、郊外に住宅を建てるのに世間並の賃金で三十年ローンの融資が楽に受けられます。でもノースエンドに属した存在としてだと、かれも隣人もその家主も、一ペニーの融資にも値しないのです。

これはとんでもないし地域を破壊するような話ですが、激怒する前に少し考えるべきことがあります。都市地域をブラックリストに載せる銀行などの通常融資機関は、都市計画の伝統的な教訓を真に受けたにすぎないということです。かれらは悪党ではありません。融資ブラックリスト地図は、その発想もほとんどの結果においても、地方自治体のスラム取り壊し地図とまったく同じなのです。そして、地方自治体のスラム取り壊し地図は、責任ある目的に使われる、責任ある道具だと見なされていますーー実際のところ、その目的の一つは、融資機関に対してここに投資するなと警告することなのです。

都市計画者たちが融資機関に先行することもあれば、融資機関が都市計画者たちに先行することもあります。どちらも輝く田園都市美計画をよく勉強しているので、自分たちが何をやっているかよく把握しています。二つの道具ーーブラックリスト地図とスラム取り壊し地図ーーは、ほぼ同じ時期（一九四〇年代前半）に一般利用されるようになりました。融資機関が最初に手をつけたのは、大恐慌時代に差し押さえが多数発生した、おそらく将来の融資には危険性が高い地域の地図でした。しかしこの基準はだんだん優先順位が下がりました（だって、わけがわからなかったからです。ニューヨーク市のグランド・セントラルのビジネス街は、国内でも最悪の差し押さえ記録を持つ地域の一つでした。だからと言って、ここにこの先投資するのは危険性が高いと言えるのでしょうか？）。現代の基準は、どこそこの場所はすでにスラムだとか、スラムになる運命だという融資機関の判断です。伝統的な都市計画による治療法の観点から見る限り、その場所の将来は、最終的には抹消で、それまでは衰退と思われているのです。

融資機関は信用力を破壊に使うにあたり、自分たちの行動が不可避なものを裏づけているにすぎないという前提のもとに動いており、そしてその不可避性から考えれば、融資しないのは銀行としての慎重さを行使しているだけです。かれらは予言しているのです。

たいていはその予言も実現します。たとえば、広く報道されている大規模な再開発計画を持つ、あるニューイングランドの都市の例を考えてみましょう（今度はボストン市ではありません）。計画の土台として、再開発スタッフはそれまでに衰退が進んで、開発が必要と見なされている地域の地図を用意しました。地図ができあがると、計画者たちはそれが都市の銀行家たちが何年も前に用意していた、貸付対象外の地域を示す地図と一致することに気づきました。銀行家たちはこれらの場所が救いようのないスラムになると予言していたし、その予言は正確だったのです。二つの地図には小さな相違が一つだけありました。そこの部分では、計画者たちの地図は全面的取り壊しではなく部分的取り壊しを指示していたのです。このブラックリストに載ったある地域には小さな商業地区もあり、限定的な保存が何とか可能だと判断されました。この地域だけには独自の資金源があったのです。昔からあった家族経営の小さな銀行で、ブラックリスト入りした地域で融資を行っていた変わり種です。この地域の事業発展と修復、維持はこの銀行の融資によるものでした。ここが融資の源となって、たとえばこの近隣のすばらしい商業施設――市内全域から客を惹きつけるレストラン――が良い設備を買えるようになり、必要に応じた拡張と改装が可能になったのです。

融資ブラックリストの地図が、スラム取り壊し地図と同じく正確な予言だったのは、それが自己成就的な予言だったからです。

ノースエンドとバック・オブ・ザ・ヤードの場合、ブラックリスト地図は不正確な予言になりました。でもこういった場所に死刑宣告から逃れる奇跡的な能力がなければ、こうした地区の潜在力についての予測が不正確だったとはだれにもわからなかったでしょう。

ほかの活気ある都市近隣も、しばしば死刑宣告に抵抗しています。わたしの住む地元地域は十二年間抵抗しました（ここは都市計画者たちがスラム取り壊し地図で先導して、それに融資機関が追随した例です）。イーストハーレムの街路のいくつかは、一九四二年にブラックリスト入りしてからも、家族や親族間での相互融資でがんばっています（＊48）。

ブラックリストによって破壊された都市地域の数はだれにもわかりません。大いなる潜在力を持った――少なくともグリニッジ・ヴィレッジ並の――地域、ニューヨーク市のロウアー・イーストサイドはブラックリスト入りしたせいで運が尽きました。フィラデルフィア市のソサエティヒルは、いま公式に「中流階級を呼び戻す」ために多額の再建用公的資金が投入されようとしているところですが、かつては多くの中所得者たちが自発的に住みたがる場所でした――結局はここで家を買ったり改装したりするための融資が得られないために、選ばれなくなったのです。

並はずれた活気と何らかの形の並はずれたリソースが近隣にない限り、通常資金の不足は否応なく劣化を強います。

最悪なのは、すでに本質的に悪いところがいろいろあって、そのために停滞気味となっている近隣です。これらの地域はどのみち元の住民を失いつつあり、しばしば特殊な形の投資の怒濤を経験することになります。通常融資のブラックリストに載せられてまもなく、その真空地帯に闇世界の投資資金が入ってくることがあるのです。流れ込んできた資金は、買い手がいまは他におらず、おそらく今後も現れない不動産、現所有者や利用者が事実上たいした愛着を持っていない不動産を買収します。すると建物はたちまち最も収奪的なスラムに変わるのです。闇世界の怒濤資金は、通常資金が残した隙間を埋めるのです。

この一連の出来事はほとんどの大都市で起こってお

（＊48）一九六〇年には、これらの街路の一つに物件を所有する人たちが、十八年ぶりにイーストハーレムへの通常担保融資を受けたようです。民主党の市会議員でニューヨーク郡委員会の有力者であるジョン・J・メルリの事務所による斡旋でこれが実現しました。まずメルリ氏本人が必要な資材の購入に資金を融通し、ノースエンド式に労働の交換と労働寄付の手配をしました。工事が終わると関係地主のためにかれが銀行融資を取りつけ、不動産所有者たちはその融資で、資材購入にメルリ氏が出してくれた融資を返済したのです。

り、当然のことと見なされているように見受けられますが、ほとんど研究されていません。数少ない研究の一つに、経済学者で都市計画者でもあるチェスター・A・ラプキン博士の、ニューヨーク市ウェストサイドの激変による劣化地区についての調査報告があります。ラプキンの報告は通常の資金源の干上がり、その代用となる高利の悪どい金、搾取的な購入者に不動産を売る以外に変化を起こせない不動産所有者の無力さについて述べています。「ニューヨーク・タイムズ」紙は、この報告を受けた都市計画委員会のジェームズ・フェルト委員長の簡潔かつ冷静沈着な言葉を引用しています。

その報告により、二十街区にわたる地域で新たな建築物がほぼまったくないことが明らかになったとかれは述べている。また、銀行その他の機関による不動産担保融資の流れの滞り、新しい類の投資家への不動産売却、不在地主の増加、当該地域における住宅居住が家具つき貸間居住へと大規模に変わったこともそれが示していると述べている。

都市の衰退ではありがちなことですが、この騒動には三種類の怒濤資金すべてが関わっています。まずあらゆる通常資金の撤退、次に闇世界の資金による破滅、そして都市計画委員会がその地域を、再建用取り壊し向けに政府資金を怒濤利用する対象として選出すること。この最後の段階により、通常資金が怒濤のように再登場できるようになって、それが再建プロジェクト建築と改修にお金をつけます。これら三種類のお金は、お互いによる怒濤の下地を整え合い、それが実に上手なので、他のあらゆる都市秩序にとってこんなに破壊的でさえなければ、このプロセスそのものは高度に発展した秩序として賞賛したくもなります。これは「陰謀」の表れではありません。でたらめながら伝統的な都市計画の信条に導かれた、論理的な人たちによる論理的結果なのです。

でも注目すべき事実――そして逆境にある多くの都市近隣の力と魅力の偉大な証でもあります――は、そうした近隣が経済的な死刑判決にどれほど負けないかということです。これがニューヨーク市で発見されたのは一九五〇年代で、新法で貧困者向けアパートにセントラルヒーティングが義務づけられたときでした。この改善の費用は、家賃引き上げや免税措置を通じて家主たちが負担しました。この取り決めが思いがけず障害に見舞われたのは、まさに何の障害も予期されていなかったところ、入居者たちが家賃引き上げ分を十分に吸収できたはずの、社会的に安定してしっかり持ちこたえている地域です。その地域では、工事に必要な（金利二十パーセント以下の）融資がまるで得られなかったのです。

ある家主はこのために法律違反として訴えられ、その苦境が一九五九年の十二月に新聞に取り上げられました。この家主がたまたまアルフレッド・E・サンタンジェロ下院議員だったので、報道価値があったのです。サンタンジェロは検査後にちゃんとセントラルヒーティングは入れたと述べたうえで、その工事で一家が所有する六棟の建物ごとに一万五千ドル、計九万ドルがかかったと説明しました。「そのうち銀行から得られたのは二万三千ドルだけ――それもローンを五年間に延長し、銀行から個人として借り入れを行ってのことです。残りは一家の自己資金で賄うしかありませんでした」

通常のブラックリスト地域への融資申請の扱いに比べれば、サンタンジェロは銀行にとても厚遇されています。ときどき、ニューヨークの新聞はこの問題についての投書を掲載します。ある家主団体の弁護士が一九五九年の初めに送った投書には次のように書かれています。

銀行や保険会社が貧困者向けアパート、特に都市で望ましくない地域として有名なところにある貧困者向けアパートの所有者に対して融資や担保融資を控えているのは周知の事実である。融資は期限が来たら更新されないし、所有者たちはしばしば二十パーセントもの利子を要求する（注：これは低いほうです）金貸しの短期融資を利用せざるを得ない。（中略）所有者の中には、セントラルヒーティングの設置だけでなく、他にももっと設備投資したい所有者もいる。部屋を大きくして台所に新しい備品を備えつけ、屋内配線も適切にして近代化をはかりたい。（中略）融資への道が閉ざされているので、所有者たちは市に援助を訴えたが、何の音沙汰もない。（中略）この問題に力を貸す機関は存在しないのである。

ブラックリストに載った地域では、建物の種類（アパートか、それとも歴史的に価値のある古いタウンハウスか純商業物件か）によるちがいはほとんどありません。ブラックリスト入りしたのは人ではなく、また建物でもなく、むしろ地域そのものなのです。

一九五九年にニューヨーク市は、ある小さな実験計画に着手しました。新しい建物は建っていないけれども、物理的には決して絶望的ではなく、社会的にも保存する価値が大いにあるマンハッタンの近隣を保存するという計画です。あいにく融資機関はこれらの近隣は絶望的だとすでに判断していました。単に建築基準法違反の是正工事のためだけに、市はこういった近隣の地主用に千五百万ドルの公共融資用基金を州法で設けなければなりませんでした。ゆっくりした変化用の資金はとても調達が困難で、最低限の目標にほんのはした金を提供するだけでも新しい融資機関を設けなければならなかったのです。この法はとてもまずい出来で、この本の執筆時点でこの基金はほとんど使い物になっていません。それにあまりに少額なので、どのみち都市にたいしたちがいをもたらすことはできません。

すでに示したように、ブラックリスト入りした地区は、資金が怒濤のように入ってきて、それが所得や用途を選別して輝く田園都市じみたものをつくるのに供されるのであれば、通常の融資機関からふたたび資金を得られます。

ハーレムの民間出資による輝く都市プロジェクトの開始に際して、特別区長は「民間資金を得ることで、プロジェクト出資者たちは銀行が長年保持してきた、ハーレム内の新築住宅への大規模投資に対する障壁を取りはらった」と述べ、それがすばらしいことだと賞賛しました。

しかしハーレムでは怒濤のプロジェクト以外の投資だと、障壁は取りはらわれていません。

連邦政府が、郊外開発や新しい輝く田園都市プロジェクトと同じくらい寛大に担保融資に保証をつけてくれれば、ブラックリスト地区にも通常の融資資金が再登場するでしょう。でも連邦政府は認可された計画のある指定再開発地域以外では、部分的建設や改修をうながすに十分なほどは担保融資に保証をつけてくれません。認可された計画ということは、既存の建物ですら地域をできるだけ輝く田園都市に近づけるために使われなければならないことを意味します。たいていこれらの再開発計画は——元が低人口密度の地域であっても——元の人口の二分の一から三分の二を追い払ってしまいます。またしても資金は怒濤の変化のために使われます。それも都市の多様性を築くためではなく、消し去るために使われるのです。「部分的取り壊し」再開発地区の事業を進めているある役人に、分散した商売が（奨励されるのではなく）根絶やしにされる理由と、商売が郊外生活をまねて独占的なショッピングセンターに閉じこめられる理由を尋ねてみたところ、かれはそれが良い都市計画というものだからと言ってから、こう付け加えました。「そのご質問はどのみち観念的なものでしかない。そういう混合用途なら連邦住宅局（ＦＨＡ）の融資認可が下りませんよ」。かれの言う通りです。都市生活に適した都市地区の育成に使えるある程度以上の資金は、現在のところ存在しません。そしてこの状況は、政府が奨励してしばしば強要しているのです。したがってこれはわたしたち自身の責任に他ならないのです。

ブラックリスト地区が入手できるまともな資金がもう一つあります。公共住宅プロジェクト資金です。「ポケットサイズ・プロジェクト」についてはくだらない話がたくさんありますが、問題のポケットはどうやら伝説の巨人ポール・バニヤンのもののようです。この資金もほとんどの場合は怒濤のようで、常に住民の選別と値札づけという形でおとずれます。

イーストハーレムには——ロウアー・イーストサイドと同じく——こういった資金が殺到しました。一九四二年当時、イーストハーレムは少なくともノースエンドと同じくらい脱スラム化の可能性があるように見えたことでしょう。そのわずか五年前の一九三七年には、市の後援による地に足の着いた地域研究により、地域に希望と改善が大いに生まれつつあることが示され、イーストハーレムはニューヨーク市のイタリア系文化の中心地に当然なるべき場所と見なされていました。この地区では数千人の実業家がとても安定した商売を営んで成功していたため、いまやその子供や孫が受け継いでいる場合も多かったのです。地区には何百もの文化的・社会的組織がありました。老朽化した粗末な住宅（と、一部の良い住宅とかなりの脱スラム化住宅）の地域でしたが、途方もない活気を持ち、多くの住民をしっかりと捉えている地域でもあったのです。この地区にはニューヨーク市の主要なプエルトリコ人コミュニティがあり、住居はみすぼらしいものでしたが、プエルトリコ人移民の先駆けとしてすでに指導者になりつつあった人も多く、プエルトリコの文化的施設、社会的施設、事業施設が建ち並んでいました。

一九四二年に融資機関から見限られた後も、イーストハーレムに奇跡はほとんど起こりませんでした。トライボロ橋のたもと付近のある地域は、あらゆる障害にもかかわらず脱スラム化と再開発を続けました。ワーグナーハウスという巨大な閉じ込め型スラムを建設するために住民を追い出さなければならなくなったときは、これほど多くの豊かな改善を見せている地区をなぜ一掃しなければならないのか、住宅局の工事監督たち自身も驚き当惑しました。イーストハーレムを救えるほど派手な奇跡は起こりませんでした。計画実施のために（直接的には都市計画で潰されなかったところでも）最終的にはあまりに多くの人々が立ち退かねばならなかったのです。地域改善に対する妨げにもかかわらず、そしてまた至るところへ流れ込む闇世界の資金による破壊にもかかわらず残った人々は、並はずれた手段とねばり強さで踏みとどまりました。

イーストハーレムは事実上荒廃した発展途上国と定められたかのように、通常の国民的生活から資金的に切り離されました。数千の事業と十万人以上を擁する地域一帯で銀行支店が閉鎖され、商店主たちは毎日の売り上げを入金するためだけに地域の外に行かなくてはなりませんでした。学校の預金口座システムですら、地区の学校から引き揚げられました。

やがて、豊かな国が荒廃した発展途上国へ寛大に大規模な援助を行うように、住宅専門家や都市計画者たちの暮らす、遠く離れた大陸に住む不在専門家の決定にしたがって「外部」の大規模な援助が地区に流入しました。人々に新たな住居を与えるために――約三十億ドル相当の――資金が流れ込みました。資金が流入するほど、イーストハーレムの混乱と問題は深まり、ますます荒廃した発展途上国じみてきました。不運にも居住用に指定された用地を占有していた千三百以上の事業が一掃され、事業主のおよそ五分の四が破産しました。五百以上の非商業的「店先」施設も一掃されました。脱スラム化して留まっていた事実上すべての住民が一掃されて「自らの向上のために」追い散らされたのです。

資金不足はイーストハーレムにとってはほとんど問題ではありませんでした。干ばつの後に桁はずれの洪水が来たのです。イーストハーレムだけでも、エドセル（訳注：フォード社の自動車。非常に売れ行きが悪かった）で出た損失とほぼ同じくらいの資金が住宅供給公庫から流れ込みました。エドセルのような誤りの場合は、支出が見直されて停止されれば終わりです。でもイーストハーレムでは、いまでも市民は、資金の水門の管理人たちが何一つ見直しなしで過ちを繰り返すために注ぎ込む資金を撃退しなければならないのです。外国に対する援助支出は、国内への支出よりも賢明に行ってくれるといいのですが。

ゆるやかな資金がないと、本質的に都市生活に合った都市地域が損なわれ、急速な改善の可能性もだめにしてしまいます。またこれは、多様性を生み出す条件の一部を欠き、そしてそうした補充物を手に入れるための支援が必要で、同時に通常の変化や老朽化ビルの改築用資金も必要としているような地区は、絶望的だということでもあります。

ゆるやかな変化に投入できる通常融資機関からの資金はどこにあるのでしょうか？　それはゆるやかな変化に向かわずにどこへ行ってしまうのでしょうか？

一部は再開発と再建の計画的な怒濤に投入されます。さらに多くが多様性の自己破壊に投入され、突出した都市の成功の破滅にまわされるのです。

大部分はまったく都市にまわされず、かわりに都市の郊外に投入されます。

ハールが述べたように信用制度は破壊の力であるだけでなく、創造する力であり方向を変える力です。かれが具体的に語っていたのは、政府の信用供与機関、そして都市建設よりも郊外建設を奨励する形でのその信用の利用についてです。

アメリカの都市の新しい広大な郊外スプロール現象は、偶然生じたわけではありません——まして都市と郊外の自由選択という神話などで生じたわけではなおさらありません。果てしない郊外スプロール現象が現実的なものとなった（そして多くの世帯にとっては、実はそれは義務的に課されたのです）のは、一九三〇年代半ばまでアメリカに欠けていたものが創造されたからです。それは郊外住宅建築を奨励するよう明確に計算された、連邦住宅ローン市場です。政府の住宅ローン保証がもたらした確実性のおかげで、ニューヘイブン市の銀行は南カリフォルニアの郊外住宅の住宅ローンを買えるし、買ってもいいし、実際買っています。ある週にはシカゴ市の銀行がインディアナポリス市の郊外住宅の住宅ローンを買い取り、翌週には一方でインディアナポリス市の銀行がアトランタ市かバッファロー市の郊外住宅のローンを買います。最近では、必ずしも住宅ローンに政府保証が必須というわけでもありません。保証がなくても、保証によって日常化して受け入れられた計画と建設の繰り返しになっているからです。

全国的な住宅ローン市場には、資金の需要を迅速かつ敏感に、遠方からの資金供給と結びつけるという点で明白な利点があります。でもある特定の種類の成長にあまり集中的に流用した場合は特に、不都合な点もあります。

バック・オブ・ザ・ヤードの人々が発見したように、都市が生み出した預金と、都市が必要とする預金と、都市の建築投資とは、たいてい無関係です。両者の関係があまりに疎遠なため、一九五九年にブルックリン特別区の貯蓄銀行が融資の七十パーセントは地元で行っていると発表したところ、「ニューヨーク・タイムズ」紙はこれを報道に値する事実だと判断して、ビジネス面で大きく取り上げました。「地元」という定義には、ある程度幅があります。この七十パーセントというのは、実はナッソー郡で利用されていたことがわかりました。これはブルックリン特別区の向こうのロングアイランドに位置しており、新しい郊外スプロール現象でひどいありさまになっている場所です。一方、ブルックリン特別区の大部分はブラックリスト入りで死刑宣告されています。

都市の人々は、郊外の建設資金を出しています。確かに、都市というこのすばらしく生産的で高効率な場所の歴史的な使命の一つは、植民の資金を提供することでした。

でも、どんなものでも大失敗は起こせるのです。

過去三十年間で都市建築の資金源には明らかに変化が

ありました。融資と支出はこれまでよりもずっと制度化されました。一九二〇年代だったら融資を行っていそうな人々は、いまならその資金を所得税や生命保険などに充てる可能性が高いし、そのお金が都市建築のために使われたり融資されたりする場合でも、実際にそれを支出したり融資したりするのは、政府か生命保険会社です。ニューイングランドの変わり種の銀行のように、本来ブラックリスト入りしていたはずの地域で融資を出していた小さな地方銀行は、大恐慌とその後の合併で消えてしまいました。

　では、前より制度化したわたしたちのお金は、いまや怒濤のようにしか使われないということなのでしょうか？　大いなるお役所資金制度はあまりにも巨大すぎて、大物や、大口の借り手たちや、大規模で急激な変化が存在する都市でしか機能しないのでしょうか？　百科事典や休暇の旅行を買うための穏やかな小売信用という形が可能なシステムなのに、それが別の所では融資を大口単位で乱暴にばらまくだけなのでしょうか？

　都市建築のお金がいまのような形で機能しているのは、それ自身が持つ内部的な必要性と力のおかげではありません。これが怒濤のように機能するのは、単にわたしたちの社会がそう求めたからです。これが自分たちにとって良いと思ったので、それが手に入ったのです。いまやわたしたちはそれを、まるで神もしくはシステムから授かったかのように受け止めてしまっています。

　では、わたしたちが求めたもの、明確に認めたものという観点から、都市を形づくる三種類のお金について考えてみましょう――まずは最も重要な、民間の伝統的な融資からです。

　都市地域への資金を枯渇させてまで、まばらな郊外の成長に多額の資金をふり向けるという構想は、担保融資機関が発明したものではありません（いまではかれらも郊外建築者と同じく、この作業の利害関係者になっていますが）。その理想も達成方法も、わたしたちの信用システムから論理的に生じたものではありません。高潔な社会思想家が考案したものです。郊外の成長を促す連邦住宅局のやり方が考案された一九三〇年代までには政府の賢人ほぼ全員が――右派も左派も――方法論こそ意見が分かれたにしても、目標は支持するようになっていました。この数年前に、ハーバート・フーヴァー大統領が住宅に関するホワイトハウス会議を初めて開き、都市の道徳的劣勢を糾弾する論陣と、簡素な小屋や小さな街や草地の道徳的美点の賞賛論を述べたのです。フーヴァー大統領とは政治的に正反対の立場にいた、ニューディール政策のグリーンベルトモデル郊外の責任者レックスフォード・G・タッグウェル長官は次のように説明しています。「わたしの案はこうです。人口の中心地のすぐ外へ行って安い土地を手に入れ、コミュニティをまるごと築いて人々を呼び込む。そして都市に戻ってスラムをまるごと解体して、公園をつくるのです」

郊外スプロール化現象への怒濤のような資金利用と、それに付随して正統派都市計画がスラムの烙印を押した都市地域全体を干上がらせようという試みは、賢人たちがわたしたちのために望んだものなのです。かれらはこれを実現するのに何かと大変な努力をはらいました。そしてわたしたちはそれを手にしたわけです。

再開発と都市刷新プロジェクトのための怒濤の民間融資を社会が資金的に支援するのを見ると、それがなおさらあからさまです。まず社会はこうした怒濤の変化に自らの取り壊し補助金を出しますが、これは純粋にその後の怒濤のような民間投資を財政的に可能にするためです。社会はまた、民間投資が都市もどきをつくり、都市の多様性を潰すためにだけ使われるように監視します。社会はさらに踏み込んで、都市刷新担保融資の保証というインセンティブを提供しますが、この保証によってつくられたものは、その投資期間中は人間に可能な限り変化のないものにするのが保証条件です。将来のゆるやかな変化は非合法とされているのです。

これらの民間投資の怒濤利用を社会が支援するのは当然と思われています。これは都市再建に対する市民たちの貢献なのです。

でもその市民たちは、他にも民間投資の形があることを知りません。都市においてこうした怒濤のような民間投資の利用を支援することにより、その中から特定の形態を選んで実施しているのだということを、あまりわかっていないのです。

これを理解するには、敷地のクリアランスや部分的取り壊しのための公的助成金が、決して唯一の助成金などではないことを理解する必要があります。合わせると莫大な額にのぼる強制補助金が、これらの事業にも投入されているのです。

　再開発や再建のために土地が取得されるときは、土地収用権によって取得されます。これは政府だけが持つ権限です。さらに、実際に取得されていない物件敷地に対し、都市再開発計画への遵守を強いるときにも、土地収用権を行使して強制収用をかけるぞという脅しが使われます。

　土地収用権は、公共利用に必要な土地の取得手段として、昔からおなじみで効果的でした。でもそれが、再開発法のもとに民間利用や民間利益を目的とした土地の取得にも拡大適用されています。この区別は、再開発法や都市刷新法の合憲性を左右する論点となっていました。最高裁判所は、社会には民間企業家と物件所有者のどちらかを選択する権利が――立法手続きを通して――あるのだという判決を下しました。社会派、立法府が公益のためになると判断した目的を実現するためなら、ある人の所有地を奪って他の人に利益をもたらしていいことになったのです。

　土地収用権の行使は、プロジェクト用地の地上げを物理的に可能にするだけではありません。そこに伴う非自発的な補助のおかげで、そのプロジェクトを財務的にも可能にするのです。この非自発的補助金という論点については、経営専門家アンソニー・J・パヌチが市長のために作成した、ニューヨーク市の住宅・再開発の混乱に関する一九六〇年版報告書の中で詳述されています。

> 　商業テナントに対する土地収用権の行使の直接的な影響は劇的で、しばしば破壊的である。政府が収用する際に支払いを義務づけられるのは政府が取得するもののみに対してであって、所有者から奪うものに対してではない。
>
> 　政府が収用において取得するのはその事業ではなく、敷地のみである。支払いの必要があるのは敷地の代金のみである。事業や営業権の損失、また失効していない賃貸契約については、事業主は何も得られない。賃貸契約は一般に、収用が行われたときには所有者と賃借人の賃貸契約は賃借人への保証なしに自動的に終了すると規定しているからである。
>
> 　全不動産物件と投資すべてを奪われても、その人は実質的に何も受け取れないのである。

報告には続いて具体例が挙げられています。

ある薬剤師が四万ドル以上出して薬局を買い取った。数年後にかれの店が入っている建物が収用された。かれが最終的に受け取った総額は設備に対する補償金三千ドルで、これは家財の抵当ローン返済に充てなくてはならなかった。つまりかれの総投資はすっかり無になったのである。

これは住宅地や都市刷新計画地では悲しくもありふれた話で、これらの案に用地の事業主たちが必死に抵抗するのはこのせいもあるのです。かれらは税金の一部どころか生活すべてによって、つまり子供の大学用資金、将来への希望にかけられた過去の年月——持てるものほぼすべて——を使って、これらの案を助成させられているのです。

パヌチ報告は続けて数え切れない投書、公聴会に出席した市民、新聞の論説がそれぞれ独自の言葉で提言した内容を提案しています。「コミュニティの進歩の費用はコミュニティ全体が負担するべきであり、その費用をコミュニティの進歩の不運な被害者に負わせるべきではない」

コミュニティ全体はいまだに、土地を収用された人々の損失全額を負担する用意ができていませんし、またできる日が来るとも思えません。この提案を聞くと、再開発担当官や住宅専門家は顔色を変えます。強制収用の損失を全額負担することになれば、その費用は再開発と住宅プロジェクトの公的助成金負担をあまりに大きなものにしてしまうでしょう。現在では、民間利益のための再開発がイデオロギー的にも財務的にも正当化されているのは、公共の補助金による投資が、地区改良に伴う税収増によりそこそこの期間で回収されるという理由からです。これらの計画を可能にする非自発的な補助金まで公共コストとして算入されたなら、それにより増大した公共的な費用は、予想される税収増とはまったく不釣り合いなものになってしまうでしょう。公共住宅については、現在のところ一戸あたりの負担は一万七千ドルです。非自発的な補助金までが公共の費用としてそこに乗せられたら、こういった住居の費用は政治的に非現実的な水準にまで跳ね上がってしまうでしょう。こうした「都市刷新」プロジェクトや公共住宅プロジェクトは、どちらも大規模な破壊を伴うもので、都市再建の方法としては本質的に不経済であり、莫大なコストをかけても、都市の価値には情けないほど貢献しません。現在のところ、社会はこういった紛れもない事実を目のあたりにしないですんでいます。コストのきわめて多くが不本意な犠牲者に負わされて、それが公式には費用算入されていないからです。都市変革の一形態としてのプロジェクト建設は、経済的にも社会的にも無意味です。

生命保険会社や組合年金基金が、値札づけされた住民のための型にはまったプロジェクトや都市刷新計画に、怒濤のような資金を注ぎ込むのは、別に二十世紀の投資資金にとって何ら必要な行為ではありません。むしろかれらは社会がはっきりと求め、きわめて非凡で無慈悲な社会的権力の利用によってのみ可能になったことをやっているのです。

多様性を自滅させる、通常融資の怒濤のような利用となると、事情が違います。こういった場合の怒濤のような影響は、膨大な大口融資などで生じるのではなく、たまたまある期間にある地域に、多数の個人取引が集まったことで生じます。社会はこの並はずれた都市の成功の破壊を、意図的に奨励するようなことは何もしていません。でもその社会は、都市を破壊するこの資金の洪水を阻止したりそらしたりするようなことも、何一つしていないのです。

民間投資は都市を形づくりますが、その民間投資を形つくるのは社会思想（と法）です。まずわたしたちが望むもののイメージが生まれ、そのイメージを実現させるために、仕組みが改定されるのです。金融の仕組みが、反都市のイメージをつくり出すように変えられてきたのは、単にわたしたちが社会として、そのほうが自分たちにとって良いだろうと考えたからです。もし継続的で粒度のあまりちがわない改善と変化が起こせる、活気ある多様化した都市が望ましいとわたしたちが思ったなら、わたしたちはそれを手に入れるために金融の仕組みを調整することでしょう。

都市再建用の公的資金の怒濤のような使用となると、それがただの成り行きで起こるのだと考えるべき理由は、民間融資の場合に比べて遥かに乏しくなります。公共住宅資金が、街路や地区のゆるやかで安定した改善をはかるかわりに怒濤のように投入されるのは、スラム住民にとって怒濤の変化が望ましいとわたしたちが思ったからです——そしてまた、それがその他の人々に対して良い都市生活とはどういうものかというお手本になると思ったからです。

税金による資金や公共融資が、スラム移動やスラム閉じ込めではなく、脱スラム化の加速に使えない理由など、本質的にはありません。現在行われているのとはまったくちがう形の住宅補助が可能なのです。この問題については次の章で述べます。

公共建築物を分類して集めて、怒濤のような市民センター地区だの文化センター地区だのにするべき理由も、本質的にはありません。公共建築をゆるやかな変化の材料として建築して配置することで、現存する都市の基盤を補完して活気づければいいのです。そうでない方法しかとらないのは、それが正しいとわたしたちが思っているからです。

闇世界の資金は社会的規制が困難ですが、少なくともその怒濤の影響を阻止することはできます。地区のブラックリスト化は、収奪的資金の怒濤利用にまたとない機会を与えてしまいます。その意味で、これはほとんど収奪的資金の問題ではなく（社会的に助長された）通常投資抑制の問題です。

政府資金の怒濤のような利用もまた、副産物として闇世界からの資金にまたとない機会を提供します。その理由を理解するには、スラム地主はパヌチ報告に登場した薬局店主とはちがって、強制収用権の包括適用によってたっぷり利益を得るのだということを理解する必要があります。ある建物が収用権により買収される際には、補償額（売却額）を決めるのに三つの要素が考慮されるのが通例です。土地の評価額、建物の再取得価格、建物の現在の収益力（そこで営まれている事業の収益力とは別のものです）。建物が利用されているほどその収益力は高いので、所有者が収用に際して受け取る金額は多くなります。スラムの家主にとってこのような収用売却は非常に儲かるので、中にはすでに収用決定された地域の建物を買い、住民を過密に住まわせて（売却までの利益を増やすためというよりも、公共に建物を売却したときに得られる利益を増やすために）家賃をつり上げる商売をする者もいます。この特殊な悪事と闘うために「クイック・テイク」法を制定した都市もあります。収用の承認日に収用地の土地所有権が法的に公共に移転され、売却価格や鑑定額についての交渉は後で調整するというものです（＊49）。

　食い物になる建物がどこにあろうと、所有者たちはスラム取り壊しで得をします。収用補償金を用いて、新しくスラム化をもくろむ地域に、以前より大きな不動産物件を買うことも可能ですし、しばしば実際にそうしています。いずれその新しいスラムが収用されれば、かれら投資家たちが財産や資産を増やすにはいっそう好都合です。ニューヨーク市では、この手の投資家が新たな場所へ新しい資金を携えていくだけでなく、もとの賃借人も連れていって都市の「移転」問題の解決に力添えすることもあります。スラム移動には独自の効果があります。自己資金調達です。

　ここでも、闇世界の資金を怒濤のように利用して新しいスラムをつくるのは、闇世界の資金だけにまつわる問題ではありません。ある程度は（社会的に助長された）スラム移転に起因する問題なのです。

最後に、パヌチ報告で述べられているように、闇世界の資金の怒濤利用は、課税によってもっとうまく規制できる可能性があります。

　課税によってスラムから利益が取りあげられるまで、また取りあげられない限りは、ニューヨーク市住宅局が条例執行や免税による住宅改修をいくらし

（＊49）これらの法の要点は、当然ながらその間に所有権が変わって市にとってのコストが予想外に増えるのを防ぐことにあります。クイック・テイク法はこの点で成功していますが、副作用として正当な地主に必要以上の困難をもたらしています。たとえばボストン市のウェストエンドでは、自分の建物に入居していた所有者たちがクイック・テイク法に絶望させられました。収用の日から賃借人たちは家賃を、もとの所有者ではなく市に払いはじめたし、所有者たちも市に地代を払わなければならなくなったのです。それが何ヵ月も——ときには一年間——続く一方で、建物の元所有者は引っ越すこともできませんでした。金を受け取っていないし、またいくらもらえるかもわかっていなかったからです。そして最終的には、ほぼどんな金額だろうと承諾することになりました。

ようと、スラム形成の速度には追いつけないだろう。スラムの家主にとって所有権を非常に収益性の高い投機にしている連邦所得税や減価償却、不動産売却益処理の構造からくる影響を克服するには「利益にもとづく課税が必要である」。(中略)

住宅が絶望的に必要とされ、家賃が現状の許す最高額になっているスラムの過密地域の所有者は、その物件を維持する必要がない。毎年減価償却費を懐に入れ、スラム不動産の簿価がゼロになったら、高い家賃収入を反映した価格でそれを売却するのである。売却後は簿価と売却価格の差にかかるキャピタルゲイン課税の二十五パーセントを支払う。そして別のスラム不動産を入手して、同じプロセスを繰り返す。(中略)「スラム物件所有者の所得税申告について、税務署が集中調査を行えば」、不適切に申告された減価償却費から生じる追徴課税と罰金の額が決定できる。

皮肉屋——少なくともわたしが議論する皮肉屋——は、最近では投資の闇世界が強力な利益団体となり、議会や行政の場のどこか後ろで強い発言権を持っているため、都市での収奪的なお金を手に入れるのは実に簡単でよりどりみどりだと考えています。それが本当かどうか、わたしには知りようがありません。でも、わたしたちのほうの無関心にだって、この状況と何か関係があると思います。いまの住宅問題専門家たちの中には、都市再建事業の副産物として闇世界が手にする利益をもっともらしく正当化して見せる人々もいます。「社会がスラムをつくった。だからスラムを一掃するのに必要なお金は、社会が負担するのが当然だ」とかれらは主張します。でもこういう言いぐさは、だれが社会から利益を得ていて、お金が次にどこに流れるかについての問題から目を背けています。スラムの古い建物を一掃することで、スラムの問題はどのみち克服されつつあるという心地良い考え方も無関心を助長しています。これはまったくのウソなのです。

都市の衰退を、交通渋滞とか……移民とか……中流階級の気まぐれのせいにするのは簡単です。都市の衰退は深刻さを増しており、もっと複雑です。つまるところ問題は、わたしたちが何を求めるかということ、そして都市の働きに対するわたしたちの無知なのです。お金が都市建設にどう使われるか——もしくは使われないか——の手段は、いまや都市の衰退の強力な道具となっています。お金が使われるやり方は、再生の道具へと——乱暴な怒濤を買う道具から、持続的かつゆるやかで複雑でもっと優しい変化を買う道具へと——変えられなければなりません。

第Ⅳ部

ちがった方策

第17章
住宅補助

ここまで述べてきたスラムの脱スラム化、多様性の触媒、活気ある街路の育成などは、今日では都市計画の目標とは認められていません。ですから、都市計画者たちや計画実施機関は、そうした目標を達成する戦略も方策も持ち合わせていないのです。

でも都市計画は、都市らしい働きをする都市を構築する方策は持っていなくても、各種の方策を山ほど持っています。そうした方策は気狂いじみた戦略を実施するために使われています。そして残念なことに、その方策は効果的なのです。

この項では、都市計画分野ではすでによく認知されているいくつかのテーマを採りあげていきます。それは補助つき住宅、渋滞、都市の視覚デザイン、分析法です。どれも従来の現代都市計画が目標を掲げているテーマで、したがってこれらについては方策もあります——あまりにたくさんの方策があまりにしっかり定着しているので、その目的が疑問視されても、たいていはまた別の方策がつくり上げた条件によって正当化されるのです（たとえば連邦の融資保証を取りつけるためにこうしなければいけないんです、といった具合）。わたしたちは方策にとらわれすぎて、その裏にある戦略をほとんど見ていません。

どこから始めてもいいのですが、住宅補助のための方策を検討しましょう。貧困層向けにプロジェクトコミュニティを実現するために何年もかけて考案され、色づけされた戦略は、あらゆる目的のための計画方策に深く影響を与えているからです。住宅専門家のチャールズ・エイブラムスは公共住宅について、目的を果たせないような仕組みになっていて、都市再開発クリアランスと一緒になって「お話にならない」と酷評してから「公共住宅は完全に失敗したか?」と尋ねました。
かれは自分でそれに対してこう答えています。

いや。それは多くのことを実証した(中略)。大規模な荒廃地区は整理可能、再計画可能、そして再構築可能だと証明した。大規模な都市整備に市民の支持を得て、法的基盤を確立した。住宅債券はAAの格づけを持つ投資対象であること、公共による居住施設の提供は政府の任務であること、公共住宅機関のメカニズムは少なくとも汚職なしで機能することを(中略)実証した。どれも少なからぬ功績である。

確かにどれも、大した功績ではあります。大規模取り壊し、スラム移転、スラム閉じ込め、プロジェクト計画、所得による選り分け、用途選別は、都市計画というもののイメージや方策群として非常に定着していて、これらの手段を使わない都市再建を考えようとすると、都市の再建事業者や一般市民のほとんどは、何も頭に浮かばなくなってしまいます。この障害を切り抜けるには、各種の華々しい構造の土台になっている、おおもとの誤解を理解しなければなりません。

友人に、赤ちゃんは母親のへそから生まれるのだと信じこんだまま十八歳になった女性がいます。利口で独創的な彼女は幼い頃にそう思い込んで以来、何を聞いてもそれを修正しては、最初の誤解を脚色していきました。ですから学習を重ねるほど、彼女は自分の発想についての裏づけが増えたと思うばかりだったのです。彼女はいささか奇妙なやり方ではありますが、人間が持つ最も普遍的、独創的かつ痛ましい才能の一つを発揮していたのです。思い込みが一つ覆されるたびに、新しい言い訳でそれを補っていったので、外堀をだんだん埋めてその誤解を解くのは不可能だったのです。彼女の壮大な知的楼閣を崩すには、へその構造から始める必要がありました。こうして家族のおかげでへその性質や用途に関する最初の簡単な誤解が解けると、彼女はただちに、賢くてもっと心強い別の才能を発揮しました。残りの誤解のもつれを楽々と解消して、生物の教師になったのです(その後、彼女は大家族の母親にもなりました）。

都市の働きに関する混乱のもつれは、補助付き住宅プロジェクトの概念を核としてその周辺に積み上がり、もはやわたしたちの思い込みに留まらないものとなっています。すでに都市に適用される法的、経済的、建築的仕掛けの混乱のもとになっているのです。

良識的に言えば、だれしもある水準の住まいを持つべきだと思われますが（これは実に正当な発想だとわたしは思います）、アメリカの都市には貧乏すぎて、それに必要なお金が払えない人々がいます。また、多くの都市では住戸の供給数自体が少なすぎるため、過密を起こさないと住民を収容できないし、追加で必要な住戸の数は、必ずしもそこに収容されるべき人々の支払い能力に釣り合うとは限りません。これらの理由から、少なくとも一部の都市住宅については補助金が必要なのです。

これらは住宅補助の理由として単純明快であるように見受けられます。また補助金の使われ方についても経済的、物理的に大きな選択の幅があります。

でもこれらの理由がいかに複雑で杓子定規になり得るか――そして実際になったか――見てみましょう。その手段として、単純そうに見えて、わずかに異なった答えを以下の問題に出してみましょう。なぜ都市で住宅に補助金を出すのですか？

遥か昔にわたしたちが受け入れた答えはこんな具合です。住宅補助が必要な理由は、民間事業によって収容できない一部住民に住居を与えるため。

さらに答えは続きます。どのみち補助が必要なら、その補助付き住宅は優れた住宅と都市計画の原理を体現したものにすべきである。

これはひどい答えで、ひどい結果を生みます。ちょっと意味をひねることで、民間事業によって収容できない、したがってだれか別の人から住居をあてがわれるべき人々というのがいきなり登場するのです。でも現実にはこれらの人々の住宅需要自体は特に変わったものではないし、囚人、操業中の船乗り、キチガイの場合のように、民間事業の能力や通常の域を超えているわけではありません。まったく普通の住宅需要はほとんどだれにでも民間事業から供給されます。これらの人々が特別なのは、単にそれだけの支払い能力がないという点にすぎません。

でも一瞬のうちに「民間事業によって収容できない人々」というのは、ある一つの統計値――つまりかれらの所得――をもとに、囚人まがいの特別な住居要件を持った統計的集団に仕立て上げられてしまっているのです。この統計的集団は答えの残りの部分を実行するために、理想論者たちがいじくりまわす、特別なモルモット集団になるのです。

たとえ理想論者たちが社会的に理にかなった構想を持っていたとしても、所得によって人口の一部を隔離して専用近隣に分け、独自のちがったコミュニティ形態を持たせるのはまちがいです。カーストも神の定めの一部であるというように教えられていない社会では、分離されているけれど平等という政策は問題しか起こしません。分離が何らかの劣等性をもとに強いられているなら、分離されているけれどそのほうがいいという政策は本質的な矛盾を抱えているのです。

補助金が出ているという事実そのものが、これらの人々が民間事業や普通の家主以外のだれかに収容される必要を示しているのだという考え自体が、そもそも異常なのです。政府は補助金を出した農場や補助金を出した航空会社に対し、所有者の権利や所有権や経営権を乗っ取ったりしません。政府は基本的に、公的資金で援助を受ける博物館の経営を引き受けたりしません。現在では政府補助金のおかげで建築が可能になることが多い、無償の地域病院の所有権や事業を政府が差し押さえることもありません（＊50）。

公共住宅はわたしたちが発展させた、その他の論理的に似た資本主義形態や、官民協力とは一線を画しています。単に助成金を提供しているという理由だけで、政府がその施設を取得しなければならないという信条が組込まれているのです。

政府を公共住宅の家主兼所有者にするという方針を、

（＊50）アメリカ合衆国公衆衛生局の聡明な役人であり、病院の建築を補助する連邦政府プログラムを作成して長年にわたって施行した故マーシャル・シェーファーは、机の引き出しに一枚の紙を貼ってときどき眺めては、自身にこう言い聞かせていました。「愚者であっても、賢人に服を着せてもらうよりは、自分で服を着るほうがうまくいく」

国民生活の他の部分とすり合わせられるようなイデオロギーをまったく持ち合わせていないわたしたちは、これをどう扱うべきかわかりません。こういった場所を建築して経営しているお役所は——気まぐれな主人である納税者たちが入居者のメンテナンスやモラルや設備の水準にあらを見つけて役人を責めないかと常に恐れて——物事によって極端に尊大だったり、極端に臆病だったりするのです。

政府が家主であるため、民間の家主とは潜在的な競争状態になります。その競争が不公平になるのを避けるにはカルテル協定が必要です。住民自体をカルテル化しなければなりません。そして所得にもとづいて、あるカルテルの管轄地から別のカルテルの管轄地に移されることになります。

かれらが「民間事業によって収容できない」人々だという答えは、都市にとってもまったく悲惨なものです。これで一瞬のうちに、有機的な組織としての都市が消えてしまうのです。都市は理論的には、これらの選り分けられた統計集合を配置する静的な用地の集まりになるのです。

最初から構想そのものが問題の性質に合わなかったし、関係者たちの通常の経済的ニーズ、都市のニーズと働き、わたしたちの経済システムの他の部分、そして伝統の中でちがう発展をとげた家庭の意味にも合わなかったのです。

この構想についてせいぜい言えるのは、結果的にうまくいかなかった物理的、社会的計画理論を試してみる機会をもたらしたことくらいです。

住宅費を賄えない人々への補助金の与え方についての問題とは、基本的には、かれらが払える額と住宅費の差をどうやって埋めるかという問題です。住まいは民間の所有者や地主から提供を受けられるし、差額は所有者に——補助金支払いという直接的な形か、居住者への賃料補填という間接的な形で——埋め合わせられます。補助金を——古い建物、新しい建物、修復した建物に——投入する方策はいくらでもあります。

ここで一つの方法を提案しましょう——決してこれが唯一の合理的方法だからではなく、都市の改善という近年最も難しい問題をいくらか解決する助けになるからです。具体的には、新しい建築物を怒濤のようにではなくゆるやかに導入する方法、新しい建築物を規格化の一形態としてではなく近隣の多様性の材料として導入する方法、ブラックリスト地区に新しい民間建築物をもたらす方法、スラムの脱スラム化をさらに迅速にすすめる助けになる方法です。これから見ていきますが、これは住まいとしての基本的な有用性に加えて、他の問題の解決を助ける役割も果たします。

ここで提案する方法は、賃料保証方式とでも呼びましょうか。関わってくる物理的単位はプロジェクトではなく建物——他の新旧の建物に混ざって街路に並ぶ建物です。賃料保証物件は近隣の種類、区画の規模など、通常ほぼ平均的な住居の大きさや種類に影響する事柄に応じて、種類や規模が異なります。

古びた建物の建て替えや、住戸供給を補うために民間所有者がそうした建物を、必要とされる近隣に建てるよう促すため、住宅補助金局(ODS)とでも言うべき政府の関係機関が、施主に二種類の保証をすることになります。

まずODSが施主に、建築に必要な融資が受けられることを保証します。施主が通常融資機関から融資を受けられる場合は、ODSがその担保融資に保証をつけます。しかしこのような融資を受けられなかった場合は、ODS自身が資金を貸し付けることになります——これは通常融資機関による組織的な都市地域の貸付ブラックリストが存在する場合に必要な安全装置であり、保証つきの担保融資がそれなりの低金利で通常機関から得られない範囲でのみ必要なものです。

次にODSは施主(あるいは建物が後に売られた場合にはその所有者)が経済的にやっていけるように、建物内の住戸の賃料を保証します。

資金調達を可能にし、満室のアパートとして建物に確実な賃貸収入を保証するかわりに、ODSは施主に(a)指定された近隣地域、ときにはその中の指定された場所に建物を建てること、(b)たいていの場合は指定地域や指定された建物群に居住する申込者から居住者を選ぶこと、を求めます。通常は近くの地域からになりますが、そうでないこともあります。このような条件が有用な理由についてはまもなく触れますが、まずは補助金提供機関ODSの三番目にして最後の機能について述べる必要があります。

家主が申込者から居住者を選んだ後に、ＯＤＳが選ばれた居住者たちの所得を調べます。居住者たちの所得と、指定された地域や建物の出身かどうかの事実を調べる以外の権限はＯＤＳには与えられません。賃貸人・賃借人義務、警察権、社会福祉など、関連するあらゆる事項については、そのための法体系や機関がすでにあるので、ＯＤＳがそのような機能を負うべきではないのです。人間の魂をあらゆる面で向上させようなどとするような、無益で屈辱的な漠然とした取引ではありません。居住施設の賃貸というきちんとした実務的な取引であり、それ以上でもそれ以下でもないのです。

このようなプログラムでは、最初のうちは経済的賃料（かれらが負担すべき総費用）を支払えない居住者が申込者のほとんどかすべてを占めることになるでしょう。差額はＯＤＳが埋め合わせます。所得調査は世帯規模を考慮したもので、納税申告と同じく毎年調べられます。これはすでに公共住宅（ここには無用な詮索やまったく別の事柄についての告げ口がたっぷり加わります）で用いられている考え方で、他の目的にも非常にうまく利用されています。たとえば専門学校や大学はこの方法を用いて、必要性に応じて奨学金の割りあてを行っています。

世帯所得が増加すると、賃料のうち世帯が自前で負担する比率も上がり、補助金が占める比率は下がります。その後世帯が経済的賃料を全額支払う時点に達したら、その後は――再び世帯所得が下がらない限り――ＯＤＳの関与するところではありません。これらの世帯や個人は、経済的賃料を払って、その住戸にずっと住み続けることもできます。

このような賃料保証物件が、経済状態の改善した居住者を擁するのに成功すればするほど、その分だけもっと多くの建物や他の世帯に賃料補助金が行きわたるようになります。プログラムが安定とそれに伴う自己多様化を人々に促す度合いは、建築プログラムが同じ額の賃料補助のもとで、どれだけ大きく速く拡大できるかに直接的に結びつくことになります。どこに住むか選択の余地ができる人々の需要と、人々が好んで留まるような、魅力的で安全で興味深い近隣を築くという原則には敏感でなければなりません。これらの点で失敗してしまうようなら、その失敗が自ずとこの制度の拡大を阻害することになるでしょう。この拡大は民間の施主や家主にとって（公共住宅の拡大のような）脅威ではありません。民間の施主や家主がその拡大を直接所有する存在になるからです。民間融資機関にとっても脅威ではありません。というのは、機関自体が資本コスト融資に関わりたいとでも願わない限り、機能は代行されるからです。

所有者に対する毎年の経済的賃料の保証は、その不動産担保ローンの元金返済期間におよびます。期間は三十年間から五十年間までさまざまで、差異があることが望まれます。というのは、これもさまざまな種類の建物を奨励する要素となるし、また賃料保証物件が取り壊されたり、まったく別の用途に変えられたりする時期に幅をもたせるからです。もちろん時がたてば、この方式やその他の方式による地区における新しい建物のゆるやかな持続性のおかげで、その建物の寿命やもとの用途が終わりを迎える時期もちがってくることになります。

経済的賃料の定義に含まれるのは、一定の償却額と融資の元利返済額、購買力の変化に応じて調整されるべき維持運営費（これは他の多くの固定賃借費や維持費の場合についても考慮される、ごく一般的な条件です）、利益と場合によっては管理費、固定資産税です。この点についてはこの章でのちほど触れます。

所有者は、郊外開発で連邦住宅局による保証つきローンで求められる頭金よりも少し低い額を、建物に出資金として投入するよう求められる場合もあります。

最終的には、保証賃料住宅にかかる補助金の大部分は、建物の資本コストを支払うための補助金になるでしょう——公共住宅における補助金の用途と同じです。しかし方策としては、このプロセスは公共住宅で用いられる方法とは正反対になります。

公共住宅では、建築の資本コストは政府が直接負担します。地元住宅当局が長期債を発行して建築費を賄うのです。連邦補助金（場合によっては州補助金）がその長期債の償還に充てられます。低所得居住者が支払う賃料が賄うのは、管理費や消耗品や維持費だけです——ちなみにこれらは公共住宅では非常に高額になります。公共住宅の居住者はその賃料で、ガリ版印刷紙、会合の時間、粗暴行為への対処を行うための労働力を、有史以来どんな賃借人よりたくさん買い込んでいます。公共住宅の家賃は、資本コストを直接的に補助して等式から除外してしまうという仕組みで補助されているのです。

賃料保証システムでは、資本コストは賃料の等式の中に収まったままです。資本の償却は賃料の中に含まれ、賃料補助が必要である限り、資本コストは自動的に補助されます。直接だろうと賃料を介してだろうと、資本コストは支払われねばなりません。賃料補助を介して補助する利点は、居住者に適用するにあたって、資本補助金の柔軟性が遥かに高まることです。資本補助金が固定要素として、賃借条件そのものに厳密に組み込まれている場合とはちがって、賃料補助は人々を所得ごとに選別する必要はまったくないのです。

いまの補助つきの建設においては、所得で人々を区分する固定要素がもう一つありますが、賃料保証式の建設方式だと、それも排除できる可能性があります。固定資産税の減免という問題です。ほとんどの低所得者向け国有プロジェクトは固定資産税を支払っていません。多くの中所得者向けプロジェクトには減税か納税猶予が与えられ、賃料（コーポラティブ住宅の場合は維持費）を減らす助けをしています。これらはどれも補助金の一形態で――少なくとも入居時は――所得制限を義務づけることが必要となります。住居費の一部として固定資産税を確実に払える人たちが、他の納税者たちにまぎれてただ乗りすることがないようにするためです。

賃料保証システムでは、固定資産税は賃料に含めるべきです。資本コストの場合と同じく、その税負担がそれぞれの世帯や個人でどれだけ補助されるかは、建物に組み込まれた融通の利かない要素ではなく、賃借費の分担金を負担する居住者の（それぞれ異なる）能力に応じてさまざまにちがってくるでしょう。

現在のところほぼすべての公共住宅補助金がそうであるように、賃料補助金は連邦補助金が財源となるため、連邦政府は事実上、住居からの固定資産税収の、間接的とは言え大規模な支払い者になります。でもこの場合も、ちがうのは補助金の使い方の方策でしかないのです。現在のところ、連邦住宅補助金が直接的にも間接的にも買いつけている多数の施設や事業は、突きつめれば通常の都市運営費であるはずのものを、プロジェクト構想の求める物理的、経済的公式にあてはまるようにいびつな形に歪ませたものです。たとえば政府補助金はプロジェクト用地内の芝生や公共集会所、娯楽室、診療所などの資本コストを賄い、間接的に――総費用の大半を受け持つことで――公共住宅当局による警備員や公共住宅当局のソーシャルワーカー、コミュニティワーカーの資金を支払っています。もし補助金からこのような出費が――もはや補助金の支出目的には無関係となるため――外されて、代わりに固定資産税が含まれたなら、都市にひどく必要なものの一部を賄うのに役立つでしょう。たとえばプロジェクト内の、立ち入り禁止の怖い芝生ではなく立地の良い近隣公園、住宅当局のやとった警備員ではなく本物の警察、当局のメンテナンス点検者ではなく建築基準違反検査官の費用が賄えるのです。

住戸の居室数に関する規定（これがないと同じ規模の住宅が多くなりすぎます）以外には、ＯＤＳはデザインや建築について独自の基準を決めるような責任や権限を持つべきではありません。物理的基準や規制は、都市条例と規制団体で実現すべきだし、賃料保証住宅についても同じ場所の補助金なしの建物と同じであるべきです。公共政策で住宅の安全、衛生、設備、街路設計についての基準を改善したり変えたりするのなら、それは――任意に選ばれたモルモット役の市民に対してではなく――市民全員に適用されねばなりません。

賃料保証物件の所有者が、商業施設その他の非居住用途を一階か地階、もしくはその両方に入れたいと願った場合は、床面積で比例配分したその場所の費用は、賃料保証にも融資保証にもいっさい含まれません。この営利事業に伴う費用と収入は、ＯＤＳと所有者の取り決めの外になるのです。

この類の補助付き建設は、大規模な地上げや取り壊しを伴わないので、賃料保証住宅用の土地区画ではたいていの場合、土地収用権の行使はほとんど必要ないでしょう。補助の対象地として指定された近隣地域内での区画販売は、通常は一般的な民間建設事業と同じように、だれがいくらで売りたいかにもとづいて、ごく普通に行うことが可能です。確かに土地の費用は負担されねばなりませんが、こういう方式だと、現在は補助金をつけなくてはならないと思われている、大規模な土地クリアランス費用の必要はなくなることはお忘れなく。

収用権が行使される場合、その購入価格には現実的な総費用――たとえば期限を迎えていない事業用賃貸借契約の価値や、事業移転および移設の現実的な費用が含まれるべきです。民間売却の場合なら、事業用借地人は、他人の計画のために自滅的な非自発的補助金の支払いを強要されることはありません。それとまったく同じです（＊51）。

不公平な非自発的補助金を強要するのではなく、実際の費用を支払うのは、都市の多様性を不当に潰してしまうのを避けるためです。それを支払わなければならないということは、立ち退かされた事業が移転して存続することが現実的に可能だということですし、また一方では破壊されるものも自動的に選別されることになります。この類の――価値が高いものは残れるようにする――選別性は、現在の都市再建方策にはまったく欠けています。だからこそこれらの方策は、都市の経済的資産をすばらしく無駄にしているのです。賃料保証住宅のポイントは、何であれ既存の成功や成功の潜在的可能性を足場にして、それをさらに進めることなのだと言えるでしょう。

さらに、この方法は大規模な取り壊しや再建の必要がないため、プログラムに施主や家主を多数、数千人規模で含むことも可能です。それぞれ異なり、活気があって、変わり続けている大都市の数々が、再建を少数の関係機関や大規模な建設王頼みにするべきだと考えるのはバカげた話です。集合型賃料保証住宅の所有者は、お望みなら自分で（まるで賃借人であるかのように）そこに住んでいいはずです。所有者がその現場にいるのはよい結果になることが多いので、この場合も有益なはずです。決してこれを義務づけてはいけませんが、建築プログラムへのこういった関与を奨励すること、もっと現実的に言うと、施主からこのような所有者への売却を妨げないことで、これは奨励できるのです。

もし賃料保証建設という方策があったなら、どう使えばいいでしょうか？

所有者に保証を与えるかわりに、義務づけられる二つの条件については前述しました。建物は指定された近隣地域、場合によっては指定された敷地に建てられねばならない。ほとんどの場合は、指定された地域か街路沿いか建物群で現在生活している申込者から居住者を選ばなくてはいけない。

施主にこのたった二つの条件を義務づけることで、個々の場所と問題にもよりますが、意図的にいくつかのちがった事柄を実現できるようになります。

たとえば現在ブラックリスト地域となっていて新しい建物不足が著しい場所に、新たな建設を促すことも可能です。しかもいまその近隣にいる人々が、そこに留まるのを支援することで、それを実現できます。

必要とされる地域で近隣の住戸数を意図的に増加させ、同時に近くの古い建物の過密解消をそれと組み合わせることも可能です（その結果、法的居住率がようやく現実的に適用可能となります）。

他の用途に場所を譲るため、あるいは老朽化のために住居が取り壊されねばならない場合も、そこにいま住んでいる人々を同じ近隣地域に留めることも可能です。

地区の一次用途の一つとして居住を導入したり、あるいは有効な比率まで増やしたりすることもできます——これは都市の混合における他の一次用途、たとえば業務などを補うために、居住用途が必要な場所に適用すればよいのです。

長すぎる街区を新たな街路で分断して新しい側道をつくるときにできる、隙間部分を埋めるのに役立てることも可能です。

地域の建築物の築年数と種類という多様性の基本資源を増やすことも可能でしょう。

並はずれて住戸密度が高い地域では、住戸の密度を引き下げることも可能ですし、これを十分ゆるやかに行えば、人口のすさまじい怒濤のような変動を避けることが可能です。

そしてこれらを行う一方で所得水準のちがう人を混在させ、その混ざり具合が時とともに増加するよう促すことも可能です。

これらはすべて人口の安定性と多様性を助長する手段です——近隣に留まりたい人々がそれを実現するのを手伝う直接的なものもあれば、人々が好んで留まりたがる活気ある安全で興味深いさまざまな街路や地区をつくる

（＊51）この方針はすでに、強制収用による購入でときどき適用されています。計画の犠牲者に対する不正がひどい政治的問題をもたらすことを市が認識している際に使われます。ニューヨーク市は、給水事業のために冠水する州北部の土地を買い上げる際に、立ち退かされる事業に対して、信用も含めた公正な費用を全額支払えるようにする法を州に制定させました。

のを助ける、間接的なものもあります（これは都市のさまざまな用途の一つのうちの一部がその役割を果たせる場合です）。

また、このようなプログラムはどんな場所にでもゆるやかな資金とゆるやかな変化を導入するので、その近隣に住まいを選ぶ余地のある人々が、すぐあるいは後に入ってくることや、補助なしの建物が加わるのを妨げたりもしません（多様性の自滅が起こる前にそれが止まることを祈りましょう）。また、急場しのぎしか選べない人々も含めて、他の新入りたちが近隣にやってくるのも妨げません。と言うのは、近隣にはいつの時点でも、移住安定性を意図した利用ではない建物がたくさんあり、そこでは居住者の出身地は関係ないからです。

地域の建物がいかに古かろうと、そこの建物の大多数が、いずれ建て替えられることがいかに必要だろうと、そのプロセスは一挙に起こるべきではありません（＊52）。建て替えが早すぎると、都市の多様性を経済的に妨げてしまい、プロジェクト建築に見られる規格化された不自然な効果が生まれてしまいます。それは時間をかけてできる限り多くの人々を――古い建物の人も新しい建物の人も、そして建築や修復についてちがった考えを持つ人も含め――自らの選択でその場所に留まらせようという目的に逆行してしまうのです。

当然ながら賃料保証のシステムや新築資金の融資に対する保証には、汚職やペテンの機会がたっぷりあります。汚職、ペテン、詐欺は、やる気さえあればそれなりに抑えられます（そうできる国に住んでいることがいかに幸運か考えてみてください）。惰性化と闘うのはもっと困難です。

住宅補助の方策は、どんなものであれほぼ確実にだんだん型にはまり、どんどん融通の利かない結果を伴い、現実のニーズから時とともに着実に逸れていくでしょう。最初にどれほどの創意が注ぎ込まれても、その後それは容赦なく削られていきます。一方で汚職には――金のための汚職であれ、権力のための汚職であれ――堅苦しいお役所主義とはちがった性質があります。汚職はそれに食い物にする対象目的が続けば続くほど、創意工夫を欠くどころかさらに増していくのです。

惰性化や汚職と闘うには、八年か十年ごとに住宅補助の新方式を試してみるか、続けたいくらい十分うまく機能している古い方式であっても、変化を加えてみるべきです。そうした新しい仕事をさせるため、ときにはまったく新しい機関を成立して古いのは潰してもいいでしょう。いずれにせよ、常に必要なのは、個別の場所で明らかになる個別ニーズに対する戦略を見極め続けることす。常に「この仕組みはここに必要な仕事を果たしているか? 果たしていないなら、どんな装置ならいいだろう?」と尋ねてみるべきなのです。補助戦略をわざと定期的に変更すれば、時とともに明らかになる新たなニーズに見合う機会が生まれます。そうした新しいニーズを事前に知ることはだれにもできません。この見解は、この本に記した打開策の限界についての遠回しな警告で

(*52) ネズミについてひと言。これは新しい住宅が排除し、古い住宅がはびこらせるとされている害悪の一つです。でもネズミはそれを知りません。駆除しなければ、ネズミがはびこる古い建物が取り壊されたら、そのネズミは隣の居住地域にただ移動してしまうのです。これを書いている時点で、ニューヨーク市のロウアー・イーストサイドの深刻な問題に、シュワードハウスという新しいコーポラティブプロジェクト用地の取り壊された建物から、ネズミその他の害獣が流入するという問題があります。セントルイスのダウンタウンの大部分が取り壊されると、棲家をなくしたネズミが何キロも離れた四方の建物に広がりました。新しい建物でも駆除を行わなければ、ネズミの子孫はすぐに戻ってきてしまいます。ほとんどの都市では、建物の取り壊しにあたってネズミの駆除を行うことが法で義務づけられています。一九六〇年のニューヨーク市では、堕落した所有者が駆除証明書だけを入手するために悪徳業者に払う相場は五ドルでした。住宅局のような公的機関がどうやって法を逃れているのかは知りませんが、恐ろしいネズミのお祭り騒ぎや、取り壊し中の用地から夕方に大移動するネズミを見れば、それが法を逃れていることは十分わかります。新しい建物はネズミを追い出しません。ネズミを追い出すのは人々だけです。古い建物でも、ネズミを追い出すのは新しい建物と同じように簡単にできます。わたしたちの建物は、手に入れた時点でネズミ——大きいの——に占領されていました。ネズミなどあらゆる害獣をすっかり駆除しておくには毎年四十八ドルかかります。生きている人間が駆除するのです。建物がネズミを追い出すという考え方は、妄想にも劣ります。ネズミの駆除をしない口実になってしまうからです（「ネズミのはびこるあの建物をもうすぐ始末するぞ」）。わたしたちは新しい建物に多くを期待しすぎ、自分たちに期待しなさすぎるのです。

もあります。わたしの策は現状については理にかなうと思います。そして人が糸口として使えるのは、現状だけなのです。でも都市が相当な改善をとげて大いに活気を増した後も、本書の案が最も理にかなうとは言えないし、十分に理にかなうとも言えません。現在の誤った都市の扱い方が続いて、いまはまだ頼りにして基盤にできる建設的な行動や力が失われた場合にも、本書の案は意味をなさないでしょう。

いまでも補助の方法については、怒濤ではなく柔軟性のあるゆるやかな変化をもとにする限り、さまざまなバリエーションが可能です。たとえばボルチモア市の住宅ローン銀行家で、さまざまな都市再生および再建の取り組みで市民を率いているジェイムス・ラウスは、最終的に居住者が物件を所有できるような方式を提案しています――おもな住戸形態が連棟式住居の場所には最も合理的な案です。

公共住宅そのものは、厳密には目的ではない。これは都市を生活に適した場所にするという目的達成のための手段としてのみ正当化されるものである。では、どんな種類の公共住宅であるべきだろうか？　（中略）居住者の賃料は所得増加に応じて引き上げればよいのであり、過剰所得居住者として退去させられるべきではない。自由な住宅ローン金利で債務返済ができそうな額まで所得が増加すれば、物件は簿価で居住者に譲渡され、賃料はローン返済へと切り替えられるべきである。このようなプログラムなら、個人だけでなく、その住居も自由市場の流れに返すことができる。公共住宅ゲットーの形成を阻み、いまプログラムを取り囲んでいる帝国を保護するために複雑な仕組みを縮小するのだ（後略）。

ニューヨーク市の建築家チャールズ・プラットは、新しい助成住宅と付近の古い建物を組み合わせて過密解消の道具として利用し、一石二鳥の改善を達成すべきだと長年主張してきました。ペンシルバニア大学で都市計画を教えるウィリアム・ウィートン教授は、公共住宅の循環型供給という概念を提唱し、それがコミュニティにおける多様な個人住宅と見分けがつかないことを巧みに訴えています。カリフォルニアの建築家ヴァーノン・ド・

マルスは、本書で賃料保証方式と呼んでいるものとよく似た民間住宅建築・所有システムを提案しています。それはだれにでも入居資格があるし、政府住宅機関も補助金つき居住者をそこに入居させられるのです。

ニューヨーク市の地域計画協会のプランナーであるスタンレー・タンケルは次のように問いました。

なぜスラム自体に良い住宅政策の材料があるか確認しようということを、われわれはいままで思いつかなかったのだろうか？　突如としてわかりつつあるのは……スラムの家庭は所得が上がっても必ずしも引っ越さないこと、スラムの自立性は温情主義的管理政策で潰されるとは限らないこと、最後にスラムの人々はその他の人々と同じく、近隣を追い出されるのを好まないことだ（これはびっくり！）。（中略）次の段階にはかなりの謙虚さが必要になる。なぜならわれわれは、巨大建築プロジェクトを大きな社会的成果と実にあっさり混同しがちだからだ。コミュニティの創造は、だれの想像も超えるものであると認めざるを得ないだろう。いまあるコミュニティを大切にすることを学ばねばならない。これらは手に入れがたいものである。「建物を直し、人々はそのままに」「近隣外への移住はなし」——公共住宅の普及のためには、スローガンはこうでなくてはならない。

公共住宅の評論家は事実上全員が、遅かれ早かれ居住者所得制限の破壊性を激しく批判しては、撤廃を主張してきました（＊53）。ここで提示した賃料保証住宅案に、わたし独自の考えは入っていません。ただ他の人たちがあげたものを一つの関連し合った体系にまとめあげただけです。

なぜこういったアイデアが公共住宅の概念に組み込まれていないのでしょうか？

答えはその問い自体の中にありました。

このアイデアが用いられていないのは、これらが一般

（＊53）これらのアイデアの多くは「アーキテクチュラル・フォーラム」誌の「公共住宅の陰気な行き詰まり」シンポジウム（一九五七年六月）に登場したものです。

的にプロジェクト概念そのものや、助成住宅の国有化という概念に追加されるべき修正であると考えられて、提案されているからです。こうした公共住宅に関するどちらの基本的なアイデアも、この社会における良い都市建築のためにはどうしようもなく不適当です。これらを実現するために形づくられた方策——スラム閉じ込め、スラム移転、所得による選別、規格化——は、人間的な面からも悪いものですし、都市の経済的ニーズにとっても悪いものですが、プロジェクト建築やお役所的な所有・管理から見れば、優れた論理的戦略なのです。実のところ、これらの目的達成のための他の戦略がきわめて非論理的かつ強制的であるため、これらを追加しようという試みは広報発表のインクが乾かないうちに衰えてしまうのです。

住宅補助には新しい方策が必要ですが、既存の方策をいじったりごまかしたりする必要があるからではありません。都市建設に新しい目標が必要だからであり、そしてスラムを克服するための新しい戦略が必要だからであり、もはやスラムでなくなった場所には、人口多様性維持のための新戦略が必要だからです。そうした異なる目的や新戦略には、そのためのまったく異なる適切な方策が必要なのです。

第18章

都市の侵食か自動車の削減か

今日、都市を重視する人たちはみんな自動車に悩まされています。

幹線道路は、駐車場、ガソリンスタンド、ドライブインなどとともに、都市破壊の強力かつ執拗な道具です。これらをつくるがために、市街地は締まりのないスプロールと化し、歩行者にとってはでたらめで無意味なものとなってしまいます。ダウンタウンなどの近隣は、規模が似たもの同士による複雑さとコンパクトな相互支援のみごとな事例ですが、それがあっさりとえぐられてしまいます。ランドマークは破壊されるか都市生活の背景から切り離されて、無関係でつまらないものになります。都市の個性はぼやけ、どこも似たり寄ったりになり、結局はどこともしれない場所が増えるだけです。そして最も打撃を受けた地域では、機能的に単独ではやっていけない用途――ショッピングモール、住宅、公的集会の場、業務中心地――が、ばらばらに切り離されてしまいます。

でもわたしたちは何でも自動車のせいにしすぎます。自動車の発明がなかったか、自動車は黙殺されて、かわりにみんなが効率的で便利で速い、快適で機械化された公共交通機関を利用するようになったと仮定しましょう。明らかに莫大な額が節約されたでしょうし、それをもっと有効に使えたかもしれません。でもそうでなかったかもしれません。

と言うのも、プロジェクトのイメージをはじめとする各種の伝統的都市計画に見られる、反都市的な理想に沿って都市の再建、拡大、再編が進められてきたと仮定しましょう。

わたしたちは数段落前に、自動車のせいにした状況と本質的には同じ結果を手にしていたでしょう。これらの結果が寸分変わらず繰り返されるのです。街路は断たれて締まりのないスプロールと化し、歩行者にとってはでたらめで無意味なものになるでしょう。ダウンタウンなどの近隣は、規模が似たもの同士による複雑さとコンパクトな相互支援のみごとな事例ですが、それがあっさりとえぐられてしまいます。ランドマークは崩されるか都市生活の背景から切り離されて、無関係でつまらないものになってしまいます。都市の個性はぼやけ、どこも似たり寄ったりになり、結局はどこともしれない場所が増えるだけです。そして最も打撃を受けた地域では……。

そしてそうなったら、自動車が発明されるか、黙殺状態から救われなければならなくなるでしょう。こんなにも不便な都市で生活や仕事をするには、空疎さや、危険、徹底的な施設収容にも等しい状態から人々を救うための自動車が必要となるでしょうから。

自動車によって都市にもたらされた破壊のうち、どこまでが本当に交通や輸送ニーズに対応したもので、どこまでが単に他の都市ニーズ、用途、機能を軽視した結果なのか、疑問の余地があります。都市再開発屋さんたちは、都市のまともな組織原理を他に何も知らないので、再開発プロジェクト以外に何かしろと言われると頭の中が真っ白になってしまいます。それと同じように、道路屋さん、交通工学者、都市再開発屋さんたちは、現実的に何ができるか日々考えようとする中で、交通障害を場当たり的に克服しつつ、乏しい先見の明を使って将来的にもっと多くの自動車を動かして格納しようとする以外は、何も思いつかないのです。責任ある実践的な人間は、代替手段やそれを使うべき理由について混乱に直面するくらいなら、不適当な戦略であってもそれを捨て去ることはできません——たとえその作業の結果として、自分が後悔する結果になるとしてもです。

良い交通とコミュニケーションは最も実現が難しいものの一つですが、基本的な必需品でもあります。都市に重要なのは選択の多様性です。容易に移動できなければ選択の多様性は活かせません。交錯利用による刺激がなければ、選択の多様性などそもそも存在しないでしょう。それに都市の経済基盤は商取引です。製造業ですら、都市に立地するのは取引上の利点のせいであって、都市での製造が簡単だからではありません。物品はもちろんのこと、アイデア、サービス、技術、人材の取引には、効率的で流動的な交通とコミュニケーションが必要です。でも選択の多様性と集中的な都市交易は、人々のおびただしい集中、複雑な混合用途、道筋の複雑な絡み合いにもかかっています。

いかにして都市交通を受け入れつつ、これに関連した複雑で集中的な土地利用を温存するか——それが問題です。逆から言うならば、いかにして複雑で集中的な都市の土地利用を受け入れつつ、関連交通を損なわずにすませるか？

いまの街路はどう見ても自動車の殺到に不向きですが、それはいまの街路が馬車時代の古めかしい名残で、当時の交通に合わせてつくられているからで、いまや云々というおとぎ話が最近は聞かれます。

これほどバカげた話もありません。確かに十八世紀、十九世紀の都市では、街路はたいてい歩行者の利用や、周辺の混合用途の相互支援にうまく適応していました。でも街路としての馬交通への適応はひどいものでした。そのせいで今度は歩行者に対しても多くの点でうまく適応できなかったのです。

テキサス州フォートワース市の自動車乗入禁止のダウンタウン計画（この章で詳しく述べます）を考案したヴィクター・グリュエンは、スライドを使って自分の構想を説明しました。自動車で混雑しているおなじみの街路を見せた後に、かれが見せたのは驚きの光景でした。馬や車両で同じくらいひどく混雑している昔のフォートワース市の写真です。

本当に大きくて活発な都市やその利用者にとって、馬車時代の街路生活がどんなものだったか説明したのは、イギリスの建築家、故H・B・クレスウェルでした。かれはイギリスの雑誌「アーキテクチュラル・レビュー」一九五八年十二月号で、自らが青年だった一八九〇年当時のロンドンをこう描写しています。

当時のストランド街は、（中略）きわめて重要なロンドンの脈打つ心臓だった。延々と続く路地や袋小路の迷路に囲まれたストランド街には、申し分ない食べ物を窓越しに誇示する小さなレストランがいくつも面していた。食堂、酒場、オイスター・ワインバー、ハム・牛肉の店。そしてめずらしいものや日用品を賑やかにさまざま取りそろえた小さな店舗がひしめきあって、数多い劇場の隙間を埋めつくしていた。（中略）しかし汚泥（＊54）ときたら！　それに騒音！　悪臭！　これらの欠点はすべて馬が残したものだ。（中略）

ロンドンの混み合った車輪交通――混雑のあまりときに動けない場所もあった――全体が馬に依存していた。貨物車、荷馬車、バス、二頭立て二輪馬車、「うなり屋」（四輪辻馬車）、大型四輪馬車、自家用四輪馬車、あらゆる類の私有車が馬に引かれていた。メレディスはロンドンに鉄道で近づくにつれて「先立って届く馬車道の悪臭」について述べている。だがこの特徴的な芳香――鼻は明るい興奮をもってロンドンを認識しているので――は、厩舎のものだった。通常は三、四階建てで、正面には傾斜した通路がジグザグについていた。（その）馬糞の山が保つ鋳鉄製の繊細なシャンデリアは、ロンドン一帯の中流上層階級や中流下層階級家庭の応接間を美しく照らした。山にはハエの死体が散りばめられ、晩夏にはハエの大群にもうもうと覆われた。

さらに目につく馬の名残は汚泥だった。おびただしい数の赤い上着の少年たちが活躍して、ブラシとちりとりを手に車輪や蹄の間をすりぬけては道端の鉄容器へ急ぐにもかかわらず、泥は通りを「豆スープ」の渦であふれかえらせ、あるときは縁石からあふれかえる水たまりに集められ、またあるときは車軸油や積み荷のふすまくずのように、通りを覆って歩行者の気を散らせた。一番目の例では、速い二頭立て二輪馬車や一頭立て二輪馬車がこのようなスープを一面にはねかけ――ズボンやスカートに遮られなければ――すっかり歩道を越えるせいで、ストランド街全域にわたって正面玄関には高さ四十五センチまで泥塗りの土台ができていた。豆スープに対処したのは車輪つきの「泥荷馬車」で、これにはアイスランドの海に備えるような腿までのブーツを履いて油布製の服の襟をあごまで留め、暴風雨帽をうなじで留めた汲み取り人が二人ずつついていた。ざぶり！　どう！　通行人の目に泥が！　車軸に潤滑油を確保するという条件に対処したのは馬により機械化されたブラシで、深夜にうろつく旅行者はカスを

洗い流していた消防ホースを見かけたものだ。（中略）

泥の次は騒音で、これも馬からもたらされて力強い鼓動のようにロンドンの生活の中心街を揺るがせた。これはまったく想像を絶するものだった。ロンドンのありふれた街路は一様に「花崗岩」で舗装されていた。（中略）［その上を］蹄鉄を打たれた多数の蹄が打ち鳴らし、柵に当てて棒を引きずったように耳をつんざく車輪の小太鼓の音が一組の車輪の端から隣へと響く。酷使される車両が高く低くたてるギシギシ、ミシミシ、キィキィ、ガラガラいう音。鎖の馬具のジャラジャラ鳴る音に他の考えられる限りあらゆるものがたてるガラガラチリチリいう音が、情報の伝達や頼み事を口頭ですることを望んだ生きとし生けるもののキイキイ声や怒鳴り声で増大され――あがったどよめきは（中略）想像を絶する。騒音などというささやかなものではなかった。はかりしれない音だ。（後略）

これではエベネザー・ハワードのロンドンで、かれが都市の街路を人間には不適当なものと見なしたのもほとんど驚くに値しません。

ハワードの小さな町型の田園都市をもとに、一九二〇年代に公園、超高層ビル、幹線道路版として輝く都市を設計したル・コルビュジエは、新時代のため、それに伴う新しい交通システムのために設計しているのだと自負しました。それはまちがいでした。新時代に関して言えば、それは過ぎ去ったもっと単純な生活への懐古的なあこがれや、十九世紀の馬（と伝染病）の都市を前提にした改革を、薄っぺらなやり方であてはめただけです。新しい交通システムに関しても、かれは同じくらい薄っぺらでした。かれのデザイン感覚を満足させたらしい量の幹線道路と交通を、輝く都市構想に刺繍した（かれのアプローチにはこれが正しい表現だと思います）のですが、それは繰り返し空間で隔てては縦方向に集中させた人口に実際に必要となる、遥かに多くの自動車、車道の量、駐車場やサービスの規模にはまったく対応していませんでした。かれの描いた公園内の超高層ビルは、現実の生

（＊54）婉曲表現です。

活でなら、駐車場に立つ高層ビルに成り下がってしまいます。そして決して駐車場が足りることはありません。

都市と自動車の現在の関係が示しているのは、要するに歴史がその歩みの中でときどき仕掛けるいたずらの一つです。日常的な交通手段として自動車が発展した期間は、郊外化された反都市の理想が建築的、社会学的、法制度的、経済的に発展した期間とちょうど一致しているのです。

でも自動車は本質的には都市の破壊者ではありません。十九世紀の馬車交通用街路の適正さと魅力に関するおとぎ話をやめれば、内燃エンジンが登場した頃には、都市の強度を助けると同時に、都市を有害な負担から解放する潜在的なすばらしい道具であったことがわかるでしょう。

自動車エンジンは馬より静かできれいなだけでなく、もっと重要なこととして、同じ仕事をやるのに馬より少ない数ですみます。機械化車両の力と、馬をしのぐそのスピードは、人間や物品の効率的な移動と、大規模な人口集中との調整をもっと容易にしてくれます。世紀の変わり目にはすでに鉄道があり、鉄の馬が集中と移動を共存させる優れた道具であることを長きにわたって示していました。（トラックを含み）自動車は、鉄道では行けなかった場所や、鉄道にはできなかった仕事に対して、大昔からの都市の車両渋滞を低減する手段を提供したのです。

それがおかしくなったのは、混雑した街路の馬を（六頭につき一台ではなく）一頭につき六台かそこらの機械仕掛け車両と取り換えてしまったからです。機械化車両も多すぎるとのろのろ動き、役立たずです。このような効率の悪さの結果の一つとして、数が多すぎて行き詰まった強力で速い車両は、馬とあまり変わらない速さでしか動けなくなっています。

全般的に見て、トラックは都市の機械化車両に対する期待をほぼすべて実現しています。トラックは遥かに多くの馬車や運搬人と同じ仕事をこなします。でも乗用車はそうでないため、この混雑がトラックの効率性まで大きく引き下げてしまうわけです。

今日、潜在的な仲間であるはずの自動車と都市の闘いに失望している人々は、この難局を自動車と歩行者の闘いと捉えがちです。

ある場所は歩行者用に、別の場所は車両用にと指定するのが解決策だという考え方が流行です。本当にそうしたければ、やがてはそういった区別が可能になるかもしれません。でもこのような構想は、ともあれ都市の自動車利用の絶対数が劇的に減少することを前提とした場合のみ有効なのです。そうでないと、歩行者専用地の周りに必要になる駐車場、車庫、アクセス道路はあまりに手に負えず、死にそうなほどの割合を占めて、都市保全ではなく都市崩壊しかできない仕組みになってしまいます。

最も有名な歩行者向け構想は、フォートワース市のダウンタウンのグリュエン計画です。ヴィクター・グリュエン・アソシエイツの建築家や計画者たちは約二・六平方キロメートルの地域を、収容台数一万台の（それぞれが環状道路の周囲からダウンタウン地域に深く切り込む）巨大な長方形の駐車場六個とつながった環状道路で囲むことを提案しました。残りの地域は自動車の出入りなしで、混合用途のダウンタウンとして集中的に開発されるというものでした。この構想はフォートワース市では政治的反対に遭いましたが、真似っこの構想が九十以上の都市に提案されて、二、三の都市で試されました。残念なことに真似をした者たちは、この構想が継ぎ目なく組み合わさり一体となった形で都市だと言える、フォートワース市全体を対象にしたものであって、この条件下においてのみ合理的だったという重要な事実を見過ごしています。この意味で、この構想は分離よりは集中を加速するための道具であり、さらなる単純さよりむしろさらなる複雑さを培う構想だったのです。ところがその真似っこ版では、このアイデアは必ずといっていいほど、わずかな商店街を郊外ショッピングモールのように分離して、駐車とアクセスの行き止まりの境界で囲った、貧弱で気弱な設計に成り下がっています。

できることはこれでほぼすべて――そして実際にもこれがフォートワース市向けに計画できたすべて――です。低木の植樹とベンチの設置より遥かに難しい、ある問題に取り組むつもりがないのであれば。その問題とは、都市の車両利用の絶対数をいかに激減させるか、という問題です。

フォートワース市のグリュエン計画の場合でも、グリュエンは車両絶対数の減少を前提にしなければなりませんでした。この都市はアメリカの大都市と比べれば小規模で単純だし、自動車向けの設備は莫大で複雑だったにもかかわらず。グリュエンの構想の中には、ダウンタウンを都市全域とその近郊に結びつけ、公共交通機関の現在の利用者割合を遥かに上回る人々を吸収する高速バスサービスの導入が含まれていました。こういったお膳立てと先ほどの前提がなければ、環状道路構想はないものねだりのル・コルビュジエ的伝統に連なる、非現実的なお飾りになっていたでしょう。あるいは――この問題に現実的に取り組んだとすれば――ダウンタウン全体を実質的に駐車場に変えてしまい、環状道路はアクセスには使いものにならなくなったでしょう。もちろん、その環状道路の半径を思いっきり広げて、その分だけずっと外側まで駐車場を配置すれば何とかなったかもしれませんが、集中的で活発な、徒歩で容易に利用できる地区という話は現実味がなくなっていたでしょう。それならこんな計画は無意味です。

ひどく過密したダウンタウン街路向けのさまざまな歩車分離方式の中には、グリュエン構想のような水平型分離ではなく、歩行者を上層階にあげて自動車の上に配置するか、自動車を歩行者の上に配置する垂直型分離を使うものもあります。でも、歩行者を排除したところで、自動車に与えられる場所はほとんど増えません。歩行者――過密の原因であり分離の理由でもあります――を運んでくる自動車に必要な路面を供給しようとしたら、歩行者にとっての便利さが自滅するほど歩行者階の面積も広げることになります。自動車や歩行者のどちらかにでも役に立つには、これらの構想も自動車の絶対数の激減と、それに代わる公共交通機関への遥かに強い依存を前提にしなければなりません。

そして歩車分離構想の裏にはもう一つ問題があります。歩行者の街路利用に対応し、相互にさらなる歩行者の街路利用を生むほとんどの都市事業には、サービス、製品の提供や輸送向けの車両への便利なアクセスが必要です。

車両と歩行者交通をすっかり分離するのなら、つぎの二つの選択肢のどちらかが受け入れられなければなりません。

一方は、歩行者専用地はそういった事業体がまったくない街路にするというものです。これははなからバカげています。これらの不条理は実際に見受けられますし、予測通りそうした歩行者専用地はがら空きです。歩行者たちは商売が営まれている車道にいるのです。この種の矛盾が組み込まれた方式は、遥かに壮大な「明日の都市」計画にも影響しています。

もう一方は、歩行者専用地と切り離した車両サービスの仕組みを考案することが必要だということです。

グリュエンによるフォートワース市の構想は、トラック用地下トンネルと、ホテルへのタクシーサービスシステムと、地下階入出庫によるアクセスでサービス問題に対処しました。

この変形版として、この構想はきわめて高度な「郵便局方式」も提案しています。ニューヨークの建築家サイモン・ブレイネスが歩行者用ミッドタウンへの提案の中で考案したものです。「郵便局方式」とは、あるゾーンの中への貨物などの集配をすべて中央で仕分ける方式です。送られてきた郵便物が郵便局で仕分けされて配られるように、それぞれの行き先宛てのあらゆる出所のあらゆる品物が仕分けされ、行き先ごとにまとめられて流通が合理化されるのです。ここでの主眼は、トラック配送の数を激減させることです。配送（および発送）数が減れば、歩行者が少ないとき（望ましくは夜間）に配送できるようになります。したがって歩車分離はトラック輸送に関する限り、原則的には空間の分離というよりむしろ時間の分離になります。物品を取り扱う段階が一つ余分に加わるので、これにはかなりの費用が伴います。

最も利用が活発な中央ダウンタウン地域を除いて、歩行者と車両の完全分離に伴うサービスの複雑さが正当化されるようには思えません。

どのみち、歩車完全分離の利点が本当にそんなに大きいかどうか、わたしは怪しく思っています。街路における歩行者と車両の軋轢が起こるのは、おもに車両の数のほうが圧倒的に多いせいで、そのために最小限の歩行者ニーズ以外はすべて、しだいに着実にその犠牲になるのです。許容範囲を超える車両優先の問題が、自動車に関する唯一の問題というわけではありません。過剰な数の馬も同じ軋轢をもたらしたのは明らかです。アムステルダム市やニューデリー市のラッシュアワーを経験した人々は、自転車も大量になれば歩行者と混ざると恐ろしいことになると述べています。

わたしは機会があるたびに人々の歩道の使い方を観察

してきました。かれらは歩道のど真ん中に飛び出して、ついに道の支配者になったとふんぞりかえって歩いたりはしません。道の端にいるのです。ボストン市ではダウンタウンの商店街二つを歩行者天国にして実験が行われました（もちろん集配が大きな頭痛の種になりました）。ほとんどがら空きの路面と、とても混雑した非常に狭い歩道はまさに見ものでした。アメリカ大陸の反対側では、同じ現象がディズニーランドの顔にあたるメインストリートで起きています。ディズニーランドの路面を唯一走る車両は、面白みのためにやや長い間隔を空けて通るトローリーと、ときどき通る馬車だけです。でも来園者たちは道の真ん中を歩かずに、むしろ歩道を利用しています。かれらが道を選んだのは、倒錯のようですが、車両やパレードが通りかかったときだけでした。そのときになると、道で起きていることに参加しに出ていったのです。

　ボストン市やディズニーランドで人々がこのように自制するのは、ある程度はわたしたちだれもが縁石を気にかけるように条件づけられているという事実によるものでしょう。路面と歩道を融合させた舗装をすれば、おそらく歩行者の路面利用はもっと増えるでしょう。確かに（ボストン市でも）歩道が広いところでは、ディズニーランドやボストン市ダウンタウンの狭い歩道でやるように、笑ってしまうほど寄り集まったりしません。

　しかしそれも答えの一部にすぎないようです。「道」が広いけれど、徹底的に歩行者向けで縁石がない郊外のショッピングセンターでは、何か見物すべきおもしろいことがわざと「道」で行われていない限り、人々は端の方にいます。路面の幅いっぱいに（ぱらぱらとでも）人を配置するには莫大な数の歩行者が必要です。このようなやり方で歩行者が路面を利用して（あるいは利用したがって）いるように見受けられるのは、ウォール街やボストン市の金融街のオフィスの終業時や、五番街のイースターパレードの最中のように莫大な数の歩行者が殺到したときだけです。もっとありふれた状況では、人々は端に引きつけられますが、それは思うに、そこが最もおもしろい場所だからでしょう。かれらは歩きながら眺める——窓を眺め、建物を眺め、お互いを眺める——ことに専念しているのです。

　でもある点では、ボストン市やディズニーランドやショッピングセンターの歩道にいる人々は、車両が頻繁に利用する普通の街路にいる人々とはちがう行動をとります。この例外は重要です。かれらは道のこちら側から反対側へと自由に横断し、その自由の行使は縁石に阻まれているようには見受けられません。こうした観察や、そして人々が横断禁止の場所でも——とがめられなければ——命を危険にさらしても——こっそり街路を横断する様子などを見ると、そして横断歩道で人々が実に明らかな短気ぶりを示すことも併せて考えると、歩行者専用道のおもな長所は自動車がないことではなく、むしろ自動車の洪水に圧倒されたり支配されたりしていないこと、そして横断しやすいことだと思えます。

子供にとっても、車を分離することそのものよりは、自動車支配を減らして自動車による歩道の遊び場の侵食と闘うことのほうが重要でしょう。当然ながら子供が遊ぶ街路では自動車をすべて排除するのが理想的でしょう。でもそのために歩道の他の実用的な目的が捨てられ、一緒に監視の目も捨てられてしまうのなら、もっとひどい悪い問題が生じてしまいます。ときにはこのような計画も、自滅的になってしまうのです。シンシナティ市の住宅プロジェクトがその見本を提供してくれます。このプロジェクトの住宅の正面は歩行者専用の芝生と歩道があり、自動車の通行や配送にはサービス路地を利用していました。ちょっとした行き来はすべて、家の間やサービス路地で行われ、そのうちに、機能的には家の裏が表になって、表は裏になりました。もちろん子供たちがいるのもサービス路地です。

生活は生活を引き寄せます。何やら抽象的な善意で歩車分離が行われ、その善意実現のためにあまりに多くの生活形態や活動形態が無視されたり弾圧されたりすると、そんな仕組みはだれもありがたいと思わないのです。

都市の交通問題を歩行車対自動車という単純化しすぎた図式で捉え、両者の分離を第一目標に据えるのは、問題に対する取り組み方としてまちがっています。都市の歩行者に対する配慮は、都市の多様性、活力、利用の集中への配慮と切り離せません。都市の多様性が欠如している大規模な住宅地の人々には、おそらく徒歩よりも車のほうが良いでしょう。管理しにくい都市真空地帯は、管理しにくい都市交通よりいささかでも望ましいわけではないのです。

歩行者への配慮の裏にある問題は、他のあらゆる都市交通問題の裏にあるものと同じで、いかに陸上車両の絶対数を減らし、残った車をいかに効率的にがんばらせるかというものです。自家用車への過度の依存と用途の都市集中は相容れません。どちらか一方が折れなければなりません。現実の成り行きはこうです。どちらの圧力が大部分において勝利したかによって、次の二つのプロセスのどっちかが起こります。自動車による都市の侵食、あるいは都市による自動車の削減です。

どんなものであれ、都市の交通戦略の長所と短所を理解するには、この二つのプロセスの性質とその意味合いを理解しなければなりません。都市の陸上交通は自分自身に圧力をかけることも認識する必要があります。車両は場所と配置の利便性をめぐって互いに争います。また、場所と利便性をめぐって他の用途とも争います。

自動車による都市の侵食が起こるまでの一連の現象はひどくおなじみのものなので、説明の必要はほとんどないでしょう。侵食はいわばかじられるように進行します。最初は少しかじるだけですが、やがて大口でかじるようになります。車両渋滞のせいで、拡幅される街路もあれば、まっすぐにされる街路もあり、広い通りが一方通行に変えられ、移動を加速するために時差式信号が取りつけられ、橋は満杯になると二層構造にされ、幹線道路が地区を横断するようになり、やがて幹線道路網ができあがります。そして、増え続ける車両を使っていないときに収容するため、さらに多くの土地が駐車場になるのです。

このプロセスにおけるどの段階も、それ自体として決定的な段階ではありません。でも累積的な効果は甚大です。そして各段階そのものは、どれもそれ自体として決定的でないにしても、全体の変化の一助となるばかりか、そのプロセスを実質的に加速させるという意味では決定的です。したがって自動車による都市の侵食は、いわゆる「正のフィードバック」の一例なのです。正のフィードバックでは、ある活動が反応を生み、それが最初の活動の原因となる条件を活発化します。そのために最初の活動が繰り返される必要性を高め、次はそれが反応を高めて、と無限に続きます。習慣的依存症でだんだん中毒になるようなものです。

正のフィードバックの交通プロセス――もしくはその

一部――の印象的な記述として、フォートワース市計画に際してヴィクター・グリュエンが一九五五年に記したものがあります。グリュエンはまず取り組む問題の規模を把握するために、当時は未開発で停滞していた――しかし交通渋滞のある――フォートワース市のダウンタウンに一九七〇年までに立地しているはずの潜在的事業を、人口予測と商業地域をもとに計算しました。そしてこの経済活動の規模を、利用者数（労働者、買物客、その他の目的の訪問者を含む）に換算したのです。それから当時のダウンタウン利用者の車両利用率を使って、将来の推定利用者を車両数に換算しました。それから任意の時点で街路に出ていると思われる、この車両数を収容するのに必要な街路スペースを計算したのです。

かれがはじき出した数値は法外なもので、駐車場抜きで百五十ヘクタール。これに対し、開発の進んでいないダウンタウンの路面は四十六ヘクタール。

でもグリュエンが百五十ヘクタールをはじき出した時点で、すでにこの数値は時代遅れになっていたし、小さすぎました。これだけの路面を確保するには、ダウンタウンを物理的に途方もなく拡大しなければなりません。そうなると、前提となる経済的利用は比較的まばらに広がることになります。都市内のちがう要素を利用するには、徒歩では無理で、ますます自動車に依存しなければならなかったはずです。すると街路スペースの需要がさらに増えるか、もしくは渋滞でひどいことになったでしょう。各種の用途が、このような比較的緩い形で広く散在させられると、互いに離れすぎているので自分たちとしても駐車スペースをつくらざるを得ません。ちがう時間帯に人々を連れて来る用途であっても、あまり密集していないので、同じ収容施設をちがう時間帯で利用できるほどコンパクトにはなれないでしょうから（＊55）。これはつまり、ダウンタウンがさらにまばらに広がって、

（＊55）この種の無駄は、すでにはみだし型利用が意図的に計画されているダウンタウンでしばしば生じています。ダウンタウンの端にはみだして、他と切り離されているピッツバーグ市の新しい市民センターは、ダウンタウンの中枢部分と重複して夜間はがら空きになる駐車設備を、夜間利用のために提供しなければなりません。いかなる類の都市設備（公園、店舗と同じく駐車場、歩道も含む）も共同支援には、かなりのコンパクトさが必要です。

自動車利用をさらに必要とするということですし、地区内での自動車による絶対移動距離はさらに増えます。プロセスのごく早い段階で、公共交通機関は利用者、運営者のどちらから見ても、まるで非効率になります。つまり、そこにあるのはまとまりあるダウンタウンではなく、関係者と経済にとって理論的に可能なはずの大都市施設や多様性、選択を生み出すことができない、巨大でまばらなしみの集まりでしかないのです。

その報告でグリュエンが指摘したように、都市の自動車に与えられるスペースが多いほど自動車利用のニーズは高まり、必要な場所もさらに増えます。

現実の世界では、都市の路面が四十六ヘクタールから百五十ヘクタールにいきなり跳ね上がることはありません。だからさらに数台、また数台、さらに数台と収容しても、その影響はなかなか目につきにくいものです。でも速度の差はあれ、正のフィードバックははたらいています。車のアクセス性向上は、否応なしに公共交通機関の利便性と効率の低下をもたらし、また用途をまばらに広げることで、さらなる自動車ニーズを伴います。

自動車のアクセス性向上と利用者密度の低下との矛盾については、極端な例がロサンゼルス市で見受けられますし、デトロイト市でもほぼ同じ規模で起こっています。でもこの組み合わせは、侵食プロセスの初期段階にある都市でもこれらの都市と同じくらい容赦ないもので、その段階では陸上交通流量の増加で利益を得るのは利用者のごくわずかのみです。マンハッタンがその典型例です。車両渋滞を軽減するためにマンハッタンに導入された方法に、幅広い南北の通りを一方通行にして通行速度を上げるというものがありました。当然ながらバスは他の車両と同じく、同じ通りの両側を走るかわりにある道を北へ、別の道を南へと走らなければなりません。利用者は目的地に行くために、長々とした街区を二つも無用に歩かされかねないし、事実しばしばそうなっています。

驚くことではありませんが、ニューヨーク市で一本の通りが一方通行になると、続いてバスの乗客の減少が起こります。減った乗客はどこへ行くのでしょう？　だれにもわかりませんが、バス会社の理論によると、このわずかな乗客は選択の境界線上にいる人々を示しています。一部の人たちはバスを使うか自家用車を使うかという選択の境界線上にいて、また外部からその地区へ通う人たちはその地区をあえて利用するか否かの選択の境界線上におり、そして内部で移動しないなど他の選択もあるだろうとバス会社の関係者たちは考えています。選択が何であれ、利便性の変化はかれらの気を変えさせるに十分だったのです。確かなのは交通量の増加と、その副産物である公共交通機関の抑制効果が、車両数増加をもたらしているという事実です。また、影響を受けた通りの交差点で信号待ちの時間が増え、歩行者の利便性も低下します。

一時しのぎの策として、マンハッタンは一九四八～一九五六年の八年間に毎日三十六パーセント多くの車両が外部から入れるようにしましたが、まだこれはマンハッタン外部から通う利用者のごく一部にすぎません。外部から来る人の八十三パーセントは、公共交通機関を利用しています。この期間に外部からの公共交通機関利用者は十二パーセント減少しており、外部からの一日当たりの利用者は三十七万五千人の「赤字」となっています。自動車による都市へのアクセス性向上は、常に公共交通機関サービスの減退を伴います。交通機関利用客の減少は、常に自家用車利用者の増加分を上回ります。自動車による地区へのアクセス性が高まると、地区の交錯利用の総量は必然的に減少します。交通の大きな役割の一つが交錯利用を認め、奨励することである以上、都市にとってこれは深刻な事態です。

このようなアクセス性の向上、活発さの減退という結果は、一部の人々の心をかき乱します。利用の活発さの減退に立ち向かう手段としては、自動車によるアクセス性を――通常はまず駐車しやすくすることで――もっと向上させてみるのが一般的です。ふたたびマンハッタンを例にとると、デパートの一時しのぎの手段として交通長官が熱心に提唱する解決策が、数々の市営駐車場です。この手段はマンハッタンのミッドタウンのおよそ十街区（と何百もの小さな事業）を蝕むでしょう（＊56）。

侵食はこのように蝕まれた地区を利用する理由を少しずつ取り去って、同時に活気を失わせ、まだそこを利用する理由がある人にとっての利便性を損ない、コンパクトさを損なってしまいます。地域の密度が高くてまともな都会であるほど、侵食プロセスがもたらしたものの小ささと奪ったものの大きさとの落差は開きます。

都市の車両交通が、ある決まった量のニーズを反映しただけのものなら、そのニーズを満たすだけの設備を供給すれば満足のいく十分な対応となります。少なくとも何かが解決されるでしょう。でも一時しのぎの手段だと車両ニーズはもっと増えるため、解決策は絶えず退却を余儀なくされます。

それでも、少なくとも理論上の解決点はあるはずです——アクセス性の向上と利用強度の減退が平衡状態に達する点です。移動や保管場所に困る車両からの圧力がなくなるという意味では、これで交通問題は解決されるはずです。だんだん侵食が進むと、都市のさまざまな場所への交通圧力は次第に均等化され、持続的なスプロールによりこの均等化した圧力が満たされるはずです。都市が十分に均質で薄いしみになれば、いずれにせよ交通問題は収まるはずです。都市侵食のような正のフィードバックプロセスに対する唯一可能な解決策は、このような均衡状態なのです。

アメリカの都市はどれも、この平衡点にまだ到達していません。侵食にさらされる大都市の実例を見ると、圧力が増える一方の段階しか示されていません。ロサンゼルスでは市内移動手段の九十五パーセントに自家用車が利用されているので、均衡点に近づきつつあるはずです。それでも圧力は十分に均等化されていません。というのは、侵食されたロサンゼルス市の活気のないダウンタウンに来る人々の六十六パーセントは、まだ公共交通機関を利用しているからです。一九六〇年に交通機関労働者のストライキで、通常より多くの自動車がロサンゼルス市に出たときの航空写真を見ると、幹線道路や路面は数珠つなぎでひしめき合う大渋滞で、苛立ったドライバーたちが足りない駐車スペースをめぐって殴り合いの喧嘩になったというニュースも流れました。かつてアメリカ一と（一部の専門家に）見なされていたロサンゼルス市の公共交通システムは、遅く不便な公共交通機関の残骸に成り下がりましたが、それでもまだ幹線道路や駐車場を利用できない利用者の余地を抱えているのは確かです。それに駐車場の圧力は全体としてまだ増加しています。数年前は、アパート一戸あたり駐車スペース二区画があれば「都市」に戻る人々にとっては十分だと考えられていました。いまでは新築アパートは一戸あたり三区画を提供しています。一区画が夫用、一区画が妻用、そして家族や訪問客用に平均一区画。タバコを買うにも自動車なしでは無理な都市だと、これ以下ではやっていけません。パーティーのときは、平均的な一戸あたり三区画の割りあてでも厳しくなるでしょう。また、普段日常的に走行している自動車への圧力もなくなっていません。ハリソン・ソールズベリーが「ニューヨーク・タイムズ」紙に書いている通りです。

ロサンゼルスの道路の流れは幾度となく事故で止まる。この問題があまりに慢性的なので、エンジニアたちは動けなくなった車をヘリコプターで路上から取り除くことを提案している。実を言えば、一九〇〇年当時の馬車も、いま午後五時に自動車が走るのと同じくらいの速さでロサンゼルスを通行できたのだ。

均衡点がどこであれ、交通のボトルネックができる以上に深刻な問題が生じる点よりは先にあります。それは街路の歩行者にとって、他人からの安全が確保できる点より先だし、都市の普通の公共生活が維持できる点より先ですし、あらゆる投資と生産性とが相関を持つどんな段階よりずっと先にあるのです。ふたたびソールズベリーの記事を引用しましょう。

欠点は、ますます多くの空間が自動車に割りあてられるほど、金の卵を生むガチョウの首が絞まることである。膨大な地域が課税台帳から消え、生産

(＊56) 交通長官が提案した車庫用地の一つは――非常に「論理的」なことに、デパートと橋のたもとの間に位置していました――わたしが数えたところ、そこには百二十九の事業所があり、その中にはこの大都市圏のいたるところから客がやってくる個性的なスパイス店、画廊、ペット用美容院、非常に良いレストランがいくつかあり、それに教会、多数の住宅が（最近改修された古い住宅も数軒）あります。そうした事業所には、車庫のために取り壊されるものと、街路をはさんでそれに面しているものも含まれます。と言うのも、対面の店も一つのまとまりを構成しているからです。何の生気もない巨大な駐車場の向かいに残された事業は、相互支援の一団から切り離されて、やはり弱っていくでしょう。この本の執筆時点で、都市計画委員会は交通委員会の駐車場構想に反対しており、しかもその反対理由が適切だということは評価できます。さらなる車両増加を促せば、他の重要なものに悪影響をもたらすというのがその理由です。

性ある経済的用途には適さないものになってしまう。コミュニティは、増加の一途をたどる幹線道路費用をだんだん負担できなくなる。（中略）同時に交通状況はますます不規則になる。（中略）ゴムタイヤ履きの夢魔から救ってくれという最も苦しげな声があがっているのは、ロサンゼルスだ。スモッグのもとになる残留炭化水素の排出防止装置がついていない新車を禁止しようとしているのは、ロサンゼルスだ。（中略）人間の生活に必要な要素――土地、空気、水――をシステムが使い果たしつつあると当局の人間がまじめに述べているのは、ロサンゼルスなのだ。

ロサンゼルス市は別に好きでそんな問題を拡大させたわけではありませんでした。それは道路で自らを侵食し、切り刻み、なくしてしまおうとしているニューヨーク市、ボストン市、フィラデルフィア市、ピッツバーグ市とて同じです。一見したところ論理的な措置がつぎつぎに取られており、それぞれの措置自体はもっともらしく問題ないように見受けられるのに、結果として不思議なことに、利用しづらく移動しにくいどころか、ますます散らばって、ますます面倒で時間を浪費するだけで、高くついて交錯利用にはますます向かない都市が形成されてしまうのです。他の都市をたびたび出張で訪れるニューヨーク市のある製造業者は、ロサンゼルス市でサンフランシスコ市やニューヨーク市と同じ数の訪問をこなして仕事を終えるのには二倍の時間がかかると言います。あるコンサルティング会社のロサンゼルス支社長は、数や範囲において同等の連絡をとるだけでも、シカゴ市より二人も多い職員が必要だと述べています。

それでも、侵食は何も解決せず、ひどい非効率をもたらすというのに、このプロセスを断つべきこれという明確な時機はありません。というのも、始まりは小規模だし一見無害ですが、このプロセスが進行するにしたがって、止めたり逆転させたりするのはますます難しくなって、そうすることが少なくとも外見的には非現実的に思えてくるのです。

でも侵食の戦術が都市にとって破壊的で何も解決できないとはいえ、都市交通のやっかいなところや、ますます非現実的で高価な理由すべてをそのせいにすることはできません。侵食の恩恵がなくても、多くの市街地はまばらで非実用的で、自家用車がないと使いものになりません。それは昔からそうでした——自動車の登場以前から。

郊外における自動車需要の高さは、だれもがよく知っています。郊外の主婦たちが一日の用事の中で、夫の通勤距離をしのぐ距離を走破するのはよくあることです。駐車場の重複も、郊外ではおなじみです。駐車場は学校、スーパー、教会、ショッピングセンター、病院、映画館、全住居になくてはならないのですが、この重複駐車場は、たいていの時間は利用されていません。郊外は、少なくとも郊外であるうちは過密にならないため、この土地の無駄にも自家用車利用率の高さにも耐えられます（これこそあの捉えどころのない平衡点なのかもしれません。でも用途の混合に業務が導入された途端に、郊外であってもその平衡状態は失われるのです）。

普遍の必需品としての自動車にも重複駐車場にも——十分な密度を含む——都市多様性の条件を欠く都市には、ほぼ同じ需要が生じる可能性があります。「家族の中で通勤しているのはわたしだけ」と、友人のコストリッキー夫人は言います。一家は夫のコストリッキー氏の職場に近いボルチモア市都心に住んでいます。でも夫人は（他に現実的な選択肢がないので）自動車で「通勤」して子供を学校に送ったり、買う物がパン一斤とスープ一缶としおれたレタス一個より多い場合は、車で買い物をしたり、図書館を利用したり、ショーを見物したり、集会に参加したりしなければなりません。そして郊外の母親が皆やっているように、都心にいるこの母親も、郊外のショッピングセンターまで子供服を買いに行かなければならないのです。家の近くにはもちろんそのような店はないし、ダウンタウンの店には子供服を十分に取りそろえるだけの需要がもうありません。暗くなれば、自動車でないと移動するのは危険です。また、この地区のようにまばらでは、地区内や市内にまともな公共交通機関をつくるわけにもいきません。これは自動車の有無とは無関係です。

このような都市地区は、常に自動車利用が必要という点では郊外と似たようなものです。でもその一方で郊外とはちがって、人口密度が高すぎるため、必要な自動車対応施設や駐車場が郊外のようには設置できません。

「どっちつかず」密度――都市には低すぎて郊外には高すぎる密度――は、他の経済的目的や社会的目的にとってと同じく、交通機関にとっても非実用的なのです。

どのみち最近では、こういった地区が一般にたどる運命は、選択の余地のある人々から見捨てられてしまうというものです。非常に貧しい人々がこういった地区を受け継いだなら、交通機関と利用の非実用性が深刻な交通問題を起こすことはないでしょう。住民たちは問題を起こすほどの交通量を提供するお金がないからです。その余裕ができたら、住民たちはその地区を去ってしまうでしょう。

でもこのような地区があえて「中流階級を呼び戻すために再建される」場合や、保存されるとして、いまだ去っていない住民を維持する場合は、非常に広大な自動車対応施設を提供することが、すぐさま最重要かつ最優先の検討事項になります。もとからの活気のなさと利用の希薄さは、これによりさらに強まってしまいます。

退屈によるすさまじい荒廃は、交通渋滞による荒廃と結びついています。

計画的にせよ非計画的にせよ、沈滞地域がさらに広がれば、活気ある地区への交通圧力も大きくなります。都市で沈滞している地元地域を利用したり、そこから出ていったりするのに自動車を使わざるを得ない人々は、自動車が不必要で有害でドライバー本人にも邪魔になる目的地へ行くときにも自動車を使いますが、それはただの気まぐれによるものではないのです。

退屈によるすさまじい荒廃を示す地域には、多様性を生み出すうえで欠けている条件をすべて補ってやる必要があります。交通以前に、それが基本的に必要なのです。でも大量の自動車への対応が最優先となり、他の都市用途がその残りものしかもらえないなら、この目標を進めるのは不可能です。自動車による侵食戦術は、このように既存の都市強度に害をおよぼすだけではありません。必要な場所において新たな利用度や追加的な利用度を伸ばすこととも相容れないのです。

都市用途とさまざまな利益は、絶えずこの侵食プロセスを妨げます。侵食がたいていの都市で緩やかにしか起こらない理由の一つは、すでに他の目的に利用されている広大な土地の買収に莫大な費用がかかることです。でも費用だけでなく、その他の無数の要素も、果てしない陸上交通の流れを止めようとします。たとえば歩行者の横断が許されている数多くの交差点もそうした障害となります。

ますます多くの車両収容という圧力と、その他さまざまな用途の圧力との軋轢を鮮やかに印象づけるものが見たければ、街路の拡幅、都市幹線道路の経路、橋の進入路、公園内の道、一方通行への移行、新しい公共駐車場群、その他公聴会を要する公的支援による侵食の提言をめぐる手近な公聴会に顔を出せばこと足ります。

このような機会は、侵食支持者とは異なる観点を示してくれます。計画により自分の近隣や不動産に影響が出る民たちが登場して計画と闘い、ときには意見や請願書だけでなく、デモ運動やプラカードで抗議します（＊57）。ときにはソールズベリーやグリュエン、ウィルフレッド・オーエンの著書『自動車時代の都市』や、ルイス・マンフォードによる均衡のとれた多様な交通機関を支持する議論からの引用を交えつつ、ここでわたしが述べたのと概ね同じような論点を挙げることもあります。

でもその市民たちが主張したいのは、都市の方向性についての一般論や哲学なんかではありませんし、最も熱意と説得力が込められた論点を占めるのも、そんな話ではありません。

市民が実際に非難しているのは、自分たちの家や街路、事業、コミュニティにもたらされる具体的な破壊です。地元の地方議員たちもよく抗議に参加します。そうでないと二度と選出されませんから。

計画者、交通局長、選出公職者など、地方自治体のトップの現場から遠い人たちは、この流れを予期しています。こういった抗議者たちのことは知り尽くしているつもりです。善意の人々だが、仕方ないこととは言えこういった問題に慣れておらず、小さな利害にとらわれて「全体像」が見えない、と言うわけです。

でもこういった市民の発言には、耳を傾ける価値があ

（＊57）フィラデルフィア市の都市計画委員会議長エドモンド・ベーコンは、かれの支持する幹線道路に反対する市民たちが「Fry Bacon（ベーコンを炒めろ／ベーコンをやっつけろ）」というプラカードを掲げて現れたと話してくれました。

ります。

明確で具体的な地元への影響をめぐるかれらの論理の泥臭さと率直さは、都市を交通による破壊から救う鍵であるとわたしは思いますし、この点については後で触れます。そして、これはまた、侵食は大多数の都市住民には不評だという裏づけでもありますし、それには非常に実体的な理由があるのです。

抗議や、そもそも公聴会が必要だという理由、そして多くの侵食性変化のために必要な直接費用はすべて、都市が侵食プロセスに対して行使する抵抗の形態を表してはいますが、侵食プロセスの逆転は示していません。良くても膠着状態になるだけです。

でも交通をめぐる他の圧力が、もう一段階の勝利を収め、車両交通を減少させようとすると、そこには都市による自動車削減の例が生じるのです。

現在だと、都市による自動車の削減はいつもほとんど偶然の結果でしかありません。削減は侵食とちがって、だれかが意図的に計画したものであることは稀で、政策として認知されることも実践されることもありません。それでも起こるのです。

その多くは短命です。たとえばグリニッジ・ヴィレッジの細い街路が数本交差する場所にオフブロードウェイの劇場ができたとき、幕間や上演後の利用が増えて、交通の邪魔になりました。歩道があまりに狭かったので、客たちは路面まで屋外ロビーがわりに使い、なかなか去ろうとしなかったのです。夜、マディソンスクエアガーデンで何かのイベントが終わるときには、ニューヨーク市のもっと広い街路でも似たような交通封鎖が見られます。人混みがあまりにすごくて、人々は車両の権利を無視してしまい、信号が変わっても車を通そうとしません。交通が止まり、いくつもの街区にわたって渋滞が起こります。これらの事例のどれかで選択の境界線上にいるドライバーたちが、次は車で来るのはやめようと思ったら、そこにはごく短命ながら削減が働くのです。

都市によるまた別のよくある自動車削減の形は、大規模なトラック交通を生み出すニューヨーク市のガーメント地区（＊58）で見受けられます。これらのトラックは道路のスペースを争って非効率的な運用をしています。その数はあまりに多く、他の車両交通も非効率にしてしまいます。自家用車の人々はこの地区を避けることを学んでいます。選択の境界線上の人々が、かわりに徒歩や地下鉄を利用すると決めたとき、削減がはたらきます。実のところタクシーや自家用車でガーメント地区へ入るのがあまりに難しくなったので、かつてダウンタウンの静かな僻地にあったマンハッタンの繊維会社のほとんどが、最近では徒歩で顧客のもとへ行けるようにガーメント地区へ移転しています。こういった移転は都市の土地利用の活発さと集中に拍車をかける一方で都市の車両利用を削減しており、車の必要性が減るまでに削減が進む例に挙げられます。

　都市による車両削減が意図的なものであることは稀で、最近の例はなかなかありません（歩行者天国は、ほぼ常にそれに代わる車両用の迂回対策を伴うので、削減ではなく交通の再配置です）。でも一九五八年に開始されたニューヨーク市のワシントン広場公園の車両締め出しはその少ない一例で、検討に値します。

　ワシントン広場公園は約三ヘクタールあり、五番街の南端に位置しています。でも一九五八年まで、そこは五番街の南北交通の終点ではありませんでした。もともと馬車道だった道路がさらに公園の中を貫通していて、五番街末端から公園の南にある他の南北道路につながっていたのです。

　当然ながら、長年のうちにこの公園道の交通量は徐々に増え、公園を継続的によく利用している人々にとっていつも頭痛の種でした。一九三〇年代にロバート・モーゼスが、公園局長としてこの道路をなくそうとしました。でもかれの計画は、公園の端を切り詰めて周辺の狭い街路を拡幅し、公園を大きな高速交通幹線で囲むことで既存の道路を——余りあるほど——埋め合わせるというものでした。地元ではこの構想は（公園のなれの果てを指して）「バスマット計画」と名付けられ、反対運動のあげくに却下されました。膠着状態です。

　そして一九五〇年代半ばにモーゼスは新たな侵食計画を考案しました。今度は公園に一段低くした幹線道路を貫通させ、ミッドタウン・マンハッタンと、モーゼスが公園の南につくろうと企んでいた、広大で退屈きわまる輝く都市や幹線道路とを結ぶ、大量の高速交通を運ぶり

（＊58）訳注：アパレル地区（五番街から九番街の三十四丁目から四十二丁目）

ンクにするというものでした。

最初は地元市民の大半が、幹線道路案に反対はしていましたが、膠着状態以上の結果は期待していませんでした。しかし大胆な女性二人、シャーリー・ヘイズ夫人とエディス・リヨンズ夫人は、そんなに保守的ではありませんでした。彼女たちは子供が遊ぶ、散歩する、はしゃぐといった一部の都市用途の改善を、車両交通を犠牲にして構想するという並はずれて知的な行動に出ました。二人は既存の道路の排除、つまり公園からあらゆる車両交通を閉め出そうと提唱したのです。しかも、周辺道路の拡幅はなしで。要するに、埋め合わせなしの路面閉鎖を提案したのです。

彼女たちのアイデアは人気を集めました。利点はあらゆる公園利用者の目に明らかでした。それにコミュニティの理論家たちも、今回の選択肢として膠着状態はありえないと気づきはじめました。というのは、やがてモーゼスの輝く都市とダウンタウン道路構想の残りの部分が実現すれば、公園を抜ける道路には幹線道路並みの自動車が走ることになるからです。古い道路は、嫌われてはいても交通量は遥かに容量を下まわっていて、これが将来、幹線道路に向かう交通量の一部を負担することになれば、現状とはまったくちがう、耐えられない事態になるだろうと気づいたのです。

コミュニティの大多数の意見は、守勢から攻勢に転じました。

市当局は――この措置は正気の沙汰でないと思ったらしく――道路が封鎖されたなら、唯一の選択肢は公園周囲の道路の拡幅で、そうしなければすさまじく猛烈な渋滞が起きると主張しました。計画委員会は公聴会後に封鎖案を却下して、かわりに公園を抜ける「最小限道路」（委員たちによる呼称）を承認しました。コミュニティのバカげたやり方が通れば、市民は後悔するとの理由からです。公園の周辺道路は迂回車両であふれるだろうということでした。交通長官は周辺道路における車両の年次増加を数百万台と予測しました。モーゼスは、コミュニティの主張が通ったとしても、市民たちはすぐに道路の封鎖解除と道路建設をしてくれと頭を下げてくるだろうと予想しましたが、そういう混乱に陥るのは当然の報いだし、それでみんな懲りるだろうと述べました。

公園から排除された車について、迂回のための拡幅措置が取られていたとすれば、このような不吉な予測はすべて当たったでしょう。しかし代替措置が少しでも――既存の周辺道路の交通流高速化措置さえも――講じられる前に、コミュニティはかなり強硬な政治的圧力を早急に行使して、まずは試験的に、その後恒久的に公園道路を閉鎖させました。

公園周辺の交通量増加という予測は、どれ一つとして実現しませんでした。周辺道路は狭くて信号が多く、駐車車両だらけで、信号無視の歩行者が気まぐれに横断するし、曲がりにくい街角だらけで、もともと自動車にとっては実に頭にくる遅い道路だったから、そうした予測は実現されなかったのです。公園を抜ける道、閉鎖された道こそが、圧倒的にベストな南北最短ルートだったのです。

閉鎖後に公園周辺で交通量計測が行われましたが、何度やっても増加が見られませんでした。ほとんどの計測結果ではわずかに減少していました。五番街南部では交通量が目に見えて落ち込んでいました。かなりの交通量が通過交通だったらしいのです。渋滞という新しい問題をもたらすどころか、この障害は以前の渋滞をわずかながら緩和することになりました。

交通長官の述べた年間数百万台の車両は、どこへ行ってしまったのでしょうか？

それがこの話で最も興味深く重要なところです。かわりにどこかへ大挙して移ったわけではありません。迂回交通の影響を受けることになるかもしれないと考えられていた五番街の東西にある通りや、それに平行した通りが余分な負担を被ったようにも見受けられませんでした。少なくとも、交通量の増減に敏感なバスの走行時間に変化は見られませんでした。バスの運転手もちがいに気づきませんでした（必要な範囲の交通量測定や、出発点・目的地トリップ調査の手段を持っている交通長官は、どうも消えた大群の行き先――どこかへ行ったのであれば――を知ることに関心がなさそうでした。この話をしたがらないのです）。

一方通行の道路から消えたバス乗客と同じく、これらの車――あるいは一部の車――は跡形もなく消えました。これはバス乗客の消滅と同じように、何ら謎めいたことではなく、またちっとも予想外のことではありませんでした。と言うのは、都市の公共交通利用者が、これと決まった不動の絶対的な数だけいるわけではないのと同じで、自家用車のドライバーだって、これと決まった不動の絶対的な数だけいるわけではないからです。むしろその数は、そのときの移動手段の速度と利便性のちがいに応じて変わるのです。

自動車の削減は、自動車の利便性を低下させることで実現します。着実で段階的な削減プロセス（現在は存在しません）は、着実に都市の自家用車の利用者を減らすのです。適切に——都市利用の多様性刺激と活性化の一環として——実施されれば、削減は自動車の利便性を下げると同時にその必要性を下げるでしょう。侵食が自動車の利便性を増すと同時にその必要性も高めるのとは逆の動きです。

現実の生活では、夢の都市の生活とはまったくちがって、都市による自動車の削減こそが車両の絶対数を減らせるおそらく唯一の手段です。より良い公共交通機関を促進し、都市の強度と活気を同時に培い、それに対応するための、おそらく唯一の現実的手段なのです。

でも都市による自動車削減戦略は、どこでも好き勝手にできるわけではないし、否定的なものでもいけません。また、そういう方策は急に劇的な成果を上げることもできません。その累積的効果は革新的であっても、物事を機能させ続けることを目的とするあらゆる戦略と同様に、これもまた進化という形で取り組まねばならないのです。

都市による自動車の削減戦略には、どんな種類の方策が適しているでしょうか？　都市における自動車の削減ではなく、むしろ都市による自動車の削減であることが重要なのだと理解すれば、すぐに多くの方策が見えてきます。自動車交通のニーズとたまたま競合している、必要かつ望ましい他の都市用途に機会を与える方策が適しているのです。

たとえば人気のある街路で試みられている、店頭ディスプレイから子供の遊び場に至る各種の用途を歩道に収容するという問題を考えてみましょう。これには広い歩道が必要です。一部の歩道なら二列の並木があるとさらに良いでしょう。削減戦術家は頻繁に利用される歩道やさまざまな用途を担っている歩道を探し、都市生活の利益になるようにそれを拡幅して強化します。成り行きとして、車両用の路面は狭まるのです。

多様性をもたらす四つの基本的生成装置を都市が意図的に育むようになれば、人気のあるおもしろい街路はものすごく増えるでしょう。そんな街路が、用途から見て歩道の拡幅を必要とするなら、ただちに拡幅してやるべきです。

資金はどこから？　いま歩道を狭めるのに誤用されている資金の出所と同じところからです（＊59）。

他のすでに明らかな用途のために車道を物理的に減らす手法にも、さまざまな種類があります。学校の外の活発な集会所、一部の劇場、店舗群には、部分的に車道に張り出した屋外ロビーを与えるのもいいでしょう。それにより、削減は一時的なものではなく恒久的なものにできます。小さな公園の通りを横切る形でのばし、行き止まりをつくってもいいでしょう。これはどちらの側からも、車両が街路にアクセスすることはできます。ただ通り抜け車両は、緊急時を除いて阻止されることになります。公園道路の閉鎖を正当化できるほど多用されている公園なら、ワシントン広場のように道路を閉鎖してもいいのです。

このようにさまざまな方法での車道への侵入のほか、どんな場合も多様性を生み出すために欠かせない、短い（ために交差点が多い）街区も交通の流れを妨げます。

視覚的秩序について述べる次章では、都市生活には明確な利益をもたらすと同時に、たまたま車両交通を妨げてしまうような方策について、もっと具体的な提案をしていきます。都市の利便性、利用度、活気を増大させる一方で、自動車を妨害するやり方は無限にあります。現在わたしたちは自動的に（ときには後悔しつつ）ほとんどの快適さ——使いやすく数多い横断歩道のような機能的必需品は言うまでもなく——を排除しています。旺盛で飽くことのない自動車需要と相容れないからです。この軋轢は事実です。人工的に戦術をでっちあげる必要はありません。

（＊59）マンハッタンだけでも一九五五〜一九五八年に四百五十三本の街路の車道が拡幅されています。これは始まりにすぎないとマンハッタンの特別区長は宣言しました。この地の賢明な削減プログラムは、何よりも歩道を狭めるのをやめさせて、四年間で少なくとも四百五十三の街路の歩道を拡幅することを目標にして、これをただの始まりと見なすべきなのです。

望まれていないところにそのような改善を押しつける必要もありません。こういった改善は相当数の人々がそういう変化を望んでいる街路や地区に実施されるべきで、人々が支持しない街路や地区でやるべきではありません。

　活気ある多様な都市地区と、その街路を利用する車両の絶対数減少との結びつきは非常に密接で基本的なので、ある深刻な問題を除いて、優れた削減戦略は活気あるおもしろい地区の建設のみを考えればよく、自動車交通に対する副次的効果はほとんど考えないでもすみます――活気ある地区をつくれば、自動的に削減が生じるのです。

　削減は一定の選択性をもって行わなくてはいけません。すでにこの章で述べたように、交通は自分自身に対して圧力をかけます。車両は他の用途と競い合うだけでなく互いに競い合います。他の用途と交通を互いに合わせて適応し、侵食や削減のプロセスを生じさせるように、車両も互いの存在に合わせて適応するのです。たとえば、都市におけるトラックの非効率性は、多数の車両との競争にトラックが適応してしまった結果です。非効率性がある程度以上になると、関連企業は移転するか廃業します。これが都市の侵食と弱体化のもう一つの側面です。車両間でも利便性が異なるという点については、すでに一例を挙げました。通りを一方通行にすることが、自家用車とバスにちがった影響を与えるという例です。自動車にとっての利点は、バスにとっての不利益なのです。

　選択性のない手当たり次第の車両削減は、多くの街路で自家用車だけでなくトラックやバスを阻止するものになりかねません。

　トラックとバスは、都市の強度と集中を示す重要なしるしです。またこれらが示すように、その効率性が奨励されれば、やはりさらなる自動車の削減が副作用としてもたらされるのです。

　この考え方は、ニューヘイブン市の交通長官ウィリアム・マグラスによるもので、かれはすでにおなじみの交通技術を、選択的な車両促進や阻止に意図的に用いる手段をいくつか考案しています。そもそもそういうことをやろうという発想がすばらしいものです。かれはニューヘイブン市の計画者たちと四年間仕事をするうちに、なるべく多くの自動車を移動させて格納するために学校で学んだ技術、あらゆる車道を最大限に利用する技術は、都市の街路を扱うのにきわめて偏った方法だと気づいて、しだいにこのアイデアが浮かんできたと述べています。

マグラスの狙いの一つは、公共交通機関の効率性をもっと高めるというものです。現在のニューヘイブン市では、公共交通と言えばバスです。目的達成のためには、ダウンタウンを通り抜けるバスの速度を上げなければなりません。信号の間隔をずらすのをやめ、現示を短く調整すればまちがいなくそれが可能だとマグラスは述べています。バスは客を乗せるため街角で停車する必要があるので、短い信号間隔は長い間隔ほど運行時間に支障をきたしません。ずれのない短い現示間隔は、自家用車の通行を絶えず妨げては遅らせ、街路を利用する気をそぐでしょう。それが逆にバスにとっての障害を減らし、速度を上げることになるのです。

人通りの多いダウンタウンの望ましい場所に歩行者道を据える現実的な方法とは、「一、二回試してもまだその道を選ぶのは、よほどぼんやりしたドライバーだけ」というほど街路の車両交通を混乱させる――そのためにおもに信号システムを混乱させる――こと、そして駐停車禁止にすることだとマグラスは考えています。やがて街路を利用するのは荷下ろしか荷積みをするトラックのみで、それ以外の車両はほとんどないという程度になれば、そこを歩行者天国にしてもだれにも大きな動揺を与えないし、他の街路に渋滞と駐車の負担をかけて埋め合わせをする必要もありません。習慣面で必要な変化は、すでに削減によって吸収されているでしょう。

理論的には、他の街路から自動車を引き取って都市街路の混雑を和らげる手段として必ず提示されるのが都市幹線道路です。でも現実的にそれが実現するのは、道路が容量を遥かに下まわる水準で利用されている場合だけで、増加した車両の流れが行き着く、幹線道路の外の最終目的地については考慮されていません。都市幹線道路はあまりに多くの場合、迂回路として役立つどころか、緩衝材になってしまいます。たとえばモーゼスが提案したマンハッタンのダウンタウン幹線道路計画――ワシントン広場にも関係していたあれです――は、イーストリバー・ブリッジとハドソン川トンネルを結ぶ近道となり、通過交通を都市の中に入れないですむんですよ、という具合に魅力を常に打ち出しています。でも実際の計画には、都市内への出入りランプのスパゲティが含まれています。実状、都心へ向かう交通の緩衝材になり、都市の迂回交通を補助するどころか、それを阻害してしまうでしょう。

　マグラスは、幹線道路で本当に都市街路の混雑を和らげたいなら、それがもたらすあらゆる影響を考慮すべきだと考えています。まず理論上は自動車から解放されるはずの都市街路を通って到達するような駐車場を増やしてはなりません。そして出口ランプでも、理論上は混雑が緩和されるはずの街路を自動車が縫って通れてもダメだとマグラスは信じています。かれの考え方は、幹線道路がいっぱいになったときに迂回路として利用できる街路は、慎重に設置した行き止まりで保護することで、街路の局所的利用は妨げないが、幹線道路などと結びつけようとするドライバーたちを一切阻止する。こういった工夫で、幹線道路は迂回路の役目だけを果たすようになる、というわけです。

　密集した都市に続くランプは、トラックとバス専用にしてもいいでしょう。

　選択性というマグラスの基本的なアイデアをさらに拡張すると、都市のトラックは大いに支援すべきです。都市にトラックは欠かせません。トラックはサービスであり、仕事です。現在のところ、トラック優先と正反対の交通策をとっている街路はいくつかあります。たとえばニューヨークの五番街とパークアベニューでは、配送関係を除いてトラックは通行禁止です。

　この方策は一部の街路では合理的ですが、自動車削減戦略のもとでは裏目に出かねません。だから街路が狭くなったりボトルネックになったりしていて、利用できる車両を選ばざるを得ないところでは、トラックに優先権を与えて他の車両は（乗客）配送や積み込みを行う場合のみ認めるのです。

　一方で多車線幹線道路や広い通りの追い越し車線は、トラック専用にできます。これは都市の最も密集した地域に最速幹線道路を設計し、意図的にトラックを排除して、長距離トラックも近隣街路に追いやるというニューヨーク市の驚くほど浅はかな政策を逆転しただけです。

　選択的削減で優先的な扱いを受けたトラックは、かなり自主的な交通整理もしてくれます。長距離を走る車両はたいてい追い越し車線を利用します。狭い街路やボトルネックはおもに配送や積み込みに利用されることになります。

自動車削減が着実かつ選択的に起こった都市地区では、トラックが陸上交通に占める割合が現状よりずっと高くなるはずです。これはトラックが増えるからではなく、むしろ乗用車が減るからです。自家用車の削減が成功すれば、その分だけトラックも見かけなくなるでしょう。いまほど停車してアイドリングしなくてもすむからです。そして通勤ではなく業務に使われるトラックの交通は、ピーク時に集中するのではなく、一日を通して散らばっているからです。

タクシーと自家用車では、駐車場を不十分にしておくと、タクシーに有利に働きます。これも交通選択の有効な方法と言えます。タクシーは同じような自家用車の何倍も稼働するからです。アメリカを訪れたフルシチョフは、この効率の差にいち早く気づきました。サンフランシスコ市の道路交通を観察したかれは、なぜこんな無駄が行われているのかと驚いて市長に尋ね、そこで目にした光景について考えてみたらしく、帰る途中でウラジオストクに到着すると、ソビエトの都市では自家用車よりタクシーを奨励するという政策を発表したのです。

選択性は、車両同士の競争により使えるようなら、成功した削減戦略の一部として必須ではありますが、でも単体ではほとんど無意味です。都市の車両の絶対数削減という大きな戦略の一部としてのみ、意味を持つのです。

削減に適した方策と原理を検討するにあたり、侵食プロセスをもう一度見直してみましょう。自動車による都市侵食は、その影響こそ決してほめられたものではありませんが、その作用原理には大変みごとなものがあります。これほど効果的なものには何か学ぶところがあるし、その観点を尊重して研究するだけの価値があるのです。

侵食に要した変化や侵食がもたらす変化は常に少しずつ起こります——ほとんど密やかにとさえ言えるでしょう。都市生活全体の観点からすると、このプロセスで最も劇的な段階でさえ、断片的な変化です。だからこそそれぞれの変化は生じるにつれて、少しずつ吸収されていきます。それぞれの侵食性変化には都市で移動する人々の習慣の変化、都市の利用方法の変化が必要ですが、だれもがただちに習慣を変えなければいけないわけではないし、(移転させられた人々を除いて)あまりに多くの習慣を変える必要はありません。

自動車の削減には習慣の変化と利用調整が必要です。侵食の場合と同じように、一度にあまりに多くの習慣を乱さないように。

漸進的な進化的削減の望ましさは、公共交通機関の発展にも影響を与えます。現在のところ公共交通機関は活気をなくしていますが、それは技術改良の可能性がないからではありません。大量の工夫に富んだ技術がたなざらしになっているのは、都市侵食の時代に資金も信念もないところで、そんな技術を開発するのは無意味だからです。公共交通機関が自動車削減戦略のもとに、利用増加によって刺激を受けた場合ですら、革新的な改善がいきなり登場したり、願うだけで出現したりするのを期待するのは非現実的です。（いまだ出現していない）二十世紀の公共交通機関の発展は、習慣やあきらかに予期される習慣の増加の後に続くべきです。公共交通機関の減退が習慣と予期された習慣の減少を追って起こったように。

漸進的に都市を食い潰す断片的な侵食性変化は、決して最も優れた構想や基本計画のように前もって考え抜かれたものではありません。考え抜かれていたら、その効果はいまの足下にもおよばなかったでしょう。それは概ね、直接的で現実的な問題が現れたときに、直接的で現実的な反応として生じます。だからあらゆる動きが成果を上げます。見せかけやくだらないものはほとんどありません。自動車の削減の場合でも、このような場あたり主義が最大の結果をもたらし、都市の実用性と改善においてもやはり最高の結果をもたらします。削減戦略は、交通の流れと他の都市利用の軋轢が存在するところや、こういった新しい軋轢が発達したときに適用されるべきなのです。

最後に、都市侵食者たちはいつも建設的なやり方で問題の解決にあたります。スラム取り壊しの副次的目的として、おもに高度で抽象的なレベルで幹線道路の利用が語られることもあります。でも現実には、何か別のものを排除するという否定的な目的で幹線道路を推進したり支持したりする人はいません。利便性や速度やアクセスの増加、もしくは増加見込みが目的なのです。

削減も建設的でわかりやすく望ましい改善を提供し、さまざまな具体的都市利益にアピールする一手段として、建設的な形で機能しなければなりません。これが望ましいのは、こういうアプローチが説得力に優れた政治的装置だからではなく（それも事実ですが）、目的は特定の場所の都市多様性、活気、実行可能性の増加という具体的かつ建設的なものであるべきだからです。第一目的としてのやっかい払いにばかり目を向け、子供が「くるま、くるま、あっちいけ」とでも言うように、自動車にタブーや罰則を設けるのは、まちがいなく失敗するやり方ですし、また失敗して当然です。都市の真空地帯は余計な交通より優れているわけではないし、何かを奪うのに何も与えてくれない計画は、当然人々に疑わしく思われることはお忘れなく。

自動車による都市侵食を止めるのに失敗したら？　機能する活発な都市を起爆しようとしても、それに必要な現実的手順が、侵食の要求する現実的手順と衝突するために実現不可能だったら？

何にでも良い面があるものです。

その場合は、数千年間にわたって人類を悩ませてきた謎に、わたしたちアメリカ人が取り組む必要はほとんどなくなるでしょう。人生の目的とは？　その答えがはっきりと確立され、事実上議論の余地のないものになります。人生の目的は、自動車の生産と消費です。

ゼネラル・モーターズの経営陣にとって、自動車の生産と消費が人生の目的として適切なものに見えるというのは、とてもわかりやすい話です。経済的あるいは感情的に、こうした活動に深く傾倒する人々もそう受け止めるかもしれません。もしそういう考えなら、哲学と日々の仕事をみごとに一体化させたことを賞賛されるべきであり、批判されるべきではありません。でも、自動車の生産と消費がこの国において、なぜ人生の目的にならなくてはいけないのか、理解するのはいささか困難です。

同じように一九二〇年代に青春を送った人々が、自動車時代には適切であろうというもっともらしい展望から、幹線道路つきの輝く都市構想のとりこになったのも無理からぬことです。少なくとも当時は目新しいアイデアでした。ニューヨーク市のロバート・モーゼス世代の人々にとっては、思想が育ち、アイデアが形成されつつあった年頃に、このアイデアは急進的かつ刺激的だったのです。昔の知的興奮にこだわりがちな人々はいます。老婦人になっても、楽しかった若かりし頃のファッションや髪型にこだわる佳人がいるように。でもさらに理解に苦しむのは、なぜこのような精神の発達停止が、そのまま次の世代の都市計画者や設計者に受け継がれるのかということです。いまの若い世代、いま職務訓練を積んでいる人々が、その思想が「近代的」にちがいないというだけの理由から、非現実的なだけでなく、父親が幼かった頃から意味のあることが何一つ加わっていない都市と交通についての構想を受け入れていると思うと、心穏やかではいられません。

第19章 視覚的秩序——その限界と可能性

都市を扱うとき、わたしたちは生活の最も複雑で緊迫した部分に取り組んでいます。だから都市に対してできることには、基本的に美的限界があります。都市は芸術作品にはなれないのです。

　都市の配置においても、生活の他の領域と同じように芸術は必要です。生活について説明し、その意味を教え、一人ひとりが体現する生活と、自分の外の生活との関係を明らかにしてくれます。おそらく芸術は、何より自分自身の人間性を確かめるために必要なのです。しかしでも芸術と生活は織り交ざっていても、同じではありません。これらの混同は、都市デザインの取り組みが非常に期待はずれである理由の一つです。より良いデザイン戦略と方策にたどりつくには、この混同の解消が重要です。

　芸術には特有の独特な秩序があり、これらはとても厳格です。媒体が何であろうと、芸術家は生活の中にある豊富な材料から選択し、その選択したものをまとめて、自分がコントロールする作品にまとめあげます。もちろん芸術家は、作品の求め（すなわち本人の材料選択）に自分が左右コントロールされているとも感じています。このプロセスのいささか奇跡的とも言うべき結果が——選択、まとめあげ、管理が一貫していれば——芸術になり得るのです。でもこのプロセスの本質は、きわめて統制のとれた生活からの厳選です。生活は包括的で、まさに果てしない複雑さを持ちます。それに対して、芸術は気まぐれで象徴的で抽象的なものになります。それが芸術の価値であり、独自の秩序と一貫性をもたらす源なのです。

　都市やその近隣について、規律のある芸術品に変えることで秩序が与えられる、大規模な建築的問題であるかのようにアプローチするのは、人生を芸術で代用しようという過ちを犯すことです。

芸術と人生のこうした根深い混同の結末は、もはや人生でも芸術でもありません。剥製標本です。これは、しかるべき場所では実用的で適正な工芸品です。でも展示される標本が死んで詰め物をされた都市なら、それは行きすぎです。

真実から遠く離れ、扱う対象への敬意を失うあらゆる芸術的試みと同じように、この都市剥製術という技術は、熟練した実践者の手で、ますます重箱の隅つつきと化し、うるさく凝ったものになり続けます。これがそうしたものに唯一可能な進歩の形なのです。

このすべてが生命を殺す（そして芸術をも殺す）芸術の誤用です。結果的に、生命は豊かになるどころか貧しくなってしまうのです。

芸術の創造は、いまの社会ではあまりに個人主義的なプロセスになってしまうことが多いのですが、そうならない道もあります。

状況次第では、芸術の創造が事実上匿名の全体合意でなされることも可能なようです。たとえば閉鎖社会や技術的に阻まれた社会、占領下の都市では、強い必要性あるいは伝統と習慣が、目的と材料の規律ある選択、その材料を使うために何が必要かという合意にもとづく規律、創造されるものの形態に関する規律ある管理を万人に強要できます。このような社会は村を生み出せますし、物理的な全体性の点で芸術品らしく見える独特な都市さえ生み出せるかもしれません。

でもこれはわたしたちにはあてはまりません。そんな社会について考えてみるのはおもしろいかもしれませんし、その調和のとれた作品を感嘆や一種の郷愁をもって眺め、なぜわたしたちはあんなふうになれないのかな、と切なく思うことはできるでしょうが。

なぜかと言うと、そのような社会では可能性の制限と個人への制約が、日常生活の種から芸術品をつくるための材料と概念を遥かに超える部分までおよぶからです。制限と制約は（知的機会を含む）あらゆる機会にも、人間関係にすらおよびます。わたしたちの目には、これらの制限や制約は生活を無意味で耐えがたいほどぶち壊してしまうように思えるでしょう。わたしたちだってかなり従順ですが、それでも芸術家たちの総意による調和のとれた社会をつくるには、あまりに冒険好きで探求心があり、利己的で競争心にあふれています。さらにそんな社会実現を阻む特質そのものを重んじています。伝統を体現することや調和のとれた総意を示す（そして凍結する）こと――それは都市の建設的利用でもなければ、都市を価値あるものと見なす理由でもありません。

都市化社会を拒み、「自然な」もしくは原始的な人間の気高さと飾りのなさに対して十八世紀のロマン主義を受け継いだ十九世紀のユートピア主義者たちは、調和のとれた総意による芸術品であった、簡素な環境というアイデアにとても惹きつけられました。この状態への回帰がわたしたちのユートピア的改革の伝統に盛り込まれた希望の一つになっています。

この不毛な（そしてすこぶる反動的な）希望は、田園都市計画運動のユートピア的理想主義にも浸透し、権威主義的計画により課されて凍結された調和と秩序という田園都市運動の支配的なテーマを、少なくともイデオロギー的にはいくらか和らげました。

総意による芸術で構成された、いずれ実現されるべき簡素な環境への期待――厳密に言うとその期待の影のような名残――は、輝く都市や都市美計画に汚染されていなかった時代の田園都市計画論の中に去来し続けてきました。だから一九三〇年代にもなってルイス・マンフォードは『都市の文化』で計画コミュニティを描くとき、バスケット編み、陶器づくり、鍛冶仕事などの職業に重要性を持たせたのです。この伝統がなければ、なぜこんなものが重視されるのか理解不能です。一九五〇年代になっても、アメリカ有数の田園都市計画者クラレンス・スタインは、建築の発展への寄与でアメリカ建築家協会から金メダルを授与されたとき、自分の理想とするコミュニティで調和の取れた総意によってうまくつくられそうなものをあれこれ思索してみせました。かれは市民が（もちろん自らの手で）保育園を建てることを提案しました。でもスタインのメッセージの骨子とは、認可された保育園を除けば、コミュニティの物理的環境まるごとと、そしてそれを構成するあらゆる制度がプロジェクトの建築家たちによる完全で絶対的で揺るぎない管理下にあるべきだというものでした。

当然ながらこれは輝く都市や都市美構想での想定と変

わりません。これらはそもそもが社会改革カルトというよりむしろ、おもに建築デザインカルトだったのです。

近代都市計画は最初から、間接的にはユートピア的伝統により、そして直接的にはもっと現実的な、強制による芸術という教義によって、都市を規律ある芸術品に変えるという不適切な目的を負わされてきました。

所得別プロジェクト以外に何をしようか考えると、頭が白紙になってしまう住宅問題専門家や、自動車の収容台数を増やす以外のことを考えると頭が白紙になる道路屋のように、都市デザインに挑む建築家たちは、都市に視覚的秩序をこしらえようとするにあたり、生活の秩序を芸術秩序（両者はまったくの別物です）で置き換える以外のことをしようとすると、頭が白紙になってしまうことが多いのです。他にたいしたことはできません。都市の助けになるデザイン戦略を持っていないので、代替策が生み出せないのです。


生活を芸術で置き換えようと試みるかわりに、都市デザイナーたちは芸術と生活の両方を高める戦略に戻るべきです。生活に光を当てて明確化し、その意味と秩序を説明する手助けになる戦略――この場合は都市の秩序に光を当てて明確化して、説明するのを助ける戦略です。

わたしたちは都市の秩序について常々単細胞な嘘をつかれ、結局のところ、複製が秩序を表すと言い聞かされています。二、三の形態を捉えて型にはまった規則性を与え、秩序と称してこれをつかませようとするのは至極簡単です。でも、型にはまりきった規則性と、機能的秩序の重要なシステムとは、この世ではほとんど一致しません。

機能的秩序の複雑なシステムを、混沌ではなく秩序と見なすには理解が必要です。秋の落葉、飛行機エンジンの内部、解剖したウサギの内臓、新聞のローカル記事編集部などは、どれも理解せずに見れば混沌にしか見えません。でも、それが秩序のシステムであると理解すれば、見え方もちがってくるのです。

わたしたちは都市を利用し、経験を積んでいるため、ほとんどの人はすでに都市の秩序を理解して受け入れるに十分な基礎を備えています。都市の秩序が理解しづらい原因の一部、そして不快な混乱の多くは、機能的秩序を浮き彫りにする視覚的支えが不十分なのと、それ以上に無用な視覚的矛盾から来ているのです。

でも、それさえ明確にすればすべてがはっきりするような、劇的な重要要素や要石を探しても無駄です。実のところ都市には単独で要石や鍵となるような要素はないのです。都市の混合自体が要石であり、その相互支援が秩序なのです。

都市デザイナーと計画者たちは、はっきりと簡潔に都市構造の「骨組み」を表すデザイン装置を見つけようとしますが（そのための最近のごひいきは幹線道路や遊歩道です）、それは方向性が根本的に間違っています。都市は哺乳類や鉄骨建築物のように組み立てられてはいません――それを言うなら蜂の巣やサンゴのように組み立てられているわけでもありません。都市の構造そのものが混合用途で構成され、その構造の秘密に肉薄するためには、多様性を生み出す条件に取り組むことが必要なのです。

それ自体が構造化されたシステムである都市は、他の生物や物体を使った例え話で理解するよりも、それ自体として直接的に理解したほうがよいのです。でもお手軽でできの悪い例え話でもいいなら、おそらくは真っ暗な広い野原を想像するといちばんいいでしょう。野原にはいくつもの火が燃えています。大きさはさまざまで、大きいものもあれば小さいものもあり、離れているものも、固まっているものもあります。明るくなっていくものもあれば、ゆっくりと消えようとしているものもあります。大小の火は周りの暗闇に輝きを広げ、空間を切り出しています。でもその空間と空間の形は、火の光がつくりだす範囲においてのみ存在しているのです。

暗闇には光で空間に彫り込まれている部分を除けば、形もパターンもありません。光に挟まれた闇が深く、あいまいで形がはっきりしないところに形や構造を与える唯一の方法は、暗闇に新しい火をおこすか、いちばん近い火を十分に大きくすることです。

利用の複雑さと活気のみが、都市の地域に適切な構造と形を与えます。ケヴィン・リンチは『都市のイメージ』の中で「失われた」地域の現象に言及しました。かれがインタビューした人々がすっかり無視していて、指摘されるまで思い出さなかった場所です。これらの「失われた」場所は、どう考えても忘れていいような場所ではなかったし、リンチがインタビューした人々はついさっき、その場所を現実か想像の中で横切ってきたばかりの場合もあったのです（＊60）。

　利用と活気の火が都市に広がり損ねたところは暗闇の中であり、本質的に都市の形と構造を持たない場所です。活気の光なしには、その場所が頼るべき「骨組み」や「枠組み」や「細胞」を探したところで、都市の形などできません。

　空間を特徴づけるこれらの比喩的な火を形づくるのは――具体的な現実に戻ると――多様な都市用途と利用者が互いにきめ細かで活発な支援を与え合う地域です。

　これが、都市デザインの支援すべき本質的な秩序です。こういった活気ある地域の注目すべき機能的秩序を明確にしましょう。都市にこういう地域が増えてグレー地域や暗闇が少なくなれば、この秩序を明確化する必要性と機会は増加します。

　この秩序、複雑な生活を明らかにするには、何であれおもに強調と示唆という方策を使うべきです。

　示唆――全体を表す部分――は、芸術が伝達に使うおもな手段です。だから芸術はしばしばとても簡潔に、非常に多くを伝えてくれるのです。この示唆とシンボルのコミュニケーションをわたしたちが理解できる理由の一つは、これがある程度はわたしたちが生活と世界を捉えている方法だからです。人は常に感覚に入ってくるあらゆるものから、関連があり一貫していると見なしたものを系統立てて選択します。その当座の目的にとって意味を成さない印象は捨てられるか、副次的な認識にしまいこまれます――そうした無関係な印象が強すぎて無視できない場合を除いて。目的によって、取り入れてまとめあげるものの選択も変わります。この点では、だれもが芸術家なのです。

　この芸術の特性と、わたしたちのものの見方の特性は、都市デザインの実践があてにして利用できる特質なのです。

　都市に視覚的秩序を組み込むにあたり、デザイナーたちが文字通り視界全体を掌握する必要はありません。芸術が現実に逐一忠実であることは稀だし、忠実すぎるならそれはお粗末な芸術です。都市における視覚管理はたいていそれに取り組むデザイナー以外には退屈なものだし、できあがってしまうとかれらにとっても退屈になります。発見や構成や関心の余地が他のだれにとっても残っていないからです。
求められる方策とは、人々が目にしたものからカオスでなく秩序と意味をつくりあげるのを助ける示唆なのです。

街路は都市の主要な光景を提供してくれます。でもあまりに多くの街路が、根深く混乱させるような矛盾を見せています。前景では、各種の細部や活動を見せてくれます。それは、ここに活発な生活があり、多くのちがったものでそれが構成されているんだ、と視覚的に主張しています（これは都市の秩序を理解するのにとても役立ちます）。そういう主張が行われるのは、実際にかなりの活動が目に映るからだけでなく、さまざまな建物、標識、店先、その他の事業所や施設など、活動と多様性の動かぬ証拠が目に入るからでもあります。でもそんな街路が遥か遠くまで続き、前景の活気と複雑さが特色のなく果てしない反復へとあふれ出し、彼方ですっかり正体なく弱まっているようなら、見る人は明らかに果てがないことを示す視覚的主張も受け取ってしまいます。

人間としての経験から見れば、この二つの主張（一方は多大な活発さを告げ、他方はきりのなさを告げる）を理にかなった全体像にまとめあげるのは困難です。

この二つの相容れない印象のどちらか一方が優先されねばなりません。観察者は他方の印象群を否定するか、抑えようと試みなければならないのです。どっちにしても混乱と無秩序は避けがたくなります。前景が活発で多様であるほど（つまり本来持つ多様性の秩序が優れているほど）二つの主張の矛盾は激しくなり、したがって不穏になります。この軋轢を示す街路が多すぎ、それがある地区や都市全体をこのあいまいな表現で覆うなら、全体としての印象はどうしても大混乱になります。

当然ながらこのような街路を見るにあたっては、二つ

（＊60）幹線道路での似たような現象について、リンチ教授はこう述べています。「多くの（ロサンゼルスの）被験者たちは、ボストンの場合と同じく速い幹線道路と、その他の都市構造との間の関係性を頭で理解できずにいた。想像の中ではハリウッドフリーウェイでさえ存在していないかのように、平気で横断してしまう。幹線道路は必ずしも中心地区を視覚的に区切る最善の方法ではないのかもしれない」

の方法があります。その人が広い視野のほうを優先させると、そこでは反復と果てしなさが中心となるので、目の前の風景やそれが伝える活気は、余分で不快なものになります。これは建築学的な訓練を受けた観察者の多くによる都市の街路の見方で、そういう人々の多く（すべてではありません）が都市の多様性、自由、生活の物理的しるしに、苛立ちや軽蔑さえ示す理由の一つだと思います。

反対に前景の視野を優先させると、途方もなく無限の彼方へ続く果てしない反復と連続は、余分で不快で無分別な要素になります。これはほとんどの人がほとんどのときに都市の街路を眺めるやり方だと思います。それは街路上の存在を無関心に見るのではなく、それを利用したい人間の視点だからです。こうやって街路を見る観察者は、間近での視界から意味を読み取り、少なくとも最小限の秩序を把握します。でもその代償として、遠方を嫌なごった煮と見なし、できれば心から消し去りたいと思うことになります。

このような街路——そしてこのような街路が目立つ地区——の大部分に視覚的秩序を少しでも導入したいなら、この強烈な視覚的印象の基本的な矛盾を何とかしなければなりません。ヨーロッパから訪れた人々は、アメリカの都市の見苦しさは格子状の街路システムのせいだと指摘することが多いのですが、それは、たぶんこれを言おうとしているのだとわたしは思います。

都市の機能的秩序には活発さと多様性が必要です。そのしるしを除くには、都市が必要とする機能的秩序を破壊するしかありません。でもその一方で、都市の秩序に果てしなさという印象は必要ではありません。この印象は機能的秩序に干渉することなく最小限にできます。いやむしろそうすることで、本当に重要な活発さという特性が補強されるのです。

だから都市街路のかなり多く（すべてではありません）には、果てしない遠方の眺めを遮ると同時に、活発な都市利用にちょっとした囲いと実体を与え、それを視覚的に強調して称賛する視覚的妨害物が必要なのです。

不規則な街路パターンを持つ都市の旧市街はしばしばこうなっています。でも街路網としてわかりにくいという欠点もあります。迷いやすく、頭の中で地図を描くのに苦労するのです。

基本的な街路パターンが格子状だと、多くの利点があります。そこに都市の場面に十分な視覚的不規則性と中断を導入する方法は、おもに二つです。

第一の手段は、格子割の街路の間隔が遠すぎるところに街路を追加すること。たとえばマンハッタンのウェストサイドなどがそうです。要するに、どのみち多様性を生み出すために街路を追加する必要がある場所はすべてこれにあたります。

このような新しい街路が経済的に追加されて、その潜在的な経路に並ぶ建物の中で最も価値があるか、見栄えがするか、変化に富んだ建物の保存のために十分な敬意と抑制が払われ、またできる限りの場所で、建物を新旧入り交じらせるように、既存建築の側面や裏面を正面に組み込むという狙いを持ってその街路が設けられたら、その新しい街路が長くまっすぐ延びることはほとんどありません。曲がり角ができるし、ときにはかなりの曲線路ができます。かつて大きな街区だったものを二つの小さな街区に分けるまっすぐな街路も、その隣の街区やそのさらに隣を抜けてさらに隣へ……と無限に途切れない直線を描くことはないでしょう。これらのずれた街路が交差路と直角に接するところには、必ずT字路ができます。都市の多様性に対する通常の慎重さと敬意に、こうした場合には不規則性そのものが利点であるという認識が合わされば、さまざまな潜在的経路の中で新しく追加される街路としていちばんいいものが決まります。最小限の物理的破壊と最大限の視覚的利益を合わせるべきです。この二つの目的は衝突しません。

格子割システムを主体としつつ、その中で副次的に不規則性があるというのはわかりにくくありません。格子状の街路の合間に導入されたこのような追加街路は、それとの関連性をもとに命名しても構いません。

簡単に理解できる格子状の街路システムを基本としつつ、格子が大きすぎて都市が機能しづらいところに意図的に置かれた不規則な街路という組み合わせは、都市デザイン方策に対するアメリカの最も特徴的で価値のある貢献かもしれないとわたしは思います。

不規則性と視覚的妨害物が足りないところに、それを導入する第二の手段は、格子状の街路そのものにあります。

サンフランシスコ市は、格子状の街路パターンに自然の視覚的妨害物が多数備わった都市です。一般的にサンフランシスコ市の街路は、平面図上では規則的な格子状の配置になっています。でも三次元的な地形図で見れば、視覚的分断の傑作です。街路沿いに上り坂の方を向いても下り坂の方を向いても、多くの急な丘が絶えず近景と遠景を分けています。この配置が格子状の構成の明確さを犠牲にすることなく、身のまわりの活発な街路の景色を大いに強調しているのです。

このような地形がない都市では、こんな幸運な偶然を自然に再現することはできません。でもそんな都市も、構成と移動の明確さを犠牲にしなくても、直線的で規則的な街路パターンに視覚的分断を導入できます。ときには街路の上方で二つの建物をつないでいる橋がその役目を果たしますし、街路の橋渡しをしている建物自体もその役割を果たします。ところどころに（できれば公共的に重要な）大きな建物が、地上のまっすぐな街路を横切って設置されることがあります。ニューヨーク市のグランドセントラル駅が有名な例です（＊61）。

まっすぐな「果てしない」街路も分断することができます。街路そのものが、それを分断する公園や広場を囲むように配置されてもいいし、この広場に建物が建ってもいいでしょう。直線道で車両交通を行き止まりにできるところでは、左右の歩道から車道を渡すように小さな公園をつくってもいいのです。ここで視覚的妨害や転換をもたらすのは、木の茂みや小さな（そして願わくは楽しげな）公園建造物です。

また別の場合として、視覚的な注意をそらすものは、直線道を横切る形でつくらなくてもよいのです。ある建物や建物群が、通常の建築線よりせり出して不揃いに並び、その一階部分だけ切り込まれて歩道になったりする例もあります。不揃いといえば、街路の片側に広場を設置することもできます。するとその向こう側の建物が視覚的な分断として際立ちます。

このような街路利用の活発さの視覚的強調は、ごちゃごちゃしてしまうとか、非人間的であるとさえ思われる場合もあるでしょう。でもそんなことはありません。現実には、視覚的分断が街路にたくさんある地区で、人は気圧されることもないし混乱することもありません。むしろそこは「親しみやすい」、そしてわかりやすい地区と特徴づけられるのが通例です。結局のところ、認知されて強調されているのは人間生活の活発さですし、しかもそれがわかりやすいクローズアップで強調されているのですから。一般的に圧倒的で非人間的でわかりにくいとされるのは、都市の無限性と反復なのです。

　でも、街路の視覚的分断の利用には、落とし穴もあります。

　第一に、街路に強調できるだけの活発さと細部の視覚的ストーリーがないところでは、分断を用いる意味がほとんどないこと。その街路が実は、特定用途の長々とした反復で、希薄な活動しか提供していなければ、そこでの視覚的分断は既存の秩序を明確にしてはくれません。（都市の活発さが）何もないところの視覚的囲い込みは、ただのデザイン上の衒《てら》いにすぎないのです。視覚的分断と眺望自体が都市の活気と活発さ、あるいはその付属物である安全性、関心、何気ない公共生活、経済的機会をもたらすわけではありません。それができるのは基礎的な多様性の四つの生成装置だけです。

　第二に、あらゆる都市の街路が視覚的妨害物を備える必要はないし、そんなことをしたら別の意味でつまらないものになってしまうこともあります。結局のところ大都市は大きな場所なのですし、ときどきその事実を認めたり指摘したりしても、何もいけないことはありません（たとえば、サンフランシスコ市の丘の長所のもう一つは、丘からの眺望がまさにこれをやってくれることです。しかも同時にその丘は間近の街路の眺めと遠方を隔てています）。たまに見られる果てしなさや、街路の遥か彼方にある焦点は変化を添えてくれます。水域、学校のキャンパス、広い競技場といった境界に突きあたる街路は、視覚的分断なしにしておくべきでしょう。境界で行き止まりになる街路がすべてその事実を明かす必要はありませんが、何がちがうかちょっと遠くから垣間見せたり、境界の所在についてさりげないメッセージを伝えたりするために、一部は明かすべきです——ちなみにリンチは都市の「イメージしやすさ」の研究で、インタ

（＊61）これは追加街路の例にもなります。ヴァンダービルト街は端がT字路になっていて、実質的にはヴァンダービルトの北端のT字路にある見栄えのいい新しい建物、ユニオン・カーバイドが歩道に橋渡しをしています。ちなみにヴァンダービルトとマディソンの間の短い街区は、市の短い街区に活気と歩行者の利便性が自然に備わるという見本です。

ビューに応じた人々にとって位置確認の手がかりは非常に重要であったことを発見しています。

第三に、街路の視覚的分断は機能的には行き止まりではなく「隅」であるべきです。特に歩行者交通が本当に物理的に遮断されてしまうのは、都市にとって破壊的です。視覚的分断には迂回路か抜け道があるべきで、しかもそこに来た人にはそれがはっきりわかり、新しい街路の景色が目の前に開けるようにすべきです。視線に対するデザインされた分断の魅惑的な特性については、建築家の故エリエル・サーリネンがうまくまとめています。かれは自分のデザインの前提を説明するにあたって「景色には必ず端がなければならないし、その端は終わりであってはならない」と述べたそうです。

第四に、視覚的分断は、例外的な存在であることによって、ある程度力を得ています。同じ類のものがありすぎると相殺されてしまうのです。たとえば街路沿いに広場がたくさんあると、視覚的には街路として崩壊してしまうし、さらに当然ながら機能的にもだめになってしまいます。下がアーケードになった建物のせり出しは、それが例外ではなくたくさんありすぎると、単に狭い街路になってしまい、かえって閉塞感が強まるだけに終わりかねません。

第五に、街路の視覚的分断は自然に人目を惹くので、その分断が持つ特徴は、景色全体が与える印象を大きく左右します。陳腐だったり、無意味だったり、ただ乱雑なだけなら、ないほうがましです。そこにガソリンスタンド、多数の広告掲示板、廃屋などがあったら、そうしたものの実際の大きさとまったく不釣り合いなほど暗い影を落とします。視覚的分断が美しければなおさらありがたいものですが、あまり厳格に美を追い求める都市は、たいてい仰々しさに陥ってしまうようです。美は望んで手に入るものではありませんが、視覚的分断がまともでおもしろくさえあるよう望むことはできます。

ランドマークはその名の通り、方向確認の大きな手がかりです。でも都市の優れたランドマークは、都市の秩序を明確にするサービスを他に二つ行っています。一つは、都市の多様性の強調（そしてそこに威厳も与えます）。優れたランドマークは、そこが他のご近所とはちがっていて、ちがうからこそ重要なんだという事実に関心を引くことで、これをやってのけます。この明確なメッセージは、都市の構成と秩序について暗黙のメッセージを伝えます。もう一つは、機能的事実として重要な都市地域のうち、視覚的にもそれを示して威厳を持たせるべき場所を、ランドマークが明らかに重要そうに見せてくれる、というものです。

こういった他のサービスを理解すると、都市の文脈に応じたランドマークとして適格で有用な用途はいろいろあることがわかります。

まず多様性の告知者であり、威厳を授ける存在としてのランドマークの役割を考えてみましょう。ランドマークがランドマークである理由の一つは、当然ながらそれがはっきり見える場所にあることです。でもそれに加えてランドマーク自体が特徴的である必要があります。いま関係があるのはこの点です。

すべての都市ランドマークが建築物とは限りません。しかし建築物は都市のおもなランドマークだし、その機能の良し悪しを決める原理は、記念碑や印象的な噴水など他の種類のランドマークのほとんどにもあてはまります。

建築物の外見上の満足いくような特徴は、第12章で述べたように、ほとんどの場合その用途の特徴から生じています。同じ建築物でも、あるマトリックスではその文脈での用途が特徴的だから物理的にも特徴的ですが、別の環境ではその用途が例外的ではなくむしろ標準的なので、特徴的にならないこともあります。ランドマークの独自性は、そのランドマークと近隣との相互関係にかなり左右されるのです。

ニューヨーク市のウォール街の端にあるトリニティ教会は、有名で効果的なランドマークです。でもそれが数ある教会のうちの一つや、その他の象徴的な外観を持った施設の集まりの一つにすぎなかったなら、都市デザインの要素としてはむしろつまらないものだったでしょう。トリニティ教会の物理的特徴は、現状で置かれている環境ではどう見てもつまらないものではありません。その特徴の一部はランドマーク用地の良さ——高台のT字路——のおかげもありますが、機能的特徴にも多くを負っています。周囲との差異があまりに大きいので、トリニティ教会は近隣より遥かに小規模なのに、街頭風景に満足のいく山場をつくっています。同じ大きさの（いやどんな大きさでも）オフィスビルが、同じ文脈で同じ有利な地点にあったとしたら、どう見てもこのサービスは果たせなかったたし、これほどの視覚的秩序も伝えられなかったたし、ましてこれほど労せずに「自然な」適切さで秩序を演出することは不可能でした。

ニューヨーク公共図書館は五番街と四十二丁目という商業的マトリックスにおいてすばらしいランドマークを形成していますが、これはたとえばサンフランシスコ市、ピッツバーグ市などの公共図書館にはあてはまりません。これらの図書館は機能に見て——そして必然的に外観的にも——十分に対照をなさない施設に囲まれている点で不利なのです。

一次用途混合の必要性を取り上げた第8章では、重要な市民施設を文化的プロジェクトや市民プロジェクトに集めたりせず、実用的な都市にそれを点在させることが機能的価値を持つと述べました。これらのプロジェクトは機能的に扱いにくいうえに、経済的な無駄をもたらすだけでなく、このような虚飾の島に集められた建築物は、ランドマークとしてもひどく利用度が下がります。一つひとつは単独でものすごく効果的な印象を生むし、都市の多様性の象徴になるのに、集まると互いを見劣りさせてしまうのです。これは深刻な問題です。都市ランドマークは大小問わず、減らすどころかもっと増やすべきだからです。

ときどき、ある建物を単に周辺よりも大きくしたり、様式のちがいを打ち出したりすることで、ランドマークに仕立てようという試みがなされることもあります。建築物の用途が本質的に近隣と同じであれば、通常は——いくら試しても——つまらないものです。また、そのような建築物は用途の多様性を明確化して威厳を与えるという特別サービスはしてくれません。それどころか、都市の秩序に重要なのは単なる規模や外観の相違にすぎないと伝えたがるのです。それが真の傑作建築であるという非常に稀な例を除いて、様式や規模がすべてだというこのメッセージは、都市利用者たち（それほどのバカではありません）から、相応の愛情と関心しか獲得できません。

でも、大きさだけが特徴である建物の中にも、遠くにいる人々にとって優れたランドマーク方向確認サービスや視覚的おもしろさを提供しているものがあることは注目すべきです。ニューヨークのエンパイアステートビルや、照明で飾った大時計をあしらったコンソリデイテッド・エジソンタワーがその例です。近くの街路から見ている人々にとっては、これらの建物と周囲の建物とのちがいはわずかで、ランドマークとしては取るに足りません。ウィリアム・ペンの像を頂くフィラデルフィア市役所は、遠目にもみごとなランドマークです。そして都市の活発なマトリックス内で、それが表面的でない真のちがいを持っているおかげで、同市役所は近くから見てもみごとなランドマークになっています。遠くのランドマークでは、大きさが役立つことがあります。そして近接したランドマークには、用途の特徴と差異の重要性を示すメッセージが最も重要です。

これらの原理はちょっとしたランドマークにもあてはまります。小学校は、周辺環境で特殊な用途だし、目につきやすいので、地元のランドマークになります。それぞれの環境において特別なら、さまざまな用途がランドマークとして役立ちます。たとえばワシントン州スポケーン市の人々は、物理的に特徴があって親しまれているランドマークとしてダヴェンポート・ホテルを挙げます。ここはホテルにときどきありがちなこととして、都市の公共生活や集会の個性的な主要中心地となっているのです。居住を主とする地域では、目につきやすい業務施設もランドマークになれるし、事実しばしばそうなっています。

重要な焦点となる屋外空間はノードと呼ばれることもあり、ランドマークによく似た働きをしていて、おもにその用途の特徴のおかげで、秩序を明確にするものとなっています。まさにランドマーク建築の場合と同じです。ニューヨークのロックフェラーセンター広場がそうです。地上にいる都市利用者にとって、ここはその背後にそびえる建造物や、さらにこれを取り囲むもっと低いタワーよりも遥かに「ランドマーク」的なのです。

では都市の秩序を明確化するための、ランドマークにできる第二の特別サービスについて考えてみましょう。実際に機能的に重要な場所を、重要だとはっきり視覚的に示すのを助ける能力です。

多くの人々の通り道が集中する活動の中心地は、都市において経済的にも社会的にも重要な場所です。都市全体の生活に重要な場合もあるし、特定の地区や近隣にとって重要な場合もあります。でもこのような中心地には、機能上の事実からもたらされた視覚的特徴や顕著さはないかもしれません。そんな場合、利用者は矛盾するわかりにくい情報を与えられてしまいます。活動の光景と土地利用の活発さは、そこが重要だと示しています。そして視覚的山場や威厳をつける物体がないことは、そこが重要でないと示しているのです。

ほとんどの都市活動の中心地では商業がとても有力なので、こういった場所の効果的なランドマークは普通、圧倒的に非商業的であることが必要です。

活動の中心地に生じたランドマークに人々は深い結びつきを感じます。この点で、かれらの都市の秩序に対する直観は正しいのです。グリニッジ・ヴィレッジの旧ジェファーソン市場裁判所は、いまでは裁判所としては使われず、コミュニティで最も人通りの多い地域の一つに隣接した目立つ場所を占めています。これは手の込んだヴィクトリア調の建物で、建築的に美しいか醜いか、意見は真っ二つに分かれています。でもこの建物を建築物として好まない人々も、これを保存して何かに使うべきだという点においては、驚くほど意見が一致しています。地域住民は、かれらの指図で働く建築学科の学生たちと同じく、建物の内装、状態、潜在的可能性について詳しく調べるのに膨大な時間を費やしてきました。既存の市民団体は保存活動に時間と努力と圧力を注いできたし、新団体も発足して塔の公共の時計の修理資金を集めだしました！　ここの建築的実用性と経済的実用性を見せつけられた公共図書館当局は、現在この建物を大規模な図書館分館に変えるための資金を市に要求しています。

もしこれが周囲のほとんどの用地と同じように商業と住居に使われたら、一部の人は手っ取り早く大もうけできるし、市には追加の税収が入ります。そんな都心の建物に、なぜこうも大さわぎするのでしょうか？

機能的には、まさにそうした図書館というちがった用途が、多様性の自滅への抵抗の一環としてたまたま必要だということがあります。でもこの機能的必要性に気づいている人や、こんな建物が多様性維持に役立つと認識している人はほとんどいません。むしろランドマークがすでに周囲にある用途の複製に取ってかわられるなら、このランドマークの賑やかな近隣全体が視覚的に意味を失う――つまり秩序が明確になるどころかぼやける――

という強い意見の一致があるように見受けられます。

活動の中心にある本質的には無意味なランドマークさえ、利用者の満足感に貢献しているようです。たとえばセントルイス市の衰退しつつあるグレー地域に位置するみすぼらしい商業中心地の中央には、コンクリート製の高い柱があります。かつてこれは給水塔でした。何年も前に給水塔が撤去されようとしたとき、地元住民が基礎を保存するよう市役所を説き伏せて、自らの手で補修したのです。いまもその地区は「ウォータータワー」という名前だし、いまでもその地区に、貧相とは言え、わずかばかりの特徴をもたらしています。そうでなければこの地区は場所として認識されることすらほとんどないでしょう。

ここで挙げたあらゆる例に見られるように、ランドマークは地域の中に正しく配置されると、都市秩序を明確化するものとして最高の働きを見せます。一般的な景色から遠ざけられ、隔離されてしまえば、都市の差異に関する重要な事実――互いが支え合っていること――を説明して視覚的に補強するどころか、それを否定してしまいます。これも示唆によって語る必要があるのです。

視覚的街路分断の例ですでに述べたように、人目を引くものは都市景観において、それが占める物理的スペースより遥かに大きな重要性を持っています。

人目を引くものの一部は、場所そのものではなく、ただその正体のせいで人目を引きます。たとえば公園越しに広く見わたすと風変わりな建物や、ばらばらな建物のちょっとしたかたまりが（それ自体として）目につきます。この種の人目を引くものを意図的につくろうとしたり管理したりするのは、必要でも望ましくもありません。多様性が生まれるところ、建物の年代と種類が混在するところ、多くの人々の計画や好みの機会があって歓迎されるところには、この種の人目を引くものが必ず現れるのです。これらは都市デザインだけしか考えていないだれかが、意図的に計画できるものよりも、ずっと意表をつく、変化に富んだおもしろいものなのです。

でも、まさに場所そのもののせいで人目を引くものもあり、これらは都市デザインの意図的な一部と見なす必要があります。第一に、単に所在地として人目を引く場所――たとえば街路の視覚的分断――が必要です。第二に、これらの場所には何らかの価値がなくてはいけません。非常に目立つ場所は少数で例外的なものです。街頭風景を構成する数多くの建物や場所の中でも、そうしたものは一つか二つしかありません。だからこのような自然に人目を引く地点に、しっかりと視覚的アクセントを持ってくるのを、世の習いや運任せにするわけにはいかないのです。既存の建物にいい色を塗る（そして看板を撤去する）だけで済むこともしばしばあります。新しい建物や新たな用途——そしてランドマークも——が必要な場合もあります。必然的に人目を引く比較的少数の場所さえうまく処理すれば、示唆を通じて風景全体に多くの特性、関心、アクセントをもたらせるし、しかも最低限のデザイン規制と手段手法の面で最大の経済性でそれを実現できるのです。

このような場所の重要性、これらの場所に価値を持たせることの重要性は、市のデザイン規制の問題を調べるためにニューヨーク市の都市計画者と建築家の委員会が作成した小冊子「計画とコミュニティの外観」で十分に指摘されています。委員会のおもな提言は、コミュニティに不可欠な視覚的地点を特定して、そういう小さな地点を例外的な扱いにするようゾーニングするというものでした。委員会報告は、このような人目を引く場所を一般的なゾーニング・都市計画構想に漫然と含めてしまうと良い結果は得られないと述べています（＊62）。これらの数少ない場所にある建物を特別なものにして並はずれた重要性を持たせるのは、その位置だけであり、その事実を無視するならわたしたちは最も実質的な現実を無視することになります。

うまく人目を引くものがないか、あるいは人目を引くもの以外にもデザイン支援が必要な都市街路もあります。そこには、多様性を備えた街路もまた一つの統一体であることを示す、統合のための仕組みが必要です。

第12章では住商混合街路について、それが視覚的にばらばらになったり、不釣り合いに大規模な用途のために崩壊したりするのを防ぐための方策に触れました。これらの街路の視覚的統一に適した方策は、すでに述べたように、一つの事業体に認められる街路に面した間口の幅を制限する用途規制です。

また別の種類の街路統合方策としては、強力ですが目立たないデザイン要素で偶発的な細部を秩序正しくまとめるという原理が使えます。こうした統合は、街路の中でも頻繁に利用され、人目につき、多くの細部を含むのに、用途の種類が乏しい場所には役立ちます――たとえばほとんど商業だけの街路など。

このような仕組みで最も単純なのが、統合すべき街路に並木を植えることです。単純ながら、間近で見ると連続性が出るように狭い間隔で植えられた並木は、遠くから見ても間隔がなくなって同じように見えます。舗道も統合の道具になってくれる可能性があります。つまりは力強く単純なパターンの舗道です。濃い色合いの日よけも見込みがあります。

このような支援を必要とする街路はそれぞれが独自の問題であり、おそらく独自の解決策が必要です（＊63）。統合の仕組みには避けがたい落とし穴があります。統合物に力があるのは、それがその場所にとっては特別だからです。空はある意味ではほとんどあらゆる風景を結びつけるものですが、その普遍性のおかげでほとんどの風景では空は視覚的統合物としては効果のないものとなっています。統合物は、統一体と秩序の視覚的示唆を提供するだけで、そのヒントを使って見たものをまとめあげ、それを統合するという作業のほとんどをやるのは、見る人なのです。その他の点でまったくちがう場所や風景で、まったく同じ統合装置を何度も見かけるようなら、それはただちに無意識に割り引かれてしまいます。

都市の視覚的秩序を捉えるこうしたさまざまな方策は、都市の断片やかけらに関わるものです――とは言えその断片は、都市の利用構造にできるだけ切れ目なく連続的に編み込まれてはいるのですが。でも断片やかけらを強調するのが重要なのです。都市とはそういうもの、つまり互いを補って支える断片やかけらなのですから。

幹線道路の流れうねるような形態や、おそろしく美しい部族集落の蜂の巣型住居に比べれば、とても平凡なも

（＊62）ニューヨーク地域計画協会発行のこの小冊子は法規制、規制、税制措置についても論じているので、都市の視覚的秩序に本気で関心がある人には役立ちます。

（＊63）さまざまな統合物の効果――および善悪両方の視覚的分断、ランドマーク、その他諸々の効果――はイギリスの都市、町、田園地帯のデザインについての名著、ゴードン・カレンとイアン・ナリンの『怒り』『反撃』で説明されています。

のに見受けられるかもしれません。でも都市を表すうえで表現しなければならないものを軽視すべきではありません。その複雑な秩序――無数の人々が無数の計画を作成・実行する自由の現れ――は、多くの点で大きな驚異です。わたしたちはこの相互依存的な利用、自由、生活の生きた標本を、あるがままにもっと理解しやすくするのを渋ってはならないし、それが何かわからないほどうかつであってもいけないのです。

第20章
プロジェクトを救うには

プロジェクトにありがちな不適切なアイデアの一つは、それが独立したプロジェクトであり、普通の都市から抽象的に取り除かれて分離されたものだというものです。プロジェクトを、プロジェクトとして救済したり改善したりしようとするのは、この根本的な間違いを繰り返すことです。目標はプロジェクトという都市の区画《パッチ》／端切れ布を、全体としての布地に編み込み直すこと——そしてそのプロセスの中で周囲の構造を補強することであるべきです。

都市への編み込み直しが必要なのは、活気のないプロジェクト、あるいは危険なプロジェクトに息を吹き込むためだけではありません。もっと大規模な地区計画にとってもそれが必要なのです。プロジェクトや隣接する真空地帯で物理的に切り刻まれ、小さすぎる近隣の孤立によって社会的、経済的に不利な立場に置かれた都市区域は、事実上地区と見なすに十分な一貫性と大きさを持てないのです。

プロジェクト敷地そのものと、それが地区と結び直されるべき境界に息を吹き込むための根底にある原理は、あらゆる活力に乏しい都市地域を助ける原理と同じです。都市計画者たちは、多様性を生み出す条件で欠けているのは何かを突き止めねばなりません——一次用途の混合が欠けているのか、街区が大きすぎるのか、建物の年代と型の混在が不十分なのか、人口集中が不足なのか。そして何であれ、これらの条件で欠けているものはできる限り——通常はゆっくり、場当たり的に——供給されなければなりません。

住宅プロジェクトの場合、その根本的な問題は、活力のない計画されていないグレー地帯や、都市に飲み込まれてしまった元郊外の問題とよく似ていることがあります。文化センターや都心のような非居住地域の場合、根本的問題は多様性の自滅を被った、ダウンタウンくずれ地域の問題とよく似ています。

でもプロジェクトとその境界は、多様性を生むのに必要な条件の提供に（そしてときには脱スラム化プロセスにも）独特の障害を呈するため、これらの救済には独特な方策が必要です。

現在最も早急に救済を必要としているのは、低所得者向けプロジェクトです。これらのプロジェクトの失敗により、多くの人々の日常生活にすさまじい影響が出ています。特に子供たちへはなおさらです。それにその内部では危険すぎ、道徳が乱れて不安定すぎるので、どのみちその周辺でまともな文化的生活を維持するのは困難です。国や州の出資による住宅プロジェクトには莫大な投資が行われています。こうした支出はそもそもの構想がなっていないのに、すでにそれが多額になりすぎて、わが国のように豊かな国にとっても損切りできないところまで来ています。この出資を救うには、プロジェクトが人間生活にとっても都市にとっても、もともと期待されていたような資産に変わらねばなりません（＊64）。

これらのプロジェクトは、他のあらゆるスラムと同じように脱スラム化する必要があります。つまり、何よりこれらのプロジェクトは、自主的な選択で居残る人々により、人口が維持できなければならないということです。安全で、その他の面でも都市生活が機能できるようにならなければいけないのです。とりわけこれらのプロジェクトに必要なのは、何気ない公人と、活発で人の目があり、絶えず利用されている公的スペースと、もっと簡単で自然な形の子供の監視、そして外部の人間による普通の都市交錯利用です。言い換えれば、これらのプロジェクトは都市構造に復帰する過程の中で、それ自体として健全な都市構造の性質を身につける必要があるのです。

この問題に頭の中で取り組む最も簡単な方法は、まずプロジェクトの一階部分が、周囲の路面のところまで、実質的にほぼきれいさっぱり何もない白紙と考えることです。その上にアパートが浮かんでいて、階段とエレベータシャフトだけで地面にくっついています。このほぼ何もない土台の上でなら、いろんなことができます。
たしかに現実には、この何もない理論上の白紙が常にからっぽとは限りません。エレベータと階段以外の固定設備がある場合もあります。一部のプロジェクトの敷地には学校、低所得者向け住宅、教会があります。また、できれば残したい大木が生えている場合もあるし、ごく稀ですがうまく機能して、残しておくだけの独自性を持つ屋外スペースが存在する場合もあります。

この考え方をあてはめると、新しいプロジェクト用地（特に一九五〇年以降に建てられたもののほとんど）は、古いプロジェクトより自動的にずっとさっぱりした白紙の地盤となります。住宅プロジェクトの設計は時がたつにつれて、かつてないほど空疎な環境に、かつてないほどの高層建築をどさりと置くだけの、かつてないほど型にはまったものになってきたからです。

この白紙の上に新しい街路を設計しましょう。沿道に建物と新たな用途を受け入れる本物の街路です。空疎な「公園」を抜ける「遊歩道」ではありません。これらの街路は小さな街区をつくるよう配置されねばなりません。もちろん小さな公園は設けるべきだし、運動場か遊び場もあってしかるべきですが、混み合った新しい街路やその利用が安全を保ち、人の誘致を保証できる程度に留めましょう。

これらの新しい街路の配置は、二つの大きな物理的条件に影響されます。第一に、プロジェクト境界の外側の

（＊64）救済のやり方として最もくだらない発想は、最初の失敗と同じものを建てて人々をその高価な複製に移し、最初の失敗を救うというものです！ でもこれは、わたしたちの都市が行きつこうとしているスラム移転とスラム複製の一段階なのです。たとえばバッファロー市には、一九五四年に国費で建てられたダンテプレースという低所得者向けプロジェクトがあります。ダンテプレースはただちに問題のはびこる巣窟となりました。「隣接地の開発にも支障をきたした」と、市の公共住宅局の責任者は述べています。解決策として、ダンテプレースによく似た新しいプロジェクトをこの町の別の場所に建て、ダンテプレースの住民をそこに移転させて、そこを蝕ませようとしています。ダンテプレースを救済するため——つまり中所得者向けプロジェクトに変えるために。まちがいを増幅することで正すというこのプロセスは、一九五九年十一月にニューヨーク州住宅供給長官から「他の公共住宅機関の模範となるべき」進歩と称賛されました。

街路と接続すること。プロジェクトをその周囲と組み合わせることが最大の狙いだからです（この問題で重要なのは、境界街路のプロジェクト側の設計を変えて、そこに用途を追加することです）。第二に、新しい街路はまたプロジェクト用地の中の少数の固定設備と結びつくこと。エレベータと階段だけでつながって用地の上に浮かんでいるものと考えてきたアパートは、一階部分の設計を修正して街頭利用に組み入れると、街路ビルになります。街路から「はずれて」いても、少し歩くか、あるいは街路から新しい街路ビルの間の脇道を通ればアクセスポイントへ行けます。いずれにしても、既存の高層建築は眼下の新しい街路や、新しい建物や、新しい都市の上にあちこちでそびえ立つことになります。

当然ながら、都市環境や用地に固定された不変の特徴を結びながら、まっすぐで整然とした格子状街路をデザインするのは、通常は不可能です。長々とした街区を切り分ける新しい街路と同じように、カーブやでこぼこやT字路ができやすくなります。前章で述べたように、これはいっそう好都合です。

どんな新しい街路用途と街路ビルが可能でしょうか？

全体としての狙いは居住以外の用途を取り込むことであるべきです。十分な用途混在に欠けているのが、活気がなく危険でとにかく利便性が悪い原因の一つなのです。こうしたちがう用途が新しい街路沿いの建物すべてを占めることもあれば、一階か地下だけを占めることもあります。業務用途はほぼどんなものであれ、著しく価値あるものとなります。夜間利用や一般商業活動も、特にプロジェクトの旧境界の外から交錯利用を惹きつけるのなら有益です。

こうした多様性を獲得するのは、口で言うほど簡単ではありません。プロジェクト用地の新しい街路の建物は、年代に多様性がなく、ほぼすべて新築ばかりという深刻な経済的負担を負うからです。これは実に手強い障害で、理想的な克服手段はありません——これはプロジェクトを受け継ぐ際に背負う障害の一つなのです。でもこれを最小限に抑える方法はいくつかあります。

おそらく最も有望な手段は、建物を必要とせず屋台を利用する小売り業者にある程度依存するというものです。旧式の低オーバーヘッドの店舗スペースがないのを一部埋め合わせる、経済的な代用品になります。

屋台向けに意図的に街路を配置すると、活気と魅力と興味にあふれたものになる可能性があります。商取引は交錯利用のすばらしい促進剤だからです。さらに、見た目も楽しげになります。フィラデルフィア市の建築家ロバート・ゲデスは市の商業再開発街路のための提案として、おもしろい物販地域をデザインしました。ゲデスが取り組んだ街路問題では、屋台地域は小さな公共建築の向かいのマーケット広場となる予定でした。街路の広場側は、両脇を隣接店舗とアパートに挟まれていましたが、背面には何の囲いもありませんでした（広場が入り込んでいるのは街区の半ばまでだけで、駐車場に隣接していたのです）。ゲデスはその奥に、営業時間後に屋台をしまう魅力的で経済的な車庫をデザインしたのでした。

屋台用の街路脇の車庫は、広場のデザインに使ったのと同じ形で、プロジェクト街路に沿って使うこともできます。

屋外販売はT字路や街路のカーブの向こうに広がる、すばらしく人目を引くものになります。ご記憶のように、人目を引く街路沿いの敷地に何が加わるか、というのは風景全体の印象づくりを大いに左右します。プロジェクト救済における視覚的難題の一つは、そこを十分に活気があって都会的であるように見せることです。プロジェクトは実に多くの陰気さと視覚的反復を克服しなければならないのです。

新築過多という障害を部分的に乗り越えられそうなもう一つの手段は、賃料保証住戸という仕組みを使うことです。第17章で述べたように、他の都市街路と同じように、プロジェクト街路に面して設置できます。でもそれを連棟住宅か、二層式メゾネット住宅（メゾネット型アパートにもう一つのメゾネット型アパートを重ねた四階建て）にすることができます。旧市街の石造高級住宅の家並みは、だいたい一棟か二棟ずつ、あるいは一階か二階ずつでも他の用途や用途の組み合わせに変えられることが実証されています。同じように、これらの基本的には似たような小さな建物は、もともと柔軟性があります。最初から用途変更の宝庫となってくれるでしょう。

また別の可能性を練り上げたのは、パーキンス＆ウィル、それぞれシカゴ市とホワイトプレーンズ市出身の建築家たちです。かれらは公共へのサービスとして、ニューヨーク市のユニオン貧困者支援所用に数多くの公共住宅プロジェクトデザインを考案しました。パーキンス&ウィル事務所の提案の中にあったのが四階建ての共同住宅で、それは支柱の上に建っていて、「地下室」は開放型となっています。その地下室階は、地盤面、あるいは一・二メートル掘り下げたところに設けられているのです。店舗などの用途のために安い空間をつくるのが目的の一つでした。半地階にしたおかげで、共同住宅部分は地上の丸一階分上にあるのではなく、階の半分だけ上にあります。この配置は経済的であるだけでなく、街路に良い変化をもたらします。街路から数段下がった店舗や作業空間は人気を集めて魅力的であることが多いからです。

もう一つの可能性が、街路沿いの建物の一部を安い仮設式にすることです(だからといって醜悪なものにする必要はありません)。最も経済的に苦しい段階ではオーバーヘッドを抑え、いずれ経済的に成功したら、建て替えに現実味が出てくるというわけです。でもこれは他の方法ほど有望ではありません。五年か十年しか保たないような建物を建てる場合でも、遥かに長持ちするよう建てざるを得ないからです。建物に計画的な老朽化を組み込んでも、そんなに大金を節約できるわけではないのです。

高い建物のある住宅プロジェクトは、どれも特に子供の監督の面では不利です。救済措置をとった後でも、高層アパートからだと、普通の都市の家やアパートや貸部屋の窓から歩道にいる子供を監視するようにはいきません。だから大人を巡回させ、一日のあらゆる時間帯に、一階部分のあらゆる公共スペースに見回りを徹底したり、公共的な法と秩序を重視する中小事業の人々を呼び込み、その他の公人たちも巻き込んで街路を十分に活動的でおもしろくして、少なくとも三階や四階の住居(ここの高さからの監視が最も有効となります)から十分に子供たちを監視できるようにするのが急務です。

プロジェクト計画の妄想の一つは、プロジェクトは市街地経済の一般的な仕組みから逃れているという考え方です。たしかに補助金と収用権により、都市商業その他の用途にとって優れた経済的環境を手に入れるための資金ニーズを逃れることは可能です。でも資金問題の回避と、基本的な経済機能の回避とでは話がちがいます。プロジェクト用地も当然ながら、他の都市地理と同じように利用の活発さに依存していますが、活発に利用されるためには優れた経済的環境が必要です。経済的環境がどれだけ優れたものになるかは、旧プロジェクト敷地の中での新しい仕組みや新しい用途混合、ゆるやかな脱スラム化、プロジェクト住民の自己多様化にある程度は左右されます。でも周囲の地域がどれだけうまく多様性と交錯利用を生み出せるかにもかかっているのです。

かつてのプロジェクトを含めた地域全体が活気を得て改善し、脱スラム化するなら、旧プロジェクト用地の非住宅利用は、やがては良い投資収益をもたらすはずです。でもこれらの用地にはそもそも非常に多くの障害があり、ゼロからやらなければならないこともたくさんあるため、救済にはかなりの公共支出が必要になります。まず、用地の計画練り直しとデザイン自体に資金が必要になりますが、それに続き、時間と創意の投資が大いに必要になります。今回はもはや、型通りにはできないし、内容と理由がわかっていない人々にやらせるわけにもいかないからです。街路その他の公共空間の建設にも資金が必要でしょうし、少なくとも一部の新しい建物の建設には、補助金が必要になるでしょう。

既存の住居自体の所有権が公共住宅当局に残るにせよ残らないにせよ、新しい街路と新しい用途は（これらに混ざった新しい住居も含めて）所有も管理も住宅当局に任せることはあり得ません。そんなことをすれば、民間の建物所有者との間に政治的に解決しがたい（そして賢明でない）競争をつくってしまいます。また公共住宅当局に、自分たちのかつての大領地を自由な都市に編み込み直す仕事を任せたりするわけにはいきません。かれらはそんな仕事をやるだけの能力などまったく持ち合わせていないのですから。この土地は政府の権限を使って、公共住宅当局のために収用をかけられたものです。だから政府の権限によって召し上げ、再計画して、建物用地は売却するか、長期賃貸契約で借地にすることになります。一部は当然ながら、公園局や道路局といった適切な都市機関の管轄下に置かれるべきです。

公共住宅の救済には、ここで示したような地表レベルでの物理的改善、経済的改善だけでなく、他の変化も必要です。

お決まりの低所得者向け高層住宅は、悪夢に出てくる回廊のようなものです。照明は薄暗く不気味で、狭く、臭く、見通しは最悪。罠のようですし、事実そうなのです。これらの建物へと続くエレベータもそうです。罠とは、人々が幾度となくこう口にするとき指しているものです。「どこへ引っ越そうか？　プロジェクトはだめだ！　うちには子供もいる。若い娘たちがいるんだぞ」

プロジェクトのエレベータで子供たちが用を足すという事実を記したものはたくさんあります。悪臭が残るし、機械が腐食するので明らかに問題です。でもこれは、プロジェクトのセルフサービス式エレベータの悪用の中ではおそらく最も害のないものです。もっと深刻なのはプロジェクトの中でれっきとした理由があって感じる恐怖の方です。この問題と、これに関係した廊下問題に対する唯一の解決策は、エレベータ係を配置することです。それ以外の何ものも──地上の警備員も、ドアマンも、各種の「居住者教育」も、こうした建物をそこそこ安全にしたり、住民をプロジェクトの内外の略奪者から守ったりすることはできないのです。

これも費用がかかりますが、救済されるべきすさまじい投資──各プロジェクトに四千万ドル──に比べれば、ささやかなものです。四千万ドルと述べたのは、これがマンハッタンのアッパー・ウェストサイドの新しいプロジェクト、フレデリック・ダグラス・ハウスへの公共投資額だったからです。よくある恐怖に加えて、ここでは新聞沙汰になるほど恐ろしく残忍なエレベータ犯罪が起こりました。

これと同じ危険をはらんだ同じようなプロジェクトという大いなる遺産を置いて独裁者が退陣させられたベネズエラのカラカスでは、エレベータと廊下の安全を改善する実験が役立ったとのことです。常勤か非常勤で働ける女性居住者が、午前六時からエレベータサービスが停止される午前一時まで、正規のエレベータ係として雇われているのです。ベネズエラでかなりの業績を上げたアメリカ人計画コンサルタントのカール・フェイスは、建物がもっと安全になって、一般的なコミュニケーションと社会の雰囲気もどこか改善したのは、エレベータ係が即席の公人になったからだと話してくれました。

アメリカのプロジェクトでも、日中のエレベータ悪用と言えば子供による年下の子供への恐喝や性的虐待なので、女性居住者のエレベータ係が役に立つかもしれません。

でも大人による襲撃や追いはぎ、強盗といったもっと大きな危険がある夜勤には、男性の係が必要だと思います。そもそも夜間のサービス停止がアメリカに合っているのかどうか疑わしいものです。第一、これらのプロジェクトを借りる住民の大多数が夜勤仕事をしています。また、他の人々に適用されるものとはちがうあまりに多くの恣意的な規則が、すでにプロジェクト住民をばらばらにして居住者の憤りと敵意を煽っているからです(＊65)。

脱スラム化のためには、公共住宅プロジェクトに、選択の余地ができた住民を自らの意思で居残らせられなければいけません(つまり選択の余地ができる以前に、そこに喜んで愛着を持たねばならないのです)。そしてこのためには、すでに提案したような内外の救済も必要です。でもこれに加えて、当然ながら人々が自らそこに居残ることが認められなくてはなりません。つまり所得制限は廃止されなければなりません。所得制限の引き上げでは不十分です。所得レッテルと居住者の結びつきをすべて捨てるのです。それが残る限り、最も成功した人や幸運な人がすべて流出するだけでなく、その他の人々も自分と家を心理的に重ね合わせて、自分がただの仮住まいでしかないか、あるいは「落伍者」だと捉えてしまうのです。

すでに説明した賃料保証方式案のように、家賃は所得の増加に伴って、経済的資料がすべて賄われるところを上限として増額されるべきです。資本コストを賃料方程式に含めるには、その経済的賃料には比例配分した償却

(＊65) 最近では自由選択で低所得者向けプロジェクトに入居する人は比較的少数です。むしろ前の住居を「都市再建」や幹線道路のために追い出された人が多く、特に有色人種で住宅差別の対象になっている場合は、他に選択の余地がないのです。立ち退かされた人々のうち、公共住宅に入るのは(統計を発表しているフィラデルフィア市、シカゴ市、ニューヨーク市では)約二十パーセントにすぎません。それ以外の人々の多くは、入居資格があるのに、他の解決策があるので入ろうとしないのです。まだ幸運にも選択肢がある人々の腹立たしいまでの頑固さを示そうと、ニューヨーク市の住宅問題担当者は公共住宅の、引っ越しを待つばかりとなっている寝室三室つきアパートに住む資格を有していた十六の立ち退き家庭を引き合いに出しました。「立ち退き状を受け取っても、だれ一人公共住宅に住もうとはしませんでした」

費と元利支払い額が含まれねばならないでしょう。

　わたしが示した提案のうちのどれか一つ、いや二つ満たしたとしても、万能な救済案として使いものにはなりません。三つすべて――敷地を設計し直して周囲の都市へ編み直す、建物内の安全、所得上限の撤廃――が必要なのです。当然ながら士気喪失と永続的スラムへの後退プロセスによる被害が少ないプロジェクトほど、最も手っ取り早く肯定的な結果が期待できます。


　中所得者向け住宅プロジェクトは、低所得者向けプロジェクトほど急を要する救済問題ではありませんが、ある面ではもっとやっかいです。

　低所得者向けプロジェクトの居住者とちがって、多くの中所得者向けプロジェクトの居住者は、明らかに他とははっきり離れた孤島に自らを選り分けたがっているように見受けられます。わたしの印象がどこまであてになるかはわかりませんが、どうも中所得者プロジェクトには、歳をとるにつれて同じ階級外の人々との接触を恐れるようになる人が多く（少なくともかなり）含まれる傾向があります。このような傾向のどの程度が階級別に編成されたプロジェクトに住む人々に最初から備わっているもので、こういった感情のどこまでが縄張り生活に培われたものなのかは、わたしにはわかりません。さまざまな中所得者向けプロジェクトに住む知人たちは、エレベータや敷地内で不穏な事件が起こると――証拠の有無にかかわらず、必ず外部の人間が責められます――プロジェクト境界の外の都市に対して、近隣の敵意が膨れあがるのを目の当たりにしてきたと話しています。本物の危機による縄張り心理の成長と硬化なのか、あるいは外来者恐怖症をすでに抱えている相当数の人々の集まりなのか、どちらにせよ大都市にとっては深刻な問題です。

　プロジェクト境界の内側に住み、その境界の向こう側の都市について、疎外感と根深い不安を感じている人々は、地区の境界真空地帯を撤廃するのにあまり役立ってくれないし、かれらを都市地域構造に再び組み込むことを目的とする再計画すらあまり認めてはくれないでしょう。

　進行性の外来者恐怖症を示しているプロジェクトのある地区は、不利な条件を抱えながらも、とにかくできるだけ改善への道を歩まなければならないとしか言えないのかもしれません。それでもこのようなプロジェクトの外の街路が、さらなる安全性、多様性、活気、人口の安定性増加の触媒になり、同時にプロジェクト境界の内側では空疎さにつきものの危険が、プロジェクトの住人、保険会社、労働組合、これらの場所の所有者である民間企業家にも受け入れられる何らかの方法で改善していれば、やがては活気ある都市の一部として組み戻すことも可能になるでしょう。周囲の地区が型通りの危険なプロジェクトに変わってしまえば、もちろんその希望も薄れていきます。

文化センターや市民センターなどの非居住用プロジェクトのうち、敷地の計画やり直し戦術を使って都市構造に組み込み直せるのはおそらくごくわずかです。最も有望な例はダウンタウンの端に位置するセンターのうち、その敷地と、潜在的にはそれを補ってくれるはずの高強度利用との間にあるのが、そのセンター自身によってつくられた境界真空地帯や緩衝地域だけのところです。少なくともピッツバーグ市の新しい市民センターの片側は、現在はダウンタウンとの間に緩衝地帯がありますが、ダウンタウンに組み込み直せるかもしれません。また、サンフランシスコ市民センターの一部は、新しい街路や用途を加えれば都市に組み込み直せる可能性があります。

市民センター、特に比較的短時間に大規模な人口集中をもたらす講堂やホールを含む建物にとっての大きな難題は、その人口集中とほぼつり合う程度の人を他の時間帯にもたらす別の一次用途を見つけることです。これらを合わせた活発な用途を支えるだけの、二次多様性の幅と量を収容するための用地が、どこかに必要となります。当然ながら、幅広い二次多様性を収容できるだけの古い建物が不十分なのも問題です。要するにここで問題なのは、多くの市民センターや文化センターは活発なダウンタウンや主用途の要素としてのみ意味を持つのであって、いったん島々に集められて他と分離されてしまえば、それに意味を持たせることは山を動かすのに等しいのです。

ほとんどの場合、再統合へのアプローチとしてもっと現実的なのは、時間をかけてこれらのセンターを解体することだと思います。機会と都合しだいで解体は起こります。重要なのはその機会を逃さないことです。たとえばフィラデルフィア市でそんな機会が生じた事例として、ダウンタウンのブロードストリート駅とペンシルバニア鉄道の盛土が撤去されたときに、ペン・センターの事業所・交通・ホテルプロジェクトが計画された例があります。フィラデルフィア・フリー図書館はあきれるほど利用されていない文化センター通りに押し込まれていて、この頃に大規模な改修を必要としていました。職員たちは時間をかけて市を懸命に説得し、古い建物を改装するかわりに、ペン・センター計画の一部として図書館を文化センターからダウンタウンへ移転させるよう説き伏せたのです。どうやら市当局の責任者はだれもこのような大型文化施設のダウンタウンへの再浸透が——ダウンタウンと文化施設自体の活気のために——必要だとは考えなかったようです。

集められた文化的・市民的孤島の構成要素が機会に応じて分解されて一つひとつ島を離れていくにつれ、空いた場所にはまったく異なる用途——望むらくはちがうものであるだけでなく、プロジェクトの他の部分を補強するもの——をかわりに置いてやればいいのです。

フィラデルフィア市は古い図書館の誤りを存続させているものの、少なくともさらにまちがいを重ねずにはすみました——フィラデルフィア市はすでに文化センターでさんざん苦労したので、活気をもたらすと称されるその手の代物にいささか幻滅していたからです。ダウンタウンの音楽ホールは数年前に改修が必要になりましたが、文化保留地への移転案をまじめに検討した人はほとんどだれもいませんでした。なじんだダウンタウンに置いておかれたのです。ボルチモア市は文化施設だけ抜き出して孤立した市民・文化センターをつくるという計画を、あれやこれやと何年もいじくりまわしたあげくに、必要とされる主用途としてもランドマークとしてもこれらの施設が最も意味を持つダウンタウンに建設することを決定しました。

当然ながらこれが、あらゆる類の選り分け型プロジェクトを、実際に建設されるまでの間に救済する最良の方法です。プロジェクト自体を考え直すこと。

第21章 地区の行政と計画

大都市の公聴会は興味深いもので、人を落胆させもするし元気づけもします。わたしがいちばんよく知っているのは、市の最高機関である財政評価委員会の決議が必要な方策について、ニューヨーク市庁舎で隔週木曜日に開かれる公聴会です。政府内外のだれかによる事前の推しや引きと立案によって、その日の公聴会予定表に議題が並びます。

高い背もたれつきの白い市民用座席がいっぱいに並んだ立派な広い部屋の端で、一段高い半円形の長椅子に座っている市長、行政区長、会計監査官、市議会議長に向かい、意見のある市民が発言します。選出、任命された官僚たちもこれらの席に現れて、議題について反対や支持を表明します。公聴会は穏やかかつ速やかに進行することもありますが、紛糾して終日どころか夜中までかかることもしばしばあります。都市生活全般、あちこちの近隣の問題、あちこちの地区の問題、無数の有力者たち、すべてがこの部屋で活気づきます。財政評価委員会の委員たちは、中世に領地法廷を開いた統治者たちのように耳を傾け、口を差し挟み、ときにはその場で条例を言いわたします。

わたしは財政評価委員会公聴会の猛烈な根強い支持者で、やみつきになっています。他の地区の問題があちこちで叫ばれたり、また別の近隣が主張を申し立てたりすると首を突っ込むくせが直りません。ある意味では、すべてが腹立たしいのです。問題の多くは、本来なら起こらずにすんだはずのものでした。せめて地方自治体か自由の利く関係機関の善意ある役人が、自分たちの構想によってきわめて強い影響を与える街路や地区のことをよく知って気にかけてくれたなら――そこの市民たちが生活の中で何を大事にしているか、その理由を少しでもわかっていればよかったのに。計画者その他の専門家と見なされている人たちが、都市の仕組みを少しでも理解して尊重していれば、大部分の紛争は起こらなかったでしょう。その他の問題は身内びいき、裏取引、独断的な行政行為絡みのようで、有権者は激怒しつつも、だれに責任を負わせるべきか、どう修復を図ればいいかもわからないようです。多くの例では（すべてではありませんが）この日の公聴会に来るためにその日の稼ぎを諦めたり、子供の世話をだれかに託したりして、連れてきた子供が膝の上で身じろぎする中を、その何百人もの人は何時間もじっと座って待っているのですが、その人たちは騙されています。公聴会の前にすべてが決まっているのですから（＊66）。

もっとがっかりするのが、だれの手にも負えない問題がすぐにもたらす感覚です。影響範囲があまりに複雑なのです。問題の種類が多すぎて、ニーズとサービスが特定の場所でかみ合っていません。それが多すぎて理解されないし、ましてスプロール化しつつある地方自治体の各行政帝国から、一つひとつ一方的かつ間接的に攻撃を受けても助けられることも取り組まれることもないのです。盲人が象に触れるのと同じです。無力感とそれに伴う虚しさはこれらの公聴会の中でほとんど目に見えるほどです。

でもその一方で、あふれるほどの活気、真剣さ、数多くの市民が決起したという感覚のおかげで、この会議は心温まるものでもあります。貧しい人、差別されている人、教育を受けていない人など、ごく平凡な人々が偉大さを秘めていることを垣間見せてくれるのです。皮肉ではありません。かれらは英知をもって、経験から知っていることをしばしば雄弁に語ります。局地的ではあるけれども決して狭小ではない懸念事項について、熱を込めて語るのです。確かにばかげたことも言われるし、偽りや厚かましいこと、調子のいい身勝手が口にされることもあります。でも、そうした発言の影響を見るのも良いことなのです。わたしたち聴衆はそう簡単にだまされはしないと思います。こういった意見の正体をわたしたちが見抜いて評価しているのは、反応をみれば明らかです。都市の人々には生活経験や責任、懸念がたっぷりあります。皮肉な見方もありますが、信頼もあります。これが最も大切なのです。

一段高い長椅子に座っている八人の統治者（政府のしきたり通りに公僕とは呼べません。しもべなら主人のことをもっとよく知っているでしょうから）も、あわれなやつらなどではありません。わたしたち出席者のほとんどは、少なくとも専門家たちの過度の単純化――象に触れる盲人――から守ってくれるようにかれらを説得する、おぼろげでかすかな（めったにかなわない）チャンスが少なくとも存在することを喜んでいると思います。わたしたちは統治者たちをできる限り見つめて研究します。かれらのエネルギー、ウィット、忍耐、人間的反応は全体的に見て立派なものです。この人たちの首をすげかえたところで、大いなる改善が期待できるとは思えません。かれらは大人の使いっ走りに出された子供ではありません。スーパーマンの使いに出された大人たちなのです。

問題なのは、かれらが巨大都市の細部を扱うために頼っている、支援や助言、情報提供、助言、圧力をかけるための組織的構造が、もはや時代錯誤になっているということなのです。何らかの悪事が原因でこんな状況になったわけではないし、責任逃れという悪事すら見られません。悪事と呼べるものがあるとしたら、それは歴史的変化の要求の厳しさにこの社会がついていけなかったという、きわめて無理もない失敗です。

この事例に関係のある歴史的変化には、大都市の規模がすさまじく拡大したというだけでなく、責任の大幅な増加も挙げられます。住居、福祉、保健、教育、規制計画など、大規模自治体の行政機関が負ってきた責任です。このような環境の著しい変化に、行政構造や計画構造の適切な機能的変化で応じられないのは、ニューヨーク市に限ったことではありません。アメリカの大都市はすべ

（＊66）「ニューヨーク・タイムズ」紙に寄せた条例改正についての手紙で、元マンハッタン特別区長のスタンリー・M・アイザックス市会議員はこう書いています。「公聴会は開かれるだろうか？　もちろん。だが経験者であるわれわれは知っている。財政評価委員会が最近定期的に開いているあの公聴会みたいなものになるだろう。まず非公開の委員会が開かれる（非公開委員会は公聴会の前日の水曜日に開かれる）。すべてが決定されてから、完璧な礼節をもって、聞く耳も持っていないのに市民に耳を傾けるのだ」

て同じように行き詰まっているのです。

人のやることが、どう見ても本当に新たなレベルの複雑さに到達したときにできる唯一のことは、その新しいレベルで物事をうまく処理する手段を考案することです。そうでないと起こるのは、ルイス・マンフォードが適切にも「解体（unbuilding）」と称したもので、自分たちの礎として頼みにしている複雑さを維持できない社会がたどる宿命です。

無慈悲で単純化が過ぎる現在の都市計画もどきと都市デザインもどきは、都市「解体」の一つの形です。でも、都市「解体」を本気で称賛する反動理論によって形づくられたものとは言え、今日行われている類の都市計画の実践と影響は、理論のみにもとづいたものではありません。都市行政組織が都市の成長と複雑さに合った進化に、だれも気がつかないほどゆっくりした速度で失敗してきた中で、やはりスーパーマンの使いである都市計画などの行政官にとって、都市「解体」は破壊的ながら実用的な必需品になりました。独特の活気ある複雑で絡み合った細部の無限性を把握し、扱い、評価する力を失った行政上のシステムが、都市のあらゆる物理的ニーズ（社会的、経済的ニーズは言うまでもなく）を何とかしようとすれば、無慈悲で無駄が多く、過剰に単純化されたお決まりの解決策を考案するしかないのです。

たとえば、都市に活力をもたらすための計画を目的とした場合に、都市計画が目指すべき目標について、少し考えてみましょう。

活力をもたらす計画は、大都市の各地区の用途や人々の多様性の幅と質を最大限に刺激し、触媒となるものでなければいけません。これが都市経済力、社会的活力、魅力の根底にある基礎です。そのため、多様性を生み出すには具体的にどこに何が欠けているか都市計画者たちが診断しなければなりません。そして欠けているものをできる限り提供する支援を目指すのです。

活力をもたらす計画は、地元街路近辺の持続的なネットワークを奨励しなければいけません。都市の公共スペースを安全に保ち、よそ者を脅威ではなくむしろ資産として扱い、公共の場で子供たちにさりげない公共の見張りをつけておくうえで、利用者と非公的所有者が最大限に頼りにできるネットワークです。

活力をもたらす計画は、境界真空地帯という破壊的存在と闘い、十分な規模があって変化に富み、内外の接触がふんだんにあり、避けられない大都市生活の困難な現実問題に取り組める都市地区と人々との一体感を助長するものでなければいけません。

活力をもたらす計画は、スラムの脱スラム化を目指さねばなりません。（それがだれであれ）土着住民の大多数を、すすんでそこに長く留まらせることを目指した環境づくりを行い、それを通じて人々に安定した多様性の成長が生じ、古くからの居住者にとっても、そこにとけ込む新参者にとってもコミュニティに連続性が出るようにするのです。

活力をもたらす計画は、多様性の自滅とその他の資金の怒濤利用を建設的な力に変えねばなりません。一方では破壊の機会を妨げ、他方ではさらに多くの地域が他の人々の計画にとって優れた経済的環境を持つように刺激することで建設的な力に変えてやるのです。

活力をもたらす計画は、都市の視覚的秩序の明確化を目指さねばなりません。しかもそれを、機能的秩序を妨害したり拒否したりすることで行うのではなく、明確にして助成することによって目指すのです。

確かにこれらは一見するほどやっかいではありません。これらの目的は、どれも相互に関係し合っているからです。他のものを同時に（そしてある程度自然に）追求せずに、どれか一つを効果的に追求するのは不可能でしょう。それでもこのような目標を目指すためには、診断し、方策を考案し、アクションを提言してそれを実施する責任者たちが、自分のやっていることをわかっている必要があります。一般論としてわかっているのではなく、自分の扱う都市の、具体的で固有の場所に引きつけた形でわかっていなければならないのです。かれらが知るべきことの多くを学ばせてくれる相手は、その場所の住民だけです。他にそれをよく知っている人はいません。

このような種類の計画では、ほとんどの分野の担当者が個別のサービスと技術を理解しているだけでは不十分です。具体的な場所を、徹底的に理解しなければなりません。

建設行為の指導や、いわれのない無意識な破壊的活動の回避に必要な詳細まで、大都市全体や地区の集まり全体を理解できるのは、スーパーマンだけです。

いま多くの都市専門家の間に広まっている信条として、

すでに都市計画者や他の行政官たちの理解をこえ、手にも負えなくなっている都市問題をうまく解決するには、そこに関わる地域とそこに付随する問題をもっと拡大することだ、というものがあります。そうすれば問題にもっと「広範に」対処できるからと言うのです。これは知的無力感からの逃避です。「地域とは、問題が解決できなかった前回の地理的範囲より文句なしに広い範囲のこと」と皮肉っぽく言う人もいます。

いまの大都市の行政機関は、小都市の行政機関と何ら変わりありません。それがより大きな仕事を扱うために、無理に拡大されてきわめて保守的なやり方でその場しのぎをしているのです。これが奇妙な結果をもたらし、最終的には破壊的な結果をもたらします。大都市は、小都市が起こす問題とは本質的に異なる運営上の問題を起こすからです。

もちろん共通点はあります。あらゆる定住地がそうであるように、大都市にも管理すべき領域と、実施されるべきさまざまなサービスがあります。小さな集落の多くと同じように、これらのサービスは大都市でも縦割りに編成するのが論理的かつ実用的です。つまりサービスごとに独自の組織をつくるのです。たとえば都市公園局、保健局、交通局、公共住宅公社、病院局、水道局、道路局、許認可局、警察、衛生局など。

でも大都市では、これらの機関がこなすべき仕事量は莫大なので、最も伝統的な機関さえ、やがて数々の内部部門を設けることを余儀なくされています。

これらの部門も、多くは縦割りです。機関は内部で責任のかけらに分けられ、それぞれのかけらがまた都市全体に適用されます。たとえば公園局なら森林、整備、遊び場のデザイン、レクリエーション計画など、別々の責任ラインがトップの指揮の下にまとまっている傾向があります。公共住宅公社には用地選定、デザイン、整備、社会福祉、居住者選定などの責任ラインがそれぞれにあって、個々のラインが複雑な機関となっていて、トップの指揮の下にまとまっています。教育委員会、福祉局、都市計画委員会についても同じです。

多くの行政機関には、このような縦割りの責任部門に加え、横の部門もあります。情報収集や実働部隊、あるいはその両方のために、地域別のセグメントに分けられているのです。たとえば警察管区、保健地区、福祉地区、行政単位以下の学区や公園地区などがあります。ニューヨーク市では五つの特別区長が、いくつかのサービスについては全責任を負っています。おもに道路（でも交通は管轄外）と、さまざまな技術サービスです。

縦にせよ横にせよ、責任ある数多くの内部部門の一つひとつは合理的です。つまり周りに何もない状態なら合理的なのです。大都市でこれらを一まとめにすると、結果は大混乱です。

内部でどんなサービス部門がつくられようと、小都市では本質的に異なる結果が生じます。たとえば人口が十六万五千人しかいないニューヘイブン市のような都市について考えてみましょう。これくらいの小都市規模なら、行政機関やその職員たちは必要に応じて、まったくちがう他のサービスの管理責任者や職員と、容易かつ自然に相談して調整できます（相談して調整するだけの良いアイデアがあるかどうかは、当然ながらまた別の話です）。

さらに重要なことに、小都市規模では機関長や職員たちが、同時に二つの事柄の専門家になることもできます。自分の職務の専門家でありながら、ニューヘイブン市そのものの専門家でもあるのです。行政官（に限らずだれでも）が、ある場所をよく知って理解する唯一の方法は、直接得た情報と長期にわたる観察から一部を学び、さらに多くを行政機関内外の他人の知識から学ぶことです。この情報には地図や表にできるものもあれば、できないものもあります。これらの手段をすべて組み合わせれば、標準的に聡明な識者にはニューヘイブン市が理解できます。聡明な人だろうとバカだろうと、地域を親密に理解する手段は他にありません。

つまりニューヘイブン市には、行政機構として、ある程度の一貫性がはっきり組み込まれているのです。

ニューヘイブン市のような場所がそれなりに一貫性を持っているのは、行政上は当然と受け止められています。管理効率などのパフォーマンスを向上させる方法はあるかもしれませんが、そのためにニューヘイブン市を再編して、公園局の八分の一、保健地区六つと四分の一、福祉地区の三分の一、計画スタッフの十三分の一、第一学区の半分、第二学区の三分の一、第三学区の九分の二、警察署二つと二分の一、そして交通委員会からの一瞥を持たせればいいなどという妄想を抱いている人はもちろんいません。

そのような仕組みでは、人口が十六万五千人しかなくても、責任ある人からニューヘイブン市という場所が理解されることはないでしょう。一部だけを見る人もいるでしょうし、全体を見てもさらに大きなものの比較的重要でないかけらとして、表面的にしか捉えない人もいるでしょう。またこのような仕組みでは、都市計画を含めてサービスが効率的に進められることも、健全に行われることもありません。

でもこれが大都市において情報、行政サービスを集めて計画を立てようとする方法なのです。当然ながら、ほとんどだれもが解決したがる問題で、しかも解決できるはずの問題が、万人の理解を超えた手に負えないものになってしまいます。

百五十万人から八百万人の人口を抱える都市の場合は、ここでニューヘイブン市について述べた想像上の分割を十倍か五十倍にします（理解と扱いの本質的な難しさは人口とともに等差数列的に増すのではなく、等比数列的に増すことを忘れないこと）。そして地域の藁の山のような混乱の中から、さまざまな責任を選り分けて大規模な部門的、役所的帝国にまとめあげるのです。

調整、協議、連絡の迷路がこのスプロール化して乱雑に分割された帝国をかろうじて結びつけています。この迷路は入り組みすぎていて地図にまとめて公にしておくこともできないし、まして信頼できる繊細な部門間理解のチャンネルや、特定の場所について蓄えられた情報や、物事を済ませるための活動のチャンネルとして役立ちはしません。市民も役人も、古くさい期待を胸に疲れきって死んでいった者たちの骨をあちこちで尻目にしつつ、自分もまた永遠にこれらの迷宮をさまよいかねないのです。

ボルチモア市では、内部の助言という強みがあったため、まちがった行動や不必要な行動をしたためしのない、ある進歩的市民団体が、一年以上にわたって会議、交渉、一連の照会と承認取りに駆け回りました——街路公園にクマの彫刻を置く許可を取りつけるためだけに！　実に単純なことを実現するだけでも、こういう迷路ではすさまじく難しいことになります。難しいことを実現するのは不可能になります。

一九六〇年八月の「ニューヨーク・タイムズ」紙に掲載された、六人が負傷した市営アパート火災の記事について考えてみましょう。そのアパートは「火災時に逃げ場がない建物であると、二月に消防署から建築部へ宛てた報告書で指摘されていた」と、記事は書いています。建築物監督長官は自分の属する部をかばって、検査官たちは登記が市に移った五月十六日以降の期間も含めて、長い間この建物への立ち入り検査を求めていたと述べました。記事はこう続けています。

実は、不動産局（建物を所有していた市の機関）はこの不動産の取得について、七月一日まで建築局に通知していなかった、と監督長官は述べている。それから二十五日後に、市庁舎二十階の建築局から十八階の（建築局）住宅課への通知の旅がようやく終わった。この情報が七月二十五日に住宅課に届くと、立ち入り検査を求める電話が不動産局へかけられた。当初、不動産局は建物の鍵を持っていないと述べていた、と（建築局）監督長官は述べている。話し合いが行われた。（中略）火災が発生した（八月十三日）土曜日も、まだ話し合いは進行中だった。鍵は翌週の月曜に、火災のことを知らなかった建築部職員の手で、新しいものに替えられ（後略）。

単にコミュニケーションを取るだけでこれだけのバカげた話が起こるのです。これがひどく煩わしく、無益でつまらなくて理解に苦しむと思うなら、これと闘おうとするとこれに輪をかけて煩わしく無益でつまらないことになるか考えてみてください。希望、活力、イニシアチブを携えてこのような帝国に務めるべく就職した人たちも、自分の正気を保つためだけにでも、薄情なあきらめの境地に至らざるを得ないのです（仕事を守るためと思われることが非常に多いが、そうではなく自分の正気を保つのが主眼なのです）。

行政の内部ですら有効な情報コミュニケーションと効率的な活動の調整がやっかいなら、外部からそれをしなければならない人々にとって、それがどれだけやっかいで苛立たしいかも考えてみてください。公選政治家に対して、集団で政治的に圧力をかけるのは困難だし、時間——と高い費用も——要しますが、非公選の役人たちのもっと困難で時間を食う手続きを回避したり省いたりするには、これがしばしば唯一の使い物になる方法なのだと大都市の市民たちは悟るのです(＊67)。

政治的活動と圧力は必ず必要になるでしょう。自治社会で現実の利害や意見の衝突と闘って決着をつけるには、それが正しいやり方なのです。でもそれと、現にいまあらゆる大都市で、一つの問題やある場所のニーズへの対応に必要ないくつかのサービスから適切な専門家を結集してことにあたらせようとするだけでも――実際にはそんなことは決して実現しません――すさまじい努力が必要であることとは、話がまったく別です。そしてこれらの「連携確立のための措置」――ニューヨーク都市計画委員会ではそう称しているようです――がようやく設定されて確立されても、できたのはしばしば無知な専門家と無知な専門家の連携でしかないので、ますますバカげています。大都市の近隣の複雑さは、責任が縦割り式の専門家にそれを説明しようとしてみるまではわかりません。枕を食い破ろうとするようなものです。

大都市の市民は、行政に積極的な関心を示さないと絶えず非難されています。でもむしろ、いまだに市民が関心を払おうとし続けていることのほうが驚くべきなのです。

「ニューヨーク・タイムズ」紙のハリソン・ソールズベリー記者は青少年非行について述べた鋭い記事の中で、ひどく断片化した情報、断片化した行政、断片化した責任、断片化した権限がもたらす、改善の邪魔になる改めがたい障害について何度も言及しています。「真の無法地帯は官僚機構にある」と、ソールズベリーは非行研究者の言葉を引用しています。「衝突、混乱、重複する権限があたりまえになってしまっているのだ」

この妨害と無気力は意図的なものか、少なくともさまざまな悪しき行政体質の副産物だと捉えられることが多いようです。都市帝国の迷宮にいる不安を語る市民の絶望的な描写に「偽善」「官僚的な足の引っ張り合い」「体制の既得権益」「やつらは無関心」という言葉や言いまわしが絶えず出てきます。確かにこのような不快な特徴は存在します――そういう特徴は、前述のようなニーズを前にほんのわずかなことを実行するにも実に大人数が必要となるような環境で育つのですから。でも、このごたごたをつくり出すのは個人的な邪悪さでも頭の固さでもありません。このようなシステムは聖人ですらまともには運営できません。

悪いのは、行政構造そのものなのです。なぜかといえば、単なるその場しのぎで、使い物になる点を超えてまでその場しのぎの対応をさせられているからです。人間のやることは、しばしばそんなふうに発達します。複雑さのレベルが増すと、いずれ本当の発明が必要になる時点が来るのです。

都市はかつて行政の断片化という問題に対処する重要な発明を試みたことがあります――都市計画委員会の発明です。

都市行政理論において、都市計画委員会は重要な調整役です。アメリカの都市行政当局の重要な特徴としてはまだ新しく、ほとんどは過去二十五年の間に設けられたばかりです。都市行政部局では物理的変化を伴うさまざまな都市構想をまとめられないという、だれの目にも明らかな事実への直接的な対応として、それは設立されたのでした。

この発明はお粗末なものでした。というのは、解決するはずの欠点そのものを複製し、ある意味では強化してしまったからです。

都市計画委員会は他の官僚帝国と同じく基本的には縦割りの組織で、責任も縦に割りふられ、必要と都合に

(＊67) 一般市民はこうした苛立ちのために立ち上がって、公選政治家を通じて集団の力を行政に対して行使しますが、特別利益団体もまたそうした苛立ちを――もちろん自分の利益に沿った形で――克服すべく、「影響力」を雇うことがあります。そのため、ニューヨーク市の都市再建スキャンダルには、国の補助による再開発プロジェクトのスポンサー六人によるシドニー・S・バロン（民主党指導者カルミネ・デサピオの広報責任者）への支払いが絡んでいました。「ニューヨーク・ポスト」紙によると、スポンサーの一人はこう説明しています。「バロンを雇った理由が、かれの影響力以外に少しでもあったと言えればすばらしいんですがね。行政部長――保健、消防、警察――との会合にこぎつけるには数ヵ月かかります――でもかれの電話一本ですぐに話が動くんですよ」。記事はこう続いています。「バロンは『市の機関との交渉の円滑化のために』雇われたことをきっぱりと否定した。『わたしは会議を二つ設定しただけです。一つは保健局、一つは消防局とね』と、かれは述べている」

応じてあちこちでいい加減に横（再建地区、保存地域など）に分割されて、上層部の命令の下にまとめられています。このような配置では相変わらず、一般化あるいは断片化というやり方以外で都市の中の場所を把握できる人は、計画委員会を含めだれ一人としていません。

さらに、委員会は他の機関からのフィジカルプランの調整役なので、都市計画委員会が扱うプロポーザルは主に、他の機関の役人たちが、仮置きにせよ何がしたいか決めた後のものなのです。数十ヵ所から出された提案が計画委員会の視野に入ってきてから、ようやく委員会は提案が互いに理にかなうか、また計画委員会独自の情報や発想やビジョンに照らして理にかなうか考えることになっています。でも情報の調整において最も重要な時間とは、仮置きの案が生まれる前かその途中、あるいは具体的な場所における具体的なサービス用の戦術が編み出される前かその途中なのです。

当然ながらこんなに非現実的なシステムでは、調整役たちの間でも調整は不可能だし、まして他の人の計画などはなおさら調整できません。フィラデルフィア市の都市計画委員会は国内でも一流と広く称賛されていますし、いろいろ考えると、たぶん実際に一流なのでしょう。でもこの計画委員会お気に入りの美的創造物であるグリーンウェイ「遊歩道（＊68）」が、実際には計画者たちの予想図通りの物理景観になっていない理由を追及すると、計画調整官本人がこう語るのです。道路局がこっちのアイデアを理解していなかったとか何とか、だから適切な舗装を使えなくてとか、公園局だか住宅公社だか再開発業者がこっちのアイデアを理解していなかったとか何とかで、抽象的なオープンスペースをちゃんとつくれなかった、ストリートファニチャーを担当する各種の市の部局がこっちのアイデアを理解していなかったとか何とか――そして何よりも市民がこっちのアイデアを理解していないとか何とか。こういった一つひとつが非常にうんざりさせられる苛立たしいものなので、「理想的」になるかもしれない新たな構想をつくり出すほうが、無駄に過去の構想のかけらをまとめ上げようと迷宮をさまようよりやりがいがあるのです。でも脱スラム化、安全、都市秩序の明確化、多様性のためのより良い経済環境といった実にやっかいな都市計画問題に取り組むのに必要な調整と比べれば、これは本質的に単純な事柄です。

こんな状況の中で、都市計画委員会は複雑な都市細部に不可欠な無限性を解釈し、調整するための効果的な道具ではなく、都市の「解体」と過剰な単純化のための破壊的な道具（効果の差はあります）になってしまいました。現状ではどうしようもありません。何かしようにも、職員たちは都市の個別の場所について知らないし、知りようもないのです。計画のイデオロギーが輝く田園都市美構想から都市計画に切り替わったとしても、かれらに都市計画は不可能です。必要とされる、親密で多面的な情報を収集して把握する手段もありません。これは大都市を把握するには不向きなかれらの構造のせいでもあり、他部局に見られる同じ構造的不備のせいでもあります。

都市の情報と活動の調整には一つおもしろいことがあって、それが問題の核心でもあります。つまり必要とされるおもな調整とは、突きつめれば特定地域内のさまざまなサービスの調整なのです。これは最も難しい調整だし、同時に最も必要とされる調整でもあります。縦割りされた責任ラインの上下の調整は比較的単純で、それほど肝要ではありません。それでも縦の調整が最も容易になっているのは行政構造のせいですし、他の種類の調整はもっと難しく、地元同士の調整が不可能になっています。

知的には、地元同士の調整の重要性は都市行政理論ではほとんど認識されていないか、認められていません。やはり計画委員会自体が好例です。都市計画者たちは、自分が都市全体を広く扱っていると思いたがり、「全体図を把握」しているから、自分たちの価値は大きいと見なしたがります。でも委員会が都市「全体」を扱うために必要とされているというのは、たいていはただの思い込みです。道路計画（それがひどいやり方で行われているのは、だれも計画で影響を受ける地元を理解していないせいでもあります）と、仮予算として示される資本建設支出の合理化と割りあてのためのほぼ純粋に予算上の仕事を除けば、都市計画委員会の仕事や職員が大都市を実際に完全有機体として取り扱うことはほとんどありません。

実のところ、なすべき仕事の性質のせいで、ほぼすべての都市計画があっちやこっちの個別の街路、近隣、地

（＊68）もちろん遊歩する人はいません。

区で行われる、個別の比較的小さな活動に関係しています。うまくいっているか否か知るには――そもそも何をするべきか知るには――同じカテゴリーのかけらがいくつ他の場所に投入されて何が行われているか知るよりも、当の場所を知ることが重要です。計画が創造的であろうと協調的であろうと予測的であろうと、計画においては地元知識のかわりになるような技能など他にありません。

必要なのは、一般化された頂点で調整する仕組みの発明ではなく、むしろ最もニーズが強いところ――具体的な個別の場所――での調整を可能にする発明です。

つまり大都市は行政地区に分割されねばなりません。市政府を横分割したものになるでしょうが、でたらめな横割りではなく、地方自治体全体に共通したものになります。

長官以下の機関責任者たちは、地区行政官であるべきです。各行政官が地区で行われる自らの部門のサービスのあらゆる側面を監督するのです。その下で、サービスをその場所に提供するスタッフが働くことになります。地区境界は地区生活や計画に直接働きかける各部門のどこでも共通したものになります――たとえば交通、福祉、学校、警察、公園、条例執行機関、健康、住宅補助、消防、ゾーニング、計画など。

この地区もサービスも、各地区の行政官の専門の責任になります。この二重知識は、普通程度に聡明な知能の持ち主ならたいしたことではありません――同じ場所を別の角度から見ていて、そこを場所として理解して扱う責任を持った人々が地区にいる場合は特に。

これらの行政区は現実を新たな仕組みで断片化するものではなく、現実に即したものにならねばならないでしょう。第6章で述べたやり方で、社会的、政治的「物体」として現在機能している――あるいは潜在的に機能できる――地区と対応しなければならないのです。

この類の行政機関の情報と活動が手近にあれば、公共サービスを行う都市規模の多数のボランティア機関が地区行政に適応していくことも期待できます。

横型地方行政というアイデアは、すでに述べたように、新しいものではありません。すでにほとんどの市当局が用いている、でたらめで統一性のない水平状態がその先例です。また、現在ではよく見られる再開発地区や保存地区の指定にも前例があります。ニューヨーク市がいくつかの場所の地域保存を試みはじめたとき、計画担当者たちはすぐに、少なくとも営繕部、消防、警察、保健局、衛生局と、特に個別の場所について責任を負う職員を提供するという異例の特別な取り決めを結ばなければ、何も効果的なことはできないと気づきました。ごく単純な事柄について、ほんのわずかな改善を調整するにもそれが必要だったのです。市はこの横方向の融和の取り決めを「地域サービスのデパート」と評していて、これは市からも市民からも、保存地区を宣言された地域が受けるおもな恩恵の一つとして認識されています！

最もはっきりした横型行政と責任の先例に挙げられるのが、大都市の低所得者向け支援所で、これらは常に一区画の土地を最大の関心事として組織化されていて、実体のない縦型サービスの集まりにはなっていません。貧困者支援所が非常に効果的で、職員たちはその場所を仕事と同じくらい徹底的に知っています。貧困者支援サービスが一般に廃れたり食いちがった働きをしたりしないおもな理由はこれです。大都市の貧困者支援所は概して大いに——資金集め、人材探し、アイデア交換、法制化の圧力に——協力し合っていて、この面では横型組織を上回っています。貧困者支援所は、実は横型であると同時に縦型でもありますが、本質的に調整が最も難しいところで実に簡単に調整ができるような構造になっています。

アメリカの都市の行政区というアイデアも新しいものではありません。市民団体から幾度となく提案されてきました——ニューヨーク市では、一九四七年に優秀で博識な市民ユニオンがそれを提案して、実験地区をもとに実現できる行政地区計画を立てるに至りました。市民ユニオンの作成した地区地図は、いまもニューヨーク市の地図として最も納得のいく論理的な地図です。

しかしたいていの場合、大都市の地区行政の提案は非営利的で知的な道から逸れていきます。これこそ成果が上がらない理由の一つでしょう。ときには、政府に対する正式な「諮問」組織などと見なされることもあります。でも現実には、権力と責任を欠く諮問機関は、地区行政には役に立たないどころかひどい存在です。あらゆる人の時間を無駄にして、断片化した官僚帝国という脱出不可能な迷宮を行く他のあらゆる人と同程度の成功しか実現できません。あるいは、行政区が――たとえば計画など――一つの「大物」サービスという面で捉えられることもありますが、これもたいしたことは解決できません。行政機関の道具として有効に働くには、行政区は行政機関の多面的活動を網羅しなければならないのです。このアイデアはしばしば地元「市民センター」の建築という目的に転換され、その重要性は新たなプロジェクトの飾りを都市に提供するという表面的な目的と混同されてしまいます。地区行政の事務所は地区の中になくてはいけないし、地区と緊密であるべきです。でも、この仕組みの長所は目に見えるほどのものではないし、著しくめざましいものでもありません。地区行政の目に見える最も重要な現実化とは、最初に「連携確立のための措置」をとらなくても話し合う人々の姿と言えるでしょう。

地区行政は市政の一形態なので、現在のその場しのぎの小都市行政構造よりも本質的に複雑です。都市行政がもっと単純に機能できるように、都市行政の基礎構造はもっと複雑化する必要があります。矛盾するようですが、現在の構造は単純すぎるのです。

というのも、大都市の地区行政を「純粋」かつ教条的にやることもできないことは理解されねばなりません。縦方向のつながりを忘れるわけにはいかないからです。どれほど大きくても都市は都市で、場所やその一部は大いに相互依存しています。都市は町の集まりではないし、もしそうだったなら都市としては破綻するでしょう。

純粋な横型行政を目指した教条的な行政機関再編は、必然的に現在のごたごたと同じくらい単純で、混乱しきって役に立たないものになるでしょう。これが実用的なものにならないのは、課税、全般的な予算割りあてが中央集権的な市の機能でなければいけないという理由に尽きます。また、一部の都市機能は地区行政を完全に超越しますし、地区に関する知識の密で複雑な詳細はこれらとほぼ無関係ですし、また関係あるものについても、その場所をよくわかっている地区行政官が必要な情報を集めればすぐに簡単に把握できます。上水道、大気汚染防止、職業斡旋、そして博物館、動物園、刑務所の管理がその例です。一部の部門には、地区機能としては非論理的なサービスもあるし、論理的なサービスもあります。たとえば免許部がタクシー免許を、個別の地区機能として委譲するのはバカげていますが、中古業者、娯楽場、販売業者、鍵屋、職業斡旋所など免許を必要とするその他多くの事業は合理的に地区組織で扱うことができます。

　また、一部の専門家は大都市になら置く余裕があるし役立ちますが、個々の行政地区だと常に必要な存在ではありません。このような人々はサービスの移動技術者・専門家として、必要に応じて地区行政官のもとに派遣されて働けばいいのです。

　地区行政を行う都市は、地区についての知識が関係するあらゆるサービスをこの新しい種類の構造体に変えようと試みるべきです。でも、一部のサービスやサービスの一部についてては、それまでどう機能してきたか見てみる必要があります。システムをつくる前に、ガチガチに固めた不変の業務計画が必須というわけではありません。実際にやってみて、その後も変更を加えるやり方なら、必要となる公的な権限は、いま行きあたりばったりでサービスを組織に適応させているのと同じで十分でしょう。実施に必要になるのは、大衆行政への確かな信頼を持った強い市長です（この二つはたいていい両立するものです）。

　つまり都市全体に対する縦型サービス部門はなおも存在して、地区の内部で情報とアイデアを蓄積することになります。でもほとんどの場合は、さまざまなサービスの内部組織が互いの関係、地域との関係に応じて本質的な機能面で理にかなうように合理化され、自動的に組み合わされます。計画については、都市計画サービスは存在しますが、ほとんどのスタッフ（最も聡明なスタッフであることを願いましょう）は、分散化された形で都市に貢献し、行政地区で都市活性化計画が理解、調整、実行できる唯一の規模で働くことになるでしょう。

　大都市の行政地区は情報、推薦、決定、行動という本物の器官を備えることになるため、すぐさま政治的な生きものとして活動しはじめるでしょう。これが、このシステムのおもな利点の一つです。

　大都市の市民には、自分たちの意志や知識を市に対して知らせて尊重させるための圧力をかける支点が必要です。行政地区は必然的にそのような支点になります。いま縦型都市行政機関の迷宮で争われている紛争――あるいは市民のまったく預かり知らないところで勝手に決まってしまった紛争――の多くは、地区へその舞台を移すでしょう。自治というものを創造的プロセスとして捉えようと、監視的プロセスと捉えようと（もちろんその両方ですが）、大都市自治行政にはこれが必要です。大都市行政機関が大規模で非人間的で訳のわからないものになり、地域的課題、ニーズ、問題はさらに不明瞭になるにつれて、市民活動や市民監視はさらに弱まり、効果のないものになります。大都市行政機関が（市民には最も直接的に重要なことが多い）地域的課題についてはまったく無力になったのに、市民が責任、活気、経験を持って大都市規模の課題に取り組むことを期待しても無駄です。

　政治的な生きものとして行政地区は長を必要としており、かならず一人の人間が公式または非公式にその立場につきます。書類上きちんと公式に、ときには市長に対する責任を負う「市長」代理の任命を指す場合もあります。でも長としての任命職員は、すぐに選出公職者などによって力を失うことになります。行政に自分たちの視点で考えさせようと策をめぐらせるにあたって、市民団体は、可能であればかならず選出公職者に圧力をかける――そして期待に応えるようなら支援する――という単純な理由のせいです。影響をおよぼすための選択肢を見抜いている有権者は、手がかりのあるところへ力を行使するだけの知恵を持っています。多少なりともその地区に対応する選挙区を持った一部の選出公職者が、機能的に一種の地元「市長」になることはほとんど避けられません。大都市地域が社会的、政治的に有効なところでは、どこでもそうなっています（＊69）。

　行政区として適切な規模とは、どれくらいでしょうか？

　地理的にいうと、実証的に有効な都市地域の一辺が二・五キロより広い地域であることはほとんどなくて、たいていはこれより小規模です。

　しかし特筆すべき例外が少なくとも一つあります。これは重要なことかもしれません。シカゴのバック・オブ・ザ・ヤード地区は約二・五キロ×四・八キロで、他の場所からの証拠にもとづく有効な地区としての最大規模の約二倍あります。

　実のところバック・オブ・ザ・ヤードは公的、理論的にではなく、事実上の行政地区として機能しています。バック・オブ・ザ・ヤードでは、行政機関として最も重要な地元行政機関は一般的な都市行政機関ではなく、第16章で述べたように、むしろバック・オブ・ザ・ヤード議会です。行政機関の公的権力のみによって実行できるような決定は、議会から市当局へ送られ、市当局は、まあ言ってみればきわめてすばやい反応を見せます。また、議会そのものも、提供されるときは正式行政機関が提供するのが常となっているサービスを一部提供しています。

非公式ながら本物の行政権力として型破りに広い地域を動かすバック・オブ・ザ・ヤードを機能させているのは、この能力なのかもしれません。つまり通常は基礎を内部交錯利用に頼りきっている有効な地区の独自性が、ここでは揺るぎない行政機関に補強されているのです。

これは居住が主用途の一つでありながら、密度が低すぎるため、十分な人口があっても普通の活気ある地区になれない大都市地域にとっては、重要になるかもしれません。このような地域は、しだいに利用の集中する都市地域へと移行することになり、このくらいの地理的な広がりであれば、やがては二、三の地区になるでしょう。でもその一方で、バック・オブ・ザ・ヤードのヒントがわたしの考える通りのことを意味しているなら、地区行政がもたらす団結によって、こういった人口のまばらな地域でも、政治的、社会的、行政的にも地区として機能できるかもしれません。

ダウンタウンの外側や、大規模な製造業が集中しているところの外側では、必ずと言っていいほど都市地域の

(＊69) こういう意味での地元「市長」は、二つの要素の組み合わせで進化しているように見受けられます。気軽に話ができて、求められるものを実現する能力、そして選挙区の規模です。最初の要素のせいで、かれらの正式な役職は同じ都市の中でもさまざまに異なります。でも二つめの要素も重要です。したがって多くの都市で議員が地元「市長」になりがちですが、市会議員の選挙区（約三十万人）が巨大すぎて目的に合わないニューヨーク市ではこれはあまり見られません。ニューヨーク市だと、地元「市長」は州議会議員であることのほうが多いのです。選挙区が市で最小規模（約十一万五千人）であるというだけで、市の行政を相手にするよう頼まれるのです。ニューヨーク市の優れた州議会議員は、市民を代表して州よりも市の行政を相手にすることが遥かに多いのです。こうしてかれらは、ときには市の役人として重要な役割を果たすのですが、これはかれらの理論上の責任とはまったく別ものです。これは地区の政治的なその場しのぎの結果なのです。

主用途の一つは居住です。だから地区の規模を検討するのに人口規模が重要になります。都市の近隣について述べた第6章で、経験的に有効な地区は（人口的に）都市全体で存在感を発揮できるだけの大きさでありながら、街路近隣が失われたり無視されたりしない程度に小さな場所だと定義しました。これはボストン市やボルチモア市などの小さな都市では人口三万人、最大級の都市では最大約十万人（最大限でも約二十万人）までさまざまです。有効な地区行政には三万人では少ないので、もっと現実的な最小限度は五万人といったところでしょう。でも約二十万人が地区人口の上限というのは、地区を社会政治的な器官とみなす場合だけでなく、行政面でも言えることです。これより大きくなると、総合的かつ十分に細かく把握できる規模を超えてしまいます。

大都市自体は、国勢調査では標準大都市圏というさらに大規模な居住地の一部にすぎません。標準大都市圏には主要都市（ときにはそれ以外も含みます。たとえばニューヨーク・ニューアーク標準大都市圏、サンフランシスコ・オークランド標準大都市圏）の他、大都市の政治的境界の外にありながら経済的、社会的軌道の中に位置する関連都市、もっと小さな衛星都市、村、町、郊外も含まれます。標準大都市圏の規模は、当然ながら過去五十年間で地理的にも人口的にも非常に成長しています。これは第16章で述べたように、都市周辺になだれ込み、都市の内部にはまったく提供されなかった怒濤資金のせいでもあるし、大都市が都市としてうまく機能し損ねたせいでもあるし、前述の二つの理由から、かつては孤立していた村や町を飲み込んだ、郊外や準郊外の成長のせいでもあります。

このように、同じ大都市圏の中にあるのに、行政的には分けられているこれらの居住地は、多くの共通した問題（特に都市計画上の問題）を持っています。水質汚染、おもな交通問題、大規模な土地の荒廃や誤用の解消、地下水や原野、大規模レクリエーション用地などの資源の保全には、この大都市圏という単位――その中の大都市ではありません――こそが最も重要なのです。

こういった重要な現実問題が存在しているのに、行政的にはあまりいい対応手段がないため「大都市圏政府」という概念が生み出されました。大都市圏政府のもとで、政治的に分かれた地域は引き続き純粋に局所的な問題における政治的独自性と自治権を保ちますが、大きな計画力と計画を実行する行政機関を備えた広域的な行政機関に連合されるのです。各地域の税金の一部は大都市圏政府に流れ、辺境の地が中央都市施設を利用することで大都市が負担させられている財政負担の一部を除く助けにもなります。大都市共通施設の共同計画と共同支援への障壁としての政治的障害は、こうして合理的な形で克服されます。

大都市圏政府というアイデアをもてはやしているのは、多くの計画者たちだけではありません。数々の大実業家たちをも惹きつけているらしく、さまざまな講演で「行政事業」を扱う合理的な方法だと述べられています。大都市圏政府の支持者たちには、現在の大都市で都市計画をするのがいかに困難かを示すときに見せる、おきまりの証拠があります。それはさらに大きな大都市圏の政治的地図です。中央付近のどこかにあるのが最大の都市、その大都市圏の行政機関を示す、ひときわ大きくてあか抜けた存在です。その外側に重なり合って複製され締めつけられている町、郡、小都市、郡区の寄せ集めと、便宜的な理由から発展したあらゆる種類の特別行政区があり、一部は大都市と重なっています。

たとえばシカゴ大都市圏には、シカゴ自体の市役所の他に、隣接するか重なり合った地方行政組織が約千個あります。一九五七年の時点でアメリカの百七十四の大都市圏には一万六千二百十の行政組織が集まっています。

「行政のパッチワーク」というおきまりの言い方は、ある意味ではぴったりの表現です。ここで得られる教訓は、このようなパッチワークはまともに機能できないということです。巨大都市の都市計画においても行動においても、使いものになる基盤にはならないのです。

大都市圏ではしばしば大都市圏政府をつくろうという案が提示され、有権者たちはきまって容赦なくこれを却下しています（＊70）。

多くの大都市圏の問題には共通の協調的行動（と財政

（＊70）マイアミ大都市圏の有権者は例外。しかしマイアミで大都市圏政府を実現させようとして、その提唱者たちは大都市圏政府にほとんど何の権限も持たせなかったので、投票といっても実は単なる形ばかりでした。

支援）が大いに必要とされ、大都市圏のさまざまな行政組織ではさらなる局所的連携が必要という事実にもかかわらず、この投票者たちは正しいのです。

この状況を説明するはずの地図にはとんでもないいつくりごとが含まれています。おもな巨大都市の「統合された」行政機関を表す、ひときわあか抜けたきれいな存在は、当然ながらその外側にある行政機関のかけらでつくられたパッチワークよりもさらにめちゃくちゃなパッチワークなのです。

大きくなれば、その分だけ局所的な無力さ、無慈悲さ、過剰に単純な計画、行政的カオスが生じるというのに、それを連合させるようなシステムを投票者たちが辞退するのも道理です——いまの地方自治体では、大きいというのはまさにそういうことなのですから。何も計画がない状態に比べて、いまの「すべてを支配する」都市計画者たちに対して手も足も出ないような状態というのは、いささかでも改善と言えるでしょうか？　パッチワーク状の群区や郊外政府に比べて、だれ一人理解も道案内もできないような迷宮だらけの大きな政府が、いささかでも改善と言えるでしょうか？

大都市圏政府的な、新しい機能する戦略や方策を切望するような行政組織はすでにあります。それは、大都市です。実際的な大都市圏行政は、まず大都市の中で学習して利用されるべきです。そこには固定された政治的境界による妨害もないのですから。結果的に地域と自治プロセスを無意味に荒廃させることなく、共通の大きな問題を解決する手段を、まずは大都市で実験してみなければならないのです。

大都市が、理解できる規模の行政地区を使った行政、連携、計画を学べれば、社会としてもっと大きな大都市圏の統治と行政のパッチワークを扱うことも可能になるかもしれません。現在のわたしたちにはその能力がありません。いまのわたしたちは、ますます不十分な形で、小都市政府をその場しのぎで使っているだけであり、それ以外には巨大な大都市圏や計画を扱う技量も見識もまったく持ち合わせていないのです。

第22章 都市とはどういう種類の問題か

考えるという行動にも、他の行動と同じように、それなりの戦略や方策というものがあります。都市について考えて何か結論を出すだけのことでも、都市がどんな種類の問題を提起するか、知っておくのが大きなポイントです。というのも、すべての問題を同じように考えることはできないからです。どんな考え方が有効で真実を引き出しやすいかというのは、そのテーマについての自分の都合のよい思い込みではなく、そのテーマ自体が本質的に持つ性質にかかっています。

今世紀の数々の画期的な変化の中でおそらく最も深くまで影響しているのは、この世界の精神的な探索方法の変化です。新しい人工頭脳のことではなく、人類の脳に加わった分析と発見の方法、つまり思考の新戦略です。これらはおもに科学的な手法として発展してきました。でもこれらが示す精神的覚醒と知的挑戦は、しだいに他の探求にも影響を与えはじめています。かつて分析不可能と思われた謎は、もっと取り組みやすくなりました。それに、一部の難問の性質は、もはやかつて思われていたものとはまったくちがったものになってます。

このような思想戦略の変化と都市の関係を理解するには、科学思想の歴史を少しばかり理解する必要がありますす。科学思想の歴史のみごとな要約と解釈は、ウォーレン・ウィーバー博士がロックフェラー財団の自然科学・医学部門副部長を退任する際に「ロックフェラー財団一九五八年 年次報告」に寄稿した、科学と複雑性についての小論に盛り込まれています。この小論からかなり長く引用しましょう。ウィーバー博士の述べたことは都市についての考え方と直接関係があるからです。博士は遠回しなやり方で、都市計画の思想史をまとめているのです。

ウィーバー博士は科学思想の歴史の発展の三段階を挙げています。⑴単純な問題を扱う能力。⑵まとまりのない複雑性の問題を扱う能力。⑶組織立った複雑な問題を扱う能力。

単純な問題とは、互いの行動に直接関係がある二つの要素――二つの変数――を含む問題で、これらの単純問題は、科学が最初に取り組みを覚えた種類の問題だとウィーバー博士は指摘しています。


概ね十七、十八、十九世紀は、物理科学が二変数問題の分析を学んだ時代であったと言えるだろう。科学はこの三百年間で、ある数量――たとえば気体の圧力――がおもに第二の数量――たとえば気体の体積――に左右されるという問題を扱うための、実験・分析的技術を発展させた。これらの問題の本質的特性は（中略）第一の数量の行動を説明するのに、第二の数量との関係のみを考慮すれば、その他の軽微な影響を無視しても、使いものになる精度が出るという事実にある。

このような二変数の問題は本質的に単純な構造をしていたし（複雑）単純性はこの段階の科学の進歩にとっての必要条件であった。

さらにふたを開けてみると、この本質的に単純な特性の理論と実験から、物理科学分野では大きな進歩が達成されたのだった。（中略）一九〇〇年までの時代に、光、音、熱、電気（中略）の理論の基礎を築いたのは、この二変数の科学だった。それが電話、ラジオ、自動車、飛行機、蓄音機、映画、タービン、ディーゼルエンジン、現代の水力発電所をもたらしたのである。（後略）

問題分析の第二の方法を物理科学が発展させたのは、一九〇〇年以降のことでした。

（ウィーバー博士引用の続き）想像力のある人々の一部は、二つか、多くて三つか四つの変数に関わる問題を研究するかわりに反対の極に向かい「二十億の変数を扱える分析手法を発展させよう」

と言った。つまり物理科学者たちは（しばしば数学者たちを先頭に立てて）まとまりのない複雑性の問題とでもいうべきものを扱える、確率論と統計力学という有力な技術を発展させてきたのである。（中略）

　この発想の雰囲気をつかむには、まず単純な例示を考えてほしい。十九世紀の古典力学は、ビリヤード台の上を転がる象牙のボール一つの動きの分析や予測には、非常に適していた。（中略）驚くほど難しくはなるが、二個、さらには三個のボールがビリヤード台を転がる動きも分析できる。（中略）しかしビリヤードゲームのように十個、十五個のボールが同時に台の上を転がる動きを分析しようとすると、問題は手に負えなくなってしまう。これは何ら理論的障害があるからではなく、いくつもの変数を含む特殊な詳細を扱う手間が現実問題として無理であるからにすぎない。

　だが無数のボールが跳ねまわる大きなビリヤード台を想像してほしい。（中略）驚いたことに、問題は簡単になる。統計力学の手法が応用できるのだ。確かに、特定のボールの軌跡を詳細にたどることはできない。だが次のような重要な問題に対しては、十分役立つ精度で答えがもたらされるのだ。所定の幅を持つ台の縁には、一秒当たり平均何個のボールがぶつかるか？　他のボールに当たるまでに一個のボールが移動する平均距離は？（中略）

　（前略）「まとまりのない」という言葉は、多数のボールが載った大きなビリヤード台に（あてはまる）（中略）ボールの位置と動きがでたらめに分布しているからだ。（中略）だがこのでたらめさや個別変数の未知の行動にもかかわらず、システム全体は一定の秩序と分析可能な平均的特性を有している。（中略）

　さまざまな経験がこのまとまりのない複雑性に分類される。（中略）きわめて実用的な精度で大型電話交換局の経験（電話の平均頻度予測、同じ電話番号への通話が重複する確率など）に適用できるのである。またこれは、生命保険会社の財務的な安定性を可能にする。（中略）すべての物質を形づくる原子の動きや宇宙を形づくる星々の動きなど、すべてがこれらの新技法の範疇に入る。遺伝の基本法則はこれらの技術で分析されている。あらゆる物理システムの基礎的、必然的傾向を説明する熱力学は、統計的考察に由来する。現代物理学の構造全体が（中略）これらの統計的概念にもとづいている。証拠という発想そのもの、そして証拠から知識を導出するやり方も、いまではこれらの同じアイデアにもといているものと認められている。（中略）コミュニケーション理論と情報理論が同じく統計的概念にもとづいていることもわかった。このように、確率論の概念はあらゆる知識理論に欠かせないと言わざるを得ない。

でも、決してすべての問題がこの分析手法で探れるわけではありません。生物、医学といった生命科学はそうはいかない、とウィーバー博士は指摘しています。これらの科学も進歩をとげましたが、全体的に見ればまだウィーバー博士の言う分析適用の予備段階をやっています。相関があるらしい影響の収集、記述、分類、観察です。この準備段階にわかった数多くの有益な事実の一つが、生命科学は単純な問題でもまとまりのない複雑な問題でもなく、本質的にちがう種類の問題だ、ということです。それは一九三二年になってもまだ取り組む方法が非常に遅れていた類の問題なのだ、とウィーバー博士は述べています。

このギャップについて、博士はこう書いています。

ひどく単純化して、科学的技法は極端から極端へと移り（中略）広大な中間領域は手つかずだと述べたいところだ。また、この中間領域の重要性はそもそも変数の数が中程度である――二より大きいが、一つまみの塩に含まれる原子の数より小さい――という事実には左右されない。（中略）変数の数などより遥かに重要なのは、これらの変数がすべて相互に関連しているという事実である。（中略）これらの問題は、統計で処理できるまとまりのない状況とは対照的に、組織の本質的特徴を示す。したがってこの類の問題を組織立った複雑性の問題と呼ぼう。

マツヨイグサを開花させるのは何か？　塩水はなぜ渇きをいやせないか？（中略）生化学的に老化

はどう記述されるか？　遺伝子とは何か？　また、ある有機体独自の遺伝子構成は、発達したその成体の特徴としてどのように発現するか？

これらはすべて確かに複雑な問題である。だが統計学的技法が鍵を握る、まとまりのない複雑な問題ではない。すべて相関しあって一つの有機的統一体をつくる、相当数の要素を同時に扱う必要がある問題だ。

ウィーバー博士によると、生命科学がまだ組織立った複雑性を扱うのに有効な分析法を開発する入り口にあった一九三二年には、生命科学がこのような問題について大きな進歩をとげられるのであれば、「これらの新技術を、単に有益なアナロジーとしてであっても、行動科学、社会科学の広範な領域に拡大できるかもしれない」との推測がなされたそうです。

それから四半世紀のうちに生命科学は実際にすばらしく輝かしい進歩をとげました。それまではわかっていなかった知識を、並はずれた迅速さで並はずれた量にわたり蓄積したのです。また、大いに改善された理論や手法も――多数の新たな問題を生み出し、知るべきことはまだまだあると知らしめるのに十分なくらい――手に入れました。

でもこの進歩が可能になったのは、生命科学が組織立った複雑性の問題であると認識され、この種類の問題の理解に適した方法で考えられ、取り組まれたからにすぎません。

生命科学における最近の進歩は、その他の組織立った複雑性の問題について著しく重要なことを告げています。この種類の問題は分析できる――ウィーバー博士が述べたように「何やら暗く不吉なかたちで不合理」ではなく、理解できるものと見なすことは、十分に理にかなっているということです。

さて、この話が都市とどう関係するのか見ていきましょう。

都市は、たまたま生命科学と同じように組織立った複雑性の問題です。「半ダースか数ダースの数量がすべて同時に、しかも細かく関連しつつ変動している状況」を示しています。また都市は、これまた生命科学と同じように、それを理解すればすべて説明がつくような、組織立った複雑性の問題を一つだけ示したりはしません。都市は生命科学の場合と同じように、やはり互いに関連した多数の問題や断片に細かく分解できるのです。変数は多くてもでたらめではなく「相関し合って有機的統一体をつくる」のです。

実例として、都市近隣公園の問題をふたたび検討してみましょう。公園についての要素は、一つひとつをとれば、どれもウナギのようにつかみどころがありません。その他の要素からいかに影響を受けるか、それらにいかに反応するか次第で、そこからどんな意味でも引き出せるでしょう。公園がどれほど利用されるかは、ある程度公園自体のデザインに左右されます。でも公園のデザインが利用におよぼす部分的影響ですら、だれが周りにいてそれを使いそうかにもよるし、こんどはそれがまた公園の外側の都市の用途にも左右されます。さらに、こういった用途が公園に与える影響は、他とは無関係にそれぞれがいかに個別に公園に影響するかという問題のみに留まりません。その組み合わせが、どう公園に影響するかということでもあるのです。というのは、一部の組み合わせは、各種の構成要素の中でそれぞれが互いに受ける影響を刺激するからです。するとこういった公園近くの都市用途やその組み合わせも、建物の年代、周辺街区の規模の取り合わせなど、また別の要素に左右されますし、そこには共通の統合的用途としての公園自体の存在も影響してきます。利用者を結びつけて混ぜ合わせるかわりに、公園の規模をかなり拡大したり、周辺街路から利用者を切り離して分散させるようにデザインを変えたりすると、すべてが白紙に戻ってしまいます。公園にも環境にも新しい影響が関与してくるのです。これは空地の人口比率という単純な問題とはかけ離れています。でも、もっと単純な問題だったらと願うのも、もっと単純な問題にしようと試みるのも無駄なことです。現実にそれは単純な問題ではないからです。何を試みようと都市公園は、組織立った複雑性の問題であるようにふるまうし、実際に組織立った複雑性の問題なのです。都市の他のあらゆる部分や特徴についても同じです。その多くの要素の相互関係は複雑ですが、これらが互いに影響し合うやり方に偶発的なところや不合理なところはまったくありません。

さらに（よくあることですが）ある面ではうまくいっ

ていて他の面ではうまくいっていない都市の一部では、組織立った複雑性の問題として取り組まなければ、長所や短所の分析、問題の指摘、有用な変化の検討さえできません。単純化した実例をいくつか挙げると、ある街路は子供の監視やさりげない信頼のある社会生活の提供にすばらしく役立っていても、その他のあらゆる問題の解決においては劣悪かもしれません。街路自体と（やはりその他の要素のせいで存在するかどうかもわからない）もっと大きく効果的なコミュニティを結び合わせるのに失敗しているからです。また、街路自体に多様性を生み出すすばらしい物理的要素があり、公共スペースを何気なく監視する立派な物理的デザインが備わっていても、廃れた境界に近接しているせいでかなり活気に欠けて、住民たちからも避けられ怖がられることになるかもしれません。あるいは街路の実力としてはまともに機能できる基盤がほとんどないのに、機能して活気ある地区と地理的にみごとに結びついているために魅力を保ち、用途が生じて、十分に機能できている街路もあるでしょう。もっと簡単で万能な分析や、もっと単純で魔法のような万能の解決策を願ったところで、こういった問題の組織立った複雑性を単純化できるわけではありません。いくら現実逃避して何かちがうものとして扱おうとしても無理な話です。

　都市はなぜずっと昔から組織立った複雑性の問題として認識され、理解され、扱われていないのでしょうか？

　生命科学に関わる人々がその分野の難問を組織立った複雑性の問題と認識できるのなら、都市に専門的に関わる人々はなぜ問題の種類を認識していないのでしょう？

　都市に関する現代思想の歴史は、残念なことに生命科学についての現代思想の歴史とはまったく違います。従来の近代都市計画の理論家たちは、都市とは単純な問題、あるいはまとまりのない複雑性の問題であると終始誤解したまま、そういうものとして分析して処理しようと試みてきました。この物理学の模倣がほとんど無意識だったのは確かです。おそらくほとんどの思想の裏にある仮説がそうであるように、当時浮遊していた雑多な知的胞子に由来するものでしょう。しかし対象――都市――を大いに軽視していなければ、こういった誤用はまず起こらなかったし、事実そうなっているように誤用が続くことは絶対になかったでしょう。これらの誤用は邪魔になります。光の中に引きずり出し、不適当な思想戦略と認識して、捨てねばなりません。

田園都市計画論が始まったのは十九世紀後半で、エベネザー・ハワードは単純な二変数問題を分析する十九世紀の物理学者のように都市計画問題に取り組みました。田園都市構想における二つの変数は、住居（あるいは人口）の量と仕事の数でした。この二つはどちらかと言えば閉鎖的なシステムを構成し、単純かつ直接的に相互に関係しているものと考えられていました。そして住居にも従属的な変数があって、同じく直接的かつ単純で相互に独立した形で住居に関係しています。遊び場、オープンスペース、学校、コミュニティセンター、規格化された商店およびサービス。町全体もやはり、都市・緑地帯という直接的で単純な関係における二つの変数の一方と捉えられていました。秩序あるシステムはこれがすべてです。そしてこの二つの変数の関係の単純な基礎の上に、都市の人口を再配分して（願わくは）地域計画を達成する手段として築かれたのが自足的な町でした。

この方式が、孤立した町にどの程度うまくあてはまるかわかりませんが、これほど単純な二変数関係のシステムは、大都市では見られません——そして見られるはずがないのです。ひとたび選択の多様性と交錯利用の複雑さを備えた大都市の活動範囲に取り囲まれてしまったら、翌日からこのようなシステムは町の中でも見られなくなります。それにもかかわらず、計画論は粘り強くこの二変数の思想・分析システムを大都市に適用してきました。そして都市計画者や住宅専門家たちは現在に至るまで、大都市近郊を「あるもの（人口など）の比率に単純かつ直接的に左右される、別のもの（オープンスペースなど）の比率」という二変数システムの型に整えたりつくり直したりする際に、扱うべき問題に種類については貴重な真実の塊を抱えていると信じているのです。

確かに都市計画者たちは、都市が単純な問題のはずだと想定していましたが、都市計画理論家も都市計画者たちも、現実の都市がそうでないことに気づかないわけにはいきませんでした。でもかれらは無関心な（あるいは軽視している）人々が組織立った複雑性の問題を扱うときのいつものやり方で処理にあたりました。ウィーバー博士の言葉を借りれば、まるでこういう謎が「何やら暗く不吉なかたちで不合理（＊71）」であるかのように。

ヨーロッパでは一九二〇年代後半から、そしてアメリカでは一九三〇年代に、都市計画論は物理学が発達させた確率論という新しいアイデアの吸収に取りかかりました。まるで都市が組織立っていない複雑性の問題で、統計分析のみで理解できて、確率数学を適用すれば予測できて、平均集団に変換すれば管理できるかのように、都市計画者たちはこれらの分析を模倣して適用しだしたのです。

都市をばらばらの書類棚の集まりと見なすこの概念と、とてもうまく合ったのがル・コルビュジエの輝く都市構想で、これは二つの変数の田園都市を縦型でさらに中央集中的にした型でした。ル・コルビュジエ本人は統計的分析について軽く示唆する以上のことはしませんでしたが、その構想の前提はまとまりのない複雑なシステムの統計学的整理であり、それが数学的に解けるものだというものでした。かれの公園の高層建築は、芸術における統計の力と、数学的平均の勝利を賞賛するものでした。

新しい確率技法と、都市計画に用いられてきたやり方の根底にある問題の種類についての前提は、二変数による改良都市という基本構想に取ってかわりはしませんでした。むしろそこにこれらの新しいアイデアが追加されたのです。単純な二変数の秩序システムが相変わらず目標とされました。でもいまや、既存のまとまりのない複雑なシステムとされるものから、その変数システムをもっと「合理的」に組織できます。つまり確率・統計の技法はさらなる「正確さ」とさらなる視野をもたらし、都市の問題とされるものに対していっそう優れた見解や対処を可能にしたというわけです。

確率の技法によって、かつての目標——周辺住居や前もって定められた住民たちと「適切」に結びついた店舗——は、一見したところ実現可能になりました。標準的な買物を「科学的」に計画する技術も生まれました。スタインやバウアーなどの都市計画理論家たちはかなり初期の段階で、都市の計画型ショッピングセンターが独占的か準独占的でない限り統計では予測不能となり、都市が暗く不吉な不合理さでふるまい続けることを悟ったのですが。

(＊71) たとえば「カオス的事故」「固形になったカオス」など。

こういった技術を使い、計画によって立ち退かされた一定数の人々を、収入別、家族人数別に統計分析し、それに一般的な住居回転率の統計を組み合わせたり、需給ギャップを正確に予測したりすることも可能になりました。このようにして市民の大規模移住の実現可能性らしきものが得られました。統計上、この市民たちはもはや家族以外のどんな集団にも属していないし、砂粒や電子やビリヤードのボールのような学問的扱いが可能です。立ち退かされた人数が多いほど、数学的平均を根拠に計画しやすいのです。これを根拠にすると、すべてのスラム取り壊しと住民の再整理を十年計画として検討するのは、知的に容易で健全なことであり、それを二十年計画で検討しても困難さはあまり変わりません。

あるがままの都市とは、まとまりのない複雑性の問題であるという主張の論理的帰結として、住宅専門家と計画者たちは、新しい書類棚を開けて詰めることで、ほぼすべての具体的な不具合が修正できるというアイデアに——真顔で——たどりつきました。だから次のような政党の政策があるのです。「一九五九年の住宅法には（中略）公共住宅に応募するには所得が高いが民間市場で適切な住処を得るには所得が低い、中所得世帯向け住宅プログラム（中略）が盛り込まれるべきである」

統計と確率の技法によって、ご大層かつ立派な都市計画調査の作成も可能になりました。それは鳴りもの入りで登場しますが、まとまりのない複雑なシステム向けの統計力学の型通りの実行に他ならず、実質的にはだれにも読まれず、ひっそり忘れ去られるのも無理がない代物です。これで統計都市のマスタープラン策定も可能になり、人々はこれらをもっと深刻に受けとめるようになりました。というのも、わたしたちはみな地図と現実には必ず関係があると信じるのが当然だと思っているし、無関係でも現実を変えて関係をつくれると思っているからです。

これらの技法をもってすれば、住民やかれらの収入や出費や住居を、範囲と平均が出せれば単純な問題に変えられる、本質的にはまとまりのない複雑性を持つ問題と見なせます。またさらには都市交通や産業や公園や文化施設もまとまりのない複雑性の構成要素として、単純な問題に変えられると考えることが可能でした。

それに、いままでになく広い範囲を擁する都市計画の

「連携」構想を考えることに知的不都合はなかったのです。範囲は広いほど、また人口は多いほど、どちらも神の視点から見てまとまりのない複雑な問題として、もっと合理的かつ容易に扱えます。「地域とは問題が解決できなかった前回の地理的範囲より文句なしに広い範囲のこと」という皮肉な批評は、この意味では皮肉ではありません。まとまりのない複雑性について基本的な事実を単純に述べたもので、大きな保険会社は小さな保険会社より平均化によるリスク分散しやすいというのに似ています。

でも都市計画がこのように、取り組む問題の性質そのものについて根深い誤解に陥ってきた一方で、この誤りを負わされることなく非常に早く進歩しつつある生命科学は、都市計画に必要な概念の一部を提供してきました。組織立った複雑な問題を認識する基本戦略を提供するとともに、こういった種類の問題の分析と処理について、ヒントを提供してきたのです。こういった進歩は当然ながら生命科学から一般知識へと浸透して、時代の知識の宝庫の一部となってきました。こうしてますます多くの人々が、都市を組織立った複雑な問題——未検証ながら明らかに複雑に結びついている、確実に理解できる関係に満ちた有機体——と、考えるようになっていきました。本書はこのアイデアが形をとったものの一つです。

この見解はまだ都市計画者たち自身の間でも、都市建築デザイナーあるいは実業家や立法者など、計画「専門家」たちに確立されて長い間受け入れられてきたものを自然なものとして吸収する人々の間にも、まだほとんど広まっていません。また計画を教える学校でも（おそらくそこではとりわけ）広まっていません。

都市計画分野は停滞しています。慌ただしいのに進歩がありません。一世代前に考案された計画と現在の計画を比較すると、目に見える進歩があったとしても、それはごくわずかです。地域あるいは地方の交通については、一九三八年のニューヨーク万国博覧会でゼネラル・モーターズがジオラマで提供して広まったものや、それ以前にル・コルビュジエが提示したもの以上のものは何も提示されていません。ある意味では明らかに退行していたりもします。現在のロックフェラーセンターのつまらない模倣は、どれ一つとして四半世紀前に建てられたオリジナルにおよびません。伝統的な都市計画が自分でつくった土俵の中で見た場合ですら、一九三〇年代と比較すると現在の住宅プロジェクトは改善していないばかりか、通常は退行しています。

都市計画者や、計画者から学んだ実業家や融資者や立法者たちが、自分たちは物理学の問題に取り組んでいるという未検証の前提にしがみつく限り、都市計画に進歩はありえません。当然ながら沈滞します。実用的で進歩する思想の形成に真っ先に必要な条件が欠けているのですから。それは問題の種類の認識です。これがないために、都市計画が見つけたのは行き止まりへの最短コースでした。

たまたま同じ類の問題を提起しているからといって、生命科学と都市が同じ問題ということではありません。生きた原形質の組織と、生きた人間や企業の組織は同じ顕微鏡では見られないのです。

でもこの両方を理解するための方策は似たところもあります。単純な問題を見るのに適した、あまりきめ細かくない裸眼や、まとまりのない複雑な問題を見るのに適した望遠鏡的視点よりも、いわば顕微鏡的もしくは詳細な視点にかかっているという点です。

生命科学では、特別な要素か量――たとえば酵素――を特定し、その複雑な関係と、他の要素や量との相互関連を苦労して学ぶことによって組織立った複雑性を扱っています。すべてが他の（一般的でない）特別な要素や、量の（単なる存在ではなく）行動において観察されるのです。確かに二変数分析や、まとまりのない複雑性の分析技術も用いられますが、これは補助的な方策としてのみ用いられます。

原理的には、これらは都市を理解して助けるのに用いられる方策とほぼ同じです。都市の理解で最も重要な思考習慣は次の通りだと思います。

・プロセスを考える
・一般から個別事象へ、ではなく個別事象から一般へと帰納的に考える
・ごく小さな量からくる「非平均的」なヒントを探して、それがもっと大きくてもっと「平均的」数量が機能する方法を明かしてくれないか考える

ここまで本書を読んできた方なら、これらの方策をあまり説明する必要はないでしょう。でも、このままだとただの示唆に終わりかねないので、論点を引き出すために、まとめてみましょう。

なぜプロセスについて考えるか？　都市の物体は——建築物、街路、公園、地区、ランドマークであれ何であれ——環境や背景次第で根本的に異なる効果を持ちます。したがって、たとえばこれらを抽象的に「住宅」と考えたなら、役に立つことは何も理解できないし、都市住宅の改善にもまったく効果がありません。都市住宅は、既存のものにせよ潜在的なものにせよ、脱スラム化、スラム化、多様性の生成、多様性の自己破壊など、常に異なる個別プロセスに関わっている、個別かつ独自の建物なのです（＊72）。

本書が都市とその構成要素に関して、ほぼひたすらプロセスの形を議論してきたのは、対象がそれを要求するからです。都市にとってプロセスは絶対不可欠です。また、都市プロセスについて考えるなら、次はこれらのプロセスの触媒について考えねばならないし、これも同じく重要なのです。

都市で起こるプロセスは、専門家だけが理解できる難解なものではありません。ほとんどだれにでも理解できます。一般人の多くはすでに理解しています。ただこれらのプロセスに名前をつけていないか、こういった原因と結果の普通の取り合わせを理解すればそれに方向づけできるということを考えたことがないだけです。

なぜ帰納的に考えるか？　そうせずに一般論から考えていくと、最終的に不条理さに行きついてしまうからです——ボストン市の計画者が、自分を専門家たらしめる一般論のご託宣のため（現実に手にしていたあらゆる証拠にもかかわらず）ノースエンドはスラムにちがいないと考えていた例のように。

これは明らかに落とし穴です。都市計画者たちが頼りにしている一般化そのものが、まったくのナンセンスだったからです。でも帰納的論理は、実質的に都市と関

（＊72）このため「住宅」専門知識だけに精通した「住宅専門家」は職業としてバカげています。このような職業が意味をなすのは「住宅」自体に重要な一般的影響と質があることが前提の場合のみです。そんなものはありません。

わりがある力とプロセスの識別、理解、そして前向きな利用においても同じく重要なので、ナンセンスではありません。わたしはこれらの力とプロセスについてかなり一般化しましたが、こうした一般論が、個別の具体的な場所で個々の事柄が意味するはずのことを示すのに定型的に使えるとは、どなたも考えてくださいますな。現実の都市プロセスは定型化するには複雑すぎるし、抽象化して適用するには個別性が強すぎます。これらはいつも個々の事柄の独特な組み合わせの相互作用で成り立っていて、その個別性を知らずにすませることはできないのです。

この類の帰納的論理も、やはり普通の関心ある市民ができることですし、ここでも市民は都市計画者たちより有利な立場にあります。計画者たちは演繹的思考を身につけるよう訓練されています。かのボストン市の都市計画者は、その訓練が効きすぎていたのです。近隣と関わりつつ利用することに慣れていて、一般化や抽象化に慣れていない、専門的に訓練を受けていない一般人に比べると、計画者たちは個々の事柄の尊重や理解において知的能力が低いように見受けられるのは、このまちがった訓練のせいかもしれません。

なぜごく小さな量からくる「非平均的」なヒントを求めるのか？　包括的な統計調査は、確かにいろいろなものの規模、範囲、平均、メジアンの有用な抽象的測定法になる場合もあります。折に触れて収集された統計は、その値に何があったか示してくれます。でもそれらの量が、組織立った複雑なシステムの中でどう機能しているかについては、ほぼ何も教えてくれません。

ものごとがどう機能しているか知るには、ヒントを見極める必要があります。たとえばニューヨーク市ブルックリンのダウンタウンについてどんな統計調査をしても、ダウンタウンの問題やその原因について、ある新聞広告がわずか五行で述べたほどのことも語ってくれません。この広告は書店チェーンの「マルボロ」がチェーン店五店の営業時間を記したものです。三店（マンハッタンのカーネギーホールのそばに一店、公共図書館とタイムズ・スクウェアの近くに一店、グリニッジ・ヴィレッジに一店）は午前〇時まで開いています。五番街五十九番地付近にある四番目の店舗は午後十時まで開いています。ブルックリンのダウンタウンにある五番目の店舗は午後八時まで。ここの経営陣は、客がいれば遅くまで店を開けているのです。ブルックリンのダウンタウンは、午後八時には人が少なすぎるとこの広告は語っていて、事実その通りです。ダウンタウンの働きに対するこの小さくとも詳しくて正確な手がかりほど、ブルックリンのダウンタウンのニーズと成り立ちについて教えてくれる調査はありません（統計調査から将来を推定する心配りのない機械的な予測、現在では頻繁に「計画」としてまかり通っているあほだら経は論外です）。

　都市に「非平均」を生み出すには、大量の「平均」が必要です。でも第7章の多様性の生成装置に関する議論で指摘したように、何かを大量に用意しただけで、それが人、利用、構造、仕事、公園、街路など何であれ――都市多様性が大量発生するとは限りません。こういった数量は、本体を維持するだけ、いやそれ以下の不活発な低エネルギーシステムの要素として機能することもあるのです。もしくは「非平均」の副産物を生み出す、相互作用する高エネルギーシステムを構成することもあります。

　「非平均」は、物理的なものの場合もあります。遥かに大きくてより「平均的」な情景の中のささやかな要素である人目を引くものの場合がそうです。ユニークな店のように経済的なものの場合も、変わった学校や普通でない劇場のように文化的なものの場合もあります。公人、たむろする場所、住居、経済的、職業的、人種的、文化的に平均的でない利用者のように、社会的なものの場合もあります。

　「非平均」の量はどうしてもかなり小さいものですが、活気ある都市には欠かせません。ここで述べたいのは、「非平均」的数量は分析手段――ヒント――としても重要だということです。これらは数量の多いさまざまなものが組み合わせによりふるまう、あるいは失敗するやり方を告知する唯一のものだったりすることも多いのです。粗っぽい例えとしては、原形質システムの中のごく微量のビタミン、牧草に含まれる微量元素が挙げられます。こういったものは、これらが一部になっているシステムが適切に機能するために必要です。でもその有用性はこれだけにとどまりません。システムに起きている事態を知るための、きわめて重要な手がかりとしても役立つし、実際役立っているからです。

この「非平均」的手がかりの認識――あるいはその欠如の認識――は、やはりどんな市民にも実践できます。一般的に都市の住民は、まさにこのテーマについては実にすばらしいインフォーマルな専門家です。都市の一般人たちはこれらの比較的小さな数量の重要性によく調和した、「非平均」的数量に気づいています。そして都市計画者たちはここでも不利な立場にあります。かれらは統計的には取るに足らない「非平均」的数量を、必然的に重要度が低いと見なすようになっています。かれらは最も重大なものを軽視するよう訓練されてきたのです。

さてここで、正統派の改革者や計画者たちが（残りのわたしたちともども）はまり込んでしまった、都市についての知的誤認の泥沼をもう少し掘り下げねばなりません。都市計画者たちの対象への根深い軽視、「暗く不吉な」不合理さあるいは都市のカオスに対する幼稚な信条の背景には、都市――実際は人間――とそれ以外の自然との関係についての、長年の誤解があります。

当然ながら人間はグリズリーやミツバチやクジラやサトウモロコシと同じく、自然の一部です。人間の都市は自然の一形態の産物で、プレーリードッグのコロニーや牡蠣の繁殖場所と同じように、自然の一形態です。植物学者エドガー・アンダーソンは「ランドスケープ」誌に、自然の一形態としての都市について、気の利いた繊細な記事を時折書いています。「世界の大部分において、人間は都市を愛する生き物として認められてきた」と、かれは指摘しています。自然観察は「都市の中でも田舎と同じくらいとても簡単にできる。人間を自然の一部として受け入れるだけでいい。ホモ・サピエンスの一標本であるあなたにとって、自然史をもっと深く理解するためのガイドとして、このホモ・サピエンスという種が圧倒的に優れているのだということをお忘れなく」。

興味深い、でも無理からぬことが十八世紀に起こりました。ヨーロッパの都市はこの頃までに、すでにさまざまな自然の厳しい面と人々との仲介をうまくやっており、かつては稀だったことが広く可能になりました。それは自然を感傷的に捉えること、あるいは少なくとも、粗野もしくは野蛮な自然との関係を感傷的に捉えることです。マリー・アントワネットが乳搾りを楽しんだのは、ある次元でのこの感傷の表れでした。「高貴な野蛮人」というロマンチックな発想は、これまた別次元のもっとバカげた代物でした。そしてこのアメリカでも、ジェファーソンが自由な職人や機械工の都市を知的に拒否したり、自立した田舎の自作農による理想社会という夢を描いたりしたのは負けず劣らずバカげた発想でした――奴隷に自分の土地の耕作をさせていた偉大な善き人物としてはなんともお粗末な夢です。

現実には、野蛮人（と農民）は――伝統に縛られ、社会階級にとらわれ、迷信にとらわれ、疑念に悩まされ、何であれ見慣れぬものを恐れ――最も自由のない人間です。「都市の空気は自由にする」と中世の言いまわしにあったように、都市の空気は逃亡した農奴を文字通り自由にしました。都市の空気はいまも企業城下町、植民地、工場農場、自営農場、作物収穫手伝いの出稼ぎ労働者ルート、鉱山集落、単一社会層郊外地からの逃亡者を自由にしています。

都市が間に入ってくれるおかげで、「自然」というのが一般に、良性で純粋で人を高尚にしてくれるものと見なせるようになり、その延長で「自然人」（どのくらい「自然」かについてはおまかせします）もそういうものだと見なされるようになりました。このつくりものの純粋さ、気高さ、善行に照らすと、つくりものでない都市は悪の巣窟で、明らかに自然の敵と見なせるようになりました。そしてひとたび自然というのを、子供にやさしい大きなセントバーナードであるかのように捉えはじめたなら、この感傷的なペットを都市にも持ち込み、都市が気高さ、純粋さ、善行をいくらか得られるようにしたいという欲求ほど自然なものが他にあるでしょうか？

自然を感傷的に捉えるのは危険です。ほとんどの感傷的な発想は、気づかれないかもしれませんが、その根底に根深い敬意の欠如があるのです。おそらく世界一自然を感傷的に見ているわたしたちアメリカ人が、おそらく世界一貪欲で冒瀆的な、野生と田園地方の破壊者でもあるのは、偶然ではありません。

この統合失調的な態度をもたらすのは、自然への愛でも敬意でもありません。味気なく、規格化、郊外化された自然の幻影をもてあそびたいという、いくぶん思い上がった感傷的な欲求です――わたしたちと都市がただそれだけでれっきとした自然の一部であり、草刈りや日光浴や瞑想による高揚よりもずっと深く避けられないやり方で自然に関わっていることを、まったく信じられずにいるのです。だから田園地方では毎日数千ヘクタールの土地がブルドーザーで新たに削りとられて舗装で覆われ、探しに来たものを殺してしまった郊外居住者がそこに点在しているのです。アメリカの一級農地（この地上では貴重な宝）というかけがえのない遺産は、幹線道路やスーパーの駐車場の犠牲になっています。つくりものの自然にすり寄って都市の「不自然さ」から逃れるという国を上げた大いなる努力のために、森林の木々が引き抜かれ、小川や河川が汚染され、大気にガソリンの排気ガス（長年の自然製造の産物）が満ちるのと同じように、無情で考えなしに。

こんなふうにつくられる半郊外化や郊外化されたごたごたは、将来そこに住む当の住民たちから嫌悪されるようになります。このようなまばらな分散は、持ち前の活気、耐久力あるいは居住地としての本来的な有用性をまともなレベルで持てません。魅力を一世代以上保てるものはほとんどないし、それも基本的には最も高価なところだけです。そしてその後は、都市のグレー地域のパターンにしたがって衰退します。実のところ、現在の都市の膨大なグレー地帯は、少し前には「自然」に近い地域への分散型住宅地だったのです。たとえばニュージャージー州北部の荒廃している、あるいは急速に荒廃しつつある千二百ヘクタールの住宅地の建物の半分は、築後四十年も経っていません。今後三十年したら、現在問題となっている都市の広いグレー地帯などまままごとにしか見えないほどの広大な範囲に、荒廃と崩壊の問題が新しく山積するでしょう。またいかに破壊的であっても、これは偶然に意図せずして起こるものでもありません。それはまさにわたしたちの社会が意図的に起こしたものなのです。

感傷的に見られて、都市のアンチテーゼと見なされている自然を構成するのは、どうやら草と新鮮な空気以外ほとんどないと思われているようです。このバカげた敬意の欠如が、公式にも公的にもペットとして維持されてきたような自然ですら、荒廃させてしまうのです。

たとえばニューヨーク市の北の、ハドソン川上流のクロトン・ポイントにある州立公園はピクニック、球技、そして堂々たる（汚染された）ハドソン川見物向けの場所です。クロトン・ポイント自体も地学的に珍しい存在です――あるいは「でした」。氷河のせいで青灰色の粘土が約十三・五メートルの砂浜に堆積していて、川の流れと太陽の働きが合わさって粘土の犬を生み出しています。これらはほとんど石の密度に凝縮されて焼き上げられた自然の彫像で、息をのむほど繊細かつ素朴なつくりのものから東洋の華麗な作品をしのぐすばらしい造形物まで、きわめて珍しいさまざまなものがあります。粘土の犬が見られるところは世界中にも数箇所しかありません。

ニューヨーク市の地学専攻の学生たちは、ピクニックの行楽客やくたびれた野球選手、大はしゃぎの子供たちに交ざって粘土の犬を探し、気に入ったものを持ち帰ります。粘土と川と太陽は飽きることなく像をつくり続け、一つとして同じ像は存在しません。

わたしも地学教師に粘土の犬のことを教わって以来、折に触れてかれらに交ざって宝捜しをしてきました。数年前の夏には夫と一緒に子供たちを連れて、犬を探し、それがつくられる過程を見せようとクロトン・ポイントへ行きました。

でもわたしたちは、自然を改善したがる人々に、ワンシーズンほど遅れをとってしまったのです。独特の小さな砂浜を構成していた粘土質の泥の斜面は破壊されていました。そこにあるのは飾りのない擁壁と、公園の芝生の延長でした(公園は拡大されていました――統計上は)。新しい芝生のそこここを掘り返すと――他人による冒瀆は他のだれかが冒瀆してもかまいません――ブルドーザーでつぶされた粘土の犬の破片が見つかりました。永遠に止められてしまったのかもしれない自然のプロセスの最後のなごりです。

時代を超える驚異よりも、このつまらない郊外化を望む人などいるでしょうか? こんな自然破壊を許す公園管理者とは何なのでしょう? ここにはっきり存在しているのは、あまりにもおなじみの精神です。すなわち最も複雑で独特な秩序が存在するところに、無秩序しか見ない精神です。都市街路の生活に無秩序しか見ようとせず、それを消して標準化して郊外化したいとうずうずするのと同じタイプの精神です。

この二つの反応にはつながりがあります。都市を愛する存在がつくり利用している都市は、このような単純な精神には尊重されません。そういう都市は、郊外化された都市の平凡な影ではないからです。自然の他の面も、郊外化された都市の平凡な影ではないため、やはり尊重されません。自然についての感傷は、触れるものすべてを自然でないものに変えてしまうのです。

大都市と田園地方はうまくやっていけます。大都市には本物の田園地方が近くに必要なのです。そして――人間から見ると――田園地方には、人間が残りの自然界を冒瀆ではなく鑑賞できる立場にいられるように、さまざまな機会と生産性を備えた大都市が必要なのです。

人間であること自体が難しいため、あらゆる類の居住地(夢の都市を除く)には問題があります。大都市には山ほど問題があります。人間が山ほどいるからです。でも活気ある都市は、最も困難な問題と闘うにも無力ではありません。環境の成り行きの一方的な被害者ではないのです。ちょうど人間が、自然に対立する邪悪な存在でもないように。

活気ある都市には、問題に取り組むのに必要なものを理解し、意思疎通し、考案し、発明するすばらしい能力がもともと備わっています。おそらくこの能力の最も顕著な例は、大都市が病気におよぼしてきた影響です。かつて都市は疫病に対してきわめて無力で、やられる一方の被害者でしたが、いまでは疫病の偉大な制圧者になりました。治療、衛生、微生物学、化学、通信、公衆衛生方策、研究調査病院、救急車などのあらゆる装置は、根本的に大都市の産物ですし、大都市なしでは想像もできないでしょう。そしてそれは都市の人々だけでなく都市の外側の人々も、早死にとの果てしない戦いで頼りにしているものです。社会がこうした進歩を実現可能にするための余剰財、生産性、才能のきめ細かな配置などもわたしたちが都市という形で組織化されている結果であり、特に密な大都市として組織化されている結果なのです。

緩やかで素朴な環境や、損なわれていない無垢な田舎(そんなものがあればですが)に、社会悪の慰めを求めるのはロマンチックかもしれませんが、時間の無駄です。わたしたちをいま悩ませている重要な問題のどれかに対する答えが、均質な居住地からもたらされると思う人がいるでしょうか?

退屈で淀んだ都市には、確かに自らの破壊の種くらいしかありません。でも、生き生きとした多様で活発な都市には再生の種があり、自分たちの外部の問題やニーズにさえ対応できるだけの、あふれるエネルギーがあるのです。

訳者解説

本書はJane Jacobs, *The Death and Life of Great American Cities* (Vintage, 1961) の全訳である。既存の邦訳は原著の前半しか訳しておらず、また翻訳自体も問題が多かった。本書は原著刊行から五十年たってやっと刊行される、初の完訳である。また、一九九二年の新装版への序文も収録した。著者名の表記は、現在の慣行に合わせた。

著者について

著者ジェイン・ジェイコブズは……本書の著者、というのがいちばんの紹介になるだろう。彼女は学者ではない。通俗的な意味でのセレブでもないし、公職や組織の長の経験もない。彼女は本当に、そこらの一介のおばさんだ。だがそのおばさんは都市の活力の源の一端を見極め、それを本書でありとあらゆる側面から分析し、その知見をもとに市民運動を組織して、ニューヨークのダウンタウンの大規模な再開発を阻止した。一介の素人でありながら、彼女は観察と理論化、そしてその実践をみごとに体現してみせた。それが彼女の最大にして唯一無二の業績だ。

だから彼女の生涯は、本書の誕生とその後の影響以外にはめぼしい事件がない。一九一六年にアメリカの地方都市スクラントンに生まれ、後にニューヨーク市のダウンタウンに移住、高卒で文筆業を目指し、ジャーナリストとして当初より都市問題を中心に取材執筆を展開、「フォーチュン」誌の依頼で書いた「ダウンタウンは人々のものである」(一九五六) という論説 (邦訳はW・H・ホワイト・ジュニア編『爆発するメトロポリス』所収) が注目を集め、ロックフェラー財団がそれを本にするために補助金を出し……そして執筆中にも、いくつか実際の再開発阻止運動にかかわりつつ、その経験も交えてこの本が生まれた。

本書は大反響を呼び、その後彼女は、執筆活動と並行して各種の再開発反対運動の大御所となる。一九六七年にはベトナム反戦運動で逮捕、翌年にはロウアーマンハッタン幹線道路建設の公聴会で、騒乱の扇動罪で逮捕。同年にはベトナム戦争反戦でカナダのトロントに移住。その後も執筆を続け、二〇〇六年に他界。年表的にはこんなものだ。

だが、本書とその影響は、年表の一行で書き尽くせるものではない。それは驚異的な出来事だったのだ。

本書とその背景

概要

さて、本書は都市計画や都市論における有数の古典だ。本書は、まず都市の魅力の源泉である賑わいとコミュニティの役割を明確にした。そして、それに必要な各種の物理的条件および人的条件を整理した。それまでのスラム撤去式ブルドーザー型の再開発——既存の建物を一掃して高層アパートを建て、オープンスペースを大量につくる団地型再開発方式——を、都市の持つ美点を殺して衰退を招くものとして糾弾し、都市計画の理念にまでさかのぼった徹底的な批判を展開して、ボトムアップの都市再生を主張した。

ただし、その意義を理解するのは、一見したほど容易ではない。

こう書くと、意外に思われる方も多いだろう。無機質で型にはまった巨大アパートは非人間的で、人間的な活気と賑わいのある街のほうがいい——こういうと、当たり前じゃないか、とだれもが思う。現場を見ず、人の生活を理解しない頭でっかちで利権まみれの役人や建築家どもに、人々の立場に立ち生活に根ざした実感から、果敢にもノーを突きつけたジェイコブズ、という図式は実にわかりやすい。官僚テクノクラート的な再開発はアメリカ大都市の死であり、そしてジェイコブズの提案は、アメリカ大都市の生を代表する存在というわけだ。日本でのジェイコブズに関する記述は、一つ残らずこの図式から一歩たりとも出てはいない。

だが、これは必ずしも当時の実態のフェアな記述や理解とは言い難い。そもそも本書は研究書的な性格はあるが、実際にアメリカ都市の状況を総合的に分析したわけではなく、少数の事例と伝聞にしか基づいていないのだ。そして当然のことながら、そこには固有の時代背景があり、ジェイコブズはそれをわざわざ説明していない。だが本書はアメリカ——そして世界——の都市が、過去二世紀ほどの歴史の中できわめて特殊な状況におかれていた時期に書かれた本だ。その特殊性を理解することは必要だろう。

時代背景

まず、時代背景を。当時——というのは一九五〇年代のアメリカ経済の絶頂期だ。人々の所得がぐんぐん成長する中、アメリカの都市は、未曾有の大郊外移転を経験していた。中産階級はこぞって、郊外部につくられた新興住宅地の一戸建てに移り住み、車中心の消費社会が確立した。若者たちはエルヴィス・プレスリーに熱狂。「バック・トゥ・ザ・フューチャー」の舞台を想像してほしい。

その一方で、都心部は見放されていた。ニューヨーク市では、世紀の変わり目から一九四〇年までで人口は倍増した。十年でだいたい二割ずつの人口増だ。ところがその後人口の増加は急激に鈍化し、四〇〜五〇年代は一割も増えていない。第二次世界大戦後もその傾向は止まらないどころか、一九五〇年代後半から六〇年代には何と人口は長期減少に転じる。まったく同じ現象が、サンフランシスコ市でもシカゴ市でもワシントンDCでもフィラデルフィア市でも、いやアメリカに限らず、ロンドンでもパリですら起きているのだ。

過去二百年ほどで、戦争や大災害もない平和時に、都市——それもほとんどあらゆる都市——の人口が十年も減り続けるなど、空前の出来事だった。当時の都心は全体として、まったく魅力的ではなかったのだ。

ジェイコブズの本しか読んでいない人々は（いや残念ながら、この話を熟知しているべき都市計画の専門家すら）、しばしばこれを誤解している。現代都市計画がやってくるまでのアメリカ大都市（そして欧州の大都市）は、まったく問題がない、明るい活気に満ちた場所だったと思っている。いまのグリニッジ・ヴィレッジやソーホーや、素敵なカフェの並ぶあそこやここの、こぎれいな歩行者天国や上野アメ横などをイメージして「活気」とか「賑わい」とか「多様性」とか口走っていることが多い。でも、当時の都心部は素敵どころではなかった。だれに強制されたわけでもなく人々が我先に逃げ出す、ひどい場所がほとんどだったのだ。

これはほぼ現代都市計画に基づく再開発のせいで起こったことではない。それ以前の話だ。住宅が量的にも不足し、ろくに便所もないような家だらけ、各種のインフラも未整備だった都市に、数十年で人口が倍増するほどに流入した結果として、都心部はかなりひどい状況になっていた。そして、転出に伴う遺棄と荒廃、それに伴う治安の悪化、それが招くさらなる都心脱出のスパイラルは、止めようがないように見えた。もはや都市の時代ではないのだ、と当時は考えられていた。都心部は車社会に適応できない。建物も古くて、新しい時代に必須とされる設備（トイレとか）すら設置できない。ちなみに当時の人々のイメージする未来都市というのは、SFチックなつるピカのプラスチックとロボットと自家用飛行艇と科学万能の世界だ。百年前に建ったトイレもない旧都心のこきたないレンガ造建築ですって？　ご冗談を。

つまりアメリカ大都市（そして世界の大都市）はすでに死にかけで、魅力を失っていた。本書で批判されている再開発も、そしてジェイコブズの提案も、その同じ問題に対する異なる取り組みだ。都市の衰退に対して、人々が当時圧倒的に支持していた郊外的な環境を都市に持ち込むことで再生を図ったのが各種のスラム再開発だ。それに対してジェイコブズは、都市固有の魅力を訴え、またそこで行われる各種の活動が実は深く絡み合っていることも指摘したうえで、それを強化することが都市再生の道だと主張した。いまにして思えば、ブルドーザー再開発の手法は乱暴すぎたし、またそれを支えた法制度も問題が多かった。そしてジェイコブズの主張は実に鋭かった。だがそれは当時、いまほど自明ではなかったことはお忘れなく。

ちなみにその後一九六〇年代末頃から、都市人口は世界中で回復に向かう。それは、ジェイコブズの主張が全面的に取り入れられたからではない。何が変わったかよくわからないままに、都市は復活した。都心居住は再び人気を取り戻し、それとともに普通に都市の活気も戻ってきた。荒廃した再開発アパート群の多くも、いまは本書で描かれたような荒廃とは無縁の普通の健全なアパートになった。その原因の分析は、というのはこの解説の範囲を超える。ただ本書でジェイコブズが論じたもの以外に、都市の活力や安定性にはもっとクリティカルな要因が作用していることは指摘できるように思う。

本書の意義——アマチュアの勝利

さて、歴史的な状況を見ると、当時の都市状況や再開発手法の位置づけが、多くの人のイメージとはちがうことを指摘してきた。だからと言って本書におけるジェイコブズの天才的な洞察の価値は、いささかも揺らぐものではない。

当時の多くの再開発プロジェクトは、確かに失敗だったし、それを省みずに同じまちがいを繰り返したのも事実。だがその程度の話なら、ちょっと観察力があればわかる。だからジェイコブズ以前にも、既存の各種再開発プロジェクトへの批判はたくさんあった。画一的で、犯罪その他も増えて荒廃が目立つ等々。こうした批判の代表的なものは、前出の『爆発するメトロポリス』にも収録されており、実は『死と生』でのジェイコブズの議論は、輝く田園都市批判などの基本主張からグリュエン報告などのもとネタに至るまで、かなりこの本から拝借されている。

だが表層的な現象批判を超える分析はあまりなかった。むろん個別の問題については優れた分析があった。本書でも引用されているリンチ『都市のイメージ』は、単調な団地群は人々にとってイメージしにくくて記憶に残らないことや、車両交通の多い道路が地区の分断をもたらし、それが利用の低下をもたらすことを、実証的に示している。またデザイン的な単調さに関する文化人的な苦言は、いつの時代もひと山いくら。でもそれは、再開発プロジェクトのある一面の問題でしかない。じゃあ都心を当時の絶望的な状態で放っておけと言うんですか、と切り返されたら文化人たちは何も言えなかった。

それを突破したのがジェイコブズだ。本書は、そうした個別の印象批評や文化人たちの愚痴をはるかに超える地平にまで到達した。本書のすごいところは、表層的な議論を突き抜けて、そもそも都市の本質とは何かというところまで掘り下げた批判を展開できたことだ。そして、当時の再開発が破壊していたのが、まさに都市の本質そのものだということをみごとに示したのが彼女の手柄だった。

都市の本質とは、お互いに知らない人々が集まって、過度に干渉せずに関係を築けるということだ。その関係が、街路という公共的な場所を核として発達する。そしてその街路の公共性を保つのは、そこに張りつく多様な商業経済活動と、それが生み出す「ついでの」活動だ。買い物や雑用でやってきた人々が、ついでにその街路に人目を提供し、それが街路の治安を保つ。それが逆に地域の商業的繁栄にもつながる。用途規制や巨大開発などを通じた土地利用の純粋化は、そうしたついでの活動を殺し、街路を殺し、結果として都市を殺してしまう。目に見える単調さやつまらなさは、その結果でしかない!

いまにしてみれば、だれにでも思いつきそうな話だ。だが……ジェイコブズ以外はだれも思いつかなかったのだ。そしてそれを可能にしたのは、彼女の観察力と総合力だった。それは彼女の、アマチュア性の勝利だったと言ってもいい。

アマチュアというと通常は悪口で、無知で基本的な概念すら理解できていないという意味だ。だが二流の専門家よりはるかに知識も見識もあるアマチュアも、少数ながら確実にいるのだ。さらにアマチュアがアマチュアであるが故に、プロに対して優位性を持てる場合がある。まず、現象のストレートな観察。そして専門家たちが何らかのドグマにはまってしまっている場合。さらには問題が大きくて、通常の学問領域に収まりきらない場合だ。一九五〇年代から六〇年代にかけての都市問題は、このすべての条件がそろっていた。本書は、まさにその間隙を縫って登場してきたものだった。

本書の根底にあるのは、実際の都市——特に彼女自身が住んでいる街路や、その周辺のグリニッジ・ヴィレッジの詳細な観察だった。専門家の観察は、通常は事前の仮説に沿った、特定の側面に着目して行われる。それにあてはまらないものは、記録されない。だがジェイコブズには特定の仮説はなかった。それ故に彼女は、実際に起こっていることをあまり取捨選択せずに記述できた。それが本書の第2章に描かれ、しばしば引用される、ハドソン通りの「バレエ」の生き生きとしたみごとな描写だ。彼女のすべての(正しい)洞察は、こうした観察がもとになっている。

そして当時の都市計画が、ある種のドグマに陥っていたのも事実だ。それにはそれなりの理由があったことはすでに述べたが、それでもドグマはドグマだし、アプローチは紋切り型で、都市の重要な側面を捉えきれておらず、したがってそれについての配慮はまったくなかった。これは本書で執拗に批判されている通りだ。

だがジェイコブズがアマチュアの最大の優位性を発揮できたのは、何よりもその総合性という点においてだ。本書は、既存の学問や行政領域の区分など一顧だにしない。目先の都市デザインや建築設計だけではない。地域の産業構造、人の通行、街の安全、それを支える街路形態、開発制度、その背後の金融、政治組織、住民運動——都市開発に関係するありとあらゆる側面が詰め込まれている。そしてそれらの密接な関係が、実に入念に描き込まれている。

これは当時——いやいまも——どんな専門家にも書けない。個別の立場から、建築やら産業やら治安やら金融やらの専門家が論集をつくることはできる。だが、本書が扱っていた問題は、そうした個別領域よりも、その総合的な絡み合いの中にあり、したがって論集では決して捉えきれない。これは既存の学問領域にとらわれることのないアマチュア——それも博識で異様な観察力を持ち、専門家など屁とも思わない生意気で蛮勇に満ちたアマチュア——にしか書けない本だった。

もちろん、そんな便利なアマチュアがそうそう転がっているはずもない。こうした異様な能力を持ったジェイコブズというアマチュアが、あのタイミングであの場にいたのは、まさに奇跡。本書は、そうした奇跡の産物である。

また本書のすごさは、都市問題についての洞察にとどまらない。数十年後まで普及はおろか発見もされない重要な概念や知見に、本書は独自に到達しているのだ。

たとえば本書でのジェイコブズの主張というのは、都市およびその活力というのが、積み上げげやサンプル抽出では把握しきれない、数多くの機能や人々の複雑な絡み合いから生じる、複雑系の創発的な秩序なのだということだ。もちろん、複雑系や創発などという概念が普及したのは、せいぜいが一九九〇年代頃からだろう。だがジェイコブズはその三〇年も先に、そうした発想に自力でたどりついていた。そこに問題そのものの枠組みのちがいがあることを看破し、必要とされる別のアプローチの方向性まで指摘できた。それがやがて複雑系や創発問題と呼ばれることになる独自の分野であることを的確に見抜き、その開祖とされるウィーバー論文を勝手に見つけてきて言及している。その嗅覚は驚くべきものだ。

また信じられないことだが、彼女は、いまはやりのネットワーク理論にも独力で到達している。第6章で、彼女は都市における人的ネットワークの重要性について述べている。成功しているコミュニティでは、何人かやたらに顔の広い人が核となっていること、他のコミュニティとの連帯が必要になったとき、重要な役割を果たすのは周縁部にいる、関係の薄い人であること。

ピンとくる方も多いだろう。これはまさにその後ネットワーク理論で発見される、ハブと弱いつながりの重要性そのものだ。これまた一九七〇年代に、アイヒマン実験で有名なスタンレー・ミルグラムが先鞭をつけ、一九九〇年代になって、バラバシやワッツやストロガッツがスモールワールドモデルを通じて示した知見だ。だがジェイコブズは、そうした長い研究の果てに出てくるネットワーク理論の結論を、一九六〇年代初頭の段階で独自に見つけ出しているのだ。アマチュアなのに/アマチュアだからこそ!

彼女のこのアマチュア性は意識的なものだった。彼女は徹底して肩書き的な権威を否定し、普通の人であろうとした。彼女は自分の伝記を嫌がり、伝記作家に一切協力するなと出版社にまでお触れをまわしていたという。また各種の大学からの名誉学位などの話もすべて断っている。実はこうした意識は、本書の索引にも反映されている。人名に注目してほしい。「ル・コルビュジエ」「ジェファーソン」といった偉い人々とまったく同じ扱いで、「ジャッフェさん」「コストリッキー夫人」といった人々が並んでいる。ジェイコブズにとっては、こうした「無名の人々」も名前のある存在であり、著名な建築家や大統領と対等なのだ。

また、彼女は市民活動家ではあった。が、そうした活動家が陥りやすい、半可通の紋切り型にもはまらない。公園は都市の肺だといった、お手軽エコロジスト的な俗説は容赦なくひねり潰す。最終章で彼女が述べる、自然に対する感傷への警鐘は近年はやりのエコっぽい妄言への強力な批判だ。子どもたちが安全に遊べる公園を、といった主婦的お題目にも一蹴。無批判に美化されがちな母親の愛情だの女性原理だのを、むしろ都市にとって有害と言い切るジェイコブズの冷徹さ加減は、空恐ろしいほどだ。

また、都市に関する市民運動といえば、景観保全や伝統的建造物保存、街並み美化といった話をするのが普通だ。だが彼女は本書でそれを明確に否定している。デザインの統一性なんていうのは村落的な権威主義の反映であり、都市的ではない、と彼女は第19章で語る。古い建物の重要性がうたわれているので、本書を何やら伝統的建造物保存の口実に使いたがる人も多い。でも彼女の主張は一般的な伝建保存の正反対だ。彼女にとって古い建築の重要性は、一義的にはそれがお金をかけるべき、おきれいで貴重なものだからではない。古いから家賃が低く、から、まわりと不調和で、大切にする価値など皆無で好き勝手に使える好き勝手に使えるからなのだ。

この意味で、彼女は徹底して自分の観察と思考だけを武器に活動を続けた、真の意味での市井の人であり、徹底して我流のみごとなアマチュアだった。我流は無型と言う。彼女にも型はなかった。そして本書は、そうした天衣無縫のアマチュアにしか実現し得なかった成果の集大成なのである。

ただし……ジェイコブズの弱点

だが本書には——そしてジェイコブズにも——弱点はある。それはやはり、彼女のアマチュア性の持つ欠点であり、守に転じて威を失うとされる無型の我流の弱点だ。

まず具体的に直接観察できたものについてのジェイコブズの直感と洞察は、恐ろしいものがある。だがそこから離れて自分では観察していないものの話をするとき、彼女はその鋭さを失う。

たとえば第5章の、フィラデルフィア市のワシントン広場の話。この公園は一九五〇年代に変質者ばかりがたむろする場となり、それが十年も続いたという。彼女はそれを公園の荒廃ぶりをしめす証拠として挙げている。さて、ここで彼女が「変質者」と呼んでいるのは同性愛者のことで、この公園はゲイのハッテン場として知られていたそうだ。が、彼女がよい公園の例としてあげている、その近所のリッテンハウス広場も実は有名なハッテン場だった。「変質者」と書かれている同性愛者たちの存在は、公園の荒廃とは関係ない。ジェイコブズは同じ存在を、一方では「よい」利用者とし、一方では「悪い」利用者として扱ってしまっているのだという。そしてよく読むと、ジェイコブズはこの公園を実際に観察してはいない。

彼女もこの弱点は自覚しているようで、各種の議論はなるべく自分の知っている事例を元にしている。だがそのために、本書では少数の事例がやたらに使い回される。それをどこまで一般化していいのか？　本書ではデータによる裏付けはほとんどない。したがって、彼女の分析がどこまで妥当性があるのか、実はよくわからないのだ。

本書の第Ⅱ部では、都市に多様性と活力をもたらす四つの条件が挙げられる。「複数の一次用途を持っていること」「街区が短いこと」「新旧の建物が混在していること」「人口密度がある程度あること」。多くの人は、これが網羅的なサーベイの結果だと誤解している。でも実際には彼女が少数の事例を見て、「なんか直感的にこんな気がします」と言っているだけなのだ。ジェイコブズに対する大きな批判もここにある。彼女は自分の身近なところ――ニューヨーク市のグリニッジ・ヴィレッジ――を見て、そこの特徴を述べているだけだ、と。

むろん天才の直感は侮り難いし、確かにこうした特徴があるとよさげだ。だが本当に活気ある街はすべてこうした特徴を備えているのだろうか？　また、こうした条件をつくればどこでも(統計的に有意に)活気を回復しますか？　わからない。いや実は、多様性や活気をもたらす条件を都市の物理特性にだけ過度に求める発想は、そもそも無理があるのだ。

たとえば彼女は、多くの公園の荒廃を再開発計画の物理的な設計のせいにする。だがその同じ公園は、物理的な条件は何ら変わらなかったのに、しばらく前には多くの人が利用し、活気に満ちていたそうだ。ちなみに現在もそれらの公園の多くは物理的には同じだが、普通だ。おそらくジェイコブズの指摘も一理はある。だが一理しかない。他の原因のほうが大きく作用しているはずなのだ。これは都市全体についても言える。すでに書いたとおり、あらゆる都市は六〇年代から都心部が再興を見せている。本書で批判されている荒廃した再開発プロジェクトも、物理的にはほぼそのままなのに、その後健全な状態に戻った。なぜだろうか？　ジェイコブズの分析では、これは説明がつかないのだ。

さらにその物理条件も、実際に調べたりつくったりしようと思うと途方にくれる。早い話が「街区が短い」というとき、どのくらいが「短い」の？　高い人口密度はどのくらいがお望みで？　ジェイコブズは具体的な数値について言及をなるべく避けて、とにかく多様性が高まるくらい、といった逃げを打つ。でもそれはずるい。

さらに彼女のいう「多様性」って何？　秋葉原は電気屋とメイド喫茶ばっかですが、「多様」ですか？　そして本書の中でも、地元のパン屋がでかくなって規模拡大するのはダメだという。どうして？　雑貨屋はいいけれどスーパーはだめだという。なぜ？　実は彼女の言う「多様性」というのは結構恣意的だ。彼女の議論の多くには、こうした重要な概念について実用的な定義がほとんどない。どれもわかったようで、突き詰めるとよくわからないのだ。

定義のない印象批評、きちんとした調査やデータの不在。目先の少数の例をもとにした過度の一般化。これはアマチュア談義の欠点とされるものだが、ジェイコブズもそこから逃れられていない。それもあって、彼女の出す具体的なアイデアの実効性については、必ずしも評価は高くない。ジェイコブズを絶賛している彼女の伝記ですら、「分析としてはブリリアントだが、各種の処方箋についてはそれほどではない」と書いているほどだ。

本書の影響

こうした長所と短所を兼ね備えた本書は、発表と同時に良くも悪しくもすさまじい反響を呼んだ。当然、当時の再開発に飽き足らない人は絶賛した。一方で、これまた当然ながら、既存の都市計画家たちにはいたく評判が悪かった。が、その業界の中でも、彼女の主張に一理あることは多くの人が不承不承ながらも認めた。高名な都市文明評論家のルイス・マンフォードは（本書で罵倒されたせいもあり）かなり辛辣な書評を書いたが、その書評の中ですら本書が数多くの点で重要な視点を持っていることは認めている。そしてもちろん、好き嫌いを問わず本書は多くの実務家に読まれたし、その発想に影響を与えている点は、本書の新版への序文にも書かれた通り。

その序文は、本書の影響についてかなり否定的な書き方をしている。だがそれは謙遜、あるいは彼女らしい意固地な完璧主義の反映と考えるべきだろう。それに本書はむしろ、もっと大きな都市計画見直しの波の中で、一つの結節点として理解したほうがいい。ブルドーザー型の都市再開発に反対する声は、本書刊行前から高まりつつあった。そもそもロックフェラー財団が本書執筆のための資金提供をしたということ自体が、それを如実に示している。本書はそうした漠然とした運動に、理論面や実践面での裏付けを与えた存在だった。

本書で批判されているニューヨーク市のプロジェクトの多くは、アメリカ住宅法タイトル1という条項に基づいたものだ。この法制度は、民間デベロッパーの積極的な活用と、強制収用権、連邦予算による補助、税制上の優遇措置を通じた再開発の積極的な推進を目指す法制度であり、本書でもときどき名前の出てくる（そして一般にはジェイコブズの仇敵とされる）ロバート・モーゼス（ニューヨーク市の建設行政を三四年にわたり支配した人物）は、この制度をみごとに活用して多くの再開発を実施した。

だがやがてこの手法への批判が高まり、一九五九年にはニューヨーク市長の命を受けて、アンソニー・パヌチが、既存プロジェクトの見直しを行っている（本書第16章で引用されているのはその報告書だ）。風向きを敏感に察知したモーゼスは、一九六〇年にスラム取り壊し委員会を解散させて、スラム再開発の時代は終わったと宣言。つまり本書の批判対象は、実は本書が出た時点ですでにピークを過ぎていた。その意味で、本書は時代をつくったと同時に、時代の子でもあった。

ジェイコブズは以前から、都市再開発批判で一目置かれる存在で（第10章を見ると、当時からデベロッパーたちは彼女にご意見伺いをしていたことがわかる）、また多くの都市開発反対の市民運動、特にグリニッジ・ヴィレッジ周辺の活動では著名だった。彼女はモーゼスの提案のいくつかに対し、自分の地区を超えた広範な声を組織することで対抗し、それをみごとに潰している。本書はそうした活動の成果のまとめでもあり、その手法論でもある。本書の刊行によって、こうした再開発反対運動は勢いを増したし、住民参加などの手続きも充実してきた。これは本書を取り巻く流れがもたらした大きな変化だ。

そして本書の流れによって都市計画の考え方もだんだん変化してきた。従来の、用途の明確な区分を重視するゾーニング（用途地域）制度についても、以前ほどは自明とはみなされなくなった。日本でも、都心部の開発に住宅付置義務などが課され、限定的ながらも複数用途の混合を進めるべきだという発想は浸透してきた。多くの活動の相乗効果というアイデアはいまの大規模開発ではすでに常識だ。人の動きを考えた、回遊性のある地域づくりも、いまやわざわざ言うまでもない発想となっている。

個別例を見ても、屋台による商業の導入というアイデアは九〇年代に一世を風靡した開発コンセプトである、フェスティバルマーケットプレイスで活躍した。また彼女はフルトン魚市場の隣の埠頭に、船舶博物館やシーフードレストランをつくるというアイデアを本書で出しているが、いまやそこはピア17となり、まさにジェイコブズの提案通りの、船舶博物館と商業開発の組み合わせで大成功を収めている。むろん、関係者が本書のアイデアを二十年後に直接パクったわけではないだろう。だが彼女のアイデアの冴えと長期的な有効性は如実に示されている。

一方で、本書に勇気づけられた市民運動の高まりで行政が弱腰になり、インフラ投資が軽視され、専門家の有益な意見まで否定されてしまい、いまや過度の住民エゴが都市の発展を阻害している、という批判も聞かれる。前出のモーゼスは、その強引な手法こそ嫌われたものの、現代ニューヨークの骨格となる多数のインフラを整備した。そしてそれは一九六〇年代以降のニューヨークの復活に（おそらくジェイコブズよりも）大きく貢献した。いまやモーゼスに対する再評価の声も盛り上がりつつある。もちろん、住民エゴまでジェイコブズのせいにするのは酷だ。しかし本書がそうした動きにお墨付きを与えているのもまちがいない。ドグマを否定した彼女が、新たなドグマに貢献する——皮肉ながら、これも歴史の必然なのかもしれない。

なお、蛇足を一つ。このロバート・モーゼスは向かうところ敵なしの、ニューヨーク都市開発の帝王だったが、そのきわめて批判的な千三百ページの伝記、R・A・カーロ著『パワーブローカー』（一九七四）によると、かれを倒したのはネルソン・ロックフェラー（当時ニューヨーク州知事、後にアメリカ副大統領）だったという。さてジェイコブズの活動もモーゼスの勢力失墜にはわずかながら貢献したのだが（とはいえカーロのモーゼス伝で一度も言及されない程度）、本書の執筆に資金提供したのはロックフェラー財団なのだ。あまり深読みするのはアレだが、案外ここにはおもしろいつながりがあるかもしれない。

本書以後のジェイコブズ

地域経済成長の理論?――アマチュアの失速

さて、ここからは本書を離れて、その後のジェイコブズの活躍について手短に語ろう。『アメリカ大都市の死と生』に続き、彼女は産業経済論とも言うべき本を二冊書く。『都市の原理』(原題は「都市の経済」)と『都市の経済学』(原題は「都市と国富論」)だ。私見では、もはや現代的な価値は低い。だがいまなおこの二冊を高く評価する人もいる。さらに執筆時点――六〇年代末から七〇年代初頭――においては、いずれの本も先駆的な洞察を備えていたのも事実だ。そして同時に、彼女の限界をも如実に示していた。

『都市の原理』(一九六九)で、ジェイコブズはまたもや既存の学問を完全に否定するのだ、と胸をはる。いまの学問は、文明ではまず農業が栄え、その生産力をもとに都市が成立するのだと決めつけている、と彼女は述べる。でも実は、農業以前にも黒曜石などの交易集落があり、そこでの活動をもとに、その周辺の農地用の農具生産や技術革新が行われて農業も発達した。だから都市が先で、都市が農業を支えたのだ!

だが、実はマンフォード『歴史の都市 明日の都市』(一九六一)のような通俗書ですら、農業以前から重要で大規模な定住集落があったことは強調しているし、これは彼女の言うほど目新しい話ではない。さらに実はこの話、その後の本題と何の関係もないのだ。この本の主眼は都市における産業分化と多様化のプロセスだ。女性用着付け屋さんがあるときブラジャーなるものを考案し、それをおまけでつくっているうちにブラジャー生産という新しい産業ができる、という具合。そういう新しい工夫を生み出せることが都市の強みだ、という。そして成長する都市は輸入していたものをやがて自分でつくるようになり(輸入代替/輸入置換)、そこで発生する創意工夫がまた新しい発達を生み出し、産業が多様化して、中小企業が大量に生まれ、内需拡大につながることで成長が生まれるという。

さて、これは事実だ。そして当時は、こうした認識は経済学の中でもあまり普及していなかった。比較優位論に基づく、単一産業特化のほうが重視されていた時代だ。経済学者ロバート・ルーカスは一九八五年に、本書を都市の外部性や人的資本についての考察だと看破し、これはその後の経済学発展の重要な方向性となった。それをまたもや自力で考案したジェイコブズの眼力はすごい。だが一方で、都市や産業によって輸入代替の発生やその部門は異なる。製造コストや量産メリットや集積メリットなど、それが起こる条件を多少なりとも整理しないと、一般論にとどまってしまう。『都市の原理』はそこまでは至っておらず、いま読むとかなり物足りない。

その次の『都市の経済学』（一九七四）は、こうした批判に応えようとしたようだ。が、その議論はきわめて混乱している。この本もまず、既存学問のなで斬りから入る。ジェイコブズは最初の一章で、既存経済学を全否定するのだ。アダム・スミス、ケインズ経済学、マネタリストも新古典派も、ついでにマルクスまで。その根拠は？　そのどれも、スタグフレーション（景気停滞／失業増加と、インフレが同時に発生すること）が説明できないから。

さて、これは七〇年代当時はかなりよく聞かれた経済学破産論だったという。だがスタグフレーションがうまく説明できないだけで、経済学のすべてを否定していいの？　そしてそれなら、ジェイコブズの理論はスタグフレーションをみごとに説明できるんだよね？

ところが驚いたことに、この本にはその後スタグフレーションについての議論は一切出てこない。そして、経済発展には輸入代替をする都市が重要だというのをひたすら繰り返し続ける。輸入代替とは『都市の原理』にも出てきたように、輸入していたものを自前でつくるようになる、という話だ。だがその議論には裏付けがまったくない。輸入代替する都市がないとその経済は栄えないという。なぜ？　あそこが没落したのは輸入代替しなかったから、という羅列はあるが、それが本当に決定的かどうかというまともな検証はなし。彼女がそう思えばそうなのだ。

そしてそれがそんなに重要なら、どうやったら都市は輸入代替できるようになるの？　設備投資できるように外国や政府が融資や援助したら？　それは地域外部の金に依存するからダメ。工場誘致や技術指導は？　外部に頼ってるからダメ。唯一いいのは、工業製品に関税をかけて地元産品の価格競争力を高める保護貿易（!!）だが、それでもだめなものはだめ。シリコンバレーもだめ。とにかくその都市が自発的に、自分の工夫で輸入代替を始める以外はだめらしい。つまり経済発展は政策的には起こせず、勝手に起こるのを待つしかない、ということだ。

そして最後に突然、アメリカの都市はもうイノベーションがなくて衰退するしかなく、ヨーロッパも同様だ、世界中このまま都市が潰れて文明も崩壊するんじゃないかという悲愴な見通しを述べてこの本は終わる。おい、ちょっと待てやコラ！

この二冊には、前出のアマチュアの欠点が全開だ。裏取りや実証性の弱さ。目先の小話の過度な一般化。あいまいな定義とたとえ話に終始、議論がぼやけて実用性がない。

これは彼女の話がまちがっているということではない。多様な中小企業による地場産業ネットワークの多様化の意義については、このジェイコブズの二冊でも参照されているMITのチャールズ・セーブル&ピオーリ『第二の産業分水嶺』(一九八四)はその一つの集大成だ。またジェイコブズの否定するシリコンバレーでも同じ構造が発展の原動力となっていることは、サクセニアンが『現代の二都物語』(一九九四)で分析しているとおり。さらに日本産業や中国産業を支える中小企業ネットワークの重要性は、関満博の『フルセット型産業構造を超えて』(一九九三)を始めとする多くの著作が分析を加えている。着目点はいいし、時期的に見れば先駆的だったとさえ言える。

しかしながら、ジェイコブズの議論はあまりに漠然としており、根拠もなく話が極端に飛びすぎた。多様性は重要だろう。でも、どのレベルで? ちがう業種の小企業が多いのがいいのか、それともある程度企業内で内製化をすすめた中企業を増やすのがいいのか? また規模の経済とのバランスはどうやって考える? 実際の経済分析や政策の是非を考えるための手がかりが、彼女の議論にはほとんどない。そして『都市の経済学』の、打つ手は何もありませんという話に至っては……どうしましょ?

そんなわけで多くの人は、その後のジェイコブズには何ら期待していなかった。ちなみに彼女にはもう三冊、著書がある。*The Question of Separatism: Quebec and the Struggle over Soverignity*(一九八〇)、*A Schoolteacher in Old Alaska*(編纂、一九九五)、*Girl on the Hat*(一九八九)だ。だが、特に話題にもならなかった。

行きがけの駄賃で簡単に触れておくと、*The Question of Separatism* は、彼女が移住したカナダのケベック州独立についての著書だ。ケベック州はカナダの中でフランス語も公用語となっており、昔から分離独立の話は絶えない。彼女は独立を支持する立場だが、この本での議論はちょっと見通しが悪い。既存の分離独立派の主張は怪しげだと批判する一方で、独立したら地元企業も限られた市場の中で多様性を増すようになるし、また新しい行政上の試みも出てくるだろうと述べて、独立を支持している。

A Schoolteacher は、大叔母ハンナ・ブリースの手記をジェイコブズが編纂したものだ。ハンナ・ブリースは二〇

世紀初期に、併合直後のアラスカで学校の教師を務めていた。いわばアメリカによるアラスカ植民地化の尖兵ですな。おもしろいエピソードや記述も散見はされるが、ジェイコブズのコメントは限られたものだ。そして最後の*Girl on the Hat*は、親指大の女の子が人々の帽子にのっかってあれこれ騒動に巻き込まれるという子ども向けのお話だ。これまた特筆すべきものではないので、だれも特筆しなかった。

だが、多くの人の期待（またはその不在）を裏切って、彼女はもう一冊、刮目すべき本を書いた。それが『市場の倫理 統治の倫理』（一九九二）だ。

社会統治の原理——アマチュアの中興

『市場の倫理 統治の倫理』は、社会のガバナンスの原理を整理した本だった。そしてその洞察は数行でまとめられる。社会はいろいろな仕組みで統治制御されている。だがその統治や制御を律する原理には、相容れない二種類がある。一つは権威と規則で律する統治の原理。もう一つは交渉と取引により合意を探る市場の原理。この両者は相容れない。だが社会にはこの双方が必要である。

これまた、当然のように見える議論だ。だが本書と同じく、これまただれもまともな形ではっきり論じることがなかった論点だったのだ。一九八〇年代から、サッチャリズムの影響などもあり、政府などもう要らず、すべて市場原理に任せるべき、という議論が台頭。そして一九八九年のベルリンの壁崩壊から社会主義の敗北を経て、九〇年代初頭にはその議論がほぼ無敵だった。これまで政府に任せていた発電や通信はおろか、監獄や軍や教育もますます市場に任されようとしていた頃だ。だがそこでジェイコブズは、両方いるのだ、ということを明確に述べた。両者はちがう原理に基づいている。その両者はきちんと分けなくてはならない。それをヘタに混ぜることで、大きな混乱と問題が生じるのだ、と。

彼女の議論は、単に政治や普通の行政にとどまらない。それはＮＧＯやＮＰＯの規範にもかかわる話であり、企業内のガバナンスにも適用される。これまた、通常は全然ちがうと思われている領域を自由に行き来できる、アマチュアならではの強みが存分に発揮された一冊だった。そしてアマチュアの欠点が、ここでは問題にはならない。倫理や原理原則についての議論は、データの裏付なしで事例の羅列で展開しても何の問題もない。その議論は商業活動とボランティア活動の関わりやフリーソフト、宗教団体やグーグルのビジネスモデルなどにも応用できる。

この本には多くの人が強いインパクトを受けた。最近でも、松尾匡『商人道ノス、メ』（二〇〇九）がこのジェイコブズの図式を敷衍している。七十五歳にしてこれほどのものを世に問えるとは、ジェイコブズ恐るべしというのが多くの人の印象だった。

晩年のジェイコブズとその他の著書

が……その後彼女が書いた二冊は、またもやアマチュア議論の欠点ばかりが目につく惨憺たる代物となった。『経済の本質』（一九九七）は、再び経済学批判の本だが、そもそも批判対象の経済学についてあまりに勉強不足。さらにあいまいな概念を濫用し、安易なアナロジーにばかり頼り、少数の事例を過度に一般化することで、この本はきわめて無力なものとなりはてた。これについては、大経済学者ロバート・ソローも苦言を呈している。http://cruel.org/econ/solowonjacobs.html

そして彼女の遺作となった『壊れゆくアメリカ』（二〇〇四）は、それに輪をかけてひどい本だった。文明は現在崩壊の兆しを見せており、それがコミュニティ崩壊や科学軽視や一部の公共支出削減に現れているという本だ。だが各種問題点は新聞の切り抜きレベルの事例をいくつか挙げる以上の裏付けはなく、そうした問題点がなぜ文明崩壊とまで言えるのかについても説明は皆無。これについてのぼくの評価は以下に述べた。http://cruel.org/reading/darkage.html

彼女はその後間もない二〇〇六年に他界したが、この二冊の後で、ぼくは不謹慎ながらそれを惜しいとは思わなかった。

まとめ

だが、こうして振り返ってみると、やはりジェイコブズはすさまじい人物であり、まごうかたなき天才だった。『都市の原理』『都市の経済学』も、時代的な文脈の中ではそれなりの意義をもっていたし、また晩年の彼女の著作は、彼女の果たした役割をいささかも貶めるものではない。だれしも打率百パーセントではないというだけの話だ。

本書『アメリカ大都市の死と生』は、発表当時はおろか、いまなおその価値が衰えない稀有な書物だ。従来はあまり顧みられなかった一般の人々の洞察をすくいあげ、そしてそれが専門家たちの（必ずしも完全に否定されるべきものではないにせよ）ドグマに十分拮抗しうることを示した。本書は都市に対する見方を永遠に変えた。他にこれだけの力を持った本と言えば、本書で（不当にも）罵倒されているエベネザー・ハワード『明日の田園都市』（一九〇二）くらいだろうか（ちなみに、これまたアマチュアの手になる本だ）。

むろん、本書の内容を鵜呑みにすることは慎まなくてはならない。極論もあるし、いま考えると当たっていない部分や不十分なところもある。だが半世紀後のいまなお、本書には学ぶべき視点が多い。その都市の本質をめぐる議論は十分有効だし、また都市理解にあたって彼女が採用した、本当の意味での総合的な考察の力は、過度の専門分化が進む現代においてはなおさら大きな問いを突きつけている。

そして『市場の倫理 統治の倫理』もまた、同様の力を持った本だ。おそらく人が今後も絶滅するまで格闘し続けるであろう社会統御の問題に、彼女は明解な視点を投げかけた。しかも、時代がまさにそうした視点を否定しつつあったときに。むろん、これは『死と生』ほどは一般受けしない本だ。だが、その視点は「市場か政府か」といった不毛な二者択一をたしなめて、生産的な社会のあり方に示唆を与えてくれる。

だが、こうした著作以上に、これらを書けたジェイコブズ自身が、いまなおアマチュアが持つ可能性を身をもって実証した稀有な存在だった。強靭な観察力と十分な思索力に少々の運さえあれば、地位や学歴などまったく関係なく、専門家に負けないどころか、専門家など及びもつかないものをつくり出すことが可能なのだ、と彼女は教えてくれる。むろん、そこにアマチュアの落とし穴は常に待ち構えているのだけれど。

卑近な話ながら、これはこの不肖の訳者にとっても、力づけられると同時に、自戒すべき話ではあるのだ。専門家が専門バカに堕さず、その一方でアマチュアがそれを言い訳にせずに生産的な活動を行うには――そしてその逆に、専門家をそれだけで専門バカとして見下さず、一方でアマチュアがアマチュアであるというだけで否定せず、相互に意義ある活動を展開する道とは？　ジェイコブズという人間自身が、その一つの答を示唆しているように思うのだが。

だがこれはもちろん、あくまでこの訳者個人の評価ではある。日本の読者のみなさんが、本書から――そしてジェイコブズから――何を読み取るかは、むろんみなさん次第ではある。だがそこに必ずや有益な何かがあることを、ぼくは確信している。

本書の邦訳について

さて冒頭に、これが本邦初の全訳だと書いた。本書には一応、故黒川紀章氏による既訳があった。が、これは本書の前半二部だけを訳した部分訳でしかなかった。原著者に了解をとった、とのことではあるが、後半のかなり重要な分析と主張を考えたとき、これはにわかには信じがたいものがある。

また、訳されていた部分も決してよい翻訳とは言えなかった。これについては、随所で苦言が呈されている。ただしこれは前訳者ばかりを責めるのは酷な面もある。というのも、ジェイコブズの英語はかなりやっかいだからだ。

やっかい、というのは難しいということではない。しかしながら本書の書き方は、通常のノンフィクションや研究書の標準的なお作法とはちがう。実は本書は一九六一年の全米図書賞の座を、前出のマンフォード『歴史の都市 明日の都市』と争った。結局はマンフォードが受賞したのだが、『死と生』を推す声も強く、その推奨理由として何人かが挙げていたのが、その文体だ。「『死と生』は生き生きとしてゴシップ調だ（中略）ジェイコブズは読者に感情を通じて訴えかける」とある批評家は書いている。感情的な訴えということは、論理性はその分低いということだ。そしてゴシップ調というのはおしゃべり調ということだが、これはつまり、段落の途中はおろか同じ文の途中でも、思いついたことをどんどんぶちこんでしまうということだ。おかげで文は修飾節と関係代名詞でぶくぶくに肥大し、基本となる主語述語を拾うのもひと苦労となる。

また議論の中でも、各種の議論や概念のレベルはあまり整理されてはいない。用途の規制と形態の規制についての議論がごっちゃになり、個別の事例と一般論とが明確にわけられずに提示され、さらにそこへ正統派都市計画関係者への嫌味と罵倒が反語だらけでまぶされる。きちんと構造化された構成にはなっていない。流し読みしている分には、漠然と理解できるし、その議論の飛躍自体が楽しい面もある。だがそれを紙に書いて厳密に理解しようとすると、えらく苦労させられるのだ。

また、すでに五十年前の本ということもあり、当時の状況や各種のプロジェクトの所在地や計画などについて図版を入れないとわかりにくいな、と思っていたのだが、著作権保持団体から、原著にない図版類は一切入れてはならないというお達しが下ったため、これは実現できなかった。

残念だ。いずれ可能であれば、サポートページで何らかのフォローが可能になればと考えてはいるところだ。

謝辞その他

思えばそもそも本書の訳に手をつけたのは四半世紀前になる。大学時代の恩師、故山田学先生が、本書のまともな全訳がないと口癖のように文句を言っていたのに聞き飽きて、三頁ほど自分で訳してみたのが発端だ。それをお見せしたら、「この調子できみが全部訳し直せ」と真顔で言われたのだが、まさか本当に全部やることになるとは予想もしていなかった。が、約束は果たしましたからね。

翻訳に大きなまちがいはないはずだが、細かいところではまだ見落としなどもあるかと思う。もしお気づきの点などあれば、ご一報いただきたい。明らかになったまちがいや、可能であれば各種追加情報なども、以下のサポートページで随時ご報告する。http://cruel.org/books/deathlife/

本書の編集は、鹿島出版会の久保田昭子氏と渡辺奈美氏が担当された。面倒な原稿に辛抱強くつきあっていただき、ここに深く感謝する。ありがとう。またジェイコブズの経済学関係著作の評価について意見をくれた稲葉振一郎氏にも感謝を。また初版の大量のミスを指摘してくれた中村実男氏にも感謝。そして本書を手にとってくださるみなさんにも感謝する。原著刊行から半世紀、二一世紀の日本の読者が本書をどのように受け止めるのか、いまから楽しみである。

二〇一〇年二一五月　ビエンチャン／バンコク／東京にて

山形浩生

ヤ

ラ

索　引

著者略歴

ジェイン・ジェイコブズ　Jane Jacobs

一九一六〜二〇〇六年。アメリカ、ペンシルベニア州スクラントン生まれ。都市活動家、都市研究家、作家。一九五二年から十年間「アーキテクチュラル・フォーラム」誌の編集メンバーとなる。「フォーチュン」誌に掲載された「ダウンタウンは人々のものである」で注目されて本書を執筆。一九六八年にカナダに移住し、同国トロントで他界。著書は、本書の他に『都市の原理』（鹿島出版会）、『都市の経済学―発展と衰退のダイナミクス』（TBSブリタニカ）、『市場の倫理 統治の倫理』『経済の本質―自然から学ぶ』（日本経済新聞社）、『壊れゆくアメリカ』（日経BP社）など。

訳者略歴

山形浩生　やまがた・ひろお

一九六四年東京生まれ。東京大学都市工学科修士課程およびマサチューセッツ工科大学不動産センター修士課程修了。開発援助調査のかたわら、小説、経済、ネット文化、コンピュータ、建築、開発援助など広範な分野での翻訳および執筆活動を行う。

著書に『たかがバロウズ本。』（大村書店）、『教養としてのコンピュータ』（アスキー新書）、『要するに』『新教養主義宣言』（河出文庫）など。訳書に『クルーグマン教授の経済入門』（ちくま文庫）、ロンボルグ『環境危機をあおってはいけない』（文藝春秋）、ピケティ『21世紀の資本』（みすず書房）、ポースト『戦争の経済学』（バジリコ）、ライト『フランク・ロイド・ライトの現代建築講義』（白水社）、チュミ『建築と断絶』、ハワード『新訳 明日の田園都市』（鹿島出版会）ほか多数。

メール／hiyori13@alum.mit.edu

[新版]
アメリカ大都市《だいとし》の死《し》と生《せい》

発行　二〇一〇年四月三〇日　第一刷
　　　二〇二二年六月三〇日　第九刷

訳者　山形浩生
発行者　坪内文生
発行所　鹿島出版会
〒一〇四-〇〇二八　東京都中央区八重洲二-五-一四
電話　〇三-六二〇二-五二〇〇　振替　〇〇一六〇-二-一八〇八八三

造本　工藤強勝＋渡辺和音
DTP　ホリエテクニカルサービス
印刷　三美印刷
製本　牧製本

ISBN978-4-306-07274-9　C3036　Printed in Japan

本書の内容に関するご意見・ご感想は左記までお寄せください。
URL : http://www.kajima-publishing.co.jp　e-mail: info@kajima-publishing.co.jp